卓越工程师教育培养计划食品科学与工程类系列规划教材

食品包装

章建浩 主编

科学出版社
北京

内 容 简 介

本书根据"卓越工程师教育培养计划"关于人才培养的特色要求，以及目前食品包装新材料、新工艺、新技术和新装备的创新发展情况，系统介绍了食品包装材料、包装原理、包装技术方法与机械设备、食品包装应用和相关标准与法规，并结合实际应用编列了食品包装案例，在内容创新及编排上力求体现食品包装作为系统工程技术科学的认识规律和"卓越工程师教育培养计划食品科学与工程类系列规划教材"的特色。

本书配套相关彩图及视频，集中在目录之后和正文对应位置之中，读者可扫码观看。同时，为授课教师准备了相应课件，供备课时参考，欢迎索取。

本书可供食品科学与工程、食品质量与安全，以及其他与食品包装相关专业的高等院校师生使用，也可供相关行业的技术人员参考。

图书在版编目（CIP）数据

食品包装/章建浩主编. —北京：科学出版社，2019.6
卓越工程师教育培养计划食品科学与工程类系列规划教材
ISBN 978-7-03-061048-5

Ⅰ. ①食… Ⅱ. ①章… Ⅲ. ①食品包装－高等学校－教材 Ⅳ. ①TS206

中国版本图书馆 CIP 数据核字（2019）第 071992 号

责任编辑：席 慧 文 茜 / 责任校对：杨 赛
责任印制：张 伟 / 封面设计：铭轩堂

科 学 出 版 社 出版
北京东黄城根北街 16 号
邮政编码：100717
http://www.sciencep.com

北京虎彩文化传播有限公司 印刷
科学出版社发行 各地新华书店经销
*
2019 年 6 月第 一 版 开本：787×1092 1/16
2019 年 6 月第一次印刷 印张：18 1/4
字数：444 000

定价：**59.80 元**

（如有印装质量问题，我社负责调换）

"卓越工程师教育培养计划食品科学与工程类系列规划教材"

编写、审定委员会

主　任　朱蓓薇

编写委员会

副主任　王　硕　孙远明

委　员（以姓氏笔画为序）

于国萍　马　涛　王世平　王俊平　王喜波

邓泽元　石彦国　刘光明　李云飞　李汴生

李雁群　张　敏　张英华　邵美丽　林松毅

赵新淮　高金燕　曹敏杰　章建浩　彭增起

审定委员会

委　员（以姓氏笔画为序）

艾志录　史贤明　刘静波　江连洲　励建荣

何国庆　陈　卫　周　鹏　郑宝东　胡华强

秘　书　席　慧

《食品包装》编写委员会

主　编　章建浩

副主编　胡文忠　王佳媚　马　涛　伍　军

编　委　章建浩（南京农业大学）

　　　　胡文忠（大连民族大学）

　　　　王佳媚（海南大学）

　　　　马　涛（渤海大学）

　　　　伍　军（北京农学院）

　　　　宋海燕（天津科技大学）

　　　　寇晓虹（天津大学）

　　　　李　娟（黑龙江八一农垦大学）

　　　　孙运金（北京农学院）

　　　　魏好程（集美大学）

　　　　严文静（南京农业大学）

　　　　陈　寿（深圳市通产丽星股份有限公司）

　　　　王丽杰（锦州医科大学）

　　　　扶庆权（南京晓庄学院）

总　序

　　2010 年 6 月 23 日,教育部在天津大学召开"卓越工程师教育培养计划"(即"卓越计划")启动会,联合有关部门和行业协(学)会,共同实施卓越计划。以实施该计划为突破口,促进工程教育改革和创新,全面提高我国工程教育人才培养质量,努力建设具有世界先进水平、中国特色的社会主义现代高等工程教育体系,促进我国从工程教育大国走向工程教育强国。

　　为了推进"卓越计划"的实施,科学出版社经过广泛调研,征求广大专家、教师的意见,联合多所实施"卓越计划"的相关高校,针对食品科学与工程类本科专业组织并出版"卓越工程师教育培养计划食品科学与工程类系列规划教材",该系列教材涵盖食品科学与工程、食品质量与安全、粮食工程、乳品工程、酿酒工程等相关专业,旨在大力推进教育改革,提高学生的实践能力和创新能力,建立一套具有开拓性和探索性的创新型教材体系,培养具有国际竞争力的工程技术人才。

　　根据教育部的学科分类,食品科学与工程类属于一级学科,与数学、物理、生物、天文、化工等基础学科属同等地位。它具有多学科交叉渗透的特点,涉及化学、物理、生物、农学、机械、环境、管理等多个学科领域。特别是 20 世纪 50 年代以来,随着计算机技术和生物技术在食品工业中的广泛应用,食品专业更是如虎添翼,得以蓬勃发展。据统计,全国开设食品科学与工程类本科专业的高校近 300 所,已有 14 所高校的食品科学与工程专业入选前三批的"卓越计划"。"卓越工程师教育培养计划食品科学与工程类系列规划教材"汇集了相关高校教师、企业专家的丰富教学经验和研究成果,整合相关的优质教学资源,保证了教材的质量和水平。

　　2013 年 4 月 13 日,科学出版社"卓越计划"第一批规划教材的编前会议在东北农业大学食品学院举办;2014 年 6 月 13 日,"卓越计划"第一批规划教材的定稿会议和第二批规划教材的启动会议在大连工业大学食品学院举行。经过科学出版社与广大教师的共同努力,保障了该系列规划教材编写的顺利实施。

　　该系列丛书注重对学生工程能力和创新能力的培养,注重与案例紧密结合,突出实用。丛书作者都是长期在食品科学与工程领域一线工作的教学、科研人员,有着深厚的系统理论知识和相关学科教学、研究经验。该系列教材的策划与出版,为培养造就一大批创新能力强、适应经济社会发展需要的高质量各类型工程技术人才,为建设创新型国家,实现工业化和现代化的宏伟目标奠定了坚实的人力资源优势,具有重要的应用价值和现实意义。

中国工程院院士　朱蓓薇

2015 年 1 月 16 日于大连

序

　　随着经济的发展，食品包装已成为农产品深加工、食品工业快速发展的关键环节之一，是食品加工贮运、流通销售的必需过程，也是食品实现商品化的必然途径。对食品进行有效包装，在延长食品货架保鲜期的同时，有效维持产品的品质和保证其食用安全，是食品包装科学孜孜以求的目标。随着消费水平的提升，人们对包装食品的品质要求也日益提高。食品包装丰富了食品的消费形式，也在改变着食品的生产、加工、流通、消费方式。

　　随着全球贸易一体化进程加快和要求提升，农产品深加工及食品产业面临的机遇和挑战并存；新材料、新工艺、新装备、新技术的创新发展成为食品产业升级、结构调整的必然趋势。鉴于高等教育中原有相关教材的内容编排形式及结合工程实践的深度和广度存在一定局限性，以及学科建设的需要，《食品包装》作为"卓越工程师教育培养计划食品科学与工程类系列规划教材"的组成部分，力求体现食品包装作为系统工程技术科学的认识规律和本系列教材的特色，反映本学科领域科技创新成果、发展方向及食品产业创新开发需求。

　　感谢参与编写本教材的教授学者为此贡献的智慧、经验和心力；感谢科学出版社责任编辑的精心策划和严格把关；同时，感谢所有关心本书编辑出版的领导和专家给予的支持。

章建浩

2019 年 2 月

前　言

食品包装是食品工业中不可或缺的环节，对食品安全、销售、流通和贮藏起非常重要的作用。随着消费水平的提高，人们对食品包装的要求也越来越高，而科技的进步发展，促进了食品包装的多样性和智能化发展。食品包装丰富着食品工业和人们的生活，也在改变着人们的生活方式。

食品包装是以食品为核心的系统性工程，涉及食品科学、包装材料、包装设计、包装机械设备、标准与法规等相关知识领域和技术问题。食品作为人们生活的必需品，在贮藏、流通过程中容易腐败变质，导致营养、风味品质及安全性受到影响。因此，食品包装不仅是食品的保护措施，还可有效保持产品特有的风味品质，保证货架期内的食品安全。随着科技的发展，食品包装新材料、新技术和新装备也日渐更新。本教材在原有"'十一五'国家级规划教材"的基础上进行修订，根据食品包装工业的发展现状和"卓越工程师教育培养计划食品科学与工程类系列规划教材"的特色定位进行了适当删减，增加了相关案例，力求反映当代食品包装的新材料、新技术和新装备的最新成果及发展方向。

本教材由南京农业大学章建浩教授主编，大连民族大学胡文忠教授、海南大学王佳媚副教授、渤海大学马涛教授和北京农学院伍军副教授为副主编。编写的具体分工：第一章由章建浩编写，第二章由伍军和孙运金编写，第三章由王佳媚、宋海燕、陈寿编写，第四章由马涛、严文静编写，第五章由章建浩、王佳媚和寇晓虹编写，第六章由马涛和魏好程编写，第七章由章建浩、胡文忠、寇晓虹和魏好程编写，第八章由胡文忠、王佳媚、扶庆权和王丽杰编写，第九章由孙运金、伍军、李娟和王丽杰编写。

由于食品包装学为多学科交叉的综合性应用学科，所涉及的内容非常广泛，加之编者学识有限，书中不足之处在所难免，敬请读者不吝指正。

编　者
2019 年 2 月

《食品包装》教学课件索取单

　　凡使用本书作为教材的**主讲教师**，可获赠教学课件一份。欢迎通过电话、信件、电邮与我们联系。本活动解释权在科学出版社。

教 师 反 馈 表

姓名：		职称：		职务：	
电话：			电邮：		
学校：			院系：		
地址：			邮编：		
所授课程（一）：				人数：	
课程对象：□研究生 □本科（＿＿＿年级） □其他＿＿＿				授课专业：	
使用教材名称/作者/出版社：					
所授课程（二）：				人数：	
课程对象：□研究生 □本科（＿＿＿年级） □其他＿＿＿				授课专业：	
使用教材名称/作者/出版社：					
您对《食品包装》的评价及修改意见：					
贵校（学院）开设的食品科学与工程专业主干课程有哪些？使用的教材名称/作者/出版社？					
某些现用教材若不符合教学需求，换其他版本有何要求？				院系教学使用证明（公章）：	
您的其他建议和意见，或拟出版图书意向：					

联 系 人：席 慧　　　　咨询电话：010-64000815

回执邮箱：xihui@mail.sciencep.com.cn（拍照上传本页）

地址：北京市东城区 东黄城根北街 16 号 科学出版社 　（100717）

扫码获取食品专业
教材最新目录

目　　录

本书相关视频及包装案例彩图二维码

扫描二维码观看本书相关案例视频

- 视频：插锁式折叠纸盒包装演示
- 视频：PE瓶挤吹机生产线
- 视频：金属三片罐的制作
- 视频：颗粒物品包装生产线

- 视频：MAP-HL360盒式连续式气调包装机生产线
- 视频：蛋制品纳米涂膜保鲜包装技术
- 视频：奶粉罐装生产线
- 视频：奶粉软袋定量充填包装

扫描二维码观看本书相关案例彩图

- **彩图**：食品包装案例汇总

第一章 绪 论

本章学习目标

1. 掌握食品包装的基本概念和功能，熟悉现代包装的主要分类。
2. 了解包装与企业文化、与资源和环境的关系，熟悉绿色包装的基本概念。
3. 掌握做好食品包装的基本步骤，了解评价食品包装安全质量的标准体系和方法。

包装起源于人类持续生存的食物贮存需要，当人类社会发展到有商品交换和贸易活动时，食品包装逐渐成为食品的必需部分，且在食品流通中起着越来越重要的作用，已成为现代日常消费中必不可少的内容。随着科学技术水平和消费水平的日益提高，人们对食品包装的要求也越来越高，尤其是在互联网、物联网时代，现代食品物流方式和技术日新月异。食品包装技术的迅猛发展和包装形式的千姿百态，既丰富了人们的生活，也在改变着人们的生活方式。

第一节 包装的基本概念

一、包装的定义

根据中华人民共和国国家标准《包装术语 第 1 部分：基础》（ GB 4122.1—2008 ），包装（ packaging ）的定义：为在流通过程中保护产品，方便贮运，促进销售，按一定技术方法而采用的容器、材料及辅助物等的总称；也指为了达到上述目的而在采用容器、材料和辅助物的过程中施加一定技术方法等的操作活动。

国际上各个国家对现代包装的定义不尽相同，但其基本含义基本一致，包含两个方面：一是关于包装商品的容器、材料及辅助物品；二是关于实施包装封缄等的技术活动。

食品包装（ food packaging ）是指：采用适当的包装材料、容器和包装技术，把食品包裹起来，以使食品在运输和贮藏过程中保持其价值和原有的状态。

二、包装的功能

在现代商品物流，尤其是食品流通销售中，包装起着极其重要的作用。包装的科学合理性会影响到商品的质量可靠性，以及传达到消费者手中的完美状态；包装体现的商品形象及消费便捷性能会影响消费者的选择购买倾向，包装设计装潢的水平直接影响到商品本身的市场竞争力乃至品牌、企业形象。

现代包装的功能主要有以下 4 个方面。

（一）保护商品

包装最重要的作用是保护商品。商品在贮藏、运输、销售和消费等流通过程中常会受到各种不利条件及环境因素的破坏和影响，采用科学合理的包装可保护商品免受或减少这些破坏及影响，以达到保护商品之目的。对食品产生破坏的因素大致有两类：一类是自然因素，包括光线、氧气、温度、湿度、水分、微生物、昆虫、尘埃等，可引起食品氧化、变色、腐败变质或对食品造成污染；另一类是人为因素，包括冲击、振动、跌落、承压载荷、人为盗窃和污染等，可引起内装物变形、破损和变质等。

不同食品所处的流通环境不同，对包装保护功能的要求也不同。例如，饼干易碎易吸潮，其包装应耐压防潮；油炸豌豆极易氧化变质，其包装应能阻氧避光照；而生鲜食品为维持其生鲜状态，要求包装具有一定的 O_2、CO_2 透过率。因此，包装操作应根据产品定位，分析产品特性和产品在流通过程中可能发生的质变及引起质变的影响因素，选择适当的包装材料、容器及技术方法对产品进行适当的包装，保证产品在一定保质期内的质量。

（二）方便贮运

包装能为生产、流通、消费等诸多物流环节提供方便：方便厂家及物流部门装卸储运、陈列销售，也方便消费者携带和取用消费。现代包装还注重包装形态的展示方便、自动售货及消费开启和定量取用的方便。一般说来，产品没有包装就不能贮运、销售和流通。

（三）促进销售

包装是提高商品竞争力、促进销售的重要手段。精美的包装能在心理上征服消费者，增加其购买欲望；在销售市场中，包装更是充当着无声推销员的角色。随着市场竞争由商品内在质量、价格、成本竞争转向更高层次的品牌形象竞争，包装形象将直接反映一个品牌和一个企业的形象。

现代包装设计已成为企业营销战略的重要组成部分。产品包装包含了企业名称、标志、商标、品牌特色，以及产品性能、成分容量等商品说明信息，因而包装形象会比其他广告宣传媒体更直接真实地面对消费者，消费者可通过产品包装得到更直观、精确的品牌和企业形象。食品作为商品所具有的普遍和日常消费性特点，使得其通过包装来传达和树立企业品牌形象更显重要。

（四）提高商品价值

包装是商品生产的继续，包装的增值作用不仅体现在包装直接给商品增加价值——最直接的增值方式，还体现在通过包装塑造名牌所体现的品牌价值——无形而巨大的增值方式。

当代市场经济倡导名牌战略，同类商品是否为名牌价格差距很大；品牌本身不具有商品属性，但可以被拍卖，通过赋予它价格而取得商品形式，而品牌转化为商品的过程可能会给企业带来巨大的直接或潜在的经济效益。包装增值策略如果运用得当，将有望取得事半功倍、一本万利的效果。

三、包装的分类

现代包装种类很多，因分类角度不同而形成多种分类方法。

1. 按在流通过程中的作用分类

（1）销售包装（sale package）　又称小包装或商业包装，不仅具有对商品的保护作用，且更注重包装的促销和增值功能，可通过包装装潢设计手段来树立商品和企业形象，吸引消费者、提高商品竞争力。瓶、罐、盒、袋及其组合包装一般属于销售包装。

（2）运输包装（transport package）　又称大包装，应具有很好的保护功能且方便贮运和装卸，其外表面对贮运注意事项应有明显的文字说明或图示，如"防雨""易燃""易碎""不可倒置"等。瓦楞纸箱、木箱、金属大桶、各种托盘、集装箱等属运输包装。

2. 按包装材料和容器分类

包装按包装材料和容器分类如表 1-1 所示。

表 1-1　包装按包装材料和容器分类

包装材料	包装容器类型
纸与纸板	纸盒、纸箱、纸袋、纸罐、纸杯、纸质托盘、纸浆模塑制品等
塑料	塑料薄膜袋、中空包装容器、片材热成型容器、热收缩膜包装、塑料托盘、塑料瓶等
金属	马口铁、无锡钢板等制成的金属罐、桶等，铝、铝箔制成的罐、软管、软包装袋等
复合材料	纸、塑料薄膜、铝箔等组合而成的复合软包装材料制成的包装袋、复合罐、软管等
玻璃、陶瓷	瓶、罐、坛等包装容器

3. 按包装结构形式分类

（1）贴体包装（appressed package）　将产品封合在用塑料片制成的、与产品形状相似的型材和盖材之间的一种包装形式。

（2）泡罩包装（blister package）　将产品封合在用透明塑料片材料制成的泡罩和盖材之间的一种包装形式。

（3）热收缩包装（shrink package）　将产品用热收缩薄膜裹包或装袋，通过加热使薄膜收缩而形成产品包装的一种包装形式。

（4）可携带包装（portable package）　在包装容器上制有提手或类似装置，以便于携带的包装形式。

（5）托盘包装（salver package）　将产品或包装件堆码在托盘上，通过捆扎、裹包或黏结等方法固定而形成包装的一种包装形式。

（6）组合包装（combined package）　将同类或不同类商品组合在一起进行适当包装，形成一个搬运或销售单元的包装形式。

此外，还有悬挂式包装、可折叠式包装、喷雾式包装、自封式包装等。

4. 按包装技术方法分类

按包装技术方法分类，包装可分为：真空充气包装、控制气氛包装、脱氧包装、防潮包装、软罐头包装、无菌包装、热成型包装、热收缩包装、缓冲包装、活性包装等。

5. 按销售对象分类

按销售对象分类，包装可分为出口包装、内销包装、军用包装和民用包装等。

第二节　包装与现代社会生活

包装与现代社会生活息息相关，现代社会生活离不开包装，包装的发展变化也深刻地改变和影响着现代社会生活。

一、包装策略与企业文化

产品包装是企业形象最直接生动的反映形式。包装信息包括了企业标志、商标、标准字体、标准色等企业形象诸要素。现代企业越来越注重产品的包装形象，因为品牌的创立和认同，需首先经过产品包装形象的确立和认同，包装产品通过大批量的、多次重复的展现和消费，其商品形象直接而有效地印在消费者的心目中。凡是科学合理的包装，均能概括、鲜明、集中、深刻地反映商品的品质内涵，展示企业的素质形象。此观点得到企业界的广泛认同，因此，包装成为企业树立形象和创造品牌最基本、最重要的手段之一。

国际上杰出的成功企业通常把包装策略放在企业形象战略（corporate identity system，CIS）中加以统筹考虑。从广泛的意义上讲，CIS 实质上是企业整体形象的包装；企业通过包装，向人们展示其内在品味和完美形象，从而赢得市场和消费者。因此，企业整体形象包装与包装策略成为现代企业文化的主流。

二、包装与资源、环境

资源的消耗和环境的保护是全球关注的两大热点生态问题，包装与资源、环境密切相关，并成为这两个问题的焦点之一。包装用材消耗大量自然资源；包装生产过程中的有毒"三废"（废气、废水、废渣）严重污染环境；数量巨大的包装废弃物成为环境的重要污染源；这些因素均在促进自然界恶性生态循环，世界各国为此投入巨大，问题有所控制，但依然严峻。

（一）包装与资源

地球的自然资源并非取之不尽、用之不竭，每一种物质的形成都需要漫长的时间。包装行业对资源的需求量巨大，如用于包装的纸和纸板占纸制品总量的 90%，说明包装消耗着相当数量的森林资源从而影响自然生态平衡。各种包装材料或容器在生产和使用过程中均需要能源，表 1-2 所列为几种包装容器的生产所需总能源比较，其中以纸箱、纸盒包装的生产最节能。

表 1-2　几种包装容器的生产所需总能源的比较

	包装容器							
	玻璃瓶罐				金属罐	纸箱	纸盒	纸袋
周转次数	1	8	20	30	1	1	1	1
内装量/mL	200	200	200	200	250	1000	500	200
单位容器重所需能源/（kJ/g）	28.59[*] 22.40	8.37	5.78	5.19	119.45[*]	98.05	116.43	287.13[*]
单位内装量所需总能源/（kJ/mL）	17.84[*] 13.94	15.03	10.34	9.29	14.91	3.14	4.65	8.33

*外包装用瓦楞纸箱，其他则用塑料格箱

　　从绿色低碳、节能减排的观点出发，包装应力求精简合理，防止过分包装和夸张包装；充分考虑包装材料的轻量化，采用提高材料综合包装性能等措施探索容器薄壁化和寻求新的代用材料，在满足包装要求前提下，用纸塑类代替金属、玻璃包装材料。目前，牛奶、果汁类饮料基本采用纸塑类复合包装材料，并采用无菌包装技术包装。一方面大量节省了包装原材料，降低能耗和生产成本，同时也较好地保持了食品原有风味和品质；另一方面，通过改进包装结构，实现包装机械化、自动化，加强包装标准化和质量管理等也能达到省料节能之目的。

（二）包装与环境保护

　　包装在促进商品经济发展的同时，对环境造成的危害也日趋严重。2005 年统计资料表明：我国县以上城市固态垃圾年产量约 2 亿吨，美国约 1.5 亿吨，日本约 0.5 亿吨；其中发达国家包装废弃物约占垃圾总量的 1/3，我国约占 1/10，即每年达 2000 万吨。据日本的调查：包装废弃物中塑料占总量的 37.8%、纸占 34.8%、玻璃占 16.9%、金属占 10.5%；在现代物流包装发展迅速的今天，纸塑类包装废弃物的占比越来越大。按照目前塑料在自然界的降解速度推算，我们生活的城市及周边环境很快就会被塑料等包装废弃物所包围。

　　因此，人类在进行产品包装的同时，更应该注重生态环境的保护，从单纯的解决人类最基本的功能性需求，转向人类生存环境条件的各方面要求，才能最终使产品包装和产品本身一起同人及环境建立一种共生的和谐关系；包装工业应力求低能耗、高成效，使产品获得合理包装的同时，做好废旧包装的回收再利用、降解等适当处理工作。

　　就食品包装来说，首先要解决好产品和包装的合理定位问题，避免华而不实的包装，优先采用高新包装技术和高性能包装材料，在保证商品使用价值的前提下，尽量减少包装用料和提高重复使用率，降低综合包装成本；其次应大力发展绿色包装、生态包装和可降解包装，注重包装废弃物的回收再利用和降解处理问题。把包装废弃物对环境的污染和对生态的破坏降到最低。

（三）绿色包装体系

　　绿色包装（green packaging）即有利于保护人类生存环境的包装，其特征就是有利于生态环境和资源保护。研究和开发绿色包装是社会发展的必然趋势，也是未来包装市场的竞争热点。因此，一些发达国家正在积极地投入和开发绿色包装材料，探索建立相应的绿色包装体系，促进绿色包装产业的发展。

　　与绿色食品（green food）的倡导、评价和管理体系一样，绿色包装体系的建立应该包括绿色包装的政策和法律体系、绿色包装技术体系和绿色包装应用体系；通过这一完整的体系来评判、鼓励和扶持绿色包装及行为，限制或取消那些严重破坏生态环境的包装及其行为，从而使得绿色包装如绿色食品一样得到推崇和发展。

　　就目前食品所使用的包装材料而言，如纸、塑料或纸塑复合材料，从资源与环境两方面来评判它们是否为绿色包装，即从资源利用、材料制造到使用后的处理情况来综合分析，最终结论是否定的。因此，绿色包装技术体系应该解决包装在使用前后的整个过程中对生态环境的破坏问题，研究开发理想的绿色包装技术，包括绿色包装材料、制品和方法。

　　倡导绿色包装的实际意义在于促进建立和完善包装资源的高效回收及再生体系，使包装废弃物得到充分循环再利用，在减少自然资源消耗的同时，大大减少对生态环境的污染和破坏，使得人类的生存环境更绿色、更舒适。

第三节　食品包装概论

食品包装学作为一门综合性的应用科学，涉及化学、生物学、物理学、材料学、美学设计等基础科学，更与食品科学、包装技术、市场营销等人文学科密切相关。食品包装工程是一个系统工程，包含了食品工程、机械力学工程、化学工程、包装材料工程及社会人文工程等领域。因此，做好食品包装工作首先要掌握与食品包装相关的学科技术知识，以及综合运用相关知识和技术进行包装操作的能力及方法；其次应该建立评价食品包装质量的标准体系。

一、如何做好食品包装

1. 了解食品本身特性及所需的保护条件

要做好食品包装，首先应了解食品的主要成分、特性及加工贮运流通过程中可能发生的内在反应，包括非生物性的生化反应和生物性的腐败变质反应机理；其次应研究影响食品中主要成分，尤其是脂肪、蛋白质、维生素等营养成分的敏感因素，包括光线、氧气、温度、湿度、微生物、机械力学等因素。只有掌握了被包装食品的生物学、化学、物理学特性及其敏感因素，明确其所需的保护条件，才能正确选用包装材料、包装工艺技术来进行包装操作，达到保护产品并适当延长食品保质期之目的。

2. 研究和掌握包装材料的包装性能、适用范围及条件

包装材料种类繁多、性能各异，因此，只有了解了各种包装材料和容器的包装性能，才能根据包装食品的防护要求，选择既能保护食品风味品质又能体现其商品价值，并使综合包装成本合理的包装材料。例如，需高温杀菌的食品应选用耐高温包装材料，而低温冷藏食品则应选用耐低温的材料包装。

3. 掌握有关的包装技术方法

对于开发的食品，在选取适合的包装材料和容器后，还应采用最适宜的包装技术方法。包装技术的选用与包装材料密切相关，也与包装食品的市场定位诸因素密切相关。同一种食品往往可以采用不同的包装技术方法而达到相同或相近的包装要求和效果，但包装成本不同。例如，易氧化食品可采用真空或充气包装，也可采用封入脱氧剂进行包装，后者的抗氧化效果好，但成本也较高。有时为了达到设定的包装要求和效果，必须采用特定的包装技术。

4. 研究和了解商品的市场定位及流通区域条件

商品的市场定位、运输方式及流通区域的气候和地理条件等是食品包装设计必须考虑的因素。国内销售与出口商品的包装和装潢要求不同，不同运输方式对包装的保护性要求不同，公路运输比铁路运输有更高的缓冲包装要求。对食品包装而言，商品流通区域的气候条件变化至关重要，因为环境温湿度对食品内部成分的化学变化、食品微生物及其包装材料本身的阻隔性都有很大的影响，在较高温湿度区域流通的食品，其包装要求应更高；运往寒冷地区的产品包装，应避免使用遇冷变硬脆化的高分子包装材料。

5. 研究和了解包装整体结构及包装材料对食品的影响

包装食品的卫生与安全非常重要，而包装材料及包装整体结构与此关系密切，包装操作时应了解包装材料中的添加剂等成分向食品中迁移的情况，以及食品中某些组分向包装材料渗透和被吸附情况等对流通过程中食品质量安全的影响。

6. 进行合理的包装结构设计和装潢设计

根据食品所需要的保护性要求、预计包装成本、包装量等因素进行合理的包装设计，包括容器形状、耐压强度、结构形式、尺寸、封合方式等；应尽量使包装结构合理、节省材料、节约运输空间及符合时代潮流，避免过分包装和欺骗性包装。包装装潢设计应与内装产品相适应，做到商标醒目、文字简明、图案色彩鲜明富有视觉冲击力，并能迎合所定位的消费人群的喜好。出口商品应注意消费国家的民族习惯，并避免消费群体的禁忌。

7. 掌握包装测试方法

合格的商品必须通过有关法规和标准规定的检验测试，商品检测除对产品本身进行检测外，对包装也必须进行检测，合格后方能使用流通。包装测试项目很多，大致可分成以下两类。

（1）对包装材料或容器的检测　　包括包装材料和容器的 O_2、CO_2、水蒸气的透过率及透光率等的阻透性测试；包装材料的耐压、耐拉、耐撕裂强度、耐折次数、软化及脆化温度、黏合部分的剥离和剪切强度测试；包装材料与内装食品间的反应，如印刷油墨、材料添加剂等有害成分向食品中迁移量的测试；包装容器的耐霉试验和耐锈蚀试验等。

（2）对包装件的检测　　包括跌落、耐压、耐振动、耐冲击试验和回转试验等，主要解决贮运流通过程中的耐破损问题。

包装检测项目非常多，但并非每一个包装都要进行全面检测。对特定包装究竟要进行哪些测试，应视内装食品的特性及其敏感因素、包装材料种类及国家标准和法规要求而定。例如，罐头食品用空罐常需测定其内涂料在食品中的溶解情况；脱氧包装应测定包装材料的透氧率；防潮包装应测定包装材料的水蒸气透过率等。

8. 掌握包装标准和法规

包装操作自始至终每一步都应严格遵守国家标准和法规。标准化、规范化操作贯穿整个包装操作过程，才能保证包装的原材料供应、包装作业、商品流通及国际贸易等顺利进行。必须指出，随着市场经济和国际贸易的发展，包装标准化越来越重要，只有在充分掌握和了解国家及国际有关包装标准的基础上，才能使我们的商品走出国门，参与国际市场竞争。

二、评价包装质量的标准体系

包装质量是指产品包装能满足生产、贮运、销售至消费的整个生产流通过程的需要及其满足程度的属性。包装质量的好坏，不仅影响到包装的综合成本效益、产品质量，而且影响到商品市场竞争能力及企业品牌的整体形象。因此，了解或建立包装质量标准体系是做好包装工作的重要内容。评价食品包装质量的标准体系主要考虑以下几方面。

1. 包装能提供对食品良好的保护性

食品极易变质，包装能否在设定的食品保质期内保证食品质量，是评价包装质量的关键。包装对产品的保护性主要表现在以下几方面。

（1）物理保护性　　包括防振耐冲击、隔热防尘、阻光阻氧、阻水蒸气及阻隔异味等。

（2）化学保护性　　包括防止食品氧化、变色，防止包装的老化、分解、锈蚀及有毒物质的迁移等。

（3）生物保护性　　主要是防止微生物的侵染及防虫、防鼠。

（4）其他相关保护性　　如防盗、防伪等。

2. 卫生与安全

包装食品的卫生与安全直接关系到消费者的健康和安全，也是国际食品贸易的争执焦点，本书将作专题介绍。

3. 方便与适销

包装应具有良好的方便和促销功能，体现商品的价值和吸引力。

4. 加工适应性好

包装材料应易加工成型，包装操作简单易行，包装工艺应与食品生产工艺相配套。

5. 包装成本合理

包装成本指包括包装材料成本、包装操作成本和运输包装及其操作等成本在内的综合经济成本。

除上述几点外，评价食品包装质量的标准体系，还应考虑包装废弃物易回收利用、不污染环境及符合包装标准和法规等。

包装质量的标准体系应由包装质量的管理体系来实施和保证。企业应使员工树立起质量意识，把质量意识和管理实施贯穿于企业生产经营的全过程，以过硬的产品质量、美好的包装形象征服市场，赢得消费者。

三、食品包装的安全与卫生

提供安全卫生的包装食品是人们对食品厂商的最基本要求。食品包装各个环节的安全与卫生问题，可大致从三个方面去考察，即包装材料本身的安全与卫生性、包装后食品的安全与卫生性及包装废弃物对环境的安全性，如图 1-1 所示。

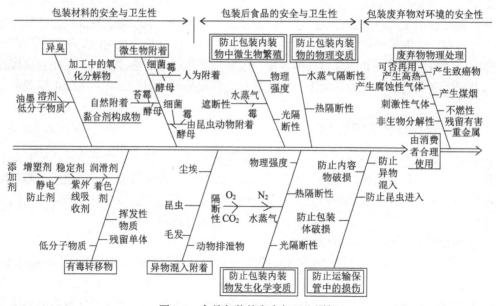

图 1-1　食品包装的安全与卫生图解

　　包装材料的安全与卫生问题主要来自包装材料内部的有毒有害成分对包装食品的迁移和溶入，这些有毒有害成分主要包括：材料中的有毒元素如铅、砷等；合成树脂中的有毒单体，各种有毒添加剂及黏合剂；涂料等辅助包装材料中的有毒成分。包装材料的安全与卫生直接影响包装食品的安全与卫生，为此世界各国对食品包装的安全与卫生制定了系统的标准和法规，用于控制和解决食品包装的安全卫生及环保问题。《中华人民共和国食品安全法》关于食品包装的安全与卫生问题做了严格明确的规定。

—— **思考题** ——

1. 包装的定义及其基本含义是什么？
2. 试分析现代食品包装四大功能的相互关系。
3. 试从绿色包装的意义上说明包装与资源环境的关系。
4. 怎样做好食品包装？
5. 试从消费者的角度评价食品包装。
6. 从食品安全的角度出发，食品包装应该注意什么问题？

第二章　食品包装纸类材料及其包装容器

本章学习目标

1. 掌握食品包装用纸、纸板和纸容器的主要包装性能及适用场合。
2. 熟悉纸箱、纸盒的结构形式，了解其设计方法和技术标准。
3. 熟悉其他纸类包装容器的种类、性能及食品包装应用。

纸类包装材料是由纤维交织而成的薄片状网络材料，在现代食品包装中占有非常重要的地位。发达国家纸类包装材料占包装材料总量的 45%～55%，我国占 50% 以上。从食品农产品现代物流发展趋势来看，纸类包装材料的用量会越来越大，其在包装领域独占鳌头的原因是其具有独特的优点：①原料丰富、成本低廉、品种多样，易形成大批量生产，废弃物可回收利用；②卫生安全、加工性能好，便于复合，印刷性能优良；③具有一定的机械性能，重量轻，包装制品缓冲性能好，有利于保护商品。

纸类包装制品有：纸箱、纸盒、纸袋等，瓦楞纸板及其纸箱占据纸类包装材料和制品的主导地位；由多种材料复合而成的复合纸和纸板在食品包装上已广泛应用，并将部分取代其他包装材料的应用。

第一节　纸类包装材料的特性及其性能指标

一、纸类材料的包装性能

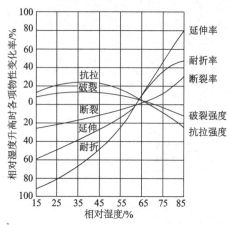

图 2-1　纸的机械力学性能随相对湿度变化的规律

1. 机械性能

用于食品包装的纸和纸板应具有一定的强度、挺度和机械适应性，以及一定的折叠性、弹性及抗撕裂性等，以适合制作成型包装容器或用于裹包。这些性能取决于纸的制作材料、加工工艺、表面状况和环境温湿度条件等；环境温湿度的变化会引起纸和纸板平衡水分的变化，最终使其机械性能发生变化。图2-1 为纸的机械性能随环境相对湿度变化的规律，由于纸质纤维具有较大的吸水性，当环境相对湿度（RH）增大时其抗拉强度和破裂强度会下降，影响纸和纸板的机械性能。

2. 阻隔性能

纸和纸板为多孔性纤维材料，对气体、光线、水分和油脂等具有渗透性，且环境温湿度对其阻隔性的影响较大。单一纸类包装材料不能用于包装对气体或油脂阻隔性要求高的食品，通过适当的表面加工处理可改善阻隔性能，满足其使用要求。

3. 印刷性能

纸和纸板具有良好的印刷性能，包装上常用作印刷表面；其吸收和黏结油墨的能力即印刷性能取决于其表面平滑度、施胶度、弹性及黏结力等。

4. 加工性能

纸和纸板易实现裁剪、折叠，并可采用多种封合方式；良好的加工性能使得纸类包装容器的制作容易实现机械化和自动化，且为设计各种功能性结构（如开窗、提手、间壁及展示台等）创造了条件。另外，通过适当的表面加工处理，可为纸和纸板提供必要的防潮性、防虫性、阻隔性、热封性、强度及机械性能等，扩大其使用范围。

5. 卫生安全性能

纸的加工过程，尤其是化学制浆，通常会残留一定的化学物质（碱液及盐类），因此，必须根据包装内容物来合理选择各种纸和纸板。

二、纸及纸板的质量指标

用作食品包装的纸质材料其质量要求包括：外观、物理性能、机械性能、光学和化学性质等方面。

1. 外观

纸的外观品质用其各种外观纸病加以度量，凡不包括在纸张技术要求范围内的纸张欠缺称纸病，用感官鉴别的纸病称外观纸病。外观纸病的产生原因很多，如加工时原料处理欠缺、操作不当、包装运输疏忽等，常见纸病如下。

（1）尘埃 指肉眼可见的与纸张表面颜色有显著差别的细小脏点。

（2）透光点和透帘 把纸张迎光照看，纸页纤维层较其他部分薄但没有穿破迹象，小的称透光点，大的称透帘。

（3）孔眼和破洞 指纸张上完全穿通的窟窿，小的称孔眼，大的称破洞。

（4）折子 纸张本身折叠产生的条痕，能伸展开的（仍有折痕）称活折子，不能伸展开的称死折子。

（5）皱纹 纸面出现凹凸不平的曲皱，破坏纸张的平滑匀称，妨碍印刷。

此外还有斑点、裂口、硬质块、有无光泽等。根据等级不同分别规定不允许存在或加以限制。

2. 物理性能

（1）定量（W）（GB/T 451.2—2002） 每平方米纸的质量，单位为 g/m^2。

（2）厚度（d）（GB/T 451.3—2002） 纸样在两测量板之间，一定压力下直接测出的厚度，单位为 mm。

（3）紧度（D）（GB/T 451.2—2002） 纸的单位体积重，体现纸的结实与松弛程度，单位为 g/cm^3。

（4）成纸方向（GB/T 452.1—2002） 纵向：与造纸机运行相同的方向。横向：与造纸机运行垂直的方向。纸与纸板的许多性能有显著的方向性，抗拉强度和耐折度纵向大于横向，撕裂度则横向大于纵向。

（5）纸面（GB/T 450—2008）　　　正面：纸页成型时不与造纸机成型网接触的面，也称毯面。反面：与造纸机成型网接触的面，也称网面。

（6）水分（GB/T 462—2008）　　　指单位重量试样在 100～105℃烘干至重量不变时，所减少的重量与试样原重量的百分比。

（7）平滑度（GB/T 456—2002）　　　指在规定真空度下使定量容积的空气透过纸样与玻璃面之间的缝隙所用的时间，单位为秒（s）。

（8）施胶度（GB/T 460—2008）　　　指用标准墨画线后不发生扩散和渗透的线条的最大宽度，单位为 mm。它反映了加入胶料的多少。

（9）吸水性（GB/T 1540—2002）　　　指单位面积试样在规定温度条件下，浸水 60min 后吸收的实际水分，单位为 $g/(m^2 \cdot h)$。

3. 机械性能

（1）抗张强度（GB/T 12914—2008）　　　指纸或纸板抵抗平行施加拉力的能力，即拉断之前所承受的最大拉力。

（2）伸长率（GB/T 459—2002）　　　指纸或纸板受到拉力至拉断，长度增加值与原试样长度之比。

（3）破裂强度（GB/T 454—2002）　　　又称耐破度，指单位面积纸或纸板所能承受的均匀增大的最大垂直压力，单位为 kPa。这是一个对包装用纸有特别意义的综合性能指标。

（4）撕裂度（GB/T 455—2002）　　　采用预切口将纸两边往相反方向撕裂至一定长度所需的力，单位为 mN；表明包装纸或纸板抗撕破的能力，是重要的质量指标。

（5）耐折度（GB/T 457—2008）　　　指在一定张力下将纸或纸板往返折叠，直至折缝断裂为止的双折次数，分为纵向和横向两项，单位为折叠次数。

（6）戳穿强度（GB/T 2679.7—2005）　　　指在流通过程中，突然受到外部冲击时所能承受的最大冲击力。

（7）环压强度（GB/T 2679.8—2016）　　　在一定加压速度下，使环形试样平均受压压溃时所能承受的最大力。

（8）边压强度（GB/T 6546—1998）　　　在一定加压速度下，使矩形试样的瓦楞垂直于压板，平均受压时所能承受的最大力。

4. 光学性质

（1）白度（GB/T 8940.2—2002）　　　指白或近白的纸由蓝光反射率所反映的白净程度，用标准白度计对照测量。用反射百分率表示。

（2）透明度（GB/T 2679.1—2013）　　　指可见光透过纸的程度，以可以清楚地看到底样字迹或线条的试样层数来表示。

5. 化学性质

（1）酸碱度（GB/T 1545—2008）　　　纸在制造过程中，由于方法不同，纸呈酸性或碱性。酸碱性大都能使纸的质量显著降低，必须严格控制。对于直接接触食品的包装用纸，还要考虑酸碱度是否对食品有影响。

（2）纸、纸板和纸浆纤维组成的分析标准（GB/T 4688—2002）　　　纤维粗度：特定纤维每单位长度的质量（绝干量），单位为 mg/m。重量因子：特定纤维的纤维粗度与标准（指定）纤维的粗度之比。

第二节 食品包装用纸和纸板

一、食品包装用纸和纸板的分类、规格

1. 食品包装用纸和纸板的分类

纸类产品分纸与纸板两大类，凡定量在 225g/m² 以下或厚度小于 0.1mm 的称为纸，定量在 225g/m² 以上或厚度大于 0.1mm 的称为纸板。但这一划分标准不是很严格，如有些折叠盒纸板、瓦楞原纸的定量虽小于 225g/m²，通常也称为纸板；有些定量大于 225g/m² 的纸，如白卡纸、绘图纸等通常也称为纸。

纸主要用作包装商品、制作纸袋、印刷商标等；纸板则主要用于生产纸箱、纸盒、纸桶等包装容器。常用包装用纸及纸板见表 2-1。

表 2-1 常用包装用纸及纸板

包装用纸	普通商业包装用纸、牛皮纸、羊皮纸、鸡皮纸、玻璃纸、防潮玻璃纸、糖果包装纸、茶叶袋滤纸、防锈纸、仿羊皮纸、纸袋纸、复合纸等
包装用纸板	白纸板、牛皮箱纸板、箱板纸、瓦楞原纸、黄纸板、茶纸板、复合纸板等

2. 食品包装用纸和纸板的规格

纸与纸板可分为平板和卷筒两种规格，其规格尺寸要求为：平板纸要求长度和宽度，卷筒纸只要求宽度。规定纸和纸板的规格尺寸，对于实现纸类包装容器规格尺寸的标准化，具有十分重要的意义。

国产卷筒纸的宽度尺寸为 1940mm、1600mm、1220mm、1120mm、940mm 等规格；进口的牛皮纸、瓦楞原纸等的卷筒纸，其宽度为 1600mm、1575mm、1295mm 等数种；平板纸和纸板的规格尺寸主要有 787mm×1092mm、880mm×1092mm、850mm×1168mm 等。

二、食品包装用纸

包装用纸品种很多，常用食品包装用纸有以下几种。

1. 一般食品包装纸

一般食品包装纸（food packaging paper）按用途分为 I 型和 II 型。I 型为糖果包装原纸，为卷筒纸，经印刷上蜡加工后供糖果包装和商标用纸；II 型为普通食品包装纸，分为双面光和单面光两种。一般为平板纸，或按订货合同生产卷筒纸。技术指标见表 2-2。

表 2-2 普通食品包装纸技术指标（QB/T 1014—2010）

指标名称	单位	规定	
		一等品	合格品
定量	g/m²	40±2.0	60±3.0
耐破指数≥	kPa·m²/g	2.00	1.25
抗张指数（纵横平均）≥	N·m/g	31.4	26.5
吸水性（Cobb60）≤	g/m²	30.0	

续表

指标名称	单位	规定	
		一等品	合格品
尘埃度 0.3～2.0mm^2	个/m^2	≤160	
尘埃度 2.0～3.0mm^2	个/m^2	≤10	
尘埃度>3.0mm^2	个/m^2	不应有	
交货水分	%	5.0～9.0	

注：Cobb60 指用 Cobb 法测试吸水性，测试时间为 60s

食品包装纸直接与食品接触，必须严格遵守其理化卫生指标，纸张纤维组织应均匀，不可有明显的云彩花，纸面应平整，不可有折子、皱纹、破损裂口等纸病。食品包装纸理化卫生指标见表 2-3。

表 2-3　食品包装纸理化卫生指标（GB 4806.8—2016）

项目	指标
铅（以 Pb 计）/（mg/kg）	≤5
砷（以 As 计）/（mg/kg）	≤1
荧光性物质（254nm 及 365nm）	合格
脱色试验（水，正乙烷）	阴性
大肠杆菌/（个/100g）	≤30
致病菌（系指肠道致病菌、致病性球菌）	不得检出

2. 牛皮纸

牛皮纸（kraft paper）是用硫酸盐木浆抄制的高级包装用纸，因有高施胶度，坚韧结实似牛皮而得名，定量一般在 30～100g/m^2，分 A、B 和 C 三个等级，可经纸机压光或不压光。根据纸的外观，有单面光、双面光和条纹等品种；有漂白与未漂白之分，多为本色纸，色泽为黄褐色。

牛皮纸机械强度高，有良好的耐破度和纵向撕裂度，并富有弹性，抗水性、防潮性和印刷性良好。大量用于食品销售包装和运输包装，如包装点心、粉末等食品，多采用强度不太大、表面涂树脂等材料的牛皮纸。

牛皮纸的主要技术指标见标准 GB/T 22865—2008。

3. 羊皮纸

羊皮纸（parchment paper）又称植物羊皮纸或硫酸纸，是一种质地紧密坚韧的半透明乳白色双面平滑纸张。因采用硫酸处理而羊皮化，故也称硫酸纸。羊皮纸的主要技术指标见标准 QB/T 1710—2010。

羊皮纸具有良好的防潮性、耐油性、气密性和机械性能。食品包装用羊皮纸的定量为 45～60g/m^2，适用于油性食品、冷冻食品、防氧化食品，如乳制品、油脂、鱼肉、糖果点心、茶叶等食品的包装。注意羊皮纸的酸性会对金属制品产生腐蚀作用。

4. 鸡皮纸

鸡皮纸（wrapping paper）是一种单面光的薄型包装纸，与单面光牛皮纸相似，生产过程要施胶、加填和染色，但不如牛皮纸强韧，故戏称"鸡皮纸"。鸡皮纸纸质坚韧，有较高的耐破度、耐折度，并具耐水性和良好的光泽，可供包装食品、日用百货等，也可印刷商标。食品包装用鸡皮纸不得使用对人体有害的化学助剂，且不得有明显的外观缺陷。

鸡皮纸的主要技术指标见标准 QB/T 1016—2006。

5. 半透明纸

半透明纸（semitransparent paper）是一种用漂白硫酸盐木浆，经长时间的高黏度打浆及特殊压光处理而制成的双面光柔软的薄型纸，定量为 $31g/m^2$；质地紧密坚韧，具有半透明、防油、防水防潮等性能，可用于土豆片、糕点等脱水食品的包装，也可用于乳制品、糖果等油脂食品包装。

6. 玻璃纸

玻璃纸（glass paper）又称赛璐玢，是一种天然再生纤维素透明薄膜，一种透明性最好的高级包装材料，可见光透过率达 100%，质地柔软、厚薄均匀，有优良的光泽度、印刷性、阻气性、耐油性、耐热性，且不带静电；多用于糖果、糕点、化妆品、药品等中高档商品包装，也可用于纸盒的开窗包装。但防潮性差，撕裂强度较小，不能热封。

玻璃纸分为防潮和非防潮两种，有白色和彩色、平板纸和卷筒纸之分。国产玻璃纸分一等品和合格品两个等级，食品用玻璃纸不得使用对人体有害的化学助剂，卫生要求需符合国家标准 GB4806.8—2016 的规定。

玻璃纸和其他材料复合可以改善其性能。在普通玻璃纸上涂一层或两层树脂如硝化纤维素、聚偏二氯乙烯（PVDC）和聚乙烯（PE）等制成防潮玻璃纸，具有热封性能，可与食品直接接触，有很好的保护性。

食品用玻璃纸的主要技术指标可见标准 GB/T 24695—2009，普通玻璃纸可见 GB/T 22871—2008。

7. 茶叶袋滤纸

茶叶袋滤纸（tea bag paper）是一种低定量专用包装纸，用于袋泡茶的包装，要求纤维组织均匀，无折痕皱纹，无异味，具有较大的湿强度和一定的过滤速度，耐沸水冲泡，同时应有适应袋泡茶自动包装机包装的干强度和弹性。

茶叶袋滤纸国外多用马尼拉麻生产。我国用桑皮纤维经高游离状打浆后抄造，再经树脂处理，也可用合成纤维（即湿式无纺布）制造。

8. 涂布纸

涂布纸（coated paper），即纸表面涂布沥青、低密度聚乙烯（LDPE）或 PVDC 乳液、改性蜡（热熔黏合剂和热封蜡）等，使纸的性能得到改善。例如，PVDC 涂布纸表面非常光滑，无嗅无味，可用于极易受水蒸气损害，特别是需要隔绝氧气的食品包装。此外，还可以涂布防锈剂、防霉剂、防虫剂等制成防锈纸、防霉纸、防虫纸等。

9. 复合纸

复合纸（compound paper），即将纸与其他挠性包装材料相贴合而制成的一种高性能包装纸。通过与塑料薄膜（PE、聚丙烯即 PP、涤纶树脂即 PET、PVDC 等）、金属箔（如铝箔）等复合来改善纸的单一性能，使纸基复合材料具有优异的综合包装性能而大量用于食品包装。

案 例 一

光触媒抗菌食品包装纸是复合纸的一种，还是其他类型的包装纸？
回答：功能性食品包装纸

　　光触媒是一种以纳米级 TiO_2 为代表的具有光催化功能的光半导体材料的总称，它涂布于基材表面，在光线的作用下，产生强烈的催化降解功能，能有效降解空气中有毒有害气体、杀灭细菌，并将细菌或真菌释放出的毒素分解及无害化处理，同时还具备除臭、抗污、净化空气等功能。光触媒抗菌食品包装纸采用涂布工艺，使纳米级 TiO_2 粉体附着在包装纸表面，从而使纸具有光催化抗菌性（对金黄色葡萄球菌和大肠杆菌均具有较好的抗菌性），用于食品包装保鲜。

案 例 二

蔬菜纸属于复合纸？回答：功能性食品包装纸

　　蔬菜纸，亦称纸菜，是一种具有可食与保鲜包装双重功能的新型蔬菜深加工产品。它是将蔬菜加工成糊状，然后加入适当的黏结剂和调味料，再进行干燥轧制而成的一种蔬菜制品。其形状像一张纸，既可作为方便休闲食品食用，也可作盒装食品的个体包装。

　　蔬菜纸可分为两种：一种是以蔬菜为主要原料，将蔬菜打浆，成型后烘干制成蔬菜纸型产品；另一种是将淀粉、糖类精化，再添加其他食品添加剂，采取与造纸工艺类似的方法成型的纸型产品。

　　目前，以蔬菜为主要原料制成的可食性包装蔬菜纸，具有营养价值且便于储藏保鲜和运输，有望成为一种新型的绿色环保包装材料，将其应用于食品包装领域，具有很大的市场需求与开发前景。例如，以胡萝卜素为原料，添加适量的增稠剂、增塑剂、抗水剂，利用胡萝卜素天然色泽制成的可食性彩色蔬菜纸，可用作盒装食品的个体包装或直接当作方便食品食用，既能减少环境污染，又能增强食品美感，因而很受消费者欢迎。

三、食品包装用纸板

1. 白纸板

白纸板（white board）是一种白色挂面纸板，有单面和双面白纸板两种，表面平整、洁白、光亮，主要用于销售包装，具备良好的印刷性能、加工性能和包装性能；经彩色印刷后可制成各种类型的纸盒、纸箱，起着保护商品、装潢美化商品的促销作用，也可用于制作吊牌、衬板和吸塑包装的底板。随着商品经济的发展，白纸板的需求量越来越大。

2. 标准纸板

标准纸板（standard board）是一种经压光处理，适用于制作精确特殊模压制品及再制品的包装纸板，颜色为纤维本色。

3. 箱纸板

箱纸板（case board）是以化学草浆或废纸浆为主的纸板，以本色居多，表面平整、光滑、纤维紧密、纸质坚挺、韧性好，具有较好的耐压、抗拉、耐撕裂、耐戳穿、耐折叠和耐水性能，印刷性能好。

箱纸板按质量分为 A、B、C、D、E 五个等级，其中 A、B、C 为挂面纸板。A 级适宜制造精细、贵重物品包装用的出口瓦楞纸板；B 级适宜制造出口物品包装用的瓦楞纸板；C 级适宜制造较大型物品包装用的瓦楞纸板；D 级适宜制造一般包装用的瓦楞纸板；E 级适宜制造轻载瓦楞纸板。

4. 瓦楞原纸

瓦楞原纸（corrugating base paper）是一种低定量的薄纸板，具有一定耐压、抗拉、耐破、耐折叠性能；经轧制成瓦楞纸后，用黏结剂与箱纸板黏合成瓦楞纸板，可用来制造纸盒、纸箱和做衬垫用。瓦楞原纸按质量分为 A、B、C、D 四个等级，其纸面应平整、纤维组织应均匀、厚薄应一致，水分应控制在 8%～12%。

瓦楞纸在瓦楞纸板中起支撑和骨架作用，因此，提高瓦楞原纸的质量，是提高纸箱抗压强度的一个重要方面。

5. 加工纸板

加工纸板是为了改善原有纸板的包装性能，对纸板进行再加工的一类纸板，如在纸板表面涂蜡、涂聚乙烯或聚乙烯醇等，处理后纸板的防潮、强度等综合包装性能大大提高。

四、瓦楞纸板

瓦楞纸板是由瓦楞原纸轧制成屋顶瓦片状波纹，然后与两面箱板纸黏合制成。瓦楞波纹宛如一个个连接的小型拱门，相互并列支撑形成类似三角的结构体，既坚固又富弹性，能承受一定重量的压力。瓦楞形状直接关系到瓦楞纸板的抗压强度及缓冲性能。

1. 瓦楞形状

如图 2-2 所示，瓦楞形状分 U 形、V 形和 UV 形三种。

U 形瓦楞：圆弧半径较大，缓冲性能好、富有弹性，当压力消除后，仍能恢复原状，但抗压力弱。黏合剂的施涂面大，容易黏合。

V 形瓦楞：圆弧半径较小，缓冲性能差、抗压力强，在加压初期抗压性较好，但超过最高点后即迅速破坏。黏合剂的施涂面小，不易黏合。

UV 形瓦楞：是介于 V 形和 U 形之间的一种楞形，其圆弧半径大于 V 形，小于 U 形，因而兼有二者的优点，是目前广泛使用的楞形。

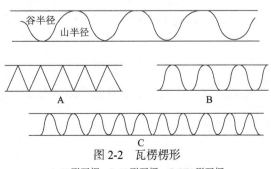

图 2-2 瓦楞楞形

A. V 形瓦楞；B. U 形瓦楞；C. UV 形瓦楞

2. 瓦楞纸板的楞型

楞型是指瓦楞的型号种类，即瓦楞的大小、密度与应用特性的分类。同一楞型，其楞形可以不同。按国家标准 GB/T 6544—2008 规定，所有楞型的瓦楞形状均采用 UV 形，瓦楞纸板的楞型有 A、B、C、E 四种，见表 2-4。

表 2-4 我国瓦楞纸板的楞型标准（GB 6544—2008）

瓦楞楞型	名称	瓦楞高度/mm	瓦楞个数/300mm
A	大瓦楞	4.5～5	34±2
B	小瓦楞	2.5～3	50±2
C	中瓦楞	3.5～4	38±2
E	微小瓦楞	1.1～2	96±4

A 型大瓦楞：单位长度内的瓦楞数量少而瓦楞高度大，有较大的缓冲力。A 楞纸箱适于包装较轻的易碎物品。

B 型小瓦楞：单位长度内的瓦楞数量多而瓦楞高度小。B 楞纸箱适于包装较重和较硬的物品，多用于罐头、瓶装物品等的包装。由于 B 楞坚硬且不易破坏，近年来多用它制造形状复杂的组合箱。

C 型中瓦楞：单位长度内的瓦楞数及瓦楞高度介于 A、B 型之间，性能则接近于 A 楞。随着近年来保管及运输费用上涨，C 楞纸板应用受到重视。

E 型微小瓦楞：单位长度内的瓦楞数目最多，瓦楞高度最小，具有平坦表面和较高平面刚度。用它制造的瓦楞折叠纸盒，比普通纸板缓冲性能好，而且开槽切口美观；表面光滑可进行较复杂的印刷，大量用于食品的销售包装。

3. 瓦楞纸板的种类

如图 2-3 所示，瓦楞纸板的种类可分为以下几种。

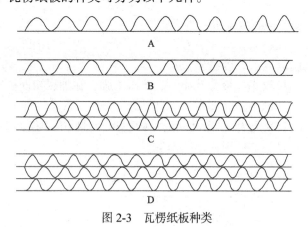

图 2-3 瓦楞纸板种类

（1）单面瓦楞纸板（图 2-3A） 仅在瓦楞芯纸的一侧贴有面纸，一般用于制作瓦楞纸箱的缓冲底板和固定材料。

（2）单瓦楞纸板（图 2-3B） 在瓦楞芯纸的两侧均贴以面纸，多用于制作瓦楞纸箱。

（3）双瓦楞纸板（图 2-3C） 结构上可采用各种楞型的组合形式以体现不同的性能；

一般外层用抗戳穿能力好的楞型，内层用抗压强度高的楞型。由于双瓦楞纸板比单瓦楞纸板厚，各方面的性能都比较好，特别是垂直抗压强度明显提高，多用于制造易损、重的及需要长期保存的物品（如含水分较多的新鲜果品等）的包装纸箱。

（4）三瓦楞纸板（图2-3D）　　结构上也可以采用A、B、C、E各种楞型的组合，其强度比双瓦楞纸板又要强一些，可以用来包装重物品以代替木箱，一般与托盘或集装箱配合使用。

4. 瓦楞纸板技术标准

用于制造纸箱的瓦楞纸板技术指标见表2-5。国家标准（GB/T 6544—2008）按物理强度将单瓦楞纸板和双瓦楞纸板各分为5种，根据原材料与用途的不同将每种瓦楞纸板分为三类。同时标准规定，瓦楞纸板表面应平整、清洁，不许有缺材、薄边，切边整齐，黏合牢固，其脱胶部分之和每平方米不大于20cm^2。

表 2-5　瓦楞纸板的技术指标（GB/T 6544—2008）

种类	单瓦楞纸板				双瓦楞纸板			
	纸板代号	耐破度/kPa	边压强度/（N/m）	含水率/%	纸板代号	耐破度/kPa	边压强度/（N/m）	含水率/%
一类	S-1.1	588	4 900		D-1.1	784	6 860	
	S-1.2	784	5 880		D-1.2	1 177	7 840	
	S-1.3	1 177	6 860	10±2	D-1.3	1 569	8 820	10±2
	S-1.4	1 569	7 840		D-1.4	1 961	9 800	
	S-1.5	1 961	8 820		D-1.5	2 550	10 780	
二类	S-2.1	409	4 410		D-2.1	686	6 370	
	S-2.2	686	5 390		D-2.2	980	7 350	
	S-2.3	980	6 370	10±2	D-2.3	1 373	8 330	10±2
	S-2.4	1 373	7 350		D-2.4	1 765	9 310	
	S-2.5	1 765	8 330		D-2.5	2 158	10 290	
三类	S-3.1	392	3 920		D-3.1	588	5 880	
	S-3.2	588	4 900		D-3.2	784	6 860	
	S-3.3	784	5 880	10±2	D-3.3	1 177	7 840	10±2
	S-3.4	1 177	6 860		D-3.4	1 570	8 820	
	S-3.5	1 569	7 840		D-3.5	1 960	9 800	

第三节　食品包装纸箱

纸箱与纸盒是主要的纸制包装容器，两者形状相似，没有严格的区分界限，习惯上小的称盒、大的称箱。盒一般用于销售包装，而箱则多用于运输包装。

食品包装纸箱按结构可分为瓦楞纸箱和硬纸板箱两类。瓦楞纸箱（corrugated box）应用最为广泛，本节将做主要介绍。

一、瓦楞纸箱特性及纸箱结构基本形式

1. 瓦楞纸箱的特性

瓦楞纸箱由瓦楞纸板制作而成，纸板结构中空体积占60%～70%，具有良好的缓冲减震性能；与相同定量的层合纸板相比，瓦楞纸板的厚度是其3倍，大大增强了纸板的横向抗压

强度，故广泛用于运输包装。与其他传统的运输包装相比，瓦楞纸箱有如下特点。

（1）轻便牢固、缓冲性能好 瓦楞纸板为空心结构，以最少的用材构成刚性较大的箱体。

（2）原料充足 木竹、麦草、芦苇均可作为瓦楞纸箱的制作原料，其成本仅为同体积木箱的一半左右。

（3）加工简便 生产瓦楞纸箱可机械化和自动化，用于产品的包装也可实现机械化和自动化。

（4）贮藏和运输方便 空箱可折叠或平铺展开运输存放，便于装运和堆码。

（5）使用范围广 瓦楞纸箱包装物品范围广，与各种覆盖物和防潮材料结合制造使用，可大大提高使用性能，拓展使用范围。例如，防潮瓦楞纸箱可包装水果和蔬菜，也可用于冷冻食品包装；使用塑料薄膜衬套，在箱中可形成密封包装，可以包装易吸潮食品、液体和半液体食品等。

（6）易于印刷装潢 瓦楞纸板有良好的吸墨能力，印刷装潢效果好，在现代食品物流中也大量用作销售包装容器。

2. 纸箱箱型结构的基本形式

纸箱种类繁多，结构形式各异。按照国际纸箱箱型标准，基本箱型一般用四位数字表示，前两位表示箱型种类，后两位表示同一箱型种类中不同的纸箱式样。纸箱箱型结构基本形式如下。

（1）02 类摇盖纸箱 基本箱型和代号如图 2-4 所示，由一页纸板裁切而成纸箱坯片，通过钉合、黏合剂或胶纸带黏合；运输时呈平板状，使用时封合上下摇盖。这类纸箱使用最广，尤其是 0201 箱型，可用来包装多种商品，国际上称为 RSC（regular slotted case）。

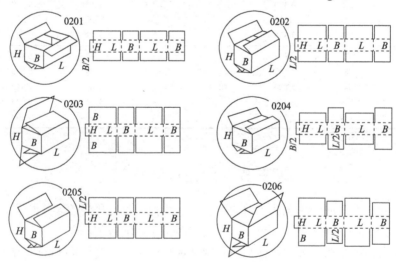

图 2-4 02 类箱基本箱型和代号

L 表示长度；B 表示宽度；H 表示高度；以下图同

（2）03 类套合型纸箱 图 2-5 所示为 0310 箱型，由两个以上独立部分组成，即箱体与箱盖（有时也包括箱底）分离。纸箱正放时，顶盖或底盖可以全部或部分盖住箱体。

（3）04 类折叠型纸箱 图 2-6 所示为 0420 箱型，由一页纸板组成，不需钉合或胶纸带黏合，甚至一部分箱型不需要黏合剂黏合，只要折叠即能成型，还可设计锁口、提手和展示牌等结构。

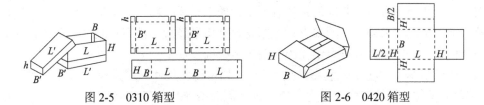

图 2-5　0310 箱型　　　　　图 2-6　0420 箱型

（4）05 类滑盖型纸箱　　此类纸箱由数个内装箱或框架及外箱组成，内箱与外箱以相对方向运动套入。这一类型的部分箱型可以作为其他类型纸箱的外箱。图 2-7 所示为 05 类箱的一种形式。

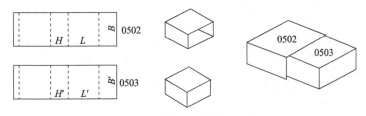

图 2-7　0502、0503 型纸箱

（5）07 类自动型纸箱　　图 2-8 所示为 0713 箱型，是一页纸板成型，运输时呈平板状，使用时只要打开箱体即可自动固定成型，仅需少量黏合，结构与折叠纸盒相似。

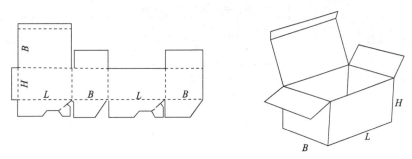

图 2-8　0713 箱型

（6）09 类内衬件　　内衬件包括隔垫、隔框、衬垫、隔板、垫板等，周边不封闭，放在纸盒内部，可加强箱（盒）壁稳定度并提高包装的可靠性。隔垫、隔框用于分割被包装的产品、提高箱底的强度等。图 2-9 所示为 09 类隔框中常见的几种。

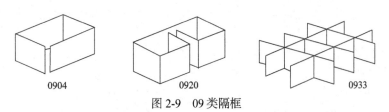

0904　　　　　　　0920　　　　　　　0933

图 2-9　09 类隔框

二、瓦楞纸箱结构尺寸的确定

1. 纸箱结构设计的一般原则与依据

（1）设计原则　　①符合保护商品要求，能达到要求的性能指标；②符合生产厂包装车间的要求，装箱使用方便；③满足销售者要求，便于搬运、堆垛、货架陈列等；④达到商品包装标志上（怕热、易碎等）的要求；⑤原材料利用最经济，排列套装结构合理；⑥适应机械化包装作业，外销设计应符合销往国有关包装标准及规定。

（2）设计依据　　①所包装商品的性质（如重量、尺寸，以及是否易碎、怕压、怕热等）；②贮运条件（堆垛高度、搬运条件、仓储流通条件及贮存时间等）。

2. 纸箱裁片尺寸

在确定纸箱裁片尺寸时，取纸箱所要求的内部尺寸及纸板厚度作为计算的基础。纸箱裁片各部尺寸如图 2-10 所示；纸箱裁片尺寸关系见表 2-6。

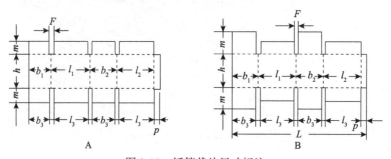

图 2-10　纸箱裁片尺寸标注

A. 等尺寸箱扇箱型（0201）；B. 不等尺寸箱扇箱型（0204）。图中各字母含义见表 2-6

表 2-6　纸箱裁片尺寸关系

纸箱各部尺寸	尺寸代号	纸箱类型	
		等尺寸箱扇箱型	不等尺寸箱扇箱型
原始数据：纸箱内部尺寸			
长	L	L	L
宽	B	B	B
高	H	H	H
纸板厚度	S	S	S
计算尺寸：			
箱壁长度	l_1	$L+S/2$	$L+S/2$
	b_1	$B+S$	$B+S$
	l_2	$L+S$	$L+S$
	b_2	$B+S/2$	$B+S/2$
连接折板	p	30～40mm	30～40mm
纵向压槽间的距离	h	$H+S$	$H+S$
纵向压槽折板间的距离	m	$B/2+S/2+1$	$L/2+S/2+1$
长箱壁扇（折板）的长度	l_3	$H+S$	$H=S$
端箱壁扇（折板）的长度	b_3	$B/2+S/2+1$	$L/2+S/2+1$
槽的宽度	F	$2S$	$2S$

三、瓦楞纸箱技术标准和物理性能及测试

1. 瓦楞纸箱技术标准

通用瓦楞纸箱国家标准《运输包装用单瓦楞纸箱和双瓦楞纸箱》（GB/T 6543—2008）适用于运输包装用单瓦楞纸箱和双瓦楞纸箱。按照使用不同瓦楞纸板种类、内装物最大重量及纸箱内径尺寸，瓦楞纸箱可分为 3 种型号（表 2-7）：一类箱主要用于出口及贵重物品的运输包装；二类箱用于内销产品的运输包装；三类箱用于短途、价廉商品的运输包装。

表 2-7　瓦楞纸箱的分类

种类	内装物最大重量/kg	最大综合尺寸/mm	纸板结构	代号		
				一类	二类	三类
单瓦楞纸箱	5	700	单瓦楞	BS-1.1	BS-2.1	BS-3.1
	10	1000		BS-1.2	BS-2.2	BS-3.2
	20	1400		BS-1.3	BS-2.3	BS-3.3
	30	1750		BS-1.4	BS-2.4	BS-3.4
	40	2000		BS-1.5	BS-2.5	BS-3.5
双瓦楞纸箱	15	1000	双瓦楞	BD-1.1	BD-2.1	BD-3.1
	20	1400		BD-1.2	BD-2.2	BD-3.2
	30	1750		BD-1.3	BD-2.3	BD-3.3
	40	2000		BD-1.4	BD-2.4	BD-3.4
	55	2500		BD-1.5	BD-2.5	BD-3.5

注：纸箱综合尺寸是指内尺寸长、宽、高之和

制造瓦楞纸箱所用的瓦楞纸板见表 2-8。瓦楞纸箱的尺寸最大偏差见表 2-9。

表 2-8　纸箱类别及对应纸板种类

名称	类别	瓦楞纸箱代号	瓦楞纸板代号	名称	类别	瓦楞纸箱代号	瓦楞纸板代号
单瓦楞纸箱	一类箱	BS-1.1	S-1.1	双瓦楞纸箱	一类箱	BD-1.1	D-1.1
		BS-1.2	S-1.2			BD-1.2	D-1.2
		BS-1.3	S-1.3			BD-1.3	D-1.3
		BS-1.4	S-1.4			BD-1.4	D-1.4
		BS-1.5	S-1.5			BD-1.5	D-1.5
	二类箱	BS-2.1	S-2.1		二类箱	BD-2.1	D-2.1
		BS-2.2	S-2.2			BD-2.2	D-2.2
		BS-2.3	S-2.3			BD-2.3	D-2.3
		BS-2.4	S-2.4			BD-2.4	D-2.4
		BS-2.5	S-2.5			BD-2.5	D-2.5
	三类箱	BS-3.1	S-3.1		三类箱	BD-3.1	D-3.1
		BS-3.2	S-3.2			BD-3.2	D-3.2
		BS-3.3	S-3.3			BD-3.3	D-3.3
		BS-3.4	S-3.4			BD-3.4	D-3.4
		BS-3.5	S-3.5			BD-3.5	D-3.5

表 2-9　纸箱尺寸的允许偏差

种类	一类箱		二类箱与三类箱			
	单瓦楞纸箱	双瓦楞纸箱	综合尺寸不大于100mm		综合尺寸大于100mm但不大于1000mm	
			单瓦楞纸箱	双瓦楞纸箱	单瓦楞纸箱	双瓦楞纸箱
尺寸允许偏差/mm	±3	±5	±3	±5	±4	±6

瓦楞纸箱的机械性能,应根据每种具体产品所用瓦楞纸箱的标准或技术要求来确定,或由供需双方商定。瓦楞纸箱的其他规定,详见瓦楞纸箱国家标准(GB/T 6543—2008)。

2. 瓦楞纸箱的物理性能

瓦楞纸箱的物理性能主要包括因包装强度不足引起的包装件破坏和变形。

(1)包装纸箱的主要破坏方式　①在包装箱装载、封闭、堆垛、贮存及运输过程中,箱体材料产生垂直方向的压缩,当包装强度不足时引起包装破坏;②在运输及装卸过程中产生水平方向的压缩而引起包装破坏;③包装箱跌落时因动载荷使包装产生轴向拉伸而引起包装破坏;④在使用过程中强行从包装箱取商品时纸箱会发生边缘撕裂。

(2)纸箱包装的主要变形形式　①在运输及使用过程中由于静载荷或动载荷产生的包装箱变形。②作用力在包装件某一部位形成集中载荷,使包装破裂或产生永久变形。

包装件变形大小及其所能承受的最大载荷,取决于纸箱的包装强度,而包装强度则取决于纸板材料的结构性质。影响瓦楞纸箱强度的因素可分为两类:一类是瓦楞纸板的质量,包括原纸的抗压强度、瓦楞楞型、瓦楞纸板种类、瓦楞纸板的含水量等因素,这类因素是决定纸箱抗压强度的主要因素;另一类是在设计制造及流通过程中发生影响的可变因素,包括箱体尺寸比例、印刷面积与印刷设计、纸箱制造工艺及质量管理等因素,这类因素在设计或制造过程中可以设法避免。

3. 瓦楞纸箱的物理性能测试

(1)抗压强度试验　通常称为抗压力试验,是纸箱测试最基本的项目。国家标准(GB/T 4857.4—2008)规定的试验方法是:将试验样品置于试验机两平面压板之间,然后均匀施加压力,直到试验纸箱发生破裂,此时的压力为最大压力,以 N 表示。抗压强度是考核纸箱质量的重要指标,反映了纸箱内在强度质量,也是运输包装的主要考核指标,决定着瓦楞纸箱包装的实际功能。

(2)综合测试　指瓦楞纸箱装入商品后,进行破坏性模拟试验、跌落试验、回转试验等,这些试验项目一般由专门的包装测试机构实施。

案 例 三

冷冻食品专用瓦楞纸箱

环境温湿度对瓦楞纸箱抗压性能影响很大,其抗压强度值随温度的降低和时间的延长呈下降趋势,普通瓦楞纸箱很难满足速冻食品低温运输包装需求。

选用双面施胶高强度瓦楞原纸、双面施胶箱板纸作为生产瓦楞纸箱的原材料可大大提高纸箱的耐水防潮性能,提高原纸强度。使用低定量瓦楞原纸和箱纸板,可降低瓦楞纸箱的箱体重量,减少成本,提高纸箱产品质量,加大对内装物的保护力度,生产出防潮防水性能较好的适合速冻食品低温包装用的瓦楞纸箱。试验证明,改进后的低温瓦楞纸箱在低温环境条件下存放 6 个月仍能保持良好的抗压强度。

案　例　四

智能瓦楞纸箱

在冷冻食品运输流通过程中，往往会因疏忽或意外而使温湿度产生巨大的变化，导致纸箱变形，甚至货物变质而导致巨大损失。因此，急需一种能够对货物温度及纸箱的形状、载荷等状态进行监控的智能瓦楞纸箱，其盖设置有智能标签，以及温度及压力传感器，能够对装有货物的纸箱的温度及压力等进行实时监控。

第四节　包装纸盒及其他包装纸器

纸盒是由纸板裁切、折痕压线，经弯折成型、装订或粘接而制成的中小型销售包装容器。在食品市场上，不仅有图案色彩艳丽、印刷装潢精美的盛装固体食品的纸盒，还有盛装牛奶、果汁等流体食品的纸盒；制盒材料也由单一纸板向纸基复合纸板发展。

纸盒作为销售包装容器，应具有保护和美化商品、促进销售和方便使用的功能。通过纸盒的包装结构和装潢设计来适应商品特点及要求，并以美观的造型和生动的形象把商品信息传达给消费者，可达到促销的目的，且纸盒具有灵活、方便、经济的优势，因此被广泛应用。

其他包装纸器有复合罐、复合纸杯、纸质托盘、纸浆模塑制品等，在食品包装上应用日益广泛。

一、纸盒的种类及选用

纸盒的种类样式很多，差别在于结构形式、开口方式和封口方法。按照制盒方式可分为折叠纸盒和固定纸盒两类。

（一）折叠纸盒

折叠纸盒（folding carton）采用纸板裁切、压痕后折叠成盒，成品可折叠成平板状，使用时打开即成盒。纸板厚度在 $0.3 \sim 1.1$ mm，可选用白纸板、双面异色纸板及涂布纸板等耐折纸板。折叠纸盒按结构特征可分为管式、盘式和非管非盘式折叠纸盒三类；纸盒形式有扣盖式、粘接式、手提式、开窗式等。

1. 管式折叠纸盒

管式折叠纸盒是由一页纸板经裁切、压痕后折叠，边缝粘接，盒盖、盒底采用摇翼折叠组装固定或封口的一类纸盒。盒盖是内装物进出纸盒的门户，其结构必须便于装填和取出，且装入后不易自开，使用时又便于消费者开启。

图 2-11 所示为 4 种常见的管式折叠纸盒结构。插入式折叠纸盒有三个摇翼，具有再封盖作用，在盒盖摇翼上做一些小的变形即可进行锁合；锁口式折叠纸盒是主盖板的锁头或锁头群插入相对盖板的锁孔内，其封口比较牢固，但开启稍显不便；插锁式折叠纸盒两边摇翼锁口相接合，其封口比较牢固；黏合封口式折叠纸盒的盒盖主盖板与其余三块襟片黏合，封口密封性能较好，包装粉末或颗粒状食品不易泄漏，适用于高速全自动包装机。

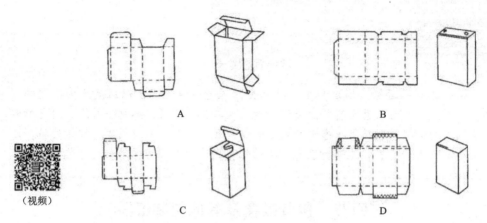

图 2-11 常见的管式折叠纸盒结构

A. 插入式折叠纸盒；B. 锁口式折叠纸盒；C. 插锁式折叠纸盒（扫码看视频）；D. 黏合封口式折叠纸盒

图 2-12 为正揿封口式折叠纸盒，在纸盒盒体上进行折线或弧线压痕，利用纸板本身的强度和挺度，揿下盖板来实现封口，其特点是包装操作简单，节省纸板，并可设计出许多别具风格的纸盒造型，但仅限小型轻量商品包装。

图 2-13 为连续摇翼窝进式折叠纸盒，这是一种特殊的锁口形式，通过盒盖各摇翼彼此啮合折叠，使盒盖片组成造型优美的图案，装饰性强，可用于礼品包装。缺点是手工组装比较麻烦。

纸盒盒底主要承受内装物的重量，其结构设计既要保证强度，又要力求简单。前述盒盖结构一般均可作为盒底使用。

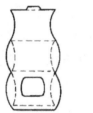 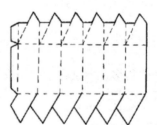 

图 2-12　正揿封口式折叠纸盒　　　　图 2-13　连续摇翼窝进式折叠纸盒

图 2-14 为锁底式手提折叠纸盒，手工组装，盒底能承受一定重量，常用于中型纸盒的多件组合包装。自动锁底式结构成型后仍可折叠成平板状储运，可用于纸盒自动包装生产线。

图 2-15 为间壁封底式折叠纸盒，将盒底的 4 个底片设计成可将盒内分割成相等或不相等的二、三、四、五、六、八格的不同间壁状态，可有效分隔和固定单个内装物。

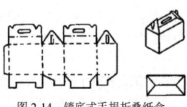 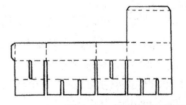

图 2-14　锁底式手提折叠纸盒　　　　图 2-15　间壁封底式折叠纸盒

2. 盘式折叠纸盒

盘式折叠纸盒是由一页纸板裁切、压痕，其四边以直角或斜角折叠成主要盒型，在角隅侧边处进行锁合或粘接成盒；由于盘式折叠纸盒盒盖位置在最大面积盒面上，负载面比较大，开启后观察内装物的面积也大，适用于食品、药品、服装及礼品的包装。图2-16所示为几种典型的盘式折叠纸盒结构形式。

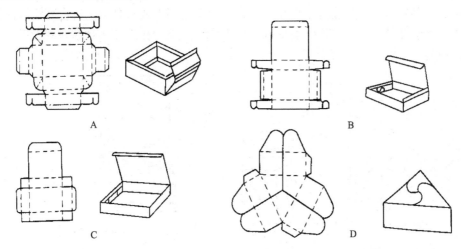

图 2-16 典型盘式折叠纸盒结构形式

A. 全封口一页成型盘式摇盖盒；B. 锁合式盘式折叠纸盒；C. 襟片黏合盘式折叠纸盒；D. 插别式折叠纸盒

3. 非管非盘式折叠纸盒

非管非盘式折叠纸盒综合了管式或盘式成型特点，并有自己独特的成型特点。图2-17为非管非盘式折叠纸盒的一种，可用于瓶罐包装食品的组合包装。

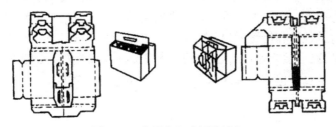

图 2-17 非管非盘式折叠纸盒

4. 折叠纸盒的功能性结构

折叠纸盒除了基本成型结构之外，可根据其不同功能要求设计一些局部特征结构，常通过在异型、间壁、组合、多件集合、提手、开窗展示、易开结构、倒出口结构等方面的设计来实现其功能要求。

（二）固定纸盒

固定纸盒（fixed carton）又称粘贴纸盒，用手工粘贴制作，其结构形状、尺寸空间等在制盒时已确定，其强度和刚性较折叠纸盒高，且货架陈列方便，但生产效率低、成本高、占据空间大。

制作固定纸盒选用挺度较高的非耐折纸板，如草板纸及食品包装用双面异色纸板等。内衬选用白纸或白细瓦楞纸、塑胶、海绵等。贴面材料包括铜版纸、蜡光纸、彩色纸、仿革纸，以及布、绢、革和金属箔等。盒角可采用涂胶纸带加固、钉合等方式固定。

（1）管式粘贴纸盒　　盒底与盒体分开成型，即基盒由体板和底板两部分组成，外敷贴面纸加以固定和装饰。图2-18为套盖管式粘贴纸盒结构，通过贴面纸装饰固定纸盒，可体现民族传统文化特色。

（2）盘式粘贴纸盒　　盒体盒底用一页纸板成型，用纸或布黏合、钉合固定盒体角隅，结构简单，便于批量生产，但其压痕及角隅尺寸精度较低。图2-19为摇盖盘式粘贴纸盒，常用作礼品包装。

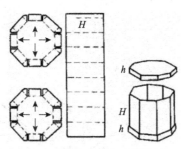

图 2-18　套盖管式粘贴纸盒结构　　　　图 2-19　摇盖盘式粘贴纸盒

二、纸盒结构尺寸的确定

（一）纸盒结构造型

纸盒造型多为几何体及其组合或分割的形态，并以侧面、盒底、盒盖形成一定容积空间来包装商品。为使纸盒实用又美观，设计时要综合考虑商品的性质、形态、使用方法、流通条件及销售对象等因素，在遵循有关设计原则的基础上吸收已有造型结构并有所创新。

各类食品均有其独特和传统的包装结构。糕点多用套盖式纸盒，粉末、颗粒或流体食品多用较高的筒状纸盒，包装生日蛋糕的纸盒一般为圆形或多角形。馈赠性食品与一般食品包装、成人食品与儿童食品包装、国内销售与出口食品包装、单件与组合盒装的盒型都有相应的区别。

（二）纸盒结构尺寸

纸盒结构尺寸和瓦楞纸箱的结构尺寸相似，关键是确定内部、外部尺寸与制造尺寸的关系。确定纸盒结构尺寸的方法，大体上分为如下两类。

1. 具有固定形态商品的包装纸盒

对于包装整体的固态物品，纸盒内部尺寸应根据被包装物品的最大外廓尺寸来确定，并对纸盒各向尺寸另加 3～5mm 的余量，包装硬挺物品时取小余量值，包装规格尺寸误差大的物品时取大余量值。为便于控制纸盒加工质量，一般采用公差[±(0.5～3)mm]控制各向结构尺寸。

如图 2-20 所示为 6 个玻璃瓶装食品的组合包装，为节省用料和运输空间，盒型设计应与物品外廓基本相符。考虑到瓶径 d 和瓶高 h 的制造误差以及设置隔垫防护等因素，应将纸盒内部的各向尺寸适当加大。长宽方向的内部尺寸加大量一般为（排列个数-1）×1mm，高度方向内部尺寸的加大量为瓶高误差 Δ 的 2～4 倍。

据此，纸盒内部各向尺寸为：长度方向[3d+(3-1)×1]±0.5mm；宽度方向[2d+(2-1)×1]±0.5mm；

高度方向$[h+(2\sim4)\times\varDelta]\pm0.5mm$。

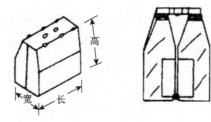

图 2-20　商品组装纸盒

2. 无固定形态商品的包装纸盒

对于粉末、颗粒或流体状的食品，采用纸盒包装时结构设计相当重要。此类包装的盒型不受物料限制，商品却以纸盒的造型而取得一定的包装形态，其造型多为简单的几何体，纸盒内部尺寸应根据商品销售的容积或容重来确定。一些常见的几何体体积计算公式可参阅有关资料。

值得提出的是，此时盒的结构尺寸在满足容量的条件下，存在着是否优化的问题。为此，以饮料盒为例（图 2-21），简要说明其优化设计的基本原理和方法。令

$$a=0.55b$$

$$l=nb$$

$$h=mb \qquad\qquad (2\text{-}1)$$

此时纸盒容积为　　　　　　　$$V=hbl=mnb^3 \qquad\qquad (2\text{-}2)$$

由此可得　　　　　$$b=\sqrt[3]{V/mn}$$

$$h=\sqrt[3]{m^2V/n} \qquad\qquad (2\text{-}3)$$

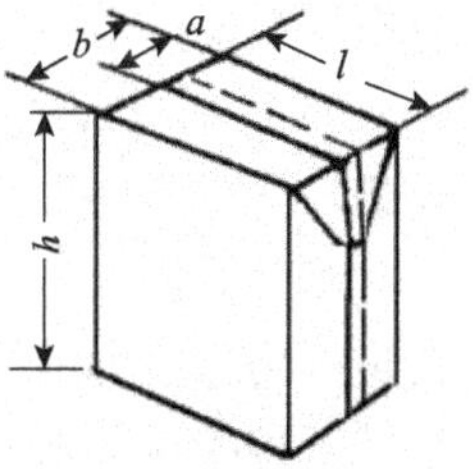

现将纸盒的顶、底展开，即可得到一个矩形筒。

筒坯全高（H）为　$H=h+2\times0.55b=mb+1.1b \qquad (2\text{-}4)$

其表面积（S）为

$$S=2lH+2bH=2mnb^2+2.2nb^2+2mb^2+2.2b^2 \qquad (2\text{-}5)$$

将式（2-3）代入式（2-5），并分别令

$$\frac{\mathrm{d}S}{\mathrm{d}m}=0,\frac{\mathrm{d}S}{\mathrm{d}n}=0$$

便可求得 $n=2$，$m=2.2$。

将 n、m 值分别代入式（2-1）~式（2-3）即可得出纸盒的优化结构尺寸，即

图 2-21　饮料盒的尺寸
优化

$$b=0.61\sqrt[3]{V} \text{，} \quad l=2b, \quad h=2.2b, \quad a=0.55b$$

计算结果表明，饮料盒的最佳结构尺寸比为：矩形截面的边长比为 1：2，且盒高为盒宽的 2.2 倍。在这个优化的尺寸比例下，纸盒具有用料最少、结构最牢固的特点。

（三）纸盒的选用

食品包装对纸盒的要求受很多因素影响，如食品的形态、形状，以及包装的具体要求、商品展示陈列效果等，很难提出具体统一的选用原则。一般来说，对于诸如饼干、糕点等易碎食品，又不易从盒的狭窄面放入或取出，应选用盘式折叠纸盒；对于重量较大的瓶装食品，一般采用锁底式、管式折叠纸盒；对于保健品、生日蛋糕等带有装饰美感的食品，应选用透明开窗纸盒。手提式纸盒在酒类、礼品食品包装上得到了广泛应用。若要体现包装食品的民族传统文化特色，则可选用贴面纸装饰的固定纸盒。

三、其他包装纸器

（一）纸袋

纸袋（paper bag）多采用黏合或缝合方式成袋。纸袋作为一种软包装容器，用途广泛，种类繁多。按形状纸袋可分为以下几类。

（1）信封式纸袋　　开口和折盖均在具有较大尺寸的侧面上，底部不形成平面，常用于包装粉状商品、文件资料等。

（2）自立式纸袋　　袋底通常呈长方形，袋口开启后可直立放置，由单层、两层或三层复合材料制成，可以印刷精美图案；制袋成本较低，常用于包装糖果、面粉、点心、咖啡等产品。缺点是袋上折痕较多，有可能会影响其强度。

（3）便携式纸袋　　一般用牛皮纸或复合纸制作，比较结实，在袋口处有加强边，并配有提手利于携带，常用于礼品包装。

（4）M 形折式纸袋　　侧边折痕呈 M 形，使用时纸袋能扩张成长方形截面，具有较大容积。

（5）阀门纸袋　　它的周围均封闭，在其中一端装一阀门，物料即由阀门处充填进袋，在袋内物品压力下关闭阀门，常用于颗粒物品包装。

纸袋的封口方式有：缝制、粘胶带、绳子捆扎、金属条开关扣式封口、热封合等。

（二）复合纸罐

1. 结构与材料

复合纸罐（composite paper-can）是一种纸与其他材料复合制成的包装容器，由罐身、罐底和罐盖组成。罐身采用平卷罐和螺旋罐两种，罐身的层数或厚度越大，强度越高，但成本也增大，且给制罐、封口、加工带来困难，罐身直径也会受到限制。罐底和罐盖采用金属材料，有利于增大容器的强度和刚性。

复合纸罐罐身为价格较低的全纸板（内涂料）制成搭接式结构，或采用复合材料制成平卷多层结构和斜卷结构。

（1）内衬层 应具有卫生安全性和内容物保护性，常用 PE 膜、PP 膜、蜡纸、半透明纸、玻璃纸等，以及 $40\sim60g/m^2$ 褐色牛皮纸/9μm 铝箔/涂料（普通罐）和 $40\sim60g/m^2$ 褐色牛皮纸/9μm 铝箔/15～20μm 高密度聚乙烯（优质罐）等复合内衬。

（2）中间层 也称加强层，提供高强度和刚性，常用含 70%以下废纸的再生牛皮纸板多层结构。

（3）外层商标纸 有较好的外观印刷性和阻隔性，常用 80～100GSM（GSM 为纸的重量单位）预印漂白牛皮纸和 15GSM LDPE/90GSM 白色牛皮纸复合商标纸（普通罐），以及采用预印的铝箔商标纸和 9μm 铝箔/90GSM 褐色牛皮纸复合商标纸（优质罐）。

（4）黏合剂 常用聚乙烯醇-聚乙酸乙烯共混物、聚乙烯等。

（5）复合罐的罐底和罐盖 常用纸板、金属（马口铁和合金铝）、塑料及复合材料等。金属盖有死盖、活盖和铝质易拉盖等几种；罐底有塑料底、金属底和 PE/Al 的复合底。

复合罐的罐身直径，国际通用标准为 52mm、65mm、73mm、83mm、99mm、125mm、153mm；罐身高度一般为 70～250mm，普通罐罐身高度约为直径的 2 倍。

2. 性能及应用

复合纸罐的特点是成本低、重量轻、外观好、废品易处理，且具有隔热性，可以较好地保护内容物，可代替金属罐和其他容器。与马口铁罐相比，复合纸罐耐压强度与其相近，而内壁具有耐蚀性，外观漂亮且不生锈，价格仅为马口铁罐的 1/3，因而具有更大的实用性。但它的罐身厚度一般较金属罐大 3 倍，因此封口和开启较困难；受压时金属盖与罐身接合处的密封性可能会受到影响。

复合纸罐可用于干性粉体、块体等内容物的包装，也可用于流体食品包装；日本的部分软饮料是采用铝质易开盖的复合纸罐包装。复合纸罐也可采用真空充气包装，包括咖啡、奶粉及花生等的"干"真空包装和浓缩汁及调味品的"湿"真空包装，以及充氮快餐食品包装和含气饮料包装。复合纸罐的绝热性可阻隔外界温度的影响，但不适用于冷冻和热加工食品包装。

（三）复合纸杯

复合纸杯（composite paper-cup）由以纸为基材的复合材料经卷绕并与纸胶合而成，口大底小，形状如杯，并带有不同的封口形式，是一种很实用的纸质容器。

纸杯的特点是质轻、卫生、价廉、便于废弃处理，杯身制成波纹又具有一定的保温性能，广泛用作饭店、饮料店、宾馆等场所的一次性使用容器，用于盛装乳制品、果酱、饮料、冰淇淋及快餐面等食品。

表 2-10 表示了几种材质纸杯及应用：第一类是 PE/纸复合材料，可耐沸水煮而作热饮料杯；第二类是涂蜡纸板材料，主要用作冷饮料杯或常温、低温的流体食品杯；第三类是纸/Al/PE，主要用作长期保存型纸杯，具有罐头的功能，因此也称纸杯罐头。纸杯有有盖和无盖之分，杯盖可用粘接、热合或卡合的方式装在杯口形成密封。

表 2-10 几种常见纸杯的应用

纸杯类型	适用食品
PE/纸/PE、纸/PE、皱纹纸/纸/PE	热饮料、乳制品、快餐类
蜡/纸、纸/蜡、蜡/纸/PE	冰淇淋、冷饮料、乳制品
纸、Al/纸、纸/Al、纸/Al/PE	快餐类

（四）纸质托盘

纸质托盘（paper pallet）由复合纸经冲切成杯后冲压而成，深度可达 6～8mm，所用复合材料以纸板为基材，经涂布低密度聚乙烯（LDPE）、高密度聚乙烯（HDPE）和聚丙烯（PP）等涂料后制成，必要时可涂布涤纶树脂（PET），可耐 200℃以上的热加工温度。纸基材主要是漂白牛皮纸（SBS）。表 2-11 表示了各种加热方式适用的涂料种类。

表 2-11　纸质托盘不同加工温度对涂料的选用

加热设备	涂料
微波炉	PP、HDPE
炊用炉（140～150℃）	PP
热风炉（130～140℃）	PP
蒸汽箱（100℃）	PP、HDPE
热水槽（100℃）	PP、HDPE

纸质托盘主要用于烹调食品、微波热加工食品、快餐食品等包装及用作收缩包装底盘，具有耐高温、耐油、成本低、使用方便、外观好等优点。

（五）纸餐盒

纸餐盒由纸板加工成型，或由纸浆模塑成型与加工折叠而成，是近年来开发的一种环保型包装制品，已经取代发泡聚苯乙烯（EPS）快餐盒。

（六）液体包装用纸容器和衬袋箱（盒）

液体包装用纸容器是以纸为基材，与塑料膜、铝箔等复合制成，主要用于牛奶、饮料、酒类等液体食品包装，要求具有卫生、无异味、耐化学性、高温隔阻性和热封性等特点。由于液体包装用纸容器是一种将各种不同性能材料复合起来的包装容器，其兼有各种单一材料的优良特性，可满足液体食品各种特定的包装要求，近年来得到广泛的应用，部分地取代了玻璃和金属包装容器，具有很好的发展前景。

液体包装用纸容器的主要优点为容器重量轻，节省贮运费用；装潢效果好，便于销售；阻光、卫生；废弃物易处理，可省去容器的回收、清洗等工作。缺点为包装成本较高，包装效率较低，且耐潮性不佳。

1. 无菌包装纸盒

这类纸盒主要用于饮料的无菌包装，是国际饮料包装发展主流，常见的包装容量为 250～1000mL。按无菌灌装工艺分类主要有以下几种。

（1）预切压痕纸盒　在制盒厂以模切压痕好纸和坯料，送用户后在盒成型-灌装封口机上完成纸盒成型、灌装、封口等包装操作，容器一般为巨型截面、人字形顶，材料为 LDPE/纸/LDPE 复合纸，也采用 LDPE/纸/Al/LDPE 复合纸，国际上典型的有国际纸业（International Paper）公司和利乐包装（TETRA PAK）公司推出的人字形顶无菌包装盒。

（2）后成型纸盒　　将卷筒复合材料放入盒成型-灌装机上进行成型、灌装、封口形成无菌包装盒。复合材料有 5 层和 7 层两种，容器形状有砖形、人字顶形和梭形（正四面体形）。国际上典型的有国际纸业公司和利乐包装公司推出的无菌包装纸盒。图 2-22 为各种液体食品包装用纸容器。

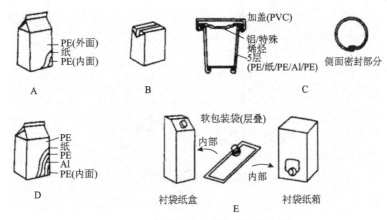

图 2-22　各种液体食品包装用纸容器
A. 人字顶方形；B. 砖形；C. 杯形；D. 带盖人字顶方形；E. 衬袋纸箱（盒）

2. 衬袋纸箱和衬袋纸盒

衬袋纸箱（bag in box，BIB）是一种内衬塑料袋的瓦楞纸箱，用于一次性运输包装液体，主要用于浓缩果汁类食品的运输包装。一般容量为 5～20L，大的可达 200～1000L。小容量（200L 以下）衬袋纸箱可用瓦楞纸箱或鼓形桶作外包装，大容量衬袋纸箱需用厚胶合板箱作外包装。

衬袋纸盒（bag in carton，BIC）也称小型 BIB。BIC 的外包装是 E 形瓦楞纸盒，内衬塑料包装袋，容量在 2000mL 以下。图 2-23 为 BIC 的几种结构形式。

BIB 和 BIC 是纸容器和塑料包装袋组合的新型包装容器，其外包装瓦楞纸箱（盒）提供包装容器的刚性和缓冲性能，内包装塑料袋提供对包装液体的阻隔性和耐化学性等方面的性能，两者在包装性能方面的优势互补，构成了新一代食品包装容器，具有如下优点。

1）对内包装食品有良好的保护性。内衬袋可由复合薄膜制成，具有对 O_2、CO_2 的良好阻隔性；外包装瓦楞纸板有较好的遮光性，可有效防止紫外线或光线对食品品质的破坏。此外，在倾倒袋中液体时柔软的内衬袋会受大气压作用而压扁，使液体顺利流出且避免细菌或灰尘吸入容器内而造成对内装食品的污染。

2）可节省贮运流通费用。容器自重轻，空容器可折叠，灌装后体积小，可减少占地面积和贮存空间，降低贮运流通费用。

3）包装废弃物易回收处理。一般 BIB 为一次性使用，没有因重复使用而形成的回收贮运费用。一次使用后可将内外包装完全分离处理，瓦楞纸板可回收再利用，塑料包装袋用材量小，易于处理。

4）可在包装面上做精美的包装装潢设计和印刷，能提高其装潢效果。

由此可见，衬袋纸箱（盒）是一种新型合理的液体包装形式，在国外已很盛行，在我国也将很快得到发展。

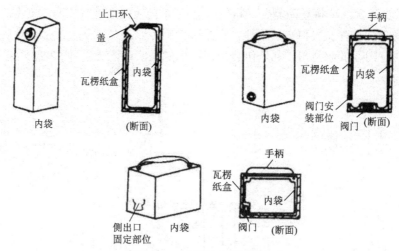

图 2-23　衬袋纸盒结构形式

（七）纸浆模塑制品

纸浆模塑制品（pulp mould）是由植物原料或废纸经过制浆、模具成型的包装容器，其形状取决于成型模的形状，故形状灵活多变，可满足不同商品的包装要求。制造纸浆模塑制品的方法有普通模制法和精密模制法。图 2-24 所示为纸浆模塑制品。

图 2-24　纸浆模塑制品

A. 普通模制法制品；B. 精密模制法制品

普通模制法制造的产品如浆果小篓，农产品预包装盘，蛋类、果品的定位浅盘等，这些产品适于商品流通运输，生产效率较高、制作成本低，具有一定的减振缓冲性能。

精密模制法制品的成型和真空加压、除水密实等前段工艺操作与普通模制法基本相同，但在干燥方面有所不同。为防止制品烘干过程中产生的收缩变性和翘曲，精密模制法制品在烘干时采用阴阳模配套夹持模制品，在断续或连续的加热烘干过程中使之在两模具表面之间定型，得到形状稳定、精密度高的纸浆模制品。这类产品有一次性使用的盘、碟、碗和一些特殊制品，其尺寸和形状精确，外观漂亮。

为提高纸浆模塑制品的使用性能，可对纸浆进行特殊处理：掺入经过不同精磨处理的纤维浆可提高湿铸型强度，改变制品的排水性、固有黏合强度和收缩率，控制制品在使用后或使用过程中的生物降解。可将亲水纤维制品改变成包装食品所必需的防水制品，可加入碳氟化合物，与阳离子保留剂一起使制品具有排斥油和油脂类液体的性能；如需要特殊应用效果时，还可在内部加上结合剂、染料、阻燃剂、改性淀粉或湿强度树脂等其他添加剂。

对有重复使用要求的纸浆模塑制品可进行二次加工，如自助餐厅用餐盘，可加入热固性聚合物的纤维素复合材料模制预成型成坯，再用真空热成型法将热塑性塑料薄膜与纸浆模制盘的一面层合，这种经二次加压制成的盘也适用于微波炉操作。

思考题

1. 简要说明纸类包装材料的主要性能特点和质量指标。
2. 包装用纸和纸板的分类标准及主要种类是什么？
3. 说明玻璃纸的主要包装性能特点和包装应用。
4. 瓦楞纸板的楞形、楞型及种类有哪些？
5. 简要说明瓦楞纸箱的特点及纸箱结构设计的一般原则与依据。
6. 说明食品包装用纸盒的特点、种类及选用。
7. 试列举食品包装用纸质容器的种类，并说明其特点和适用场合。
8. 简要说明液体食品包装用纸容器和衬袋纸箱（盒）的材料结构及性能特点。

第三章　食品包装塑料材料及其包装容器

本章学习目标

1. 掌握塑料的基本概念、组成及主要包装性能和卫生安全性。

2. 掌握食品包装常用的塑料树脂及主要包装性能和适用场合。

3. 了解塑料薄膜的成型加工方法，掌握常用食品包装塑料薄膜和复合软包装材料的包装性能及适用场合。

4. 熟悉常用塑料包装容器的种类及其选用方法。

塑料是一种以高分子聚合物——树脂为基本成分，再加入一些用来改善其性能的各种添加剂制成的高分子有机材料。塑料用作包装材料是现代包装技术发展的重要标志，因其原材料来源丰富、成本低廉、性能优良，成为近 50 年来世界上发展最快、用量巨大的包装材料，广泛应用于食品包装，并逐步取代了玻璃、金属、纸类等传统包装材料，使食品包装发生了巨大的改变，体现了现代食品包装形式的丰富多样和流通使用方便的特点，塑料成为食品包装中最主要的包装材料之一。尽管塑料包装材料用于食品包装还存在着某些卫生安全方面的问题，以及包装废弃物的回收处理对环境的污染等问题，但塑料包装材料仍是 21 世纪需求增长最快的食品包装材料之一。

第一节　塑料的基本概念、组成及包装性能

一、塑料的组成和分类

（一）高分子聚合物的基本概念

高分子聚合物是一类相对分子质量通常在 10^4 以上的大分子物质，且大分子又有特殊的结构，从而使高分子聚合物具有一系列低分子化合物所不具有的特殊性能，如化学惰性、难溶、韧性好等。高分子聚合物的分子质量虽然很大，但化学组成并不复杂，通常由 C、H、O、N 等构成，往往由一些基本单元结构重复连接而成，这一单元结构称为链节，如聚乙烯分子由若干乙烯组成，可用下式表示：$\vdash CH_2 \!-\! CH_2 \dashv_n$，链节为 $[CH_2\!-\!CH_2]$，重复链节的数目 n 称作聚合度；显然，其分子质量 M 及分子链的长度与聚合度有关。

$$M = m \cdot n$$

式中，m 为基本单元结构——链节的分子质量；n 为大分子的聚合度。

同一种高分子聚合物中，各大分子所含链节的数目一般不同，即聚合度不同。因此，高分子聚合物的聚合度和分子质量是指其平均聚合度和平均分子质量。

高分子聚合物的长链分子是由若干原子在共价键作用下连接而成的，按其几何形状可分为两种，即线型大分子和体型大分子，图 3-1A 所示为直链线型结构大分子，由许多链节连成一个长链，通常是卷曲成不规则的团状，外力拉伸可成直线状，如聚丙烯等；图 3-1B 所示为线型支链大分子，其线型大分子主链带有一些支链，支链的长短和数量可以不同，甚至支链上还有支链，如高压聚乙烯等。图 3-1C 所示为体型结构大分子，特点是大分子链之间以强的化学键相互交联，形成立体的网状结构。

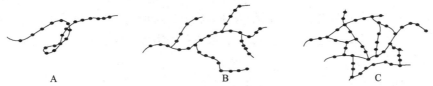

图 3-1 高分子聚合物大分子结构形态示意图
A. 直链线型大分子；B. 线型支链大分子；C. 体型结构大分子

（二）高分子聚合物的物态及其相应性能

高分子聚合物在不同温度下分别呈现为玻璃态、高弹态、黏流态，各种物态状况分别具有一定的特性。高分子聚合物的物态及其特性与温度的关系由温度-形变曲线表示。

1. 线型无定型高分子聚合物的温度-形变曲线

在恒定应力下，线型无定型高分子聚合物的温度-形变曲线如图 3-2 所示，呈现如下三种物态。

1）玻璃态：为聚合物作为塑料时的使用状态，即当温度低于玻璃化温度（T_g）时，高分子聚合物的形变小，且随外力的消失而消失，呈现刚硬的固体状态。

2）高弹态：当温度高于 T_g 时，大分子的热运动加剧，使高分子聚合物变成具有极高弹性的物体，弹性形变可达原长的 5～10 倍。

3）黏流态：温度达到黏流温度（T_m）以上时，分子动能增加到大分子之间可以相互滑动的状态而使高分子聚合物变成可流动的黏稠液体，称黏流态，这是聚合物成型加工的物态；温度超过分解温度（T_d）时，高分子聚合物即分解。高分子聚合物没有气态。

2. 线型结晶型高分子聚合物的温度-形变曲线

图 3-3 为线型结晶型高分子聚合物的温度-形变曲线，它显示这类高分子聚合物只有两种物态，即结晶态和黏流态。在 T_m 温度以下时，高分子聚合物呈现刚硬性的物态，称为结晶态，这是聚合物的使用状态；当温度达到 T_m 以上时，因分子热运动加剧，大分子不能保持有序排列结构，晶区消失而呈现出可流变的黏流形态。T_m 温度为这类高分子聚合物的熔点，成型加工时必须加热到其熔点以上。

3. 体型高分子聚合物的物态

体型高分子聚合物因大分子交联使大分子被束缚而不能发生相互滑动，因此没有高弹态和黏流态。这类聚合物受热后仍保持坚硬状态，当加热达到一定温度时聚合物被分解破坏。

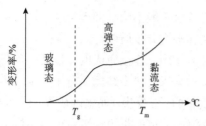 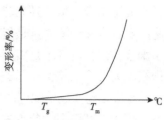

图 3-2　线型无定型高分子聚合物温度-形变曲线　图 3-3　线型结晶型高分子聚合物温度-形变曲线

（三）塑料的组成

塑料是一种以高分子聚合物——树脂为基本成分，再加入一些用来改善性能的各种添加剂而制成的高分子材料，其中树脂是最基本、最主要的组分，也是决定塑料类型、性能和用途的根本因素。

1. 聚合物树脂

塑料中聚合物树脂占 40%～100%。塑料的性能主要取决于树脂的种类、性质及在塑料中所占的比例，各类添加剂也能改变塑料的性质，但所用树脂种类仍是决定塑料性能和用途的根本因素。

2. 常用添加剂

常用的添加剂有增塑剂、稳定剂、填充剂、着色剂等。

（1）增塑剂　　指可提高树脂可塑性和柔软性的添加剂，通常是一些有机低分子物质。聚合物分子间夹有低分子物质后能降低其分子间作用力，从而增加大分子的柔顺性和相对滑移流动能力；树脂中加入一定量增塑剂后，其 T_g、T_m 温度降低，在黏流态时黏度降低，流动塑变能力增强，从而改善塑料成型加工性能。

（2）稳定剂　　用于防止或延缓高分子材料的老化变质。导致塑料老化变质的因素很多，主要有氧、光和热等。稳定剂主要有三类：第一类为抗氧剂，有胺类抗氧剂和酚类抗氧剂，酚类抗氧剂毒性低、不易被污染而被大量应用；第二类为光稳定剂，用于反射或吸收紫外线，防止塑料树脂老化，品种繁多，用于食品包装应选用无毒或低毒品种；第三类为热稳定剂，可防止塑料在加工和使用过程中因受热而降解，是塑料等高分子材料加工时不可缺少的一类助剂，应用最多的是聚氯乙烯的热稳定剂，但其因含重金属而毒性大，用于食品包装应选用有机锡稳定剂等低毒性产品。

（3）填充剂　　填充剂可弥补树脂的性能缺陷，改善塑料的使用性能，如提高制品的尺寸稳定性、耐热性、硬度、耐气候性等，同时可降低塑料成本。常用填充剂有碳酸钙、陶土、滑石粉、石棉、硫酸钙等，其用量一般为 20%～50%。

（4）着色剂　　着色剂用于改变塑料等合成材料固有的颜色，有无机染料、有机染料和其他染料。塑料着色可使制品美观，提高其商品价值，用作包装材料还可起屏蔽紫外线和保护内容物的作用。

（5）其他添加剂　　根据其功能和使用要求，在塑料中还可加入润滑剂、固化剂、发泡剂、抗静电剂和阻燃剂等。

塑料所用各种添加剂应具有与树脂很好的相溶性、稳定性、不相互影响其作用等特性，对用于食品包装的塑料，特别要求添加剂具有无味、无臭、无毒、不溶出的特点，以免影响包装食品的风味品质和卫生安全性。

（四）塑料的分类

塑料的品种很多，分类方法也很多，通常按塑料在加热、冷却时呈现的性质不同，分为热塑性塑料和热固性塑料两类。

1. 热塑性塑料

热塑性塑料（thermoplastic）主要以加成聚合树脂为基料，加入适量添加剂而制成。在特定温度范围内能反复受热软化流动和冷却硬化成型，其树脂化学组成及基本性能不发生变化。这类塑料成型加工简单，包装性能良好，可反复成型，但刚硬性低，耐热性不高。包装上常用的塑料品种有聚乙烯、聚丙烯、聚氯乙烯、聚乙烯醇、聚酰胺、聚碳酸酯、聚偏二氯乙烯等。

2. 热固性塑料

热固性塑料（thermosetting plastic）主要以缩聚树脂为基料，加入填充剂、固化剂及其他适量添加剂而制成。在一定温度下经一定时间固化，再次受热，只能分解，不能软化，因此不能反复塑制成型。这类塑料具有耐热性好、刚硬、不熔等特点，但较脆且不能反复成型。包装上常用的有氨基塑料、酚醛塑料、环氧塑料等。

二、塑料材料的主要包装性能指标

（一）保护性能指标

保护性能指标指保护内容物，防止其质变、被破坏的性能，主要包括阻透性、机械力学性能、稳定性等。

1. 阻透性

阻透性包括对水分、水蒸气、气体、光线等的阻隔性能。

（1）透气度（Q_g）和透气系数（P_g）　　Q_g指一定厚度材料在一个大气压差条件下，$1m^2$ 面积 24h 内所透过的气体量（在标准状况下），单位为 $cm^3/（m^2 \cdot 24h）$。P_g指单位时间单位压差下透过单位面积和厚度材料的气体量，单位为 $cm^3 \cdot cm/（cm^2 \cdot s \cdot cmHg^①）$。

（2）透湿度（Q_v）和透湿系数（P_v）　　Q_v指一定厚度材料在一个大气压差条件下，$1m^2$ 面积 24h 内所透过的水蒸气的克数，单位为 $g/（m^2 \cdot 24h）$。P_v指单位时间单位压差下透过单位面积和厚度材料的水蒸气重量，单位为 $g \cdot cm/（cm^2 \cdot s \cdot cmHg）$。

（3）透水度（Q_w）和透水系数（P_w）　　Q_w指 $1m^2$ 材料在 24h 内所透过的水分重量，单位为 $g/（m^2 \cdot 24h）$。P_w指单位时间单位压差下透过单位面积和厚度材料的水分重量，单位为 $g \cdot cm/（cm^2 \cdot s \cdot cmHg）$。

（4）透光度（T）　　指透过材料的光通量和射到材料表面光通量的比值，单位为%。

2. 机械力学性能

机械力学性能指外力作用下材料表现出抵抗外力作用而不发生变形破坏的性能，主要有以下几种。

---

① 1cmHg≈1333Pa

（1）硬度　　指在外力作用下材料表面抵抗外力作用而不发生永久变形的能力，常用布氏硬度（HB）和洛氏硬度（HR）表示。

（2）抗张、抗压、抗弯强度　　材料在拉、压、弯力缓慢作用下不被破坏时，单位受力截面所能承受的最大力分别称为材料的抗张、抗压、抗弯强度（单位为MPa）。

（3）爆破强度　　使塑料薄膜袋破裂所施加的最小内应力，表示容器材料的抗内压能力；也可由材料的抗张强度来表示，常常用来检测包装封口的封合强度。

（4）撕裂强度　　指材料抵抗外力作用使材料沿缺口连续撕裂破坏的性能，也指一定厚度材料在外力作用下沿缺口撕裂单位长度所需的力（单位为N/cm）。

（5）戳刺强度　　材料被尖锐物刺破所需的最小力（单位为N）。

3. 稳定性

稳定性指材料抵抗环境因素（温度、介质、光等）的影响而保持其原有性能的能力，包括耐高低温性、耐化学性、耐老化性等。

（1）耐高低温性　　温度对塑料包装材料的性能影响很大，温度升高，其强度和刚性明显降低，其阻隔性能也会下降；温度降低会使其塑性和韧性下降而变脆。材料的耐高温性能用温度指标来表示，热分解温度是鉴定塑料耐高温性能的指标之一，而耐低温性用脆化温度（指材料在低温下受某种形式外力作用时发生脆性破坏的温度）表示。用于食品的塑料包装材料应具有良好的耐高低温性能。

（2）耐化学性　　指塑料在化学介质中的耐受程度，评定依据通常是塑料在介质中经一定时间后的重量、体积、强度、色泽等的变化情况，目前尚无统一的耐腐蚀标准。

（3）耐老化性　　指塑料在加工、储存、使用过程中受到光、热、氧、水、生物等外界因素影响，而保持其化学结构和原有性能不被损坏的能力。

（二）卫生安全性

食品用塑料包装材料的卫生安全性非常重要，主要包括无毒性、耐腐蚀性、防有害物质渗透性、抗生物侵入性等。

（1）无毒性　　塑料由于其组成成分、材料制造、成型加工及和与之相接触的食品之间的相互关系等因素，存在着有毒物的溶出和对食品的污染问题。这些有毒物为有毒单体或催化剂残留、有毒添加剂及其分解老化产生的有毒产物等。

目前国际上都采用模拟溶媒溶出试验来测定塑料包装材料中有毒物的溶出量，并对之进行毒性试验，由此获得对材料无毒性的评价，确定保障人体安全的有毒物质极限溶出量和某些塑料材料的限制使用条件。

（2）抗生物侵入性　　指塑料包装材料包装食品后，在贮存环境中免受生物侵入污染的能力。它与材料的强度、容器密封方式和贮存环境有关。

（三）加工工艺性及主要性能指标

（1）包装制品成型加工工艺性及主要性能指标　　塑料包装制品大多数是塑料加热到黏流态后在一定压力下成型的，表示其成型工艺性好坏的主要指标有熔融指数（MI）、成型温度及温度范围（温度低、范围宽则成型容易）、成型压力、塑料热成型时的流动性、成型收缩率。

（2）包装操作加工工艺性及主要性能指标　　表示包装材料在食品包装各工艺过程，尤其在机械化、自动化工艺过程中的操作适应能力，其工艺性指标有机械性能，包括强度和刚度；热封性能，包括热封温度、压力、时间及热封强度（在规定的冷却时间内热封焊缝所能达到的抗破裂强度）等。

（3）印刷适应性　　包括油墨颜料与塑料的相容性、印刷精度和清晰度、印刷层耐磨性等。

第二节　食品包装常用的塑料树脂

一、聚乙烯和聚丙烯

（一）聚乙烯

聚乙烯（PE）树脂是由乙烯单体经加成聚合而成的高分子化合物，为无臭、无毒、乳白色的蜡状固体，其分子结构式为 $+CH_2—CH_2+_n$；大分子为线型结构，简单规整且无极性，柔顺性好，易于结晶。聚乙烯塑料由 PE 树脂加入少量的润滑剂和抗氧化剂等添加剂构成。

1. 主要包装特性

PE 阻水阻湿性好，但阻气和阻有机蒸气的性能差；具有良好的化学稳定性，常温下与一般酸碱不起作用，但耐油性稍差；有一定的抗拉强度和撕裂强度，柔韧性好；耐低温性很好，能适应食品的冷冻处理，但耐高温性能差，一般不能用于高温杀菌食品的包装；光泽度、透明度不高，印刷性能差，用作外包装需经电晕处理和表面化学处理改善印刷性能；加工成型方便，制品灵活多样，且热封性能很好。PE 树脂本身无毒，添加剂量极小，因此被认为是一种安全性很高的包装材料。

2. 主要品种、性能特点及应用

（1）低密度聚乙烯（LDPE）　　LDPE 具有分支较多的线型大分子结构，结晶度较低，密度也低，为 $0.91\sim0.94g/cm^3$，因此，阻气、阻油性差，机械强度也低，但延伸性、抗撕裂性和耐冲击性好，透明度较高，热封性和加工性能好。

LDPE 在包装上主要制成薄膜，用于包装要求较低的食品，尤其是有防潮要求的干燥食品。利用其透气性好的特点，可用于生鲜果蔬的保鲜包装，也可用于冷冻食品包装，但不宜单独用于有隔氧要求的食品包装；经拉伸处理后可用于热收缩包装，由于其热封性好、卫生安全性高且价格便宜，常作复合材料的热封层，大量用于各类食品的包装。

（2）高密度聚乙烯（HDPE）　　HDPE 大分子呈直链线型结构，分子结合紧密，结晶度高达 85%～95%，密度为 $0.94\sim0.96g/cm^3$，故其阻隔性和强度均比 LDPE 高；耐热性也好，长期使用温度可达 $100℃$，但柔韧性、透明性、热成型加工性等性能有所下降。

HDPE 也大量用于薄膜包装食品，与 LDPE 相比，相同包装强度条件下可节省原材料；由于其耐高温性较好，也可作为复合膜的热封层，用于高温杀菌（$110℃$）食品的包装；HDPE 也可制成瓶、罐容器盛装食品。由于 HDPE 强度高且价格低，因此有代替纸和低密度聚乙烯的趋势。HDPE 纸感强，也多制成复合薄膜用于快餐包装。

（3）线型低密度聚乙烯（LLDPE）　　LLDPE 大分子的支链长度和数量均介于 LDPE

和 HDPE 之间，具有比 LDPE 优的强度性能，抗拉强度提高了 50%，且柔韧性比 HDPE 好，加工性能也较好，可不加增塑剂吹塑成型。LLDPE 主要制成薄膜，用于包装肉类、冷冻食品和奶制品，但其阻气性差，不能满足较长时间的保质要求。为改善这一性能，采用与丁基橡胶共混来提高阻隔性，这种改性的 PE 产品在食品包装上有较好的应用前景。

案 例 一

微孔保鲜膜在油麦菜包装上的应用

微孔保鲜膜就是在保鲜膜上制备出直径大小为 10μm～1mm 的微孔。目前，果蔬贮藏保鲜国内外使用最普遍的方法是气调包装，普通保鲜膜包装难以为果蔬提供适宜的透气性条件，微孔保鲜膜因透气性和较大的 CO_2/O_2 透气系数比而广泛受到人们的关注。

油麦菜常温下贮藏时间为 2d 左右，低温（0～1℃）下可以贮藏 30d 左右。在 50μm 厚的 PE 保鲜袋（40cm×65cm）上制备 1、3、6 个孔径为 0.180mm 的微孔，在（0.1±0.3）℃下贮藏 50d 尚能保持良好的品质。

（二）聚丙烯

聚丙烯（PP）分子结构式为 $\left[CH-CH_2\right]_n$，为线型结构，密度为 0.90～0.91g/cm³，是

$$CH_3$$

目前最轻的食品包装用塑料材料。

1. 主要包装特性

聚丙烯阻隔性优于 PE，水蒸气和氧气透过率与 HDPE 相似，但阻气性仍较差；机械性能较好，强度、硬度、刚性都高于 PE，尤其是具有良好的抗弯强度；化学稳定性良好，在一定温度范围内，对酸、碱、盐及许多溶剂等有稳定性；耐高温性优良，可在 100～120℃长期使用，无负荷时可在 150℃使用，耐低温性比 PE 差，–17℃时变脆；光泽度高，透明性好，印刷性差，印刷前表面需经一定处理，但表面装潢印刷效果好；成型加工性能良好但制品收缩率较大，热封性比 PE 差，但比其他塑料要好；卫生安全性高于 PE。

2. 包装应用

PP 主要制成薄膜材料包装食品，薄膜经定向拉伸处理后（如双向拉伸聚丙烯薄膜，即 BOPP 薄膜；单向拉伸聚丙烯薄膜，即 OPP 薄膜）的各种性能，包括强度、透明度、光泽性、阻隔性较未拉伸聚丙烯（CPP）薄膜都有所提高，尤其是 BOPP 薄膜，强度是 PE 薄膜的 8 倍，吸油率为 PE 薄膜的 1/5，故适宜包装含油食品，在食品包装上可替代玻璃纸包装点心、面包等。BOPP 薄膜阻湿耐水性比玻璃纸好，透明度、光泽性及耐撕裂性不低于玻璃纸，印刷装潢效果不如玻璃纸，但成本较玻璃纸低 40%左右，且可用作糖果、点心的扭结包装。大多数 BOPP 薄膜用于快餐、烘烤食品、糖果、面制食品、奶酪、咖啡、茶、干果及宠物食品的包装，也用于盒类及盘类物品的透明包装及香烟包装。复合薄膜用 BOPP 作外层有极好的光泽且印刷图文耐磨损。

PP 可制成热收缩膜进行热收缩包装；也可制成透明的其他包装容器或制品；同时还可制成各种形式的捆扎绳、带，在食品包装上用途十分广泛。

二、聚苯乙烯和 K-树脂

（一）聚苯乙烯

聚苯乙烯（PS）由苯乙烯单体加聚合成，分子结构式为 $\pm CH-CH_2 \mp_n$，由于大分子

主链上带有苯环侧基，结构不规整，不易结晶，柔顺性很低，因此，PS 是线型、无定型、弱极性高分子化合物。

1. 性能特点

PS 阻湿、阻气性能差，阻湿性能低于 PE；机械性能好，具有较好的刚性，但脆性大，耐冲击性能很差；能耐一般酸、碱、盐、有机酸、低级醇，其水溶液性能良好，但易受到有机溶剂如烃类、酯类等的侵蚀软化甚至溶解；透明度好，高达 88%～92%，有良好的光泽性；耐热性差，连续使用温度为 60～80℃，耐低温性良好；成型加工性好，易着色和表面印刷，制品装饰效果很好；无毒无味，卫生安全性好，但 PS 树脂中残留单体苯乙烯及其他一些挥发性物质有低毒，对人体最大无害剂量为 133mg/kg，因此，塑料制品中单体残留量应限定在 1%以下。

2. 包装应用

PS 塑料在包装上主要制成透明食品盒、水果盘、小餐具等，色泽艳丽，形状各异，包装效果很好。PS 薄膜和片材料经拉伸处理后，冲击强度得到改善，可制成收缩薄膜，片材大量用于热成型包装容器。发泡聚苯乙烯（EPS）可用作保温及缓冲包装材料。

目前大量使用的 EPS 低发泡薄片材可热成型为一次性使用的快餐盒、盘，使用方便卫生，价格便宜，因包装废弃物难以处理而成为环境公害，因此将被其他可降解材料所取代。

3. PS 的改性品种

PS 最主要的缺点是脆性。其改性品种丙烯腈-丁二烯-苯乙烯共聚物（ABS）由丙烯腈、丁二烯和苯乙烯三元共聚而成，具有良好的柔韧性和热塑性，对某些酸、碱、油、脂肪和食品有良好的耐性，在食品工程上常用于制作管材、包装容器等。

（二）K-树脂

K-树脂是一种具有良好抗冲击性能的聚苯乙烯类透明树脂，由丁二烯和苯乙烯共聚而成，由于其高透明性和耐冲击性，被用于制造各种包装容器，如盒、杯、罐等。K-树脂无毒、卫生，可与食品直接接触，经 γ 射线（2.6mGy）辐照后其物理性能不受影响，符合食品和药品的有关安全性规定，在食品包装尤其是辐照食品包装上应用前景看好。

三、聚氯乙烯和聚偏二氯乙烯

（一）聚氯乙烯

聚氯乙烯（PVC）塑料以聚氯乙烯树脂为主体，加入增塑剂、稳定剂等添加剂混合组成，

PVC 树脂的分子结构式为 $\left[CH_2 - \underset{\underset{Cl}{|}}{CH} \right]_n$，大分子中 C—Cl 键有较强极性，大分子间结合力强，柔顺性差且不易结晶。

1. 性能特点

PVC 树脂热稳定性差，在空气中超过 150℃会被降解而放出 HCl，长期处于 100℃下也会降解，成型加工时也会发生热分解，这些因素限制了 PVC 制品的使用温度，一般需在 PVC 树脂中加入 2%～5%的稳定剂。PVC 树脂具有较高黏流化温度，且很接近其分解温度，同时其黏流态时的流动性也差，为此需加入增塑剂来改善其成型加工性能。不同的增塑剂加入量可获得不同品种的 PVC 塑料，增塑剂量达树脂量的 30%～40%时构成软质 PVC，小于 5%时构成硬质 PVC。

2. 包装特性

PVC 的阻气、阻油性优于 PE 塑料，硬质 PVC 优于软质 PVC；阻湿性比 PE 差；化学稳定性优良，透明度、光泽性比 PE 优良；机械性能好，硬质 PVC 有很好的抗拉强度和刚性，软质 PVC 相对较差，但柔韧性和撕裂强度较 PE 高；耐高低温性差，一般使用温度为 -15～55℃，有低温脆性；加工性能因加入增塑剂和稳定剂而得到改善，加工温度在 140～180℃；着色性、印刷性和热封性较好。

3. 卫生安全性

PVC 树脂本身无毒，但其中的残留单体氯乙烯（VC）有麻醉和致畸、致癌作用，对人体的安全限量为 1mg/kg 体重；PVC 用作食品包装材料时应严格控制 VC 残留量，PVC 树脂中 VC 残留量 ≤3mg/kg、包装制品 <1mg/kg 时，满足食品卫生安全要求。

稳定剂是影响 PVC 安全性的另一个重要因素，用于食品包装的 PVC 材料不允许加入铅盐、镉盐、钡盐等较强毒性的稳定剂，应选用低毒且溶出量小的稳定剂。增塑剂是影响 PVC 安全性的又一重要因素，用作食品包装的 PVC 应使用邻苯二甲酸二辛酯、邻苯二甲酸二癸酯等低毒品种作增塑剂，使用剂量也应在安全范围内。

4. 包装应用

PVC 存在的卫生安全问题决定其在食品包装上的使用范围，软质 PVC 增塑剂含量大，卫生安全性差，一般不用于直接接触食品的包装，可利用其柔软性、加工性好的特点制作弹性拉伸膜和热收缩膜；又因其价廉，透明性、光泽度优于 PE 且有一定透气性，而常用于生鲜果蔬的包装。硬质 PVC 中不含或含微量增塑剂，安全性好，可直接用于食品包装。

5. 改性品种

PVC 树脂中加入无毒小分子共混而起增塑作用，故改性塑料中不含增塑剂，在低温下仍保持良好韧性；具有中等阻隔性，卫生安全，价格也便宜；其薄膜制品可用作食品收缩包装，薄片热成型容器用于冰淇淋、果冻等的热成型包装。

（二）聚偏二氯乙烯

聚偏二氯乙烯（PVDC）塑料是由 PVDC 树脂和少量增塑剂及稳定剂制成。PVDC 树脂的分子结构式为 $\left[CH_2 - CCl_2 \right]_n$。

1. 性能特点

PVDC 软化温度高，接近其分解温度，在热、紫外线等作用下易分解，与一般增塑剂相溶性差，加热成型困难而难以应用；工程上采用与氯乙烯单体共聚的办法来改善 PVDC 的使用性能，大分子有极性，分子结合力强，结构对称、规整，故结晶性高，加工性较差，制成薄膜材料时一般需加入稳定剂和增塑剂。

2. 包装特性

PVDC 树脂用于食品包装具有许多优异的包装性能：阻隔性很高，且受环境温度的影响较小，耐高低温性良好，适用于高温杀菌和低温冷藏；化学稳定性很好，不易受酸、碱和普通有机溶剂的侵蚀；透明性、光泽性良好，制成收缩薄膜后的收缩率可达 30%～60%，适用于畜肉制品的灌肠包装，但因其热封性较差，薄膜封口强度低，一般需采用高频或脉冲热封合，也可采用铝丝结扎封口。

3. 适用场合

PVDC 是一种高阻隔性包装材料，其成型加工困难，价格较高。目前除单独用于食品包装外，还大量用于与其他材料复合制成高性能复合包装材料。PVDC 用于制作包装火腿肠的肠衣膜，耐高温杀菌；PVDC 保鲜膜由于具有优越的透明性、良好的表面光泽度及很好的自粘性，被广泛用于家庭和超市包装食品。PVDC 收缩膜主要用于包装冷鲜肉，利用其高收缩、高阻隔性的特点，所包装的冷鲜肉产品不仅有好的外观，同时可长久保持冷鲜肉的新鲜度。由于 PVDC 良好的熔粘性，可作复合材料的黏合剂，或溶于溶剂成为涂料，涂覆在其他薄膜材料或容器表面（称 K 涂），可显著提高阻隔性能，适用于长期保存的食品包装。

四、聚酰胺和聚乙烯醇

（一）聚酰胺

聚酰胺（PA）通称尼龙（nylon，Ny），为分子主链上含大量酰胺基团结构的线型结晶型高聚物，按链节结构中 C 原子数量分为 Ny6 和 Ny12 等。PA 树脂大分子为极性分子，分子间结合力强，大分子易结晶。

1. 性能特点

在食品包装上使用的主要是 PA 薄膜类制品，具有的包装特性为：①阻气性优良，但因分子极性较强，是一种典型的亲水性聚合物，阻湿性差，吸水性强，且随吸水量的增加而溶胀，其阻气、阻湿性能急剧下降。②化学稳定性良好，PA 具有优良的耐油性，耐碱和大多数盐液的作用，但强酸能侵蚀它，水和醇能使其溶胀。③PA 抗拉强度较大，但随其吸湿量的增多而降低；冲击强度比其他塑料明显高出很多，且随吸湿量增加而提高。④耐高低温性优良，正常使用温度在 $-60 \sim 130 \, ^{\circ}\mathrm{C}$，短时耐高温达 $200 \, ^{\circ}\mathrm{C}$。⑤成型加工性较好，但热封性不良（在 $180 \sim 190 \, ^{\circ}\mathrm{C}$ 条件下），一般常用其复合材料。⑥卫生安全性好。

2. 适用场合

PA 薄膜大量用于食品包装，为提高其包装性能，可使用拉伸 PA 薄膜，并与 PE、PVDC 或 CPP 等复合，提高防潮阻湿和热封性能，可用于畜肉制品高温蒸煮包装和深度冷冻包装。

（二）聚乙烯醇

聚乙烯醇（PVA）由聚乙酸乙烯酯经碱性醇液醇解而得，分子结构式为 $\left[\begin{matrix} CH_2 - CH \\ | \\ OH \end{matrix} \right]_n$，

是一种分子极性较强且有高度结晶性的高分子化合物。

1. 性能特点

包装上 PVA 通常制成薄膜用于包装食品，阻气性能很好，特别是对有机溶剂蒸汽和惰性气体及芳香气体；因其为亲水性物质，阻湿性差，透湿能力是 PE 的 5～10 倍，吸水性强、易吸水溶胀，其阻气性能随吸湿量的增加而急剧下降；化学稳定性良好，透明度、光泽性及印刷性都很好；机械性能好，抗拉强度、韧性、延伸率均较高，但随吸湿量和增塑剂量的增加而强度降低；耐高温性较好，耐低温性较差。

2. 适用场合

PVA 薄膜可直接用于包装含油食品和风味食品，因其吸湿性强而不能用于防潮包装，但通过与其他材料复合可避免易吸潮的缺点，充分发挥其优良的阻气性能而广泛用于肉类制品如香肠、烤肉、切片火腿等包装，也可用于黄油、干酪及快餐食品包装。

五、聚酯和聚碳酸酯

（一）聚酯

聚酯（PET）是聚对苯二甲酸和乙二酯的简称，俗称涤纶，具有较高的韧性和较好的柔顺性。

1. 性能特点

PET 用于食品包装，与其他塑料相比具有许多优良的包装特性：具有阻气、阻湿、阻油等高阻隔性，化学稳定性良好；具有其他塑料所不及的高强韧性能，抗拉强度是 PE 的 5～10 倍，是 PA 的 3 倍，抗冲强度也很高，还具有良好的耐磨和耐折叠性；具有优良的耐高低温性能，可在–70～120℃温度下长期使用，短期使用可耐 150℃高温，且高低温对其机械性能影响很小；光亮透明，可见光透过率高达 90% 以上，并可阻挡紫外线；印刷性能较好；卫生安全性好，溶出物总量很小；由于熔点高，故成型加工、热封较困难。

2. 适用场合

PET 制作薄膜用于食品包装主要有 4 种形式。

1）无晶型未定向透明薄膜，抗油脂性很好，可用来包装含油及肉类制品，还可作盛装食品的桶、箱、盒等容器的衬袋。

2）将上述薄膜进行定向拉伸，制成无晶型定向拉伸收缩膜，表现出高强度和良好热收缩性，可用作畜肉食品的收缩包装。

3）结晶型塑料薄膜，即通过拉伸提高 PET 的结晶度，使薄膜的强度、阻隔性、透明度、光泽性得到提高，包装性能更优良，大量用于食品包装。

4）与其他材料复合，如真空涂铝、K 涂 PVDC 等制成高阻隔包装材料，用于保质期较长的高温蒸煮杀菌食品包装和冷冻食品包装。

PET 也有较好的耐药品性，经过拉伸，强度高且透明，许多清凉饮料都使用 PET 瓶包装。例如，PET 不吸收橙汁的香气成分 d-柠檬烯，显示出良好的保香性，因此，作为原汁用保香性包装材料是很适合的。

3. 改性品种

新型"聚酯"包装材料聚萘二甲酸乙二醇酯（PEN）与 PET 结构相似，只是以萘环代替了苯环，PEN 比 PET 具有更优异的阻隔性，特别是阻气性、防紫外线性和耐热性比 PET 更好。PEN 作为一种高性能、新型包装材料，将有一定的开发前景。

（二）聚碳酸酯

1. 性能特点

聚碳酸酯（PC）大分子链节结构的规整性决定了它能够结晶，具有很好的透明性和机械性能，尤其是低温抗冲击性能，故 PC 是一种非常优良的包装材料，但因价格贵而限制了它的广泛应用。

2. 适用场合

在包装上，PC 可注塑成型为盆、盒，吹塑成型为瓶、罐等各种韧性高、透明性好、耐热又耐寒的产品，用途较广，可用于食品蒸煮袋和冷冻食品的包装。在包装食品时因其透明而可制成"透明"罐头，可耐 120℃高温杀菌处理。存在的缺点是：因刚性大而耐应力开裂性差和耐药品性较差。应用共混改性技术，如用 PE、PP、PET、ABS 和 PA 等与之共混成塑料合金可改善其应力开裂性，但其共混改性产品一般都失去了光学透明性。

六、乙烯-乙酸乙烯共聚物和乙烯-乙烯醇共聚物

（一）乙烯-乙酸乙烯共聚物

乙烯-乙酸乙烯共聚物（EVA）由乙烯和乙酸乙烯酯（VA）共聚而得，EVA 的性能取决于 VA 的分子质量及其在共聚物中的含量，当 EVA 分子质量一定时，共聚物中 VA 含量低则接近于 PE 的性能，VA 含量为 10%～20%时，EVA 能部分结晶而用于塑料；VA 含量为 10%左右时，EVA 刚性较好，成型加工性、耐冲击性比 PE 要好；当 VA 含量增大时，EVA 的弹性、柔软性、透明性增大，VA 大于 30%时的 EVA 性似橡胶；当 VA 含量大于 60%时，EVA 便成为热熔黏结剂。

1. 性能特点

EVA 阻隔性比 LDPE 差，且随密度降低透气性增加；环境抗老化性能比 PE 好，强度也比 LDPE 高，增加 VA 含量能更好抗紫外线，耐臭氧作用比橡胶高；透明度高，光泽性好，易着色，装饰效果好；成型加工温度比 PE 低 20～30℃，加工性好，可热封也可黏合；具有良好抗霉菌生长的特性，卫生安全。

2. 适用场合

不同的 EVA 在食品包装上用途不同，VA 含量少的 EVA 薄膜可作呼吸膜包装生鲜果蔬，也可直接用于其他食品的包装；VA 含量为 10%～30%的 EVA 薄膜可用作食品的弹性裹包或收缩包装，因其热封温度低、封合强度高、透明性好而常作复合膜的内封层。EVA 挤出涂布在 BOPP、PET 和玻璃纸上，可直接用来包装干酪等食品。VA 含量高的 EVA 可用作黏结剂和涂料。

（二）乙烯-乙烯醇共聚物

乙烯-乙烯醇共聚物（EVOH）是乙烯和乙烯醇的共聚物，乙烯醇改善了乙烯的阻气性，而乙烯则改善了乙烯醇的可加工性和阻湿性，故 EVOH 具有聚乙烯的易流动加工成型性和优

良的阻湿性，又具有聚乙烯醇的极好阻气性。

1. 性能特点

EVOH 树脂是高度结晶型树脂，EVOH 最突出的优点是对 O_2、CO_2、N_2 的高阻隔性，以及优异的保香阻异味性能。EVOH 的性能依赖于其共聚物中单体的相对浓度，一般来说，当乙烯含量增加时，阻气性下降，阻湿性提高，加工性能也提高。由于 EVOH 主链上有羟基而具亲水性，吸收水分后会影响其高阻隔性，为此常采用共挤方法把 EVOH 夹在聚烯烃等防潮材料的中间，充分体现其高阻隔性能。EVOH 有良好的耐油和耐有机溶剂性，且有高抗静电性，薄膜有高的光泽度和透明度，并有低的雾度。

2. 适用场合

EVOH 作为高性能包装新材料，目前已开始用于有高阻隔性要求的包装上，如真空包装、充气包装或脱氧包装，可长效保持包装内部气氛的稳定。EVOH 可制成单膜，可共挤制成多层膜及片材，也可采用涂布方法复合，加工方法灵活多样。某公司还采用云母填充 EVOH 树脂制成高阻隔包装容器，使其阻隔性进一步提高，二氧化碳的渗透性降低为原来的 25%～33%。目前由于 EVOH 的价格较高而限制了其在食品包装上的广泛应用。

七、离子键聚合物及其他塑料树脂

（一）离子键聚合物

离子键聚合物（ionomer）是一种以离子键交联大分子的高分子化合物，目前常用的是乙烯和甲基丙烯酸共聚物引入钠离子或锌离子交联而成的产品，也称离聚体，商品名为 Surlyn。由于大分子主链有离子链存在，聚合物具有交联大分子的特性，在常温下强度高、韧性大，但加热到一定温度时，其金属离子形成的交联可离解，表现其热塑性，影响其再次熔融加工，冷却后可再交联，是一种高韧性的热塑性塑料。

1. 性能特点

Surlyn 薄膜用于食品包装所表现的主要特性为：有极好的冲击强度，抗张强度是 LDPE 的 2 倍多，且在低温下性能也优良；韧性弹性好，有优良的抗刺破性和耐折叠性；阻气性优于 PE，但阻湿性差；耐无机酸、碱和油脂性优良；透明性优良，光泽度高；耐低温性良好，但高温下易氧化老化，正常使用温度不应高于 80℃；成型加工性较好，印刷适应性好，且无臭、无味、无毒，卫生安全；但脂肪族烃、芳香烃及杂环化合物对 Surlyn 有溶胀性。Surlyn 最大的特点是有极好的热封性，在相同温度条件下封合强度几乎是 PE、EVA 的 10 倍，且热封温度低、范围宽（100～160℃）。

2. 适用场合

离子型聚合物薄膜适用于形状复杂或带棱角的食品包装，特别适用于包装油脂性食品，可用作普通包装、热收缩包装、弹性裹包，也可作复合材料的热封层。

（二）其他塑料树脂

1. 聚氨酯

聚氨酯由多元醇与多元异氰酸酯反应而得，根据组成配方不同，可获得硬、半硬及软的泡沫塑料、塑料、弹性体、涂料和黏合剂等，包装中主要用其泡沫塑料产品及黏合剂产品。

聚氨酯化学结构的强极性特点，使它具有耐磨、耐低温、耐化学药品等性能突出的优点，可用热塑性聚氨酯制成薄膜用于包装。

2. 氟树脂

氟树脂是指由含氟单体聚合成的一类高聚物，有多种工业产品。氟树脂具有优良的高低温性能和耐化学药品性能，特别是聚四氟乙烯，可以耐浓酸和氧化剂，如硫酸、硝酸、王水等腐蚀性极强的介质作用；摩擦系数低，是优良的自润滑材料，具有不黏合性。作为包装材料，氟树脂主要制成容器和薄膜，在环境条件特殊或苛刻的包装场合中应用，如特别高温或防粘和耐药品的场合。

八、环境可降解塑料

环境可降解塑料（environment degradable plastic）至今没有统一的国际标准化定义，美国材料与试验协会（ASTM）有关塑料术语的标准 ASTM D883—2011 对降解塑料的定义是：在特定环境条件下，其化学结构发生明显变化，并用标准的测试方法能测定其物质性能变化的塑料。这个定义基本上和国际标准 ISO 472—2013（塑料术语及定义）对降解和劣化所下的定义相一致。

国际上关于环境可降解塑料的含义可归纳为三个方面。

1）化学（分子水平）上：其废弃物的化学结构发生显著变化，最终完全降解成二氧化碳和水。

2）物性（材料水平）上：其废弃物在较短时间内，力学性能下降，应用功能大部分或完全丧失。

3）形态上：其废弃物在较短时间内破裂、崩碎、粉化成对环境无害或易被环境消化的成分。

开发应用可降解塑料包装已成为目前解决包装废弃物造成环境污染的一个重点。

1. 生物可降解塑料

生物可降解塑料（biodegradable plastic）指能够被微生物分解的塑料，分解的产物为 CO_2、H_2O 或一些低分子化合物，通常我们将生物可降解塑料分为两类：完全生物降解塑料（biodegradable plastic）和生物崩坏性塑料（biodestructible plastic）。

1）完全生物降解塑料指能在较短时间内产生降解而丧失其原有形态，之后又能在较短时间内进一步降解成 CO_2 和 H_2O 的塑料；目前研究开发的主要有生物合成聚酯塑料、聚交酯和天然高分子材料。

天然高分子材料如淀粉、纤维素、蛋白质、多糖等能被生物降解，适当改性后能制成包装制品；以淀粉为主要原料的可完全生物降解的材料，淀粉含量高达 60%～80%，具有无毒、相溶性及分散性好、成本低、应用领域广泛等特点。使用聚酯型淀粉胶可直接生产一次性餐具，废弃后可进一步用作畜牧饲料。

2）生物崩坏性塑料指在较短时间内产生降解而丧失其原有形态，之后在很长时期才能降解成 CO_2 和 H_2O 的塑料。

合成生物可降解塑料高分子材料易受微生物侵蚀，且其降解的敏感性依赖于它自身的结构，含 C—N、C—O 等杂键的高分子比含单纯 C—C 键的敏感，带支链的比直链敏感；从分子质量看，PE 的相对分子质量低于 500 时，与低分子石蜡一样能被微生物降解。在热塑性塑料中，目前已知能被微生物降解的只有脂肪族聚酯及其衍生物，这一所知有可能解决大品种热塑性塑料的可降解问题。

共混型生物可破坏塑料，如将淀粉和 PE 或 PVA 等进行共混，这种塑料虽能被微生物破坏，即掺混的淀粉等被微生物分解而使塑料失去强度被粉碎，但其中不能被微生物分解的塑料仍未降解，只是变成碎片或粉化而分散于土壤环境中。目前，这类可分解塑料开发应用的关键在于共混淀粉含量的多少，以及其制品的性能及价格。

2. 光降解塑料

光降解塑料（photolysis plastic）指光照作用下能降解的塑料，制造途径有合成光降解树脂和使用添加剂。乙烯和 CO 共聚物的物理性能及热稳定性与 PE 相似，但能被光降解，其降解速度与 CO 组分含量有关。另一类光降解树脂是由乙烯酮类单体和乙烯或苯乙烯、甲基丙烯甲酯、氯乙烯等单体共聚而制得，光降解性则取决于共聚物中羰基的含量。使用添加光敏剂促进光降解塑料亦已有不少专利，较多的是采用芳香酮如二苯甲酮等作光敏剂；金属配合物也是高聚物光降解的敏化剂，如铁配合物按一定比例加到聚乙烯中，制得的薄膜便有相应的光降解性，改变比例则可调整降解速度。

光降解塑料目前主要应用在农用薄膜和饮料包装袋上，其存在的问题是如何确定使用安全期及所分解的生成物是否造成环境危害。

案 例 二

氧化酯化淀粉基抗菌可降解食品包装膜的制备

采用溶液流涎法制备氧化酯化淀粉基可降解膜，制备工艺参数：淀粉浓度为 7g/100mL，甘油添加量为 35%，海藻酸钠添加量为 10%。在此条件下制备的淀粉膜抗拉强度为 3.70MPa，断裂伸长率 55.93%，水蒸气透过系数为 2.23×10^{-12} g·cm/（cm^2·s·Pa），透油系数为 0.45g·mm/（m^2·d）。添加抗菌剂对膜性能的影响：随着脱氢乙酸钠添加量的增加，膜对大肠杆菌与黑曲霉的抑制效果增加，最大的抑菌圈面积分别为 $46.21mm^2$ 和 $986.79mm^2$。添加迷迭香和葡萄籽提取物的膜只能抑制大肠杆菌，最大的抑菌圈面积分别为 $74.77mm^2$ 和 $39.51mm^2$。随着抗菌剂添加量的增加，膜的机械性能均有不同程度降低。添加脱氢乙酸钠的膜应用于蛋糕包装，可提高其安全性并延长货架期，具有很大的发展潜力。

九、纳米包装材料

所谓纳米包装材料（nano packaging material）是指通过纳米技术，将 1～100nm 的纳米颗粒或晶体与其他包装材料通过纳米添加合成、纳米改性等方式，加工成为具备纳米结构、纳米尺度及特异功能的新材料。食品包装用纳米复合材料是将纳米材料以分子水平（10nm 数量级）或超微粒子的形式分散在高分子聚合物中交联改性形成，常用的聚合物有 PA、PE、PP、PVC、PET、LCP（液晶聚合物）等，常用的纳米材料有金属氧化物、无机矿物质等，如纳米 Ag/PE、纳米 TiO_2/PP、纳米蒙脱石/PA 等。由于纳米颗粒比常规材料的晶粒细小，其晶界上的原子数多于晶粒内部的原子数，形成高浓度晶界，赋予纳米材料许多不同于常规材料的性能，诸如高强度、高硬度、高电阻率、低热导率、低弹性模量、低密度等。所以，纳米包装材料与传统食品包装材料相比，具有许多优良特性，这使得纳米抗菌材料、纳米保鲜材料和纳米阻隔材料等新型材料在食品包装领域得到了大力发展。

（1）抗菌性纳米包装材料　　抗菌包装材料已成为食品包装材料的一个研究开发热点。纳米抗菌包装材料是在高分子树脂材料（如 PE、PVA、EVA、PA 等）中加入具有抑菌功能性纳米材料如 TiO_2 等偶联复合改性，其抗菌机理是纳米 TiO_2 等在光催化作用下，形成电子-空穴对，迁移至表面激发形成一系列活性氧自由基，破坏细胞壁，从而抑制微生物，包括真菌、酵母菌、藻类及病毒等的生长繁殖。抗菌性纳米包装材料也可作为功能性涂料应用于塑料制品、专用纸张等，赋予它们抑菌保鲜功能。

（2）保鲜性纳米包装材料　　在果蔬包装中，乙烯是影响果蔬新鲜度的重要因素，乙烯能够加速果蔬的成熟衰老以及病变和霉烂，而纳米保鲜包装材料可加速氧化果蔬食品释放出的乙烯，减少包装中乙烯的含量，提高果蔬等食品的保鲜效果，延长产品的货架寿命。添加 $0.1\%\sim0.5\%$ 的纳米 TiO_2 制成的纳米包装材料可以通过屏蔽紫外线照射阻止肉类食品的自动氧化，从而有效防止因维生素和芳香化合物的破坏而造成食品的营养价值流失及腐烂，使食品在一定时间内保持新鲜，具有很广泛的应用前景。

（3）高阻隔性纳米包装材料　　纳米粒子的比表面积很大，包装材料中仅需很少量的纳米粒子就能很好地改变包装材料的气体阻隔性、柔韧性和抗拉伸性等性能。例如，采用纳米 SiO_2 改性 PET，能使包装材料具有良好的阻隔 CO_2 和 O_2 性能，在饮料包装中已得到应用。

纳米包装材料极大地提高了包装材料在某些方面的性能，满足了一些特殊包装功能要求，但目前国际上还没有对纳米材料的安全性问题进行系统全面的评价，因此在纳米粒子的迁移和安全性评价等领域还需要继续探索。

案例三

纳米包装材料在金针菇保鲜上的应用

金针菇组织脆嫩，采后呼吸旺盛，极易开伞、褐变和腐烂，室温只能贮藏 1～2d。目前对金针菇主要采用 PE、PP 薄膜简易包装，也采用气调包装结合低温贮藏。纳米包装材料与传统包装材料相比，不仅具有气调的效果，还具有抗菌特性、氧化分解乙烯等特点。本案例通过制备纳米 Ag、纳米 TiO_2 改性 PE 材料，用于金针菇的保鲜包装，在 4℃条件下贮藏 15d，其失重率、腐烂指数和褐变度与普通材料相比都显著下降，可溶性固形物、游离氨基酸和可溶性蛋白质的保留量显著高于普通 PE 材料，从而延长了金针菇的货架保鲜期。

第三节　软塑料包装材料

软塑料包装材料是指塑料的挠性包装材料，从完整意义上讲，它既是指单种塑料薄膜或塑料与塑料的复合薄膜，又是指以塑料为主体，包含纸（玻璃纸）或铝箔等其他可挠性材料的复合薄膜材料。软塑料包装材料是食品包装材料的重要组成部分。

一、塑料薄膜的成型加工

1. 熔融挤出成型

熔融挤出成型是应用最广的一种单层薄膜成型方法，主要设备为螺杆挤出机。根据模具结构的不同，熔融挤出法可分为环形模法和窄缝式 T 形模法，前者制得的薄膜为圆筒状，称为吹塑薄膜，后者制得的薄膜为平膜，称为注塑薄膜。

（1）挤出吹塑成型——筒膜　　如图 3-4 所示，塑料颗粒在挤出机中加热塑化成黏流体后从模头挤出成管状坯料，并被夹持牵引拉伸；压缩空气从芯棒中空孔道吹入，使管状坯料吹胀成筒状薄膜，经冷却后卷收即得筒膜成品。

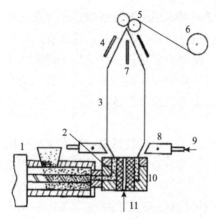

图 3-4　薄膜挤出吹塑成型工艺示意图

1. 挤出机；2. 芯棒；3. 泡状薄膜；4. 导向板；5. 牵引辊；
6. 卷取辊；7. 折叠导板；8. 冷却环；9. 冷却空气入口；
10. 模头；11. 压缩空气入口

吹塑成型过程中薄膜纵横两向都有一定程度的拉伸定向，定向程度与吹塑成型过程的牵伸比（管坯壁厚/薄膜壁厚）和吹胀比（薄膜泡直径/管坯直径）有关，增大吹胀比能增加横向定向程度，并可提高透明度和光泽性，但吹胀比过大则易使薄膜发皱和厚薄不均，故吹胀比一般为 2～3。挤出吹塑成型法因设备紧凑、投资较少而广泛用于 PE、PVC 等薄膜的制造，但由于冷却速度较慢而影响薄膜的透明度；此外，薄膜厚度偏差也较大。

（2）T 形模法成型——平膜　　因挤出模口与挤出流道连接成 T 形而得名。成型时从 T 形模口挤出的薄膜状树脂直接流绕在表面镀铬内芯冷却的金属转鼓上，经急冷定型、切边后卷取。此法适用于结晶型树脂且要求较薄的薄膜成型，如 PE、PP、软质 PVC、PVDC 等薄膜制造。与挤出吹塑成型法相比，薄膜具有强度高、光泽性好、透明度高等特点。

2. 平挤拉伸成型

图 3-5 所示为平挤拉伸成型工艺过程原理，挤出机将加热塑化的原料从扁口机头挤出成厚片坯料，然后经一系列纵向拉伸辊做纵向拉伸，再送至拉幅机上进行横向拉伸；经纵横二次拉伸的定向薄膜，在高温下热定型，以消除内应力、降低收缩率、改善其强度和弹性。热处理后将薄膜冷却至室温，以免成卷后使薄膜热量难以散发而引起内部结晶，影响薄膜性能。最后修边并卷取薄膜。

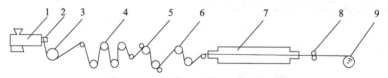

图 3-5　薄膜平挤拉伸成型示意图

1. 挤出机；2. 扁平机头；3. 冷却辊；4. 预热辊；5. 纵向拉伸；6. 冷却辊；7. 加热横向拉伸；8. 切边；9. 卷取辊

平挤拉伸成型的薄膜经冷却辊碾压，其厚度偏差较小，包装性能因拉伸定向而得到改善，且生产效率高。如果经二次拉伸而不经热处理定型，其薄膜即为热收缩薄膜。

3. 流涎法成型

先将树脂溶于有机溶剂（PVA 则以水作溶剂），制成浓度为 10%～35%的溶液，并将其过滤、消泡，然后送入流涎机通过流涎嘴使溶液流涎到滚筒或移动的钢带上蒸发干燥成一定厚度的薄膜。薄膜的厚度取决于聚合物树脂溶液浓度、流涎量及流涎机速率。

4. 压延法成型

使热塑性塑料颗粒通过挤出机加热塑化挤出成预成型薄膜，然后经过几个内部加热而相邻逆转的辊筒间隙，连续压延制成成型薄膜，薄膜厚度取决于最后一组辊筒的筒隙，此法常用于 PVC 膜生产。

二、常用食品包装塑料薄膜

1. 普通塑料薄膜

普通塑料薄膜是指采用挤出吹塑成型、T 形模法成型、溶液流涎法成型及压延法成型的未经拉伸处理的一类薄膜，包装性能主要取决于树脂品种，常用单一薄膜性能比较见表 3-1。

表 3-1　常用单一薄膜性能比较

薄膜种类	透明性	光泽度	拉伸强度	延伸率	撕裂强度	阻气性	阻湿性	耐油性	耐化学性	耐低温性	耐高温性	耐热变性	防静电性	机械适应性	印刷性	热封合性
LDPE	△	△	○	*	○	×	○	×	○	*	×	*	×	×	△	*
HDPE	△	△	○	△	△	×	○	△	○	*	○	*	×	×	△	*
CPP	○	○	○	*	*	×	○	△	○	△	*	○	×	△	△	○
OPP	*	*	*	△	×	×	○	○	○	*	○	△	×	○	△	×
PVC（软）	*	*	△	*	*	△	△	△	○	△	×	○	×	○	○	○
PVC（硬）	*	*	*	×	○	○	○	○	*	×	△	○	△	○	*	○
PS	*	*	*	×	×	×	×	△	○	△	○	×	×	*	○	×
OPS（单向拉伸 PS）	*	*	*	×	×	×	×	○	○	○	○	×	×	○	×	×
PET	*	*	*	○	○	○	○	*	*	*	*	○	×	○	○	×
OPET（单向拉伸 PET）	*	*	*	○	*	○	○	*	*	*	*	○	×	○	○	×
Ny6	○	○	*	○	○	○	×	*	*	○	*	*	×	○	○	○
ONy6（单向拉伸 Ny6）	*	○	*	×	*	○	×	*	*	○	*	*	×	○	○	×
PVDC	○	○	○	△	○	*	*	*	*	○	△	*	×	×	×	△
EVA	○	○	○	*	*	×	○	○	△	*	×	*	×	○	△	○
PVA	○	*	△	*	*	*	×	*	×	△	*	○	○	○	*	○
PT（玻璃纸）	*	*	○	×	×	○	×	*	×	×	*	○	○	*	*	×
KPT（K 涂玻璃纸）	*	*	*	×	×	*	*	△	△	○	*	○	○	*	△	○
铝箔（Al）	×	*	○	×	△	*	*	*	×	*	*	○	*	×	○	△
纸	×	×	○	×	○	×	×	×	×	*	*	*	○	△	*	*

注：*—优；○—良；△—尚可；×—差

从表 3-1 中可见，在单一薄膜中，阻湿性能好的薄膜有 PVDC、PET 等；气体阻隔性优良的有 PVA、Ny（PA）、PET、PVDC 等；耐高温性较好的有 CPP、Ny（PA）、PET 等，适用于高温杀菌食品的包装。

2. 定向拉伸塑料薄膜

将普通塑料薄膜在其玻璃化至熔点的某一温度条件下拉伸到原长度的几倍，然后在张紧状态下，在高于其拉伸温度而低于熔点的温度区间内某一温度保持几秒进行热处理定型，最后急速冷却至室温，可制得定向拉伸薄膜（stretched film）。经过定向拉伸的薄膜，其抗拉强度、阻隔性能、透明度等都有很大的提高。

食品包装上目前使用的单向拉伸膜有 OPP、OPS、OPET、OPVDC（单向拉伸 PVDC）等，双向拉伸膜有 BOPP（双向拉伸聚丙烯）、BOPET（双向拉伸涤纶树脂）、BOPS（双向拉伸聚苯乙烯）、BOPA（双向拉伸尼龙）等。常用拉伸膜包装性能见表 3-2。

表 3-2　几种双向拉伸塑料薄膜的物性

项目		BOPP	BOPET	BOPA
密度/（g/cm³）		0.91	1.40	1.15～1.16
熔点/℃		170	260	215～225
拉伸强度/MPa	（纵）	>120	180	120
	（横）	>200	180～200	200～228
断裂伸长度/%	（纵）	150～190	100	110～180
	（横）	50～70	80	35～65
冲击强度[1]/（J/cm）		750	1000	1000
撕裂强度/（N/mm）		4～5	7～8	7～10
浊度/%		0.5～1.2	2～5	≤3.5
热收缩率[2]/%		2～3	0.1～1.0	0.5～1.0
透湿性[3]/[g/（m²·24h）]		5～8	20～25	120～150
透氧率[4]/[mL·100μm/（m²·24h·0.1MPa）]		350～400	19～20	5
使用温度范围/℃		-20～120	-30～150	-50～130

注：①落球冲击法；②在 120℃ 15min 条件下做热收缩；③条件 38℃ 90% RH；④条件 23℃，0% RH

3. 热收缩薄膜

未经热处理定型的定向拉伸薄膜称热收缩薄膜（shrink film）。这种热收缩性能被应用于包装食品，对被包装食品具有很好的保护性、商品展示性和经济实用性。目前使用较多的收缩薄膜有 PVC、PE、PP，其次有 PVDC、PET、EVA 和氯化橡胶等。专用于肉制品的热收缩薄膜性能见表 3-3。

表 3-3　肉制品常用的两类热收缩包装复合膜特性

项目		一般收缩性膜		高收缩膜	
		PVDC	Ny6 系	PVDC	Ny6 系
外观	光泽/%	107	112	107	112
	浊度/%	6.5	4.2	6.5	4.5

续表

项目		一般收缩性膜		高收缩膜	
		PVDC	PA$_6$系	PVDC	PA$_6$系
绷紧力	收缩率/%　纵	18	25	30	35
	横	17	20	25	25
	收缩应力/（N/cm^2）	220	260	240	270
透氧率/[mL/（m^2·24h·0.1MPa）]		80	70	23	16
强度	拉伸强度/MPa	85～90	85～90	85～100	90～95
	伸长率/%	70～100	100～180	60～70	120～150

4. 弹性（拉伸）薄膜

弹性（拉伸）薄膜（elastic film）是一种具有特殊性能的薄膜，具有较大的延伸率而又有足够的强度，有良好的拉伸弹性和弹性张力。常用于食品包装上的拉伸薄膜有 PVC、EVA、LDPE、LLDPE，其中 EVA 和 LLDPE 膜弹性好、自粘性也好，是食品包装常用的理想品种。

三、复合软包装材料

所谓复合软包装材料是指由两层或两层以上不同品种可挠性材料，通过一定技术组合而成的"结构化"多层材料，所用复合基材有塑料薄膜、铝箔和纸等。根据使用目的将不同的包装材料复合，使其拥有多种综合包装性能，复合包装材料便由此产生，且已成为目前食品包装材料的最主要品种和国际性发展方向。

1. 用于食品包装的复合材料结构要求

（1）内层要求　　无毒、无味、耐油、耐化学性能好，具有热封性或黏合性；常用的有 PE、CPP、EVA 及离子型聚合物等热塑性塑料。

（2）外层要求　　光学性能好、印刷性好、耐磨耐热，具有强度和刚性；常用的有 PA、PET、BOPP、PC、铝箔及纸等。

（3）中间层要求　　具有高阻隔性（阻气、阻香、防潮和遮光），其中铝箔和 PVDC 是最常用的品种。

复合材料的表示方法：从左至右依次为外层、中间层和内层材料，如纸/PE/Al/PE，外层纸提供印刷性能，中间 PE 层起黏结作用，中间 Al 提供阻隔性和刚度，内层 PE 提供热封性能。

2. 复合工艺方法及其复合材料

复合工艺方法主要有涂布法、共挤法和层合法三种，可单独应用，也可复合应用。

（1）涂布法（coating）　　即在一种基材表面涂上涂布剂并经干燥或冷却后形成复合材料的加工方法。涂布法所用基材为纸、玻璃纸、铝箔及各种塑料薄膜，涂布剂有 LDPE、PVDC、EVA 和 Ionomer（离子聚合物）等。涂布 PVDC 即 K 涂主要用于提高薄膜阻隔性，涂布 PE、EVA、Ionomer 主要提供良好的热封层。典型的涂布复合材料有 PT/PE、OPP/PE（EVA）、Ny/PE（EVA）、PET/PE（EVA）。

（2）共挤法（co-extrusion）　　即用两台或两台以上的挤出机，分别将加热熔融的异色或异种塑料从一个模孔中挤出成膜的工艺方法，主要用于材料性能相近或相同的多层组合共挤。共挤膜常用 PE、PP 为基材，有两层、三层、五层共挤组合。典型的共挤复合膜有 LDPE/PP/LDPE、PP/LDPE、LDPE/LDPE 及 LDPE/LDPE/LDPE（异色组合）。

案例四

PE/PP/PE 复合膜应用

馒头是我国主食面制品，其蒸熟冷却后受微生物污染易发生变质，夏季保质期在 2d 左右，春秋在 3d 左右，目前市场上销售保质期较长的馒头多为冷冻包装，在微波加热时有明显回生的口感而影响馒头的销售。选用 PE、CPP 共挤复合膜（PE/PP/PE）为包装膜，结合天然植物精油抑菌与气调包装技术对馒头进行包装，并分析其贮存期间品质的变化，结果为：在 PE、复合膜包装袋内采用气调（30% N_2、70% CO_2）协同添加柠檬草精油（6μL）包装馒头，各项质量指标均优于天然植物精油抑菌或气调包装技术单独使用时的效果，PE、复合膜包装常温保存的馒头货架期分别达到 6d、8d，而 10℃、5℃ 条件下保存则分别为 12d、16d 和 16d、21d，将馒头的货架期延长了 3~4 倍。

（3）层合法（laminating）　　即用黏合剂把两层或两层以上的基材黏合在一起而形成复合材料的一种工艺方法，适用于某些无法用挤出复合工艺加工的复合材料，如纸、铝箔等。层合法的特点是应用范围广，只要选择合适的黏合材料和黏结剂，就可使任何薄膜相互黏合；黏合强度高，同时可将印刷色层粘夹于薄膜之间，隔离和保护印刷层。典型的层合复合膜有纸/Al/PE、BOPP/PA/CPP、PET/Al/CPP、Al/PE 等（表 3-4）。

表 3-4　复合薄膜的性能数据参考表

项目	薄膜种类										备注
	PET/Al/PO	PE/PO	Ny/PO	PET/PE	PET/PVDC/PE	Ny/PVDC/PE	PP/EVOH/PE	KPT/PE	Al/PE/热溶胶	纸/Al/PET/PE	
总厚度/μm	100	85	85	60	65	80	85	75	80	105	—
抗张强度/（kg/20mm）	7~8	5~7	7~8	4~6	4~6	7~8	6~10	3~6	7~10	7~11	拉伸速度300mm/min
伸长率/%	60~100	60~100	80~110	0~100	6~100	40~70	40~250	25~65	20~30	50~100	拉伸速度300mm/min
热封强度/（kg/20mm）	4~6.5	6~7	6~8	4~6	4~6	5~7	4~5	3~4	2~4	3~5	拉伸速度300mm/min
撕裂强度/g	70~150	70~200			30~50	30~60		80~150	20~30	200~300	Elmendorf法
破裂强度/（kg/cm²）	4.5	4.0		3.0	3.1		3.8	2.8	5.0		—
热封温度/℃	180~250	170~230	180~220	150~220	150~200	130~170	130~160	130~180	130~180	180~230	0.5s，压力399Pa
透氧率/[mL/（m²·24h·0.1MPa）]	0	118	30, 50, 60	118	15	10, 12, 15	<1, 4, 6	<1, 14, 25	0	0	三个值分别为9% RH、65% RH、90% RH时测得值

续表

项目		薄膜种类									备注
		PET/Al/PO	PE/PO	Ny/PO	PET/PE	PET/PVDC/PE	Ny/PVDC/PE	PP/EVOH/PE	KPT/PE	Al/PE/热溶胶	纸/Al/PET/PE	
透湿性/[g/(m²·24h)]		0	3	3	7	4	8	6	6	0	0	—
温度适性	冷冻	—	优	优	良	优	优	优	不适	良	—	—
	冷藏	优	优	优	佳	优	优	优	良	优	—	—
	煮沸	优	优	优	良	可	可	优	良	不适	—	—
	蒸煮	佳	最佳	佳	不适	不适	不适	不适	不适	不适	—	—
	阻气性	佳	佳	可	可	良	良	最佳	良	优	最佳	—
	强度	佳	佳	佳	良	良	佳	优	良	良	优	—
应用示例	炖（焖）	高温杀菌食品	烹调食品	年糕、饼、烹调食品	烹调食品	汤料汁、烹调食品	汤料、汁、果汁、调料汁	果汁、酱鱼片、点心	酱腌菜	乳制品、发酵牛奶	杀虫剂	—

注：PO 表示聚烯烃（聚丙烯等耐热性较佳的聚烯烃）薄膜

3. 高温蒸煮袋用复合膜

高温蒸煮袋（retort pouch）是一类有特殊耐高温要求的复合包装材料，按其杀菌时使用的温度可分为：高温蒸煮袋（121℃杀菌 30min）和超高温蒸煮袋（135℃杀菌 30min）；按其结构来分有透明袋和不透明袋两种。制作高温蒸煮袋的复合薄膜有透明和不透明两种。透明复合薄膜可用 PET 或 PA 等薄膜为外层（高阻隔型透明袋使用 K 涂 PET 膜），CPP 为内层，中间层可用 PVDC 或 PVA；不透明复合薄膜中间层为铝箔。高温蒸煮袋应能承受 121℃以上的加热灭菌，对气体、水蒸气具高的阻隔性且热封性好，封口强度高；如用 PE 为内层，仅能承受 110℃以下的灭菌温度。故高温蒸煮袋一般采用 CPP 作热封层。由于透明袋杀菌时传热较慢，适用于内容物 300g 以下的小型蒸煮袋，而内容物超过 500g 的蒸煮袋应使用有铝箔的不透明蒸煮袋。

常用高温蒸煮袋的结构和性能见表 3-5。

表 3-5　高温蒸煮袋的结构和性能

项目	单位	种类		
		PET12/Al9/PO70	PET12/PO70	Ny15/PO70
外观		不透明，高光泽	半透明	半透明
复合强度	N/20mm 宽	9.8	5.88	5.88
封口强度	N/20mm 宽	68.6	58.5	68.6
抗张强度	N/20mm 宽	78.4	68.6	98
伸长率	%	8	7	10
撕裂强度	10⁻³N 纵/横缺口	784/882	490～686/637	58.8/686

项目	单位	种类		
		PET12/Al9/PO70	PET12/PO70	Ny15/PO70
热封温度	℃	180～230	150～220	150～230
透氧率	mL/（m² · 24h · 0.1MPa）（65% RH）	0	118	55
透湿性	g/（m² · 24h）	0	3	3

注：PO 为聚乙烯或聚丙烯，总称为聚烯烃薄膜

四、高阻隔性薄膜

由于对食品包装的阻隔性要求越来越高，除了通过各种薄膜复合来提高其阻隔性要求外，近年来国外开发了几种具有高阻隔性能的单膜。国际上，所谓高阻隔性薄膜是指厚度在25.4μm 以下的薄膜在 22.8℃（73℉）条件下的透氧率在 10mL/（645m² · 24h · 0.1MPa）以下。按此定义，目前只有 EVOH（日本称 EVAL）、PVDC 和聚丙烯腈三种才可称为高阻隔性材料，但实际上 PA 和 PET 通常也称作高阻隔性材料。表 3-6 为 5 种透明高阻隔性材料的透氧率比较。

表 3-6　5 种透明高阻隔性材料透氧率的比较

塑料薄膜	透氧率/[mL · 20μm/（m² · 24h · 0.1MPa）]	
	20℃，65% RH	20℃，80% RH
EVOH（含乙烯 32%分子）	0.5	1.2
EVOH（含乙烯 44%分子）	1.0	2.3
PVDC（挤膜级）	4	4
PVDC（乳液级）	10	10
聚丙烯腈	8	1
PET	50	50
PA	35	55

1. EVOH 薄膜

EVOH 即乙烯-乙烯醇共聚物，EVOH 薄膜既有 PE 的高阻湿性，又有 PVA 的高阻气性，乙烯的存在还改善了聚乙烯醇熔融热成型的困难。EVOH 最为突出的性能是有极好的阻气性，用它包装食品可大大提高食品的保香性和延长保质期；EVOH 薄膜具有高的机械强度及耐磨、耐气候性，且有好的光泽度和透明度，具有高度耐油、耐有机溶剂的能力，是所有高阻性材料中热稳定性最好的一种。由于 EVOH 分子结构中有亲水基团，易吸附水分而影响其高阻气性，故 EVOH 一般用作复合膜的中间层。

2. K 涂膜

K 涂膜一般采用各种双向拉伸薄膜作基材，涂布 PVDC 或偏二氯乙烯与丙烯酸酯共聚胶乳薄层，使其具有良好的阻气性、阻湿性、保香性及低温热封性而成为高阻隔性包装膜，广泛地用于食品、香烟和药品包装，如香烟包装使用 KOPP（K 涂 OPP）膜，既满足透明光亮的包装装饰要求，又满足高阻隔性要求。

目前常用的涂布基材为 BOPP，可作单面涂布和双面涂布。PVDC 涂布层越厚，阻隔性越好，但成本也越高，一般 BOPP 厚度为 15～20μm，PVDC 厚度为 2μm。日本某会社研究的新型 PVDC 胶乳，使 K 涂膜有更好的阻隔性、滑爽性和易热封性，适用于高速包装和高阻隔性包装场合。

3. 镀铝膜

镀铝膜即真空镀铝膜，除具有高阻隔性，还具有遮光特性，能较好地使食品避免光、氧的综合变败作用，由于其优异的综合包装性能和相对较低的包装成本而大量用于食品包装等领域。表 3-7 为各种镀铝膜透湿性比较。

表 3-7　各种镀铝膜透湿性比较　　　　　[单位：$g/(m^2 \cdot 24h)$]

基材膜（厚度）	蒸镀前	蒸镀后
PET（12μm）	40～45	0.3～0.6
PET（25μm）	20～23	0.3～0.6
CPP（25μm）	15～20	1.0～1.5
OPP（25μm）	4～6	0.5
OPP（20μm）	5～7	0.8～1.2
LDPE（25μm）	15～25	0.6
HDPE（25μm）	19～20	0.9
PE（定向膜）（25μm）	5～6	1.2
PA（15μm）	250～290	0.5～0.8

第四节　塑料包装容器及制品

塑料通过各种加工手段，可制成具有各种性能和形状的包装容器及制品，食品包装上常用的有塑料中空容器、热成型容器、塑料箱、钙塑瓦楞箱、塑料包装袋等。塑料包装容器成型加工方法很多，常用的有注射成型、中空吹塑成型、片材热成型等，可根据塑料的性能及制品的种类、形状、用途和成本等选择合理的成型方法。

一、塑料瓶

塑料瓶具有许多优异的性能而被广泛应用在液体食品包装上，除酒类的传统玻璃瓶包装外，塑料瓶已成为最主要的液体食品包装容器，大有取代普通玻璃瓶之趋势。

（一）塑料瓶成型工艺方法

1. 挤—吹工艺

挤—吹工艺是塑料瓶最常用的成型工艺，在塑料挤出机上将树脂加热熔融并通过口模挤出空心管坯，然后送入金属模具并向管坯内吹入压缩空气使塑料瓶坯膨胀贴模，经冷却后形成制品；这是生产 LDPE、HDPE、PVC 小口瓶的主要方法。

2. 注—吹工艺

注—吹工艺包括两道主要工序，先是将塑料熔融注塑成具有一定形状的瓶坯，然后移去注塑模并趁热换上吹塑模，吹塑成型、冷却而形成制品。它是生产大口容器的主要方法，所适合的塑料品种主要有 PS、HDPE、LDPE、PET、PP、PVC、聚丙烯腈（PAN）等。

3. 挤—拉—吹工艺

先将塑料熔融挤出成管坯，然后在拉伸温度下进行纵向拉伸并用压缩空气吹模成型，最后经冷却定型后启模取出成品。制品经定向拉伸而提高了透明度、阻隔性和强度，并降低成本和重量。这种成型工艺主要适合于 PP 和 PVC 等塑料瓶。

4. 注—拉—吹工艺

瓶坯用注射法成型，再经拉伸和吹塑成型。其特点是制品精度高、颈部尺寸精确无须修正，容器刚性好、强度高、外观质量好，适合于大批量生产；其缺点为对狭口或异形瓶较难成型。这种工艺适合于 PET、PP、PS 等塑料瓶成型。

此外，还有用于多层复合塑料瓶罐成型的多层共挤（注）—吹工艺。

（二）食品包装常用塑料瓶

目前包装上应用的塑料瓶品种有 PE、PP、PVC、PET、PS 和 PC 等。

1. 硬质 PVC 瓶

硬质 PVC 瓶无毒、质硬、透明性很好，食品上主要用于食用油、酱油及不含气饮料等液态食品的包装。无毒食品级硬质 PVC 安全指标：树脂中的 VC 单体的含量小于 1mg/kg，（25℃条件下 60min）正庚烷溶出试验的蒸发残留量小于 150mg/kg。PVC 瓶有双轴拉伸瓶和普通吹塑瓶两种。双轴拉伸 PVC 瓶的阻隔性和透明度均比普通吹塑 PVC 瓶好，用于碳酸饮料包装时的最大 CO_2 充气量为 5g/L，在 3 个月内能保持饮料中的 CO_2 含量；但拉伸 PVC 瓶的阻氧性极为有限，不宜盛装对氧较敏感的液态食品。

2. PE 瓶

PE 瓶主要有 LDPE 瓶和 HDPE 瓶，在包装上应用很广，但由于其不透明和高透气性、渗油等缺点而很少用于液体食品包装。PE 瓶的高阻湿性和低价格使其广泛用于药品片剂包装，也用于日用化学品包装。

（视频）

PE 瓶挤吹机生产线视频可扫二维码观看。

3. PET 瓶

PET 瓶一般采用注—拉—吹工艺生产，是定向拉伸瓶的最大品种，其特点为高强度、高阻隔性、透明美观，阻气、保香性好，质轻（仅为玻璃瓶的 1/10），再循环性好；在含气饮料包装上几乎全部取代了玻璃瓶。PET 瓶虽具有高阻隔性，但对 CO_2 的阻隔性还不充分。采用 PVDC 涂制成 PET-PVDC 复合瓶，能有效地提高其阻隔性而用于富含营养物质食品的长期贮存。

PET 瓶在啤酒包装上的应用

我国啤酒多用玻璃瓶包装，也有铝罐包装，但很少有 PET 瓶包装。韩国 PET 瓶装啤酒已超过啤酒消费市场的 40%；欧洲有数家老牌啤酒厂商在设备更新时完全放弃玻璃灌装设备，而全部采用 PET 包装生产。2008 年中国台湾远东集团在苏州工业园建立某啤酒公司，推出一款完全采用 PET 包装的"麦氏啤酒"，用 PET 瓶来替代玻璃瓶和成本较高的铝罐。

> 与玻璃瓶相比，PET瓶有很多优势，如在安全性上优于玻璃啤酒瓶，自重轻，便于产品长距离运输，对啤酒公司而言可节约运输费用等。同时，PET瓶装啤酒的便携性优于易拉罐，更能适应年轻人求新、求异的心理；用棕色、阻氧的PET瓶灌装纯生啤酒或经低杀菌高档啤酒，可提高啤酒的外观形象。虽然PET瓶在啤酒的包装方面还存在一些缺陷，如PET瓶对啤酒灌装设备的适应差异，对包装车间的无菌要求高，但目前PET瓶在保鲜时间、阻隔性和密封性等诸多指标上已与玻璃瓶相当，完全可以满足啤酒行业的需要。

4. PS瓶和PC瓶

PS瓶最大的特点是光亮透明、尺寸稳定性好、阻气防水性能也较好，且价格较低，因此可适用于对O_2敏感的产品包装，但应注意的是，它不适合包装含大量香水或调味香料的产品，因为其中的酯和酮会溶解PS。由于PS的脆性，PS瓶只能用注—吹工艺生产。

PC瓶具有极高的强度和透明度，耐热、耐冲击、耐油及耐应变，但其最大的不足就是价格昂贵，且加工性能差，加工条件要求高，故应用较少。国外在食品包装上用作小型牛奶瓶，可进行蒸汽消毒，也可采用微波灭菌，可重复使用15次。

5. PP瓶

PP瓶的加工性能较差。采用挤—吹工艺生产的普通PP瓶，其透明度、耐油性、耐热性比PE瓶好，但它的透明度、刚性和阻气性均不及PVC瓶，且低温下耐冲击能力较差，易脆裂，因此很少应用。采用挤（注）—拉—吹工艺生产的PP瓶，在性能上得到明显改善，有些性能还优于PVC瓶，且拉伸后重量减轻，节约原料30%左右，可用于包装不含气果汁饮料及日用化学品。

各种塑料瓶品使用性能比较见表3-8。

表3-8　各种塑料瓶品使用性能比较

项目	聚乙烯		聚丙烯		PC瓶	PET瓶	PS瓶	PVC瓶
	LDPE瓶	HDPE瓶	拉伸PP瓶	普通PP瓶				
透明性	半透明	半透明	半透明	半透明	透明	透明	透明	透明
水蒸气透过性	低	极低	极低	极低	高	中	高	中
透氧率	极高	高	高	高	中-高	低	高	低
CO_2透过性	极高	高	中-高	中-高	中-高	低	高	低
耐酸性	O-★	O-★	O-★	O-★	O	O-☆	O-☆	☆-★
耐乙醇性	O-★	☆	☆	☆	O	☆	O	☆-★
耐碱性	☆-★	☆-★	★	★	×-O	×-O	☆	×-★
耐矿物油性	×	O	O	O	☆	☆	O	☆
耐溶剂性	×-O	×-O	×-☆	×-☆	×-☆	☆	×	×-☆
耐热性	O	O-☆	☆	☆	★	×-O	O	×-☆
耐寒性	★	★	×-O	★	☆	☆	×	O
耐光性	O	O	O-☆	O-☆	☆	☆	×-O	×-☆
热变形温度/℃	71~104	71~121	121~127	121~127	127~138	38~71	93~104	60~65

续表

项目	聚乙烯		聚丙烯		PC 瓶	PET 瓶	PS 瓶	PVC 瓶
	LDPE 瓶	HDPE 瓶	拉伸 PP 瓶	普通 PP 瓶				
硬度	低	中	中-高	中-高	高	中-高	中-高	中-高
价格	低	低	中	中-高	极高	中	中	中
主要用途	小食品	牛奶、果汁、食用油	果汁、小食品	饮料、果汁	牛奶、饮料	碳酸饮料、食用油	调料、食用油	食用油、调料

注：★—极好；☆—好；○——般；×—差

二、塑料周转箱和钙塑瓦楞箱

1. 塑料周转箱

塑料周转箱是最具有塑料包装箱特色的一类塑料箱，具有体积小、重量轻、美观耐用、易清洗、耐腐蚀、易成型加工、使用管理方便、安全卫生等特点，被广泛用作啤酒、汽水、生鲜果蔬、牛奶、禽蛋、水产品等的运输包装。塑料周转箱所用材料大多是 PP 和 HDPE。HDPE 周转箱的耐低温性能较好；PP 周转箱的抗压性能比较好，更适用于需长期储存垛放的食品。

目前，EPS 发泡塑料周转箱作为生鲜果蔬的低温保鲜包装，因其具有隔热、防震缓冲等优越性而被广泛应用。

2. 钙塑瓦楞箱

钙塑瓦楞箱是利用钙塑材料优异的防潮性能，来取代部分特殊场合的纸箱包装而发展起来的一种包装。钙塑材料是在 PP、PE 树脂中加入大量填料如碳酸钙、硫酸钙、滑石粉等及少量助剂而形成的一种复合材料（一般为 50%树脂+50% $CaCO_3$ 等）。由于钙塑材料具有塑料包装材料的特性，具有防潮防水、高强度等优点，故可在高湿环境下用于冷冻食品、水产品、畜肉制品的包装，体现出质轻、美观整洁、耐用及尺寸稳定的优点。但钙塑材料表面光洁易打滑，减震缓冲性较差，且堆叠稳定性不佳，成本也相对较高。用于食品包装的钙塑材料助剂应满足食品卫生要求，即无毒或有毒成分应在规定的剂量范围内。

三、其他塑料包装容器及制品

（一）塑料包装袋

1. 单层薄膜袋

单层薄膜袋（single-layer film bag）可由各类聚乙烯、聚丙烯薄膜（通常为筒膜）制成，因其尺寸大小各异、厚薄及形状不同，可用于多种物品包装，有口袋形塑料袋，也可制成背心式购物袋用于市场购物。LDPE 吹塑薄膜具有柔软、透明、防潮性能好、热封性能良好等优点，多用于小食品包装；HDPE 吹塑薄膜的力学性能优于 LDPE 吹塑薄膜，且具有挺括、易开口的特点，但透明度较差，通常用于制作背心式购物袋；LLDPE 吹塑薄膜具有优良的抗穿刺性和良好的焊接性，即使在低温下仍具有较高的韧性，可用于制作对抗穿刺性要求较高的垃圾袋。聚丙烯吹塑薄膜由于透明度高，多用于制作服装、丝绸、针织品及食品的包装袋。

2. 复合薄膜袋

为满足食品包装对高阻隔、高强度、高温灭菌、低温保存保鲜等方面的要求，可采用多层复合塑料膜制成的包装袋。如前已提及的高温蒸煮袋便是复合薄膜袋(recombined film bag)的重要品种。

3. 挤出网眼袋

挤出网是以 HDPE 为原料，经熔融挤出、旋转机头成型，再经单向拉伸而成的连续网束，只需按所需长度切割，将一端热熔在一起，另一端穿入提绳即成挤出网眼袋(mesh bag)，适合于水果、罐头、瓶酒的外包装，美观大方。另一种挤出网是以发泡聚苯乙烯(EPS)为原料，经熔融挤出法制成，主要用于水果、瓶罐的缓冲包装。

（二）塑料片材热成型容器

片材热成型容器是将热塑性塑料片材加热到软化点以上、熔融温度以下的某一温度，采用适当模夹具在气压、液压或机械压力作用下，成型成与模具形状相同的包装容器。热成型容器具有许多优异的包装性能，近几十年来其在食品包装上的应用得到迅速发展。

（三）其他塑料包装制品

1. 高温杀菌塑料罐

材料组成为 PP/EVOH/PP，其特点在于以 EVOH 为夹层材料，保气性极为良好，保存期与罐头相同，可取代目前的金属罐。国际上此项新材料还处于试生产阶段。

2. 微波炉、烤箱双用塑料托盘

以结晶性 PET 为材料，可耐高温，用于微波食品及烤箱食品包装，在欧美、日本等发达国家和地区广泛使用。以 PP、无机物填充 PP 的多层复合材料及 PET/纸板为材料膜压制成托盘，因其性价比优良而获广泛应用。近年来又开发了耐更高温度的新型耐热包装材料，如聚砜薄膜（180℃）、液晶聚合物薄膜（250～260℃）、聚醚酰亚胺（220℃）、聚 4-甲基戊烯（TPX）/纸板（220℃）等。

3. 可挤压瓶

材料组成为 PP/EVOH/PP，用共挤压技术制造，保气性、挤压性良好，用于热充填、不杀菌的食品包装，如果酱、调味酱等。

第五节　食品用塑料包装材料的选用

塑料作为食品包装材料已有几十年，因其具有优异的包装性能而得到广泛应用，但塑料本身所具有的特性和缺陷，用于食品包装时会带来诸如卫生安全等方面的问题。因此，在选用塑料包装材料时，在考虑食品包装基本要求的同时，必须注意卫生安全性问题。

一、食品包装用塑料材料的卫生安全性

用于食品包装的塑料在卫生安全性能上存在两个问题：一是树脂本身的安全性；二是所使用添加剂是否有毒或超过规定剂量。

（一）塑料树脂的卫生安全性

用于包装的大多数塑料树脂是无毒的，但它们的单体分子却大多有毒性，且有的毒性相当大、有明确的致畸致癌作用，当塑料树脂中残留有单体分子时，用于食品包装即构成了卫生安全问题。在卫生安全性方面，美国食品药品监督管理局（FDA）的标准被国际公认。表 3-9 为食品包装容器用合成树脂的毒性物质的最大允许量。

表 3-9　食品包装容器用合成树脂的毒性物质的最大允许量

项目		树脂种类				
		其他一般树脂	聚氯乙烯	聚丙烯或聚乙烯	聚苯乙烯	聚偏二氯乙烯
材料试验	镉、铅	—	100mg/kg			
	二丁基锡化合物	—	100mg/kg	—	—	—
	磷酸甲酸酯	—	1000mg/kg	—	—	—
	氯乙烯单体	—	1mg/kg	—	—	—
	偏二氯乙烯单体	—	—	—	—	6mg/kg
	挥发成分	—	—	—	5000mg/kg	—
	钡	—	—	—	—	100mg/kg
溶出试验	重金属	4%乙酸，60℃ 30min 1mg/kg。如在 100℃ 以上使用的材料则为 95℃ 30min 1mg/kg				
	正庚烷	—	25℃ 60min 150mg/kg	25℃ 60min 100mg/kg，但是，100℃ 以上使用的材料为 30mg/kg	25℃ 60min 240mg/kg	25℃ 60min 30mg/kg
	20%乙醇	—	—	—	60℃ 30min 30mg/kg	
	水、4%乙酸	60℃ 30min 30mg/kg	60℃ 30min 30mg/kg	60℃ 30min 30mg/kg，但是，如在 100℃ 以上使用的材料则为 95℃ 30min 30mg/kg		
	高锰酸钾消耗量	水，60℃ 30min 10mg/kg，但是，如在 100℃ 以上使用的材料则为 95℃ 30min 10mg/kg				
	苯酚	水，60℃ 30min 未测出	—	—	—	—
	甲醛	水，60℃ 30min 未测出	—	—	—	—

塑料树脂中，PVC 和 PVDC 的卫生性已在前面讨论过，其单体有明显的致突变性，在食品包装上使用应严格控制其单体的含量，使用食品无毒级产品。聚苯乙烯树脂中苯乙烯单体对肝细胞有破坏作用，美国要求其单体含量低于 5000mg/kg；德国规定 90℃、24h 苯乙烯单体析出量不超过 15mg/m^2；比利时规定聚苯乙烯中单体含量低于 1000mg/kg。

（二）塑料添加剂的卫生安全性

塑料添加剂一般都存在着卫生安全方面的问题，选用无毒或低毒的添加剂是塑料能否用作食品包装的关键。

1. 增塑剂的卫生安全性

增塑剂根据其化学组成可分为五大类，即邻苯二甲酸酯类、磷酸酯类、脂肪族二元酸酯类、柠檬酸酯类、环氧类，磷酸酯类增塑剂一般毒性都比较大，其中后三类的毒性较低。

含增塑剂量高的塑料制品，不适用于液体食品包装，一般也不适用于含液体成分较高的其他食品包装，特别是含乙醇和油脂的食品。

2. 稳定剂的卫生安全性

包装塑料中 PVC 和氯乙烯共聚物在加工时必须加入热稳定剂。PE、PP、PS、PA、PET等根据不同的用途和加工要求，也要加入某些防氧化剂、防紫外线剂等稳定剂。食品包装用塑料的稳定剂必须是无毒的，许多常用的稳定剂如铅化合物、钡化合物、镉化合物和大部分有机锡化合物，由于毒性大而都不能用于食品包装塑料。现各国公认允许用于食品包装用塑料的热稳定剂有钙、锌、锂的脂肪酸盐类。

3. 着色剂和油墨的卫生安全性

塑料着色或油墨印刷是塑料包装制品常用的加工处理，当用于包装食品时，必然会带来卫生安全性问题。

大部分着色剂都有不同程度的毒性，有的还有强致癌性，因此，接触食品的塑料最好不着色，当不得不着色时，也一定要选用无毒的着色剂。允许用于食品包装的着色剂见表 3-10。

表 3-10 允许用于食品包装的着色剂

	白色	红色	蓝色	绿色	黑色	黄色
着色剂	TiO_2（钛白粉） ZnO（锌白）	Fe_2O_3 （氧化铁红）	群青 （佛青、云青）	Cr_2O_3 （铬绿）	炭黑	柠檬黄* （酒石黄）

*我国规定柠檬黄最大使用量为 100mg/kg

塑料印刷用油墨均有一定的毒性，其包装材料的印刷层不宜与食品直接接触。凡经过印刷的食品包装材料必须充分干燥，使溶剂挥发干净，以免污染食品。

4. 其他塑料添加剂的卫生安全性

润滑剂是在塑料成型加工中为减少摩擦，增加其流动性能而加入的一种添加剂，种类很多，其中大部分毒性较低。可用于食品包装材料的品种为硬脂酰胺、油酸酰胺、硬脂酸、石蜡（食品级）、白油、低分子聚丙烯。

发泡剂是泡沫塑料的必需添加剂，用于食品包装的泡沫塑料发泡剂必须是无毒或低毒产品；常用的碳酸氢铵为无毒；偶氮二甲酰胺（Ac 发泡剂）自体毒性及分解残渣的毒性都极低，可视为无毒，美国 FDA 规定最大用量为 2%。

二、塑料包装材料的阻透性

阻透性是食品包装材料最主要的性能，食品包装材料对内容物的保护性主要取决于包装材料对空气、氧、水蒸气等的阻透性。空气、氧、光线、水和水蒸气及挥发性物质对塑料包装材料均有一定的透过性，这种透过性除与透过性物质的分子大小及物性有关外，还与塑料本身的成分、大分子结构及分子聚集状态等内部结构因素，以及塑料和透过性物质之间的亲和性、相容性有关。由于塑料树脂的内部结构和物态受温湿度等环境因素的影响，从而导致其阻透性的相应变化，这给选用合适的食品包装材料增加了困难，因此，对塑料的一般阻透性规律应该有所认识。

温度对塑料包装材料阻透性的影响非常大。温度升高将使聚合物的结晶度、排列取向度降低，分子间距拉大、密度降低，这使塑料包装材料的阻透性能下降。因此，一般塑料薄膜的气体透过系数随温度的变化均服从指数规律。相比而言，PVDC 的阻气性受温度的变化影响较小，而铝箔受影响更小些，故一般选择这两种软包装膜用作高温蒸煮袋。最近开发的超高阻透性涂硅膜复合膜，其阻透性受温度影响更小，因此，更适宜于高温蒸煮食品包装。

三、塑料包装材料的异臭成分

1. 塑料包装材料产生异臭的原因

塑料为适应原材料的制造条件或为改进塑料性能而加入的各种添加剂，或因在复合、制袋、印刷等各种加工过程中处理不当，都有可能产生异臭；一旦产生异臭，就会污染被包装食品。塑料包装材料产生的异臭种类很多，从甜味到药味、焦煳味、石蜡味、石油味及溶剂味等，且成分复杂。产生这些异臭的原因大致为：塑料制造过程中的未反应物和副产物等产生的异味；塑料热分解或氧化生成物产生的异臭；因添加剂的挥发、溶出及分解，而与包装材料反应所产生的异臭；材料复合所用的黏结剂、印刷油墨及溶剂所产生的异臭；因辐照产生的异臭等。这些因素中影响最大的是塑料热分解、氧化老化，以及所加入添加剂、黏结剂、印刷油墨等产生的异臭。

2. 塑料热分解和添加剂产生的异臭

塑料在软化点以下虽不产生热分解，但 PVDC 等的软化温度接近热分解温度，在加工和热封等加热过程中会因过热分解而产生异臭，因此，必须把加工和热封温度控制在适当的范围内。塑料热分解时产生的异臭与添加剂的关系很大，这些添加剂不但会影响聚合物分解，其本身也会分解产生异臭。

3. 印刷颜料、黏结剂或溶剂等产生的异臭

用有机颜料着色或利用钛白印刷的薄膜，加热时会生成明显的挥发性物质，在热封时应控制温度，否则会产生较强的异臭而污染食品。来自于复合材料黏结剂或溶剂等所产生异臭的问题较多。据研究报道，塑料复合膜中残留的溶剂量为 $10mg/m^2$ 以下时不会产生异臭，但当残留量达到 $90mg/m^2$ 时，包装干酪 3d 后能感觉到异臭，5d 后变成强烈的异臭。要解决塑料薄膜的残留溶剂问题，应在薄膜加工时注意，即尽量选用无异味溶剂或易气化而低残留量的溶剂，同时在加工、印刷之后进行彻底干燥、蒸发掉溶媒后才能投放市场。对于食品包装工作者而言，在选用包装材料时应充分注意这些问题，避免包装材料的异臭成分影响食品品质和风味。

综上所述，只要严格按照食品卫生标准选用塑料作为食品包装材料，它将比传统包装材料更方便、更经济、更适应食品包装市场的多元化要求。

思考题

1. 简要说明塑料的基本概念、组成和分类。

2. 试列举塑料材料的主要包装性能指标，说明 Q_g 和 P_g、Q_v 和 P_v 的意义和相互关系。

3. 试说明 PE、PP、PVC、PVDC、PA、PVA、PET、PC、EVA、EVOH 的主要包装性能和适用场合。

4. 试综述目前国内外生物可降解塑料、可食包装材料的研究现状和发展方向。

5. 何谓纳米包装材料？试列举一些可在食品包装中应用的纳米包装材料。

6. 何谓定向拉伸塑料薄膜？何谓热收缩薄膜？试列举食品包装上常用的拉伸薄膜和热收缩薄膜。

7. 试说明用于食品包装的复合材料结构要求，列举复合工艺方法及其典型复合材料。

8. 试说明 PET/Al/CPP、Ny/EVOH/PE 的复合材料构成、主要包装性能和适用场合。

9. 试列举目前常用的高温蒸煮袋，说明其主要包装性能和适用场合。

10. 简要说明食品用塑料包装材料选用的注意问题。

11. 就塑料包装材料的阻透性而言，说明环境温湿度的影响及选用时必须注意的问题。

第四章 金属、玻璃、陶瓷包装材料及包装容器

本章学习目标

1. 掌握金属包装材料的性能特点、主要品种及性能指标。
2. 掌握金属罐结构分类、制造方法、常用涂料及食品包装要求。
3. 掌握玻璃包装容器的包装特性、制作方法及其发展方向。
4. 了解陶瓷包装容器的性能特点。

金属材料用作食品包装已有 200 多年，以金属薄板或箔材为主要原材料，经加工制成各种形式的容器来包装食品，金属材料是现代食品包装的四大包装材料（纸、塑料、金属、玻璃）之一。玻璃作为食品包装材料历史悠久，3000 多年前埃及人首先制造出玻璃容器，成为传统食品包装中的重要材料之一；玻璃作为四大包装材料之一，其使用量占包装材料总量的 10%左右。陶瓷制品用作食品包装容器历史更悠久，主要有瓶、罐、缸、坛等形态，用于酒类、腌制品及传统风味食品的包装。

第一节 金属包装材料及容器

金属材料作为近代罐头食品加工业起步发展的最重要包装材料，其优良性能表现为以下几方面。

（1）高阻隔性能 可完全阻隔气、汽、水、油、光等的透过，用于食品包装表现出极好的保护功能，使包装食品有较长的货架寿命。

（2）优良的机械性能 金属材料具有良好的抗拉、抗压、抗弯强度，以及良好的韧性及硬度，用作食品包装表现出耐压、耐温湿度变化等优良性能，包装的食品便于运输和贮存，适宜机械化、自动化包装操作，密封可靠且效率高。

（3）容器成型加工工艺性好 金属具有优良的塑形变形性能，易于制成食品包装所需要的各种形状的容器。现代金属容器加工技术与设备成熟，生产效率高，如马口铁罐、铝质二片罐生产线的生产速度达 3600 罐/min，可以满足食品大规模自动化生产的需要。

（4）良好的导热性、耐高低温性和耐热冲击性 用作食品包装可适应食品冷、热加工，以及高温杀菌及杀菌后的快速冷却等加工需要。

（5）表面装饰性好 金属具有光泽，可通过表面彩印装饰提供更理想美观的商品形象。

（6）包装废弃物较易回收再生处理 金属包装废弃物的易回收处理减少了对环境的污

染，回炉再生可节约资源、节省能源，这在提倡"绿色包装"的今天显得尤为重要。

金属作为食品包装材料的缺点：①化学稳定性差、不耐酸碱腐蚀，特别是包装高酸性食物时易被腐蚀，且金属离子的析出会影响食品的风味和安全性，这在一定程度上限制了它的使用范围。为弥补这一缺点，一般需在容器内壁施涂涂料。②价格较贵。

食品包装常用的金属材料按材质主要分为两类：一类为钢基包装材料，包括镀锡薄钢板（马口铁）、镀铬薄钢板、涂料板、镀锌薄钢板、不锈钢板等；另一类为铝质包装材料，包括铝薄板、铝箔、铝丝等。

一、镀锡薄钢板

镀锡薄钢板是低碳薄钢板表面镀锡而制成的产品，简称镀锡板，俗称马口铁板，大量用于制造包装食品的各种容器，以及其他材料容器的盖或底。

（一）镀锡板的制造和结构组成

镀锡板是将低碳钢（C<0.13%）轧制成约2mm厚钢带，经酸洗、冷轧、电解清洗、退火、平整、剪边加工，再经清洗、电镀、软熔、钝化处理、涂油后剪切成板材成品；镀锡板所用镀锡为高纯锡（Sn>99.8%），也可用热浸镀法涂敷，此法所得锡层较厚，用锡量大，镀锡后不再钝化处理。

镀锡板结构由5部分组成，如图4-1所示，由内向外依次为钢基板、锡铁合金层、锡层、氧化膜和油膜。镀锡板各层的厚度、成分和性能见表4-1。

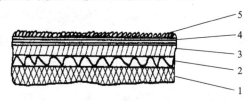

图 4-1　镀锡板断面图

1. 钢基板；2. 锡铁合金层；3. 锡层；4. 氧化膜；5. 油膜

表4-1　镀锡板各层的厚度、成分和性能

结构名称	厚度		结构成分		包装性能特点
	热浸镀锡板	电镀锡板	热浸镀锡板	电镀锡板	
油膜	$20mg/m^2$	$2\sim5mg/m^2$	棕榈油	棉籽油或癸二酸二辛酯	润滑和防锈
氧化膜	$3\sim5mg/cm^2$（单面）	$1\sim3mg/m^2$（单面）	氧化亚锡	氧化亚锡氧化锡	电镀锡板表面钝化膜经化学处理生成，具有防锈、防变色和防出现硫化斑作用
锡层	$22.4\sim44.8g/m^2$	$5.6\sim22.4g/m^2$	纯锡	纯锡	美观、易焊、耐腐蚀，且无毒害
锡铁合金层	$5g/m^2$	小于$1g/m^2$	锡铁合金结晶	锡铁合金结晶	耐腐蚀，如过厚加工性和可焊性不良
钢基板	制罐用$0.2\sim0.3mm$	制罐用$0.2\sim0.3mm$	低碳钢	低碳钢	加工性能良好，制罐后具有必要的强度

（二）镀锡板的主要性能指标

1. 机械性能

镀锡板的强度、硬度、塑性和韧性等综合机械性能通常用调质度来表示。调质度是以镀锡板表面洛氏硬度值（HR30T）的大小并以等级 T50、T52……符号表示。镀锡板调质度等级由低至高，其强度和硬度增加，而相应塑性、韧性降低。

2. 耐腐蚀性

镀锡板的耐腐蚀性与构成镀锡板每一结构层的耐腐蚀性都有关。

（1）钢基板　　钢基板的耐腐蚀性能主要取决于钢基板的成分、非金属夹杂物的数量和表面状态。钢基板中所含磷、硫、铜等一般都将对其耐腐蚀性带来负面影响，但是包装橘子类含柠檬酸的食品时，可用含铜稍多钢基板的镀锡板容器；灌装可口可乐类含 CO_2 饮料时，可用含硫稍多钢基板的镀锡板容器，该容器可表现出较好的耐腐蚀性。

（2）锡铁合金层　　处于钢基板和锡层之间的锡铁合金层的主要成分是锡铁金属化合物 $FeSn_2$。锡层不连续的孔隙暴露出的并不都是钢基表面，更多的是锡铁合金层。在酸性介质中锡铁合金层的电位比铁高，它和锡层偶合，构成受 $FeSn_2$ 合金层的极化程度控制的一种阴极控制型腐蚀体系，此时，若 $FeSn_2$ 层不连续，钢基体暴露增多，$FeSn_2$ 极化程度减小，将加快锡的溶解速度。所以，提高 $FeSn_2$ 合金层的连续性和致密性可以有效地提高镀锡板的耐腐蚀性能。

（3）锡层　　要求镀锡完全覆盖钢基板表面，但实际镀锡层存在许多针孔，其中暴露出钢基板的孔隙称露铁点。镀锡板上露铁点的多少用孔隙度表示，即每平方分米上孔隙数或孔隙面积。在有腐蚀性溶液存在的条件下镀锡板上的露铁点将发生电化学腐蚀，镀锡板孔隙度大会加速锡层溶解而加快钢基板腐蚀的速度。镀锡工艺、质量及镀锡层厚薄影响镀锡板孔隙度的大小，加工和使用中机械刮伤引起锡层破坏也将严重影响镀锡板的耐腐蚀性。

（4）氧化膜　　镀锡板表面的氧化膜有两种：一种是锡层本身氧化形成的 SnO_2 和 SnO；另一种是镀锡板钝化处理后形成的含铬化合物钝化膜。SnO_2 是稳定的氧化物，而 SnO 是不稳定的氧化物，所以两者数量的多少将影响镀锡板的耐腐蚀性。含铬钝化膜使镀锡板的耐腐蚀性大大提高，且钝化膜含铬量越多，耐腐蚀性越好，铬可有效地抑制锡氧化变黄，硫化变黑。

（5）油膜　　镀锡板表面的油膜将板与环境相隔开，防止锡层被氧化发黄，防止水汽使镀锡板生锈。此外，油膜在镀锡板使用和制罐中起润滑剂作用，可有效地防止加工、运输过程中的锡层擦伤破损，从而提高镀锡板的耐腐蚀性。油膜也会对制罐加工、表面涂饰加工带来不利影响。

（三）镀锡板的主要技术规格

1. 镀锡板的尺寸和厚度规格

为方便生产和使用，镀锡板长宽尺寸已规范，板宽系列为 775mm、800mm、850mm、875mm、900mm、950mm、1000mm、1025mm、1050mm，板长一般与板宽差在 200mm 内可任意选用。镀锡板厚度系列为 0.2mm、0.23mm、0.25mm、0.28mm 四种，且板厚偏差一般不超过 0.015mm，同一张板厚度偏差不超过 0.01mm。国际上镀锡板厚度采用重量/基准箱法表示，即规定 112 张 20 英寸①×14 英寸或 56 张 20 英寸×28 英寸的镀锡板为一基准箱，根据一基准箱镀锡板重量大小表示板厚，重量/基准箱重量大，板厚度也大。

2. 镀锡板的镀锡量

镀锡量的大小表示镀锡层的厚度，是选用镀锡板的重要参数。镀锡量以单位面积上所镀锡的重量表示（g/m^2）。另一种表示法是以一基准箱镀锡板上镀锡总量（磅②）乘 100 后所得的数字为镀锡量的标号，如 1 磅/1 基准箱的镀锡量标为#100（相当于 11.2g/m^2），标号越大表示镀锡层越厚。对两面镀锡量不等的镀锡板，用两组数分别表示两面的镀锡量，如#100/#25 即 11.2/2.8（g/m^2）。

（四）镀锡板的分类及代号

镀锡板种类很多，主要按镀锡量、调质度、表面状况、钝化方法、涂油量及表面质量等分类。各类镀锡板及其代号见表 4-2。

表 4-2 镀锡板分类及其代号

分类方法	类别	代号
按镀锡量	等厚镀锡	E1、E2、E3、E4
	差厚镀锡	D1、D2、D3、D4、D5、D6、D7
按硬度等级		T50、T52、T61、T65、T70
按表面状况	光面	G
	石纹面	S
	麻面	M
按钝化方式	低铬钝化	L
	化学钝化	H
	阳极电化学钝化	Y
按涂油量	轻涂油	Q
	重涂油	Z
按表面质量	一组	I
	二组	II

（五）涂料镀锡板

镀锡板的耐腐蚀性常常不能满足某些食品包装的需要，如富含蛋白质的鱼及其他肉类食品，在高温加热中蛋白质分解产生硫化氢对镀锡罐壁产生化学腐蚀作用，与露铁点发生作用形成硫化铁，对食品产生污染；高酸性食品对罐壁腐蚀产生氢胀和穿孔；有色果蔬因罐内壁溶出的二价锡离子作用将发生褪色现象；有的食品还出现金属味等。为此，可采用在镀锡板

---

① 1 英寸=25.4mm

② 1 磅≈453.6g

上涂覆耐腐蚀效果优良的涂料，将食品与镀锡板隔离，以减少它们之间的接触反应。

1. 镀锡板用涂料的主要质量要求

涂料镀锡板是由镀锡板经钝化、表面净化处理、喷涂料、烘烤固化而制成；一般涂层厚在 $12g/m^2$ 以下，涂料层表面应连续、光滑、色泽均匀一致、无杂质油污和涂料堆积等现象。涂料板耐腐蚀性很重要的因素之一是涂层的连续性；涂层不连续的地方为眼孔，眼孔处出现露铁点时，在腐蚀环境下会发生快速深入的铁腐蚀。

2. 食品包装对涂料的要求

1）无味、无臭、无毒、不影响食品品质和风味。

2）良好的机械性能，涂料随同镀锡板成型加工时能承受冲压弯曲，不破裂、脱落。

3）足够的耐热性，能承受制罐、罐装食品热杀菌等高温，不变色、不起泡、不剥离。

4）施涂加工方便，涂层干燥迅速，与镀锡板有良好亲润性以保证涂层质量。

3. 常用涂料

目前可选用的涂料种类很多，按其制成的容器是否与食品接触，分内涂料和外涂料；按涂料涂覆的顺序不同分为底涂料和面涂料；用于容器接缝或涂层破损处施涂的为补涂料；适合制罐加工要求的一般涂料和冲拔罐涂料。根据食品特性及其包装保护要求将所用的内涂料分为抗酸涂料、抗硫涂料、抗酸抗硫两用涂料、抗粘涂料、啤酒饮料专用涂料及其他专用涂料等。常用内涂料的品种、涂印条件及用途见表 4-3。

表 4-3　常用罐头内壁涂料铁品种的涂印条件及用途

| 品种 | 底涂料 | | | | 面涂料 | | | | 色泽 | 用途 |
	涂料名称	烘烤温度/℃	高温区烘烤时间/min	涂膜厚度/（g/m²）	涂料名称	烘烤温度/℃	高温区烘烤时间/min	涂膜厚度/（g/m²）		
抗酸抗硫两用涂料铁	#214 环氧酚醛树脂涂料	210~215	10~12	6.5~8	—	—	—	—	金黄	具有一般抗酸、抗硫性能。用于一般水产、肉、禽、水果、果酱和蔬菜罐头
	#214 环氧酚醛树脂涂料	205~210	10~12	4~5	#214 环氧酚醛树脂涂料	210~215	10~12	总厚度10~12	金黄	抗酸性能较好，用于番茄酱罐头
抗硫涂料铁	#617 环氧酚醛树脂氧化锌涂料	200~205	10~12	4~5	#2126 酚醛树脂涂料	180~185	10~12	1~2	浅金黄	抗硫性良好，耐冲性较差，用于一般肉、禽及部分水产罐头
防粘涂料铁	#617 环氧酚醛树脂氧化锌涂料	200~205	10~12	4.5~5.5	防粘涂料	125~130	10~12	1.5~2.2	白色	兼有抗硫和防粘性能，用于午餐肉和清蒸鱼罐头
冲拔罐抗硫涂料铁	S-73 冲拔罐抗硫涂料	210~215	10~12	9~11	防粘涂料	125~130	10~12	1~2	浅金黄	兼有抗硫和耐深冲性能，用于鱼、肉罐头冲拔罐
	环氧脲醛树脂涂料（#51底涂料）	190~195	10~12	7	多羟酚醛树脂涂料（#51面涂料）	220~225	10~12	总厚度11~13	金黄	
接缝补涂涂料	EP-3 快干接缝补涂涂料	系双组分涂料，由 #601 和 #609 环氧树脂溶液 100 份和 #650 聚酰胺树脂 40 份混合，再用 25 份甲苯/乙基溶纤素稀释。该涂料抗硫、抗酸性能好，干燥温度低，时间短，用于罐头接缝处补涂								

案 例 一

铝罐内涂膜及其检验

近年来，铝易拉罐主要供啤酒和碳酸果汁饮料包装，具有众多优点：重量轻、密闭性好、不易破碎等。但铝罐易被腐蚀，内涂环氧树脂是唯一能防止铝罐被腐蚀的方法。啤酒性质比较温和，啤酒中的蛋白质会消耗氧气而减少与铝的反应，但啤酒罐还需涂层，是为降低酒中二氧化碳的逃逸速度。

铝罐内涂膜一般要按表4-4（GB/T 17590—2008）进行检验。根据内容物特性及杀菌要求，将罐体或盖浸没于盛有表4-4所列相应实验溶液的容器中，按其中条件之一进行试验，试验后立即冷却，清水洗净干燥，目视检查铝罐被腐蚀情况。

表4-4 内涂膜耐蚀实验

内容物特性	试验溶液	试验条件
采用常压杀菌的酸性内容物	2%（质量浓度）柠檬酸（$C_6H_8O_7 \cdot H_2O$）溶液	100℃，30min
采用高压杀菌的含蛋白质内容物	0.05%（质量浓度）硫化钠（$Na_2S \cdot 9H_2O$）溶液以3%（体积分数）乙酸调整 pH 至6.0	121℃，30min
采用高压杀菌的低酸或其他内容物	2%（质量浓度）柠檬酸（$C_6H_8O_7 \cdot H_2O$）溶液	121℃，30min

注：试验溶液采用分析纯试剂，蒸馏水配制

二、无锡薄钢板

锡为贵金属，故镀锡板成本较高。为降低产品包装成本，在满足使用要求前提下由无锡薄钢板替代镀锡板用于食品包装，主要有镀铬薄钢板、镀锌薄钢板和低碳薄钢板。

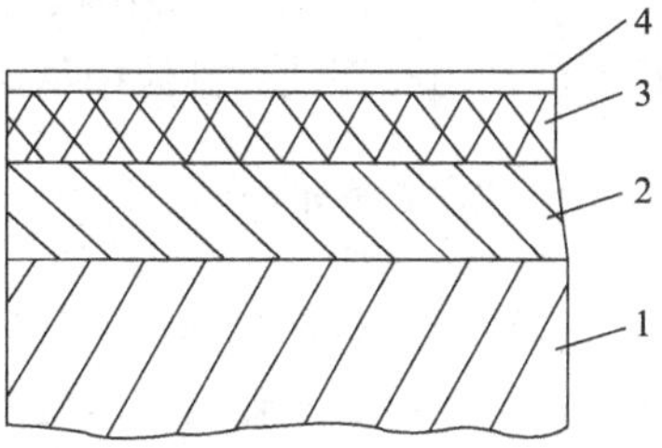

图 4-2 镀铬板金相结构
1. 钢基板；2. 金属铬层；3. 水合氧化铬层；4. 油膜

（一）镀铬薄钢板

1. 镀铬板的结构和制造

镀铬板是由钢基板、金属铬层、水合氧化铬层和油膜构成（图4-2），各结构层的厚度、成分及特性见表4-5。

表4-5 镀铬板各层厚度、成分及性能特点

各层名称	成分	厚度	性能特点
油膜	癸二酸二辛酯	$22mg/m^2$	防锈、润滑
水合氧化铬层	水合氧化铬	$7.5\sim27mg/m^2$	保护金属铬层，便于涂料和印铁，防止产生孔眼
金属铬层	金属铬	$32.3\sim140mg/m^2$	有一定耐蚀性，但比纯锡差
钢基板	低碳钢	制罐用 0.2～0.3mm	提供板材必需的强度，加工性良好

镀铬板的制造与镀锡板基本相同，只是将钢基板表面镀锡改为镀铬，主要制造工序为：钢板轧制→电解清洗→退火→平整清洗→电镀铬→钝化处理→清洗干燥→涂油→成品。

2. 镀铬板的性能和使用

（1）机械性能　镀铬板的机械性能与镀锡板相差不大，其综合机械性能也以调质度表示，各等级调质度镀铬板的相应表面硬度见表4-6。

表4-6　镀铬板的调质度及相对应的表面硬度

调质度	HR30T	调质度	HR30T	调质度	HR30T
T-1	46～52	T-4-CA	58～64	DR-9	73～79
T-2	50～56	T-5-CA	62～68	KR-10	77～83
T-2.5	52～58	T-6-CA	67～73		
T-3	54～60	DR-8	70～76		

（2）耐腐蚀性　镀铬板的耐腐蚀性比镀锡板稍差。铬层和氧化铬层对柠檬酸、乳酸、乙酸等弱酸及弱碱有很好的抗蚀作用，但不能抗强酸、强碱的腐蚀，所以镀铬板通常施加涂料后使用。使用镀铬板时尤其要注意剪切断口极易腐蚀，必须加涂料以完全覆盖。

（3）加工性能　因镀铬层韧性较差，所以冲拔、盖封加工时表面铬层易损伤破裂，不能适应冲拔、减薄、多级拉深加工。镀铬板不能锡焊，制罐时接缝需采用熔接或粘接。镀铬板表面涂料施涂加工性好，涂料在板面附着力强，比镀锡板表面涂料附着力高3～6倍，适用于制造罐底、盖和二片罐，而且可采用较高温度烘烤。

（4）价格便宜　镀铬板加涂料后具有的耐蚀性比镀锡板高，价格比镀锡板低10%左右，具有较好的经济性，其使用量逐渐增大。

（二）镀锌薄钢板

镀锌薄钢板是在低碳钢基板表面镀上厚0.02mm以上的锌层构成的金属板材，其制造工序为：低碳钢板→轧制→清洗→退火处理→热浸镀锌→冷却→冲洗→拉伸矫直。镀锌板也可经电镀锌制成，锌层较热浸镀锌板薄，且防护层中不出现锌铁合金层。所以电镀锌板的成型加工性能较热浸镀锌板好，可焊性较好，但是耐腐蚀性不如热浸镀锌板。镀锌板主要用作大容量的包装桶。

（三）低碳薄钢板

低碳薄钢板是指含碳量<0.25%，厚度为0.35～4mm的普通碳素钢或优质碳素结构钢的钢板。低碳薄钢板塑性好，易于成型加工和接缝的焊接加工，制成容器有较好的强度和刚性，而且价格便宜。低碳薄钢板表面加特殊涂料后用于灌装饮料或其他食品，还可以将其制成窄带用来捆扎纸箱、木箱或包装件。

三、铝质包装材料

铝（aluminium）质包装材料的包装性能优良，且资源丰富，广泛用于食品包装。

（一）铝质材料的一般包装特性

铝制材料具备如下包装特性：

1）优良的阻挡气、汽、水、油的透过性能，良好的光屏蔽性，反光率达 80%以上，对包装食品起很好的保护作用。

2）耐热、导热性能好，导热系数为钢的 3 倍，耐热冲击，可适应包装食品加热杀菌和低温冷藏处理要求，且减少能耗。

3）铝是轻金属，相对密度为 2.7g/cm^3，约为钢材的 1/3，用作食品包装材料可降低贮运费用，方便包装商品的流通和消费。

4）具有银白色金属光泽，易美化装饰，增强包装食品的商业效果。

5）良好的耐腐蚀性。

铝在空气中易氧化形成氧化铝（Al_2O_3）薄膜，从而保护内部铝材料氧化。采用钝化处理可获得更厚的氧化铝膜，进一步提高抗氧化腐蚀作用。但铝的抗酸、碱、盐的腐蚀能力较差，尤其杂质含量高时耐蚀性更低。当铝中加入如 Mn、Mg 合金元素时可构成防锈铝合金，其耐蚀性能有很大提高。铝对各种食品的耐蚀性见表 4-7。

表 4-7　铝对各种食品的耐蚀性

食品种类	耐蚀性	食品种类	耐蚀性	食品种类	耐蚀性
啤酒	○	盐	×～△	巧克力	○B
葡萄酒	×～○A	酱油	×～△	发酵粉	○
威士忌	×，○A	醋	○	面包屑	○
白兰地	×，○A	砂糖水	○，○H	明胶	○
杜松子酒	×，○A	食用油	○	汽水	×○～△，○A
清酒	○	脂肪	○	橘子汁	△，○A
牛油	○	牛乳	○，○H	柠檬汁	×～△，○A
人工干酪	○	炼乳	○	洋葱汁	○，○H
干酪	○～△	奶油	○	苹果汁	×

注：○—不被侵蚀；×—稍被侵蚀，但可使用；△—被侵蚀；○A—阴极氧化时不被腐蚀；○H—加热也不被腐蚀；○B—沸点以上不被腐蚀

6）较好的机械性能。工业纯铝强度比钢低，为提高强度，可在纯铝中加入少量 Cn、Mg 等元素形成铝合金，或通过变形处理提高强度。铝的强度不受低温影响，特别适用于冷冻食品的包装。铝的塑性很好，易于通过压延制成铝薄板、铝箔等，再进一步制成灌装各类食品的容器。

7）工业纯铝易于制成铝箔并可与纸、塑料膜复合，制成具有包装性能良好的复合包装材料。

8）铝资源丰富，但炼铝能耗大，制材工艺复杂，故铝质包装材料价格较高，但铝质包装废弃物可回收再利用，在减少包装废弃物对环境污染的同时可节约资源和能源。

（二）铝质包装材料的种类及应用

用于食品包装的铝质材料主要包括工业纯铝和铝合金两大类。工业纯铝指含铝＞99.0%，

按铝的纯度不同分为 L1、L2、…、L6、L51 几种，其含杂质依次增高。包装用铝合金主要是在铝中加入少量锰、镁，使用较多的是防锈铝 LF2（铝镁合金）和 LF21（铝锰合金）。这些铝材可分别加工成铝薄板、铝箔和铝丝用于食品包装。

1. 铝薄板

将工业纯铝或防锈铝合金制成厚度为 0.2mm 以上的板材称铝薄板。铝薄板的机械性能和耐腐蚀性能与其成分关系密切。铝薄板与镀锡板一样，也是用调质度来表示它的综合机械性能，其调质度按美国 AISI 标准分为"O"型和"H"型两类。"O"型调质度的铝薄板是强度低、塑性好的极软铝材，主要用于制箔。"H"型调质度的铝薄板按调质度不同分为 H1X、H2X、H3X，其中 X=1～9，X 数字越大板材强度越高；"H"型调质度铝薄板中调质度较低的用来制软管，调质度较高的用来制罐盖、易拉盖。深拉变薄罐选用塑性好的材料。常用铝薄板的调质度及其相应机械性能指标和主要用途见表 4-8。

表 4-8　主要金属容器用铝板的机械性能

板材种类			厚度 (t) /mm	机械性能				主要用途
中国对应牌号	国际牌号	调质度		屈服强度（>）/MPa	抗拉强度（>）/MPa	延伸率（>）/%	180°弯曲内侧半径/mm	
L5-1	1100	O	≥3	30	800～1100	28～30	3≤t<6, 贴紧	冷挤压软管
		H14	0.3～0.5	170	1200～1500	2	t	拉深罐，瓶盖
		H16	0.3～0.5	1170	1400～1700	1	2t	
		H18	0.3～0.5	—	≥1600	1	—	
LF21	3003	H14	0.3～0.5	1170	1400～1800	2	t	
		H16	0.3～0.5	1450	1700～2100	1	2t	
		H18	0.3～0.5	—	≥1900	1	—	
	4004	O	0.2～0.5	590	1500～2000	10	贴紧	变薄拉深罐
		H19	0.36	2600～3100	2700～3200	1		
LF2	5052	H19 或 H38	0.3～0.5	—	2400～2900	3	t	拉深罐不耐压易开盖、耐压易开盖
	5082	H19 或 H38	0.35	3780	4000	4		

注：本表数据大部分来自美国 AISI 标准和日本 JIS 标准，少部分来自工厂提供的数据。根据日本资料，铝板通常用拉伸试验求出抗拉强度和延伸率，只有必要时才测屈服强度、硬度、弯曲性能、杯突值等

2. 铝箔

铝箔是一种用工业纯铝薄板经多次冷轧、退火加工制成的金属箔材，食品包装用铝箔厚度一般为 0.05～0.07mm，与其他材料复合时所用铝箔厚度为 0.03～0.05mm，甚至更薄。铝材的杂质含量及轧制加工时产生的氧化物或轧辊上的硬压物等，会使铝箔出现针眼而影响铝箔的阻透性能。铝箔越薄，针眼出现的可能性越大、数量越多。一般认为厚度<0.015mm 的铝箔不能完全阻挡气、水的透过，厚度≥0.015mm 铝箔的气体透过系数为 0。

铝箔很容易受到机械损伤及腐蚀，所以铝箔较少单独使用，通常与纸、塑料膜等材料复合使用。采用不同加工方法可获得压花铝箔、彩箔、树脂涂覆箔及与其他材料贴合箔等多种铝加工箔。压花铝箔、彩箔可直接用来包裹食品，常见礼品包装。

铝箔复合膜材料具有优良的耐蚀、阻透、光屏蔽、密封性能，且强度好，所以大量用于食品的真空、充气包装，如制成蒸煮袋，制作多层复合袋，制软管，做泡罩包装的盖材，制作杯、盒、盘的盖材，制成浅盘盒及制商标等。铝复合膜材料的组成及用途见表4-9。

表 4-9 包装用铝箔复合膜的组成与用途

用途	箔厚/μm	加工箔构成
口香糖（内装）	7	Al/蜡/薄叶纸
香烟	7	Al/黏合剂/模造纸
粉末食品	7	PP（印）/Al/PE
纸容器	7	Al/黏合剂/马尼拉板纸
贴纸	7	Al/黏合剂/高质纸
红茶	7	玻璃纸（印）/黏合剂/Al/黏合剂/模造纸/PE
牛油	7～8	Al/黏合剂/羊皮纸
复合罐	7	薄纸（印）/黏合剂/牛皮纸/黏合剂/Al/PE
蒸煮袋	9	PET（印）/黏合剂/Al/黏合剂/聚烯烃
干酪	10	喷漆/Al/喷漆
巧克力板	8～15	①平箔；②Al/PVC；③Al/PE；④Al/蜡/薄叶纸
封瓶箔	15～30	①平箔；②Al/PVC
"PTP"包装	20	Al/热封层
药品	20～40	①玻璃纸（印）/PE/Al/PE；②着色玻璃纸/黏合剂/Al/PE
乳酸饮料瓶盖	50	Al（印）/PE/热融胶
箔容器	30～150	①平箔；②喷漆/Al/喷漆；③喷漆/Al/黏合剂/PP

为减少铝箔材料的用量，在塑料膜或纸上采用真空镀铝膜方法制成镀铝复合膜，与前述的铝复合膜材料比，真空镀铝复合膜的阻气性、反射紫外线性能稍差，但成本低，耐折性、热封性比铝箔好，因此，替代铝箔与其他塑料薄膜复合而大量用于食品包装。

四、金属包装容器

包装食品用金属容器按形状及容量大小分为桶、盒、罐、管等多种，其中金属罐（metal can）使用范围最广，使用量最大。

（一）金属罐的分类、结构及规格

1. 金属罐的分类

食品包装用金属罐按所用材料、罐的结构和外形及制罐工艺不同进行分类，如表4-10所示。此外，按罐是否有涂层分为素铁罐和涂料罐；按食用时开罐方法不同分为罐盖切开罐、易开盖罐、罐身卷开罐等。

表 4-10　金属罐的分类

结构	形状	工艺特点	材料	代表性用途
三片罐	圆罐或异形罐	压接罐	马口铁、无锡薄钢板	主要用于密封要求不高的食品罐,如茶叶罐、月饼罐、糖果和饼干罐等
		粘接罐	无锡薄钢板、铝	各种饮料罐
		电阻焊罐	马口铁、无锡薄钢板	各种饮料罐、食品罐、化工罐
二片罐	圆罐或异形罐	浅冲罐	马口铁、铝	鱼肉罐头及其他肉类罐头
			无锡薄钢板	水果蔬菜罐头
		深冲罐（DRD）	马口铁、铝	菜肴罐头
			无锡薄钢板	乳制品罐头
		深冲减薄拉深罐（DWI）	马口铁、铝	各种饮料罐头（主要是碳酸饮料）

2. 金属罐的结构

罐体按结构分为三片罐和二片罐,金属三片罐是由罐身、罐底和罐盖三部分组成,罐身有接缝,罐身与罐盖、罐底卷封,如图 4-3 所示。大型罐的罐身有凹凸加强压圈,起增强罐身强度和刚性的作用。罐底与罐盖的基本结构相同,其结构有盖钩圆边、肩胛、外凸筋、斜坡、盖中心和密封胶几部分。

图 4-4 为罐盖结构,盖钩用于与罐身翻钩卷合,盖钩内注密封胶;盖上鱼眼状外凸筋和逐级低下的斜坡构成盖的膨胀圈,它可以增强罐盖强度,并适应罐头冷热加工时的热膨胀和冷收缩恢复正常形状的需要,具有适应罐封的机械加工要求,以及显示罐头食品是否败坏等作用。所以,膨胀圈的形式取决于罐头品种、内装食品性质、罐内顶隙及真空度等因素。一般的罐内食品结成块状、顶隙较小、真空度较低的如午餐肉、带骨肉用罐的罐盖膨胀圈强度应大些;汤汁多、顶隙大、真空度高的食品用罐罐盖膨胀圈应有较好的塑性。三片罐的罐盖有普通盖和易拉盖两种;二片罐是罐身与罐底为一体的金属罐,没有罐身接缝,只有一道罐盖与罐身卷封线,密封保护性比三片罐好。

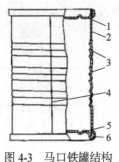

图 4-3　马口铁罐结构

1. 罐盖；2. 罐身；3. 罐身加强压筋；4. 罐身接缝；5. 罐底；
6. 卷封边

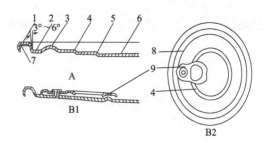

图 4-4　罐盖结构

A. 普通盖；1. 钩圆边；2. 肩胛；3. 外凸筋；4. 一级斜坡；
5. 二级斜坡；6. 盖心；7. 注胶；8. 刻线；9. 拉环。
B1,B2. 易拉盖

3. 罐型与规格

金属罐按外形不同分为八类:圆罐、冲底圆罐、方罐、冲底方罐、椭圆罐、冲底椭圆罐、梯形罐和马蹄形罐,各种罐的外形形状如图 4-5 所示。各罐型编号见表 4-11。

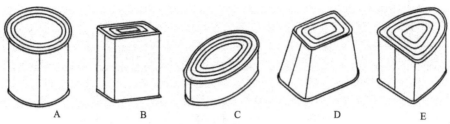

图 4-5　金属罐罐型

A. 圆罐；B. 方罐；C. 椭圆罐；D. 梯形罐；E. 马蹄形罐

表 4-11　罐型编号

罐型	编号	罐型	编号
圆罐	按内径、外高排列	椭圆罐	500
冲底圆罐	200	冲底椭圆罐	600
方罐	300	梯形罐	700
冲底方罐	400	马蹄形罐	800

金属罐规格按尺寸系列化并以统一的编号表示。我国作为国际标准化组织成员国，圆罐规格采用国际通用标准，见表 4-12 和表 4-13。

用罐内径、外高表示其系列规格：

内径规格为罐号开头 1～2 位，分别用 5（52mm）、6（65mm）、7（73mm）、8（83mm）、9（99mm）、10（105mm）、15（153mm）表示。

三位数，后两位表示外高，如 539 罐：公称直径为 52mm，外高为 39.0mm。

四位数，后三位表示外高，如 9121 罐：公称直径为 99.0mm，外高为 121.0mm。

五位数，后三位表示外高，如 15267 罐：公称直径为 153.0mm，外高为 267.00mm。

其余罐型的罐号分别用三位数字表示，第一位数为罐型编号，后两位数表示该罐型不同尺寸规格的罐。

表 4-12　圆罐成品规格系列（GB 10785—1989）

罐号	成品直径/mm			计算体积/cm³	罐号	成品直径/mm			计算体积/cm³
	公称直径	内径	外高			公称直径	内径	外高	
15267	153	153.4	267	4823.72	871	83	83.3	71	354.24
15234	153	153.4	234	4213.83	860	83	83.3	60	294.29
15179	153	153.4	179	3197.33	854	83	83.3	54	261.59
15173	153	153.4	173	3086.44	846	83	83.3	46	217.99
1589	153	153.4	89	1533.98	7127	73	72.9	127	505.05
1561	153	153.4	61	1016.49	7116	73	72.9	116	459.13
10189	105	105.1	189	1587.62	7113	73	72.9	113	446.61
10124	105	105.1	124	1023.71	7106	73	72.9	106	417.39
10120	105	105.1	120	989.01	789	73	72.9	89	346.44
1068	105	105.1	68	537.88	783	73	72.9	83	321.39
9124	99	98.9	124	906.49	778	73	72.9	78	300.52

续表

罐号	成品直径/mm			计算体积/cm³	罐号	成品直径/mm			计算体积/cm³
	公称直径	内径	外高			公称直径	内径	外高	
9121	99	98.9	121	883.45	763	73	72.9	63	237.91
9116	99	98.9	116	845.04	755	73	72.9	55	204.52
980	99	98.9	80	568.48	751	73	72.9	51	187.83
968	99	98.9	68	476.29	748	73	72.9	48	175.31
962	99	98.9	62	430.20	6100	65	65.3	100	314.81
953	83	98.9	53	361.06	672	65	65.3	72	221.04
946	83	98.9	46	307.29	668	65	65.3	68	207.64
8160	83	83.3	160	839.37	5133	52	52.3	133	272.83
8117	83	83.3	117	604.93	5104	52	52.3	104	210.53
8113	83	83.3	113	583.13	599	52	52.3	99	199.79
8101	83	83.3	101	517.73	589	52	52.3	89	178.31
889	83	83.3	89	419.63	539	52	52.3	39	70.89

表 4-13　冲压圆罐成品规格系列

罐号	成品规格/mm			计算体积/cm³
	公称直径	内径	外高	
201	153	上：153.0 下：132.4	30.0	480.70
202	83	83.3	57.0	294.26
203	73	72.9	42.0	163.00
204	52	52.3	37.0	73.00

（二）金属罐的制造

1. 三片罐的制造

三片罐（three-piece can）的制造主要包括罐身制造、罐盖制造、罐身与罐底盖卷封及空罐质量检验 4 个部分。罐身纵缝加工用高频电阻熔焊法、压接法和粘接法。

三片罐的制作视频可扫二维码观看。

（视频）

（1）电阻焊三片罐　制造工序如图 4-6 所示。

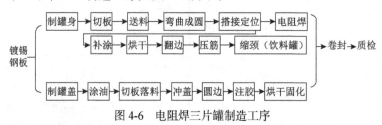

图 4-6　电阻焊三片罐制造工序

图 4-7 所示为罐身接缝电阻焊加工原理，将待焊接的两层金属薄板重叠置于连续转动的两滚轮电极之间，通电后靠高频电阻产生的高热使滚轮之间的搭接焊缝金属接近熔化状态，

并在滚轮碾压下连成一体而形成焊缝。电阻焊加工的优点是：避免锡焊带来的铅、锡等重金属对罐内食品的污染，既节省了昂贵的锡，又提高了食品的卫生安全性；焊缝平直、光滑，密封性好且强度高；焊缝重叠宽度不超过1mm，节约原材料，且窄焊缝对罐外彩色印刷影响小；焊缝厚度薄便于翻身、缩颈和卷封。

三片罐罐身制造用料在焊接部位应留印刷空白，以免油墨存在影响接缝焊接质量。

（2）压接三片罐　　这类罐大都是手工或半自动化方式生产，罐形状有方形、圆形、椭圆形、多边形（六边或八边）等多种。由于采用整版印刷制罐，罐面图案完整美观。

（3）粘接三片罐　　无锡钢板的焊接性差，可用有机黏结剂（主要是耐高温的聚酰胺树脂系黏结剂）粘接罐身纵缝。

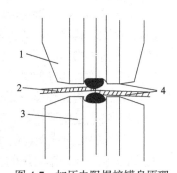

图 4-7　加压电阻焊接罐身原理
1. 上焊轮；2. 罐身搭接缝；3. 下焊轮；4. 铜线

与电阻焊制罐工艺相比，粘接罐的特点是：在印刷时罐身接缝处不留空白，因而罐身外形美观；采用价格便宜的无锡钢板制罐，可以降低包装成本，但粘接罐不能用于高温杀菌食品的包装。为保证足够的强度，罐身接缝的搭接宽度较大（约5mm）。

2. 二片罐的制造

二片罐（two-piece can）的罐身与罐底为一体，没有罐身纵缝和罐底卷边。二片罐生产周期短，工艺简单，密封性好，广泛应用于啤酒及含气饮料的包装。国际上已采用预印刷的二片深冲罐用于罐头食品包装。

由于罐身成型工艺不同，目前二片罐主要包括变薄拉伸罐（冲拔罐）和拉深罐（深冲罐）两种。

（1）冲拔罐　　冲拔罐（drawn and wall ironed can，DWI 罐）的制作经过两个重要过程，即预冲压和多次变薄拉伸，故称变薄拉伸罐，其制造工序如下：卷材下料→冲压预拉伸成坯→多次拉伸变薄→冲底成型→修边→清洗润滑油→烘干→涂白色珐琅质→表面印刷→涂内壁→烘干→缩颈翻边→检漏。

冲拔罐冲压、多次拉伸变薄成型过程如图4-8所示。

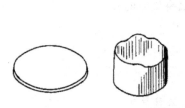

图 4-8　冲拔罐成型过程

冲拔罐的最大特点是罐的长径比很大（一般为 2∶1，最大可达 5∶1），罐壁经多次拉伸后变薄，因此，这种罐身结构很适合于含气饮料的包装，由于内压的存在而支承罐壁。近年来，由于液态氮在包装上的应用日趋增多，当用来盛装非含气饮料或固体食品时，可以借助液态氮进行包装，液态氮的气化倍数可达 700 倍以上。微量的液态氮足以用来支撑罐壁。另外，它还具有制罐设备简单、生产效率高等特点。

冲拔罐主要适用于铝或马口铁板材，只能成型圆形罐而不适合制作异形罐；无锡钢板不适于冲拔工艺。目前 DWI 罐大量用于啤酒和含气清凉饮料的包装。

（2）深冲罐　　深冲罐（drawn and redrawn can，DRD 罐）是将板材经连续多次变径冲模而成的二片罐。其整个制造工序如下：下料→顶冲杯→再冲杯（若干次）→翻边→冲底成型→修边→表面装饰→检漏。

制罐时几次连续冲杯使罐身内径越来越小（一般为 2 次），而罐壁和罐底的厚度保持原板厚，且整体罐体表面积等于原坯料的面积。如果冲杯一次成型，即为浅拉伸罐（DR）。

深冲罐的特点是壁厚均等，强度刚性好，因而它适应的包装范围广。它的长径比一般为1.5：1，表面涂料可在成型前的平板上进行，且制罐设备成本较低，罐形规格尺寸更易适应不同的包装需要。深冲罐适用的材料主要是无锡钢板和马口铁板，它的形状可以是圆形，也可以是异形，主要用于加热杀菌食品的包装。

在金属罐中，二片罐的应用一方面扩大了金属材料的应用范围；另一方面也丰富了饮料和食品的包装市场，特别是含气饮料的包装，大多已采用易拉盖的二片罐包装。除此之外，制罐工艺的改进、效率的提高又显示了它的强大生命力。

（三）金属罐的质量检查

金属罐制造过程中，因制罐设备的磨损、调整及使用操作等多方面因素，将影响空罐的质量，而空罐质量又将影响灌装和灌封质量，影响罐装食品的杀菌加工及安全贮存期。因此，空罐质量检测十分重要，检测的主要内容包括：机械强度测试（跌落强度、抗压强度、耐内应强度、耐破强度、冲击强度等）、化学性能测试（耐锈蚀能力、耐侵蚀能力等）、密封性能测试（气密性试验、泄漏试验、封口密封性检测等）、表面质量检测（漆膜附着力、涂层耐冲击性、弯曲强度和外观等）。

空罐的一般性检测主要有空罐尺寸、罐内壁涂料层及罐身接缝等项，具体要求如下。

（1）罐高及容量应符合规定　　罐高过大过小均影响罐与盖的卷封质量，影响灌装量和灌装后罐内顶隙留量的控制。

（2）罐内涂料层刮伤的程度及补涂质量的检查　　罐内涂层刮伤将影响罐内耐腐蚀性，必须进行补涂且要求补涂料选用合适、补涂到位、厚薄均匀。

（3）三片罐罐身接缝应有足够的强度　　采用罐身接缝的撕裂试验、翻边试验检查接缝，不允许接缝有断裂、剥离现象。

> **案 例 二**
>
> ### 金属罐二重卷边封口质量检查
>
> 此项也适用于空罐二重卷边封口质量检查。
>
> 1）卷边的厚度、宽度应均匀且符合规定要求。卷边结构如图 4-9 所示，其主要尺寸：
>
> 卷边厚 $T=3t_c+2t_b+\sum g$　$\sum g \leqslant 0.25\text{mm}$

卷边宽 $W=BH+LC+2.6t_c=2.8\sim3.1\text{mm}$
埋头度 $C=W+0.15\sim0.3=2.8\sim3.1\text{mm}$

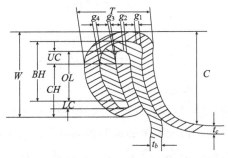

图 4-9 二重卷边结构

$T.$ 卷边厚度；$t_c.$ 罐盖厚度；$t_b.$ 罐身厚度；$W.$ 卷边宽度；$BH.$ 身钩长度；

$CH.$ 盖钩长度；$C.$ 埋头度；$LC.$ 身钩空隙；$UC.$ 盖钩空隙；$g_1\sim g_4.$ 罐身、盖板间隙；$OL.$ 叠接长度

2）卷边外观应平整、光滑，不允许出现波纹、折叠、快口、切罐、突唇、牙齿、假卷、断封及密封胶挤出等现象（图 4-10），以免影响罐的密封性及外观。

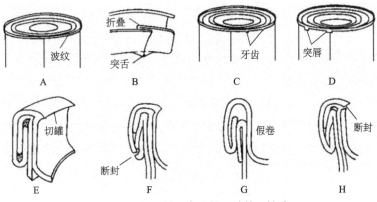

图 4-10 卷边封口常见的几种外观缺陷

3）二重卷边密封性检测。外观检查卷边质量只能剔出有明显卷封缺陷的罐，卷边内部是否合格，则对罐的密封性有重要影响，所以需要对金属罐二重卷边进行解剖检测，并测定卷边的叠接率、紧密度和接缝盖钩完整率以确定卷边的密封性。

①叠接率（OR）：为卷边盖钩和身钩相互重叠的程度。

$$OR=\frac{BH+CH+1.1t_c-W}{W-(2.6t_c+1.1t_c)}\times100\%$$

叠接率一般要求 $OR>50\%$，叠接率越高卷边密封性越好。

②紧密度（TR）：为卷边的盖钩部分因出现皱纹而影响盖钩、身钩紧密接合的程度。盖钩出现皱纹的程度用皱纹度 $WR=\dfrac{WH}{CH}(\%)$ 表示，WH 为皱纹平均长度，皱纹度分为 4 级：a. 0 级。基本无皱纹，卷边密封性高。b. 1 级。$WR<25\%$，密封一般。c. 2 级。$WR=25\%\sim50\%$，卷边较松。d. 3 级。$WR>50\%$，卷边松，易渗漏。

卷边紧密度 $TR=1-WR$（%），一般要求 $TR>50\%$。

③盖钩完整率（JR）：表示外观突唇缺陷处盖钩下垂程度对卷边密封性的影响。JR 值越大，表示卷边密封性越好，一般 $JR>50\%$。

（四）其他金属容器

1. 铝箔容器

铝箔容器是指以铝箔为主体材料制成的刚性、半刚性或软性容器。

铝箔材料的优越包装性能使得用铝箔制成的容器具有质轻美观、阻隔和传热性好等包装特性，既可高温杀菌，又可低温冷冻、冷藏，加工性能好，可制成各种形状容器且易进行彩印。此外，铝箔容器包装还具有开启使用方便、用后易处理等优点。所以它广泛用于食品包装，如用于包装焙烤类食品、餐后甜食、冷冻食品、方便食品、军需食品、应急食品及加热后食用的盒装食品、蒸煮袋装食品（软罐头）、旅行食品等。随着生活水平提高和旅游业的发展，这种随时随地可加热享用、便捷高效、卫生、安全、对环境污染小的食品包装形式，应用将越来越广泛。

（1）皱壁铝箔容器　　指用稍硬铝合金箔冲压落料、起皱拉深制成的有折叠侧壁的容器，可分为浅盒无盖容器和有盖容器两种。有盖铝箔容器的盖为纸或塑料膜，将其插入容器口的折叠槽内盖封；由于容器易变形而不能保证完全密封，所以这种容器主要用于冷冻食品或流通期限很短的方便食品包装。

（2）光壁铝箔容器　　指用含杂质量较少、塑性很好的工业纯铝拉深制成的侧壁光滑的容器。容器口水平的凸缘平滑，容器内及凸缘表面涂有热塑性树脂。带涂料的容器盖与容器凸缘热压封合形成可靠密封包装。这种容器适用于 100℃ 以下杀菌的食品，如果酱等的包装。

（3）铝箔复合膜蒸煮袋　　这是铝箔复合膜制成的软性包装袋，具有金属罐及塑料袋的包装优点，包装食品可进行 120℃ 左右蒸煮加热杀菌，可替代刚性的玻璃罐、金属罐而成为"软罐头"，是目前用于高温杀菌食品包装最具发展前景的包装容器。

2. 金属软管

金属软管目前主要由铝质材料制成。将铝料坯在压机上经挤压模制成管状，加工管口螺纹，再按需裁取管长，然后退火软化、内壁喷涂料、外表印刷制成空软罐。使用时将食品由管尾灌入，然后将管尾卷封压平即完成良好密封。铝箔复合材料软管采用黏结法制管。

金属软管可进行高温杀菌，开启方便、再封性好，可分批取用内装食品，未被挤出的食品受污染机会比其他包装方式少得多。软管可高速成型，高速印刷，高速灌装，金属软管的阻隔性比塑料软管好，但取出部分内容物后金属软管变瘪，外观不如后者。适用于果酱、果冻、调味品、蛋糕糖霜等半流体黏稠食品的包装。

（五）金属包装制品的发展方向

1. 原材料的改进

镀锡薄钢板生产从刚开始的热镀锡发展到电镀锡，从等厚镀锡到差厚镀锡（板两面的镀锡量不相等），近年来又开发了无锡钢板，其目的都是为了节约贵重金属锡而降低成本。另外，随着冶炼技术和轧钢技术的进步，所产钢板越来越薄，制成的容器也越来越轻，制造二片罐的铝合金板也是如此。这种发展趋势，今后仍将继续下去。

2. 制罐技术的进步

传统马口铁三片罐的加工使用锡焊法，由于所用焊料中含有害重金属而被淘汰，目前三片罐一般采用电阻焊。然而对于某些新的、价格低廉的材料，如无锡钢板，电阻焊效果不佳，正研究采用的激光焊，可达到较高的生产速度和较好的生产质量；同时，因减少了罐身的搭接宽度而更加节省材料。国际上二片罐的制作技术发展更快，除广泛采用 CAD/CAM 技术外，目前瑞士、意大利等国的一些国际大公司已采用预印刷一次冲压成型技术，大大地简化了制罐工艺和提高了生产效率，使二片罐更具市场竞争力。

3. 改进老产品、开发新品种

饮料罐一般都是圆柱形，为适用较小的易开盖容器，降低整个容器的成本，现大部分饮料罐已改为缩颈罐，如 209 的罐身，颈部缩到 206、204，甚至 200。此外，为了更加方便消费者使用，还不断推出各种新型结构的瓶盖和罐盖。

第二节　食品包装的玻璃、陶瓷材料及容器

3000 多年前，埃及人首先制造出玻璃容器，由此玻璃成为食品包装材料。目前，玻璃使用量占包装材料总量的 10% 左右，是目前食品包装中的重要材料之一。

玻璃是以石英石（构成玻璃的主要组分）、纯碱（碳酸钠、助熔剂）、石灰石（碳酸钙、稳定剂）为主要原料，加入澄清剂、着色剂、脱色剂等，经 1400～1600℃ 高温熔炼成黏稠玻璃液再经冷凝而成的非晶体材料，具有其他包装材料无可比拟的优点。作为包装材料最显著的特点是：高阻隔、光亮透明、化学稳定性好、易成型；但玻璃容器重量大且容易破碎，这一性能缺点影响了它在食品包装上的使用发展，尤其是受到塑料和复合包装材料的冲击。玻璃包装制品的高强度、轻量化成为其发展方向。

一、瓶罐玻璃的化学组成及包装特性

（一）瓶罐玻璃的化学组成

玻璃的种类很多，用于食品包装的是钠-钙-硅系玻璃，其主要成分为：SiO_2（60%～75%）、Na_2O（8%～45%）、CaO（7%～16%），此外含有少量的 Al_2O_3（2%～8%）和 MgO（1%～4%）等。为适应被包装食品的特性及包装要求，各种食品包装用玻璃的化学组成略有不同，如表 4-14 所示。

表 4-14　几种食品包装玻璃瓶罐的化学组成

玻璃瓶罐种类	组分质量/%							
	SiO_2	Na_2O	K_2O	CaO	Al_2O_3	Fe_2O_3	MgO	BaO
棕色啤酒瓶（硫碳着色）	72.50	13.23	0.07	10.40	1.85	0.23	1.60	
绿色啤酒瓶	69.98		13.65	9.02	3.00	0.15	2.27	

玻璃瓶罐种类	组分质量/%							
	SiO_2	Na_2O	K_2O	CaO	Al_2O_3	Fe_2O_3	MgO	BaO
香槟酒瓶	61.38	8.51	2.44	15.76	8.26	1.30	0.82	
汽水瓶（淡青）	69.00	14.50		9.60	3.80	0.50	2.20	0.20
罐头瓶（淡青）	70.50	14.90		7.50	3.00	0.40	3.60	0.30

（二）玻璃的包装特性

玻璃的化学组成及其内部结构特点决定了其具有以下包装特性。

1. 化学稳定性

玻璃作为食品包装材料的一个突出优点是具有极好的化学稳定性。一般来说，玻璃高温熔炼后大部分形成不溶性盐类物质而具有极好的化学惰性，可抗气体、水、酸、碱等侵蚀，不与被包装的食品发生作用，具有良好的包装安全性，最适宜婴幼儿食品、药品的包装。但是玻璃成分中的 Na_2O 及其他金属离子能溶于水，从而导致玻璃的侵蚀及与其接触溶液的 pH 发生变化。如将玻璃在蒸馏水中放一年，可测出（10～15）$\times 10^{-6} g/cm^3$ 的 NaOH 及其他微量成分。

2. 物理性能

（1）密度较大　　包装常用的玻璃密度为 $2.5 g/cm^3$ 左右，密度远大于除金属以外的其他包装材料。玻璃制品的壁厚尺寸较大，其重量大于同容量的金属包装制品，这些性能影响玻璃制品及食品生产的运输费用，不利包装食品仓储、搬运及消费者的携带。

（2）透光性好　　玻璃具有良好的透光性，可充分显示内装食品的感官品质。对要求避光的食品，可采用有色玻璃。

（3）导热性能差　　在高温时主要是辐射传热，低温时则以热传导为主。玻璃耐高温，能经受加工过程的杀菌、消毒、清洗等高温处理，能适应食品微波加工及其他热加工，但玻璃材料对温度骤变而产生的热冲击适应能力差，尤其玻璃较厚、表面质量差时，它所能承受的急变温差更小。

（4）高阻隔性　　玻璃对气、汽、水、油等各种物质的透过率为 0，这是它作为食品包装材料的又一突出优点。

3. 机械性能

玻璃抗压强度较高（200～600MPa），但抗张强度低（50～200MPa），脆性高，冲击强度低。玻璃的理论强度高达 10 000MPa，但实际强度只为理论强度的 1%以下，这主要受玻璃内部及表面缺陷影响，如气泡、成分分布不均匀和表面质量差、微小缺口、厚薄不均等。此外，玻璃成型时冷却速度过快会使玻璃内部产生较大的内应力，也致使其机械强度降低，所以玻璃制品需要进行合理的退火处理，以消除内应力提高其强度。

玻璃强度还受负荷作用的速度及时间的影响，较长时间荷重的玻璃强度较低，所以玻璃包装制品重复多次使用的次数应受限制，以保证包装安全可靠。

4. 良好的成型加工工艺性

玻璃可加工制成各种形状结构的容器，而且易于上色，外观光亮，用于食品包装美化效果好，但印刷等二次加工性差。

5. 原料来源丰富

玻璃制品的价格较便宜，还具有可回收再利用的特点，废弃玻璃制品可回炉焙炼，再成型制品，这可节约原材料、降低能耗。形状质量合格的回收玻璃制品经清洗消毒可再使用。

二、玻璃容器的结构及制造

（一）玻璃容器的结构

食品包装用玻璃制品的主要形式是多种形状结构的瓶罐容器，主要结构包括瓶口、瓶身、瓶底三部分，如图 4-11 所示。

1. 瓶口

瓶口是食品向瓶内灌装的通道和与瓶盖的盖封口。瓶口包括密封面封口突起、瓶口环、瓶口合缝线和瓶口与瓶身接缝线几部分。瓶口的形式有多种，如卡口、螺纹口、王冠盖口和撬开口等。

2. 瓶身

瓶身是容器的主要部分，包括瓶颈、瓶肩、侧壁、瓶跟部、瓶身合缝等几部分。瓶身的尺寸决定了容器的容量，瓶身的结构形状影响容器的外观，同时对食品灌装操作和使用也有影响。

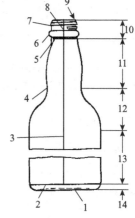

图 4-11　玻璃瓶的结构

1. 瓶底凹曲面；2. 瓶底瓶身接缝线；3. 瓶身合缝；4. 瓶颈基点；5. 瓶口与瓶身接缝线；6. 加强环；7. 螺纹；8. 瓶口合缝线；9. 封合面；10. 瓶口；11. 瓶颈；12. 瓶肩；13. 瓶身；14. 瓶底

3. 瓶底

瓶底包括瓶底座和瓶底瓶身合缝。瓶底座端面为环形平面，使瓶立放平稳。瓶底向内凹成曲面，使瓶可更好地承受内压。瓶底端面或内凹面可设点、条状花纹以增加瓶立放的稳定性、减少磨损，提高瓶的内压强度和水锤强度，降低瓶罐所受的热冲击。瓶底还可能标示有容器的制造日期、模具编号、商标等。

（二）玻璃容器的制造

玻璃的熔制和容器的成型是一个连续的工序，其主要工序为：

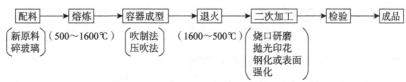

成型后的玻璃容器可能会存在许多缺陷，如瓶内径不足，瓶口变形或尺寸超差，瓶壁内有气泡、凸起、伤痕、不熔物及壁厚不均等。这些缺陷的存在会影响食品的灌装量、灌装操作、灌封密封性等包装质量和包装生产效率，同时缺陷也会严重影响玻璃容器的强度，尤其是用于充气加压食品包装的玻璃容器，其内存在的缺陷导致突发的爆裂破损将危及消费者和生产者。所以必须对成型容器进行规范的质量检验。

三、玻璃容器的强度及其影响因素

（一）玻璃容器的破裂分析

玻璃容器极易破碎，其破碎的形式及原因主要有三种，如图 4-12 所示。

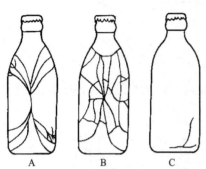

图 4-12　玻璃容器破裂的分析
A. 内压破裂；B. 外部冲击破裂；C. 热冲击破裂

1. 内压破裂

内压破裂指玻璃容器局部承受不了内压作用而发生的破裂，其破裂形态是以裂纹起点为中心，裂纹曲线向外呈放射状延伸，裂纹线端部为分叉形。如果此种破裂起点靠近瓶颈部，则是设计上的不当。如瓶颈直径变化太快，圆角半径小，瓶受压时，使该处应力集中分布超过其强度极限而破裂；若靠近瓶底部，则多为瓶受过大振动，内压冲击致破。

2. 外部冲击破裂

外部冲击力作用使瓶体破裂，其裂纹稍粗，破裂块小。长颈或细长玻璃容器抗冲击能力很低，一般易发生这类破裂。

3. 热冲击破裂

冷热剧变产生的巨大热应力使容器破裂称热冲击破裂。该种破裂多发生在瓶底部或瓶壁厚薄差异较大的地方，裂纹线粗、量少。

（二）玻璃容器的包装强度

玻璃容器的包装强度是其包装应用中最重要的性能，主要包括内压强度、热冲击强度、机械冲击强度、垂直荷重强度和水锤强度五方面。玻璃容器的强度除了与玻璃的质量有关外，容器的表面形状及质量、结构设计、灌装质量及运输等多方面因素对其都有影响。

1. 内压强度

内压强度指容器不破裂所能承受的最大内部压应力，在一定程度上可体现玻璃容器的综合强度，主要取决于玻璃的强度和容器的壁厚、直径。

最大内压强度 P_{max} 表示为
$$P_{max} = \frac{2t}{D}[\sigma]$$

式中，t 为容器壁厚；D 为容器直径；$[\sigma]$ 为玻璃强度。

由公式可见：壁薄、直径大、内压强度小、材料强度高的玻璃容器有高的内压强度。

玻璃容器内压强度还与容器的形状结构有关，表 4-15 为容器截面形状与内压强度的关系，可见圆形截面玻璃容器能承受的内压强度最高。

表 4-15　容器截面形状与内压强度比

截面形状	内压强度比/%
圆形	10
椭圆形（长短轴比 2∶1）	5
圆方形（圆角较大）	2.5
正方形（圆角较锐）	1

2. 机械冲击强度

机械冲击强度指玻璃容器承受外部冲击不破碎的能力。图 4-13 所示表明容器的冲击强度与容器的形状密切相关，由容器口至底部冲击强度大小不一，在瓶口、瓶底处强度最低，最易发生破碎。冲击强度还与容器壁厚有关，如图 4-14 所示壁厚增加，冲击强度升高，也即不易破裂。

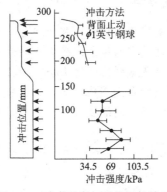

图 4-13　冲击强度与形状间的关系

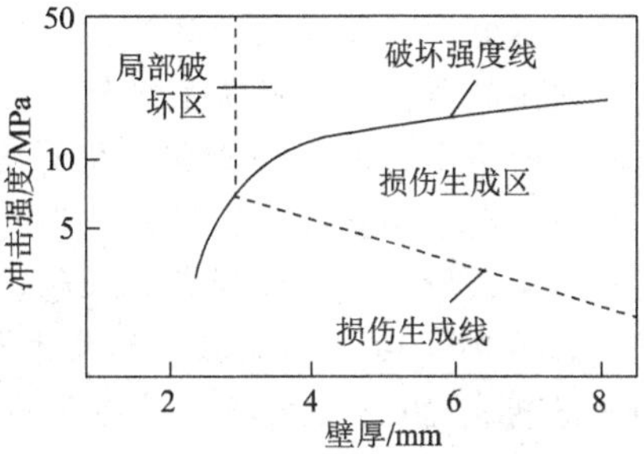

图 4-14　冲击强度与壁厚关系

3. 垂直荷重强度

垂直荷重强度指玻璃容器承受垂直负荷的能力。玻璃容器在灌装、压盖、开盖、堆垛时都受到垂直负荷的作用，其承受垂直负荷的能力与瓶形有关，尤其是瓶肩部的曲率，如图 4-15 所示，肩部曲率半径越大，其荷重强度越高。

4. 水锤强度

水锤强度指玻璃容器底部承受短时内部水冲击的能力，也称水冲击强度。玻璃容器包装食品在运输过程中受到振动、冲击时，容器内可能出现上端空隙部分空气受压，底部局部地区形成真空现象，由此导致瞬间产生巨大冲击力冲击容器底部，且时间越短，产生冲击力越大，有时在 10^{-4}s 内可产生高达 350～3500MPa 的冲击应力，容器底部水锤强度不足将发生破损。

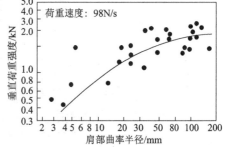

图 4-15　垂直荷重强度与瓶肩部曲率半径的关系

5. 热冲击强度

热冲击强度指玻璃容器耐受冷热温度剧变不破碎的能力，取决于冷热变化导致容器内产生的热应力大小。热应力的大小受温差值和容器壁厚的影响，壁薄的容器，在冷热剧变时其热冲击内应力相对较小，容器热冲击强度高。

（三）影响玻璃容器包装强度的因素

玻璃容器包装强度与容器形状密切相关，尤其受强度较低的颈部与底部的形状结构影响较大。提高容器形状结构设计合理性对提高玻璃容器的强度至关重要。例如，采用能提高玻璃瓶强度和抗冲击作用的表面形状——球面形、圆柱形，在容器强度薄弱处设计突起的点或条纹等，这种改进设计可使瓶强度增加约50%；改善瓶外形以提高自动灌装时对瓶抓取、固定的可靠性和稳定性，避免倒瓶，碰撞破瓶；避免玻璃瓶外形尖角形状，以免瓶受力时在尖角处因应力集中分布而降低此处的承载能力；在保证瓶的使用及强度条件下，尽量减轻瓶重，以减小自动灌装线上因振动产生的冲击力作用等。

延伸阅读

葡萄酒瓶的历史特色

欧洲葡萄酒享誉世界，其包装从古至今一直采用玻璃瓶，其原因之一是玻璃瓶稳定性极佳，不会影响葡萄酒的品质；之二是玻璃瓶与橡木塞的完美融合为葡萄酒提供了瓶中陈年的条件。红酒瓶呈绿色、白酒瓶呈透明、容量750mL、底部有凹槽成为葡萄酒瓶的历史特色。17世纪，葡萄酒瓶呈绿色是受限于当时的制瓶工艺，酒瓶制作配料含有杂质而呈绿色，后来人们发现深绿色的酒瓶有助于保护葡萄酒陈酿不受光线的影响，所以一直被制成深绿色。

酒瓶的容量则是由于标准容量的橡木桶诞生：当时航运的小橡木桶被确立为225L，因此欧盟在20世纪时将葡萄酒瓶的容量定为750mL，这样一个小橡木桶正好能灌装300瓶葡萄酒，能装24箱。虽然大部分葡萄酒瓶是750mL的，但是现在已经出现了各种容量的葡萄酒瓶。

国际上通常把不同瓶肩的葡萄酒瓶分为四类：波尔多（Bordeaux）式，勃艮第（Burgundy）式，瓶身细长、高挑的沙达尼式及瓶身不规则的异形瓶，如图4-16所示。

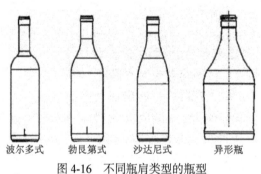

波尔多式　　勃艮第式　　沙达尼式　　异形瓶

图4-16　不同瓶肩类型的瓶型

四、玻璃容器的发展方向

玻璃容器包装食品具有光亮透明、卫生安全、耐压、耐热、阻隔性好的优点，但其相对密度大、易破碎的缺点使传统玻璃容器在食品包装上的应用受到限制；轻量瓶、强化瓶的出现为玻璃容器在包装工业中的竞争打开了新的局面。

（一）轻量瓶

在保持玻璃容器的容量和强度条件下，通过减薄其壁厚而减轻重量制成的瓶称轻量瓶。玻璃容器轻量化程度用重容比表示，即容器的重量 w（g）与其容量 c（mL）之比，也即单位容积瓶重，$w/c<0.6$ 为轻量瓶。容器的重容比越小，则其壁越薄，一般轻量瓶的壁厚为 $2\sim2.5mm$，还有进一步减薄的趋势。

玻璃容器的轻量化可降低运输费用、减少食品加工杀菌时的能耗、提高生产效率、增加包装品的美感。为保证轻量瓶的强度及其生产质量，对其制造过程和各生产环节要求更加严格，要求原辅料的质量必须特别稳定；同时对轻量瓶的造型设计、结构设计要求也更高。此外，还必须采取一系列的强化措施以满足轻量瓶的强度和综合性能要求。

（二）强化瓶和强化措施

为提高玻璃容器的抗张强度和冲击强度，采取一些强化措施使玻璃容器的强度得以明显提高，强化处理后的玻璃瓶称作强化瓶。若强化措施用于轻量瓶，则可获得高强度轻量瓶。

1. 物理强化——玻璃容器的钢化淬火处理

将成型玻璃容器放入钢化炉内加热到玻璃软化温度以下某温度后，再在钢化室内用风吹或在油浴中急速冷却，使容器壁厚方向因冷却速度不同而在表层产生一定的均匀压应力，当容器承受外加拉应力时，首先要抵消此压应力，从而提高了容器的实际承载能力。经钢化处理的容器比普通容器抗弯强度提高 $5\sim7$ 倍，冲击强度也明显提高，且在受到过大的作用力时，玻璃破碎成没有尖锐棱角的碎粒，可减少对使用者的损伤。

2. 化学强化——化学钢化处理

化学钢化处理，即将玻璃容器浸在熔融的钾盐中，或将钾盐喷在玻璃容器表面，使半径较大的钾离子置换玻璃表层内半径较小的钠离子，从而使玻璃表层形成压应力层，由此提高玻璃容器的抗张强度和冲击强度。这种钢化处理可适应薄壁容器的强化处理要求。

3. 表面涂层强化

玻璃表面的微小裂纹对玻璃强度有很大影响，采用表面涂层处理可防止瓶罐表面的划伤和增大表面的润滑性，减少摩擦，提高强度，此方法常用作轻量瓶的增强处理，有两种涂层处理方法。

（1）热端涂层　在瓶罐成型后送入退火炉之前，用液态 $SnCl_4$ 或 $TiCl_4$ 喷射到热的瓶罐上，经分解氧化使其在瓶罐表面形成氧化锡或氧化钛层，这种方法又叫热涂，可以提高瓶罐润滑性和强度。

（2）冷端涂层　瓶罐退火后，将单硬脂酸、聚乙烯、油酸、硅烷、硅酮等用喷枪喷成雾状覆盖在瓶罐上，形成抗磨损及具有润滑性的保护层，喷涂时瓶罐温度取决于喷涂物料的性质，一般为 $21\sim80℃$。

也可以同时采用冷端和热端处理，即双重涂覆，使瓶罐性能更佳。

4. 高分子树脂表面强化

（1）静电喷涂　将聚氨酯类树脂等塑料粉末用喷枪喷射，喷出的带有静电的粉末被玻璃瓶表面吸附，然后加热玻璃瓶，使表面吸附的树脂粉末熔化，形成薄膜包覆在玻璃瓶表面，使玻璃的润滑性增加，强度增加，并可减少破损时玻璃碎片向外飞散。

（2）悬浮流化法　将预先加热的玻璃瓶送入微细塑料粉末悬浮流化体系中，塑料粉末熔结在玻璃瓶表面，再将玻璃瓶移出流化系统并加热，使表面的树脂熔化，冷却后成膜包覆在玻璃瓶表面。

（3）热收缩塑料薄膜套箍　将具有热收缩性的塑料薄膜制成圆形套筒，套在玻璃身或瓶口，然后加热，使塑料套筒尺寸收缩，紧贴在瓶体或瓶口周围形成一个保护套。这种热收缩膜套箍不仅可以增加瓶与瓶之间的润滑性，而且能提高瓶的强度，减少破损，即使破损也会减少玻璃碎片飞溅。

热收缩套箍可以是单为保护玻璃瓶而加的，如果需要还可以同时贴覆瓶体和瓶肩部；也可以设计成筒形标签形式，进行彩色印刷，这种标签有360°的展示面，并兼有对玻璃瓶的保护作用。另外在瓶口、瓶颈部分也可以使用热收缩套箍，不仅能保护瓶口，还能提高瓶盖的密封性。当扭转或开启瓶盖时，套箍扯坏，显示出已被开封，即具有显示作用。这种瓶颈套箍也可以印上适当文字作为封签。

五、陶瓷包装容器简介

陶瓷制品用作食品包装容器历史悠久，主要有瓶、罐、缸、坛等形态，用于酒类、腌渍品及传统风味食品的包装。

1. 陶瓷包装容器的原料组成

制造陶瓷的原料可分为：黏性原料、减黏性原料、助熔原料、细料。制造陶瓷的主要原料有：高岭土（瓷器制造用）或黏土、陶土（陶器制造用）、硅砂及助熔性原料（如长石、白云石、菱镁矿石）等。高岭土的主要成分是 $Al_2O_3 \cdot 2SiO_2 \cdot 2H_2O$，黏土的成分更复杂些。

2. 陶瓷容器的制造

陶瓷包装容器的制造工艺大致为：原料配制→泥坯成型→干燥→上釉→焙烧。

（1）原料配制　根据对陶瓷容器的不同要求选择，并按一定比例配制成泥坯原料。

（2）泥坯成型　将原料经手工或模铸或注浆等方法制成一定形状的型坯（泥坯）。

（3）干燥　通过自然干燥、热风干燥、微波干燥、辐射干燥等方法除去泥坯中的全部机械混合水。

（4）上釉　为了增加陶瓷容器对气、液的阻隔性，表面需要上一层釉。釉料的化学成分和玻璃相似，主要由某些金属氧化物和非金属氧化物的硅酸盐组成。这些氧化物熔融体硬化时与坯体发生化学反应，牢固地结合在坯体上，并形成一层薄釉膜，可保护坯体，增加坯体的阻气性、阻水性、保香性，提高陶瓷容器的耐化学性和阻止液体渗透性。釉层使坯体表面处于承受一定预加压应力状态，可提高陶瓷制品的使用强度。

（5）焙烧　以一定的升温速度将陶瓷杯加热至一定温度，并在一定的气氛下（氧化、碳化、氮化等）将上釉泥坯烧结成不同要求的陶瓷容器。

3. 陶瓷包装容器的特点及使用

陶瓷是无机非金属材料，内部由离子晶体及共价晶体构成，同时还有一部分玻璃相和气孔，是一种复杂的多相体系及多晶材料。

（1）陶瓷包装容器的特点

1）陶瓷制品的原料丰富，成型工艺简单，便宜。

2）耐火、耐热、耐药性好，可反复使用，废弃物对环境污染小。

3）具有高的硬度和抗压强度。

4）上彩釉陶瓷制品造型色彩美观，装饰效果好，又增加容器的气密性和对内装食品的保护作用。同时，其本身可为精美的工艺品，有很好的装饰观赏作用。

陶瓷容器的缺点是抗张强度低、脆性高、抗热震性能差、重量大。

（2）陶瓷容器的应用及卫生安全性　　陶瓷容器主要用于包装酒、腌渍品及一些传统食品。陶瓷材料用于食品包装时应注意彩釉烧制的质量。彩釉是硅酸盐和金属盐类物质，着色颜料也多使用金属盐类物质。这些物质中多含有铅、砷、镉等有毒成分，当烧制质量不好时，彩釉未能形成不溶性硅酸盐，从而使用陶瓷容器时会发生有毒、有害物质的溶出而污染内装食品。所以应选用烧制质量合格的陶瓷容器包装食品，以确保包装食品的卫生安全。

延伸阅读

陶瓷酒器的特点及安全性要求

陶瓷瓶的古色古香、历史积淀感，成为高端白酒包装首选的主要原因，其主要特点体现在：第一，烧制温度高，其物理及化学性能稳定，陶瓷酒瓶一般烧制温度需达1320℃高温方能烧制而成。第二，不透光，陶瓷酒瓶具有很好的避光性能，能有效地避免光对酒的化学反应，对酒的质量和口感起到了很好的保护作用。第三，密封性能很好，能有效地减少渗漏，在原酒陈酿过程中还能加速原酒的催陈。第四，导热慢，陶瓷酒瓶有导热慢的物理特质，使瓶中的酒温始终保持适中，这样酒的质地就不容易发生质变。第五，艺术气质高、工艺精湛，因陶土的成型可以任意创作，随心所欲，所以陶瓷瓶呈现出形式多样、造型丰富的特点，且工艺精湛，具有极高的艺术收藏价值，当它作为酒品的盛装物时，还能提升该酒品的品质。陶瓷酒瓶不仅从实用性、功能性上对酒酿制和保存具有重要的作用，而且在艺术审美层面上增加了酒的文化内涵。

作为包装容器的陶瓷瓶，与食品的接触时间相对较长，重金属溶出的可能也相对要高，因此铅、镉的溶出量允许极限要远低于其他用途陶瓷的要求：铅溶出量允许极限≤1mg/L，镉≤0.1mg/L。这对原料、内釉配方及烧结工艺提出了更高的要求。

思考题

1. 金属包装材料的性能特点及主要种类有哪些？
2. 食品包装用金属罐制造为何要使用涂料？金属罐常用涂料有哪些？
3. 简述铝质包装材料的特性、种类及应用。
4. 简述二片罐和三片罐的结构及制作工艺特点。
5. 金属罐的质量检查项目包括哪些内容？
6. 试论述目前金属包装制品存在的问题和今后发展方向。
7. 简要说明玻璃包装材料及容器的性能特点及发展方向。
8. 哪些食品适合玻璃容器包装？
9. 影响玻璃容器包装强度的因素有哪些？如何提高玻璃容器的包装强度？
10. 陶瓷用作食品包装容器的最大特点是什么？对其卫生安全性有什么要求？

第五章 食品包装原理

本章学习目标

1. 掌握环境因素对包装食品品质变化的影响及基本原理和控制方法。
2. 掌握微生物对包装食品品质变化的影响及基本原理和控制方法。
3. 掌握包装食品褐变变色、风味改变、油脂氧化的基本原理及控制措施。
4. 了解影响食品货架期的因素，掌握包装食品货架期的预测方法。

　　食品包装作为系统工程科学，应首先了解影响食品中脂肪、蛋白质、维生素等主要营养成分的敏感因素，研究食品主要成分及生化反应变化特性、加工贮运流通过程中可能发生的内在生物性和非生物性的腐败变质反应机制，明确其所需的保护条件，才能正确选用包装材料、包装技术方法来进行包装操作，达到保护产品并延长保质期之目的。本章将介绍环境因素对食品品质的影响，解析包装食品的微生物、品质变化机制及调控方法，为食品包装技术方法提供理论基础。

第一节　环境因素对食品品质的影响

　　食品品质包括食品的色香味、营养价值、应具有的形态、重量及应达到的卫生指标。几乎所有的加工食品都需包装才能成为商品销售。尽管食品是一种品质最易受环境因素影响而变质的商品，但每一种包装食品在设定的保质期内都必须符合相应的质量指标。

　　食品从原料加工到消费的整个流通环节是复杂多变的，它会受到生物性和化学性的侵染，受到生产流通过程中出现的诸如光、氧、水分、温度、微生物等各种环境因素的影响。图 5-1 显示了包装食品在流通过程中因环境因素影响而发生的质量变化，研究这些因素对食品品质的影响规律是食品包装设计的重要依据。

一、光对食品品质的影响

（一）光照对食品的变质作用

　　现代食品包装除了保护性能外，也越来越重视包装的促销性能，如透明包装可使消费者直观地看到产品的外观，但销售过程中，某些食品的品质会因透过包装的光线而发生变化，光对食品品质的影响很大，它可以引发并加速食品中营养成分的分解，发生食品的腐败变质反应，主要表现在 4 个方面：①促使食品中油脂的氧化反应而发生氧化性酸败；②使食品中的色素发生化学变化而变色，使植物性食品中的绿色、黄色、红色及肉类食品中的红色发暗或褐变；③引起光敏感性维生素如维生素 B 和维生素 C 的破坏，并与其他物质发生不良化学变化；④引起食品中蛋白质和氨基酸的变性。

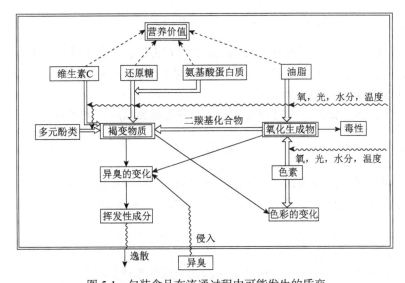

图 5-1　包装食品在流通过程中可能发生的质变

———→ 质变结果　-----→ 营养价值　===⇒ 主要质变　〰〰〰〰→ 外界因素

（二）光照对食品的渗透规律

光照能促使食品内部发生一系列的变化是因其具有很高的能量。光照下食品中对光敏感的成分能迅速吸收并转换光能，从而激发食品内部发生变质的化学反应。食品对光吸收量越多、转移传递越深，食品变质越快、越严重。食品吸收光能量的多少用光密度表示，光密度越高，光能量越大，对食品变质的作用就越强。根据 Lamber-Beer 定律，光照食品的密度向内层渗透的规律为

$$I_x = I_i e^{-\mu x} \qquad (5-1)$$

式中，I_x 为光线透入食品内部 x 深处的密度；I_i 为光线照射在食品表面处的密度；μ 为特定成分的食品对特定波长光波的吸收系数。

显然，入射光密度越高，透入食品的光密度也越高，深度也越深，对食品的影响也越大。

食品对光波的吸收量还与光波波长有关，短波长光（如紫外光）透入食品的深度较浅，食品所接收的光密度也较少；反之，长波长光（如红外光）透入食品的深度较深。此外，食品的组成成分各不相同，每一种成分对光波的吸收有一定的波长范围；未被食品吸收的光波对食品变质没有影响。图 5-2 为光谱图。

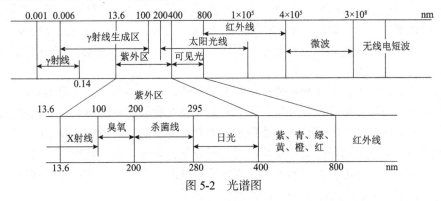

图 5-2　光谱图

（三）包装避光机制和方法

要减少或避免光线对食品品质的影响，主要的方法是通过包装将光线遮挡、吸收或反射，减少或避免光线直接照射食品；同时防止某些有利于光催化反应因素（如水分和氧气）透过包装材料，从而起到间接的防护效果。

根据 Lamber-Beer 定律，透过包装材料照射到食品表面的光密度为

$$I_i = I_0 e^{-\mu_p X_p} \tag{5-2}$$

式中，I_0 为食品包装表面的入射光密度；X_p 为包装材料厚度；μ_p 为包装材料的吸光系数。

将此式代入式（5-1）得光线透过包装材料透入食品的光密度为

$$I_x = I_0 e^{-(\mu_p X_p + \mu x)} \tag{5-3}$$

光线在包装材料及食品中的传播和透入的光密度分布规律如图 5-3 所示。包装材料可吸收部分光线，从而减弱光波射入食品的强度，甚至可全部吸收而阻挡光线射入食品内。因此，选用不同成分、不同厚度的包装材料，可达到不同程度的遮光效果。

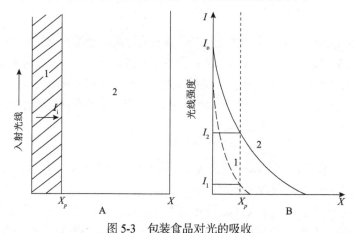

图 5-3　包装食品对光的吸收
A. 包装材料对光线的阻挡吸收（1. 包装材料；2. 食品）；
B. 光线透过包装材料后对食品的渗透（1. 短波长光波；2. 长波长光波）

由图 5-4 可知：不同包装材料其透光率不同，且在不同波长范围内也有不同的透光率；大部分紫外线可被包装材料有效阻挡，而可见光能大部分透过包装材料；同一种材料内部结构不同时透光率也不同，如高密度 PE 和低密度 PE。此外，材料厚度对遮光性能也有影响，材料越厚，透光率越小，遮光性能越好。图 5-5 是三种不同玻璃透光率比较曲线，说明同种材料不同着色处理产生不同的遮光效果。

食品包装时，可根据食品和包装材料的吸光特性，选择一种对食品敏感光波具有良好遮光效果的材料作为该食品的包装材料，可有效避免光对食品质变的影响。为满足食品不同的避光要求，可对包装材料进行必要的处理来改善其遮光性能，如玻璃一般采用加色处理，从图 5-5 中可知：有色玻璃抵抗紫外线的能力相对较强，对可见光也有较好的遮光效果。有些包装材料可采用表面涂覆遮光层的方法改变其遮光性能；在透明的塑料包装材料中也可加入着色剂或在其表面涂敷不同颜色的涂料达到遮光效果。

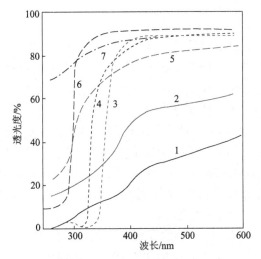

图 5-4 光线对于几种柔软性包装材料的穿透作用

1. 高密度 PE，厚 89μm；2. 蜡纸，厚 89μm；3. PVDC，厚 28μm；
4. PET，厚 36μm；5. 氯化橡胶，厚 36μm；6. 醋酸纤维素，厚
25μm；7. 低密度 PE，厚 38μm

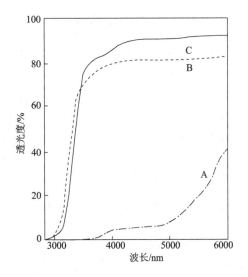

图 5-5 光线对三种玻璃的穿透性能

A. 琥珀色玻璃，厚 3.0mm；B. 透明乳白色玻璃，厚 3.0mm；
C. 窗户透明玻璃，厚 3.02mm

二、氧对食品品质的影响

氧气对食品的品质变化有显著影响：氧使食品中的油脂发生氧化，这种氧化即使是在低温条件下也能进行；油脂氧化产生的过氧化物，不但使食品失去食用价值，而且会发生异臭，产生有毒物质。氧能使食品中的维生素和多种氨基酸失去营养价值，还能使食品的氧化褐变反应加剧，使色素氧化褪色或变成褐色；对于食品微生物，大部分细菌由于氧的存在而繁殖生长，造成食品的腐败变质。

食品因氧气发生的品质变化程度与食品包装及贮存环境中的氧分压有关。图 5-6 表示了亚油酸相对氧化速率随氧分压而变化的规律：油脂氧化速率随氧分压的提高而加快；在氧分压和其他条件相同时，接触面积越大，氧化速度越高。此外，食品氧化程度与食品所处环境的温度、湿度和时间等因素也有关。

氧气对新鲜果蔬的作用则属于另一种情况。由于生鲜果蔬在贮运流通过程中仍在呼吸，故需要吸收一定数量的氧而放出一定量的 CO_2 和水，并消耗一部分营养。

食品包装的主要目的之一，就是通过采用适当的包装材料和一定的技术措施，防止食品中的有效成分因氧气而造成品质劣化或腐败变质。

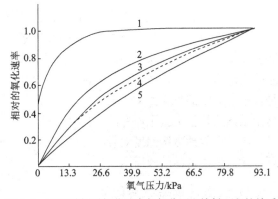

图 5-6 亚油酸相对氧化速率与氧分压和接触面积的关系

1. 温度为 45℃，摇动样品；2. 温度为 37℃，表面积为 12.6cm^2；
3. 温度为 57℃，表面积为 12.6cm^2；4. 温度为 37℃，表面积为
3.2cm^2；5. 温度为 37℃，表面积为 0.515cm^2

三、水分或湿度对食品品质的影响

一般食品都含有不同程度的水分，这些水分是食品维持其固有性质所必需的。水分对食品品质的影响很大，一方面，水能促使微生物的繁殖，助长油脂的氧化分解，促使褐变反应和色素氧化；另一方面，水分使一些食品发生某些物理变化，如有些食品受潮而发生结晶，使食品干结硬化或结块，有些食品因吸水吸湿而失去脆性和香味等。

食品中所含的自由水在某种程度上决定了微生物对某种食品的侵袭而引起食品变质的

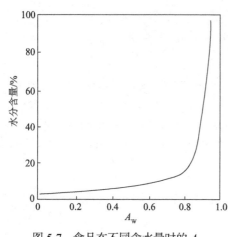

图 5-7　食品在不同含水量时的 A_W

程度，用水分活度（A_W）表示。食品中水分含量与 A_W 的关系曲线如图 5-7 所示，当食品含水量低于干物质的 50% 时，水分含量的轻微变动即可引起 A_W 的极大变动。

根据 A_W 可将食品分为三大类：$A_W>0.85$ 的食品称为湿食品，$A_W=0.6\sim0.85$ 的称为中等含水食品，$A_W<0.6$ 的称为干食品。各种食品具有的 A_W 范围表明食品本身抵抗水分的影响能力的不同。食品具有的 A_W 越低，相对地越不易发生由水带来的生物生化性变质，但吸水性越强，即对环境湿度的增大越敏感。因此，控制包装食品环境湿度是保证食品品质的关键。

四、温度对食品品质的影响

引起食品变质的原因主要是生物和非生物两个方面的因素，温度对这两方面都有非常显著的影响。

（一）温度升高对食品品质的影响

在一定湿度和氧气条件下，温度对食品中微生物繁殖和食品变质反应速度的影响很大；在一定温度范围内（10～38℃），食品在恒定水分条件下温度每升高 10℃，许多酶促和非酶促的化学反应速率加快 1 倍，其腐变反应速度将加快 4～6 倍。当然，温度的升高还会破坏食品的内部组织结构，严重破坏其品质。过度受热也会使食品中蛋白质变性，破坏维生素特别是含水食品中的维生素 C，或因失水而改变物性，失去食品应有的物态和外形，如肉制品在高温杀菌后往往失去了原有的口感和风味。

为了有效地减缓温度对食品品质的不良影响，现代食品物流采用冷藏和低温防护技术，可有效地延长食品的保质期。

（二）低温对食品品质的影响

温度对食品的影响还表现在低温冻结对食品内部组织结构和品质的破坏。冻结会导致液体食品变质：如果将牛乳冻结，乳浊液即受到破坏，脂肪分离、牛乳蛋白质变性而凝固。易受冷损害的食品不需极度冻结；大部分果蔬采收后为延长其细胞的生命过程要求适当的低温条件，但有些果蔬在一般冷藏温度 4℃下保存会衰竭或枯死，随之发生包括产生异味、表面斑痕和各种腐烂等变质过程，说明冷藏可以有效保藏食品，但温度并非越低越好（表 5-1）。

表 5-1　几种果蔬在冰点以上低温贮藏的败坏现象

产品		大致最低安全温度/℃	在 0℃至安全温度范围下贮藏的损害特点
西瓜		2	有疤痕，气味不正常
芒果		10	内部变色
木瓜		7	塌陷
菠萝		7	成熟时呈暗绿色
苹果		1~2	内部褐变，塌陷
梨		7	内部褐变
香蕉（生或熟）		13	成熟时色泽暗淡
青刀豆		7~10	取出时有疤痕或呈暗褐色
黄瓜		7	有疤痕，水浸斑点，腐烂
茄子		7	有疤痕或呈褐黑色
柠檬		13~14	内部变色，有疤痕
莱姆酸橙		7	有疤痕
罗马甜瓜		7	有疤痕，表面腐烂
甘露甜瓜		5~10	有疤痕，表面腐烂
甜椒		7	有疤痕，沿花萼处变色
马铃薯		5	赤褐色变
冬（南）瓜		10~13	腐烂
甘薯		13	腐烂，有疤痕，内部变色
番茄	青熟	13	成熟时色泽较差，有快速腐烂趋势
	成熟	10	塌陷

五、微生物对食品品质的影响

人类生活在微生物的包围之中，空气、土壤、水及食品中都存在着无数的微生物，如猪肉火腿和香肠，在原料肉腌制加工后的细菌总数为 $10^5 \sim 10^6$ 个/g，其中大肠杆菌 $10^2 \sim 10^4$ 个/g。完全无菌的食品只限于蒸馏酒、高温杀菌的包装食品和无菌包装食品等少数几类。虽然大部分微生物对人体无害，但食品中微生物繁殖量超过一定限度时食品就要腐败变质。

据联合国粮食及农业组织（FAO）统计，全世界每年因微生物污染、腐败而损失的各类食品占总量的 10%~20%。此外，由腐败变质导致的食品安全事件近年来也频见报端，仅 2013 年影响比较大的就有美国 15 个州大肠杆菌疫情、俄罗斯沙门氏菌导致集体食物中毒事件，引发人们强烈恐慌。我国相关企业在每年出口食品遭遇的国外技术性贸易壁垒中，微生物超标也占据了较大的比例。因此，微生物是引起食品质量变化最主要的因素，但却很容易被大众忽视。

（一）食品中的主要微生物

与食品有关的微生物种类很多，这里仅举出常见的、具有代表性的食品微生物菌属。

1. 细菌

细菌在食品中的繁殖会引起食品的腐败、变色、变质而不能食用，其中有些细菌还能引起人的食物中毒。细菌性食物中毒案例中最多的是肠类弧菌所引起的中毒，约占食物中毒的50%；其次是葡萄球菌和沙门氏菌引起的中毒，约占 40%；其他常见的能引起食物中毒的细菌有：肉毒杆菌、致病大肠杆菌、魏氏梭状芽孢杆菌、蜡状芽孢杆菌、弯曲杆菌属、耶尔森氏菌属。

2. 真菌

食品中常见的真菌，主要为霉菌和酵母。霉菌在自然界中分布极广、种类繁多，常以寄生或腐生的方式生长在阴暗、潮湿和温暖的环境中。霉菌有发达的菌丝体，其营养来源主要是糖、少量的氮和无机盐，因此极易在粮食和各种淀粉类食品中生长繁殖。大多数霉菌对人体无害，许多霉菌在酿造或制药工业中被广泛利用，如用于酿酒的曲霉、用于发酵制造腐乳的毛霉及红曲霉、用于制造发酵饲料的黑曲霉等。然而，霉菌大量繁殖会引起食品变质，少数菌属在适当条件下还会产生毒素。到目前为止，经人工培养查明的霉菌毒素已达 100 多种，其中主要的产毒霉菌及毒素种类见表 5-2。

表 5-2　主要产毒霉菌及毒素种类

主要产毒霉菌	毒素种类	致癌霉菌毒素
黄曲霉、寄生曲霉	肝脏毒素	黄曲霉毒素
岛青霉、杂色曲霉	肝脏毒素	杂色曲霉毒素
黄绿青霉	神经毒素	黄绿青霉毒素
橘青霉	肾脏毒素	展青霉素

（二）微生物对食品的污染

作为食品原料的动植物在自然界环境中生活，本身已带有微生物，这就是微生物的一次污染。食品原料从自然界中采集到加工成食品，最后被人们所食用为止整个过程所经受的微生物污染，称为食品的二次污染。

食品二次污染过程包括食品的运输、加工、贮存、流通和销售。由于空气环境中存在着大量的游离菌，如城市室外空气中一般含有 $10^3 \sim 10^5$ 个/m^3 的微生物，其中大部分是细菌，而霉菌约占 10%，这些微生物很容易污染食品。因此，在这个复杂的过程中，如果某一环节不注意灭菌和防污染，就可能造成无法挽回的微生物污染，使食品腐败变质。

由于一次污染和二次污染的存在，市场上销售的食品中含有大量的微生物。表 5-3 为主要优质食品中的微生物情况。

表 5-3　主要优质食品中的微生物

编号	食品	pH	A_w	具有一定杀菌效果的处理情况	参与腐败的微生物							
					革兰氏阴性杆菌		过氧化氢酶阳性球菌	过氧化氢酶阴性球菌	乳酸杆菌属	芽孢杆菌属	霉菌	酵母菌
					非发酵*	发酵的						
1	鲜肉，鱼、贝，禽，蛋，蛋制品	>4.5	>0.95	无	+++	+	+	±	0	0	+	0
2	蔬菜	>4.5	>0.95	无	+++	±	0	<		+	+	0
3	谷粒，豆类	>4.5	>0.95	无	+	+	+	0	+	+	+++	+
4a	果实	>4.5	>0.95	无	0	±	0	0	++	0	++	+

续表

编号	食品	pH	A_W	具有一定杀菌效果的处理情况	参与腐败的微生物							
					革兰氏阴性杆菌		过氧化氢酶阳性球菌	过氧化氢酶阴性球菌	乳酸杆菌属	芽孢杆菌属	霉菌	酵母菌
					非发酵*	发酵的						
4b	果汁	>4.5	>0.95	无	+*	±	0	++	++	0	±	++
5	牛奶	>4.5	>0.95	低温杀菌	±	±	±	+	±	++	0	0
6	加热香肠，大型罐装火腿	>4.5	约0.95	加热	0	0	0	+	+	++	0	0
7	面包，夹馅面包，糕点	>4.5	约0.95	加热	0	0	0	0	0	+	++	±
8a	干菜，豆，谷类，可可	>4.5	<0.95	不定	0	0	0	0	0	0	+++	0
8b	杏仁酥，巧克力馅糕点	>4.5	<0.95	无	0	0	0	0	0	0	+	++
8c	干燥果脯	>4.5	<0.95	干燥	0	0	0	0	0	0	++	++
9	奶酪，人造奶油	约4.5	约0.95	无	0	0	±	±	0	0	0	+
10a	密封包装的肉、鱼、蔬菜、牛奶	>4.5	>0.95	调味加工	0	0	±	0	0	++	0	0
10b	密封包装的水果、果汁	>4.5	>0.95	调味加工	0	0	0	0	0	±	++	+

注：+++表示通常几乎是独占菌种；++表示优势菌种；+表示多数菌种；±表示重数或者偶尔见到的菌种；0 表示基本上不起作用的菌种。

*指除醋酸杆菌和葡萄糖酸发酵菌外，包括假单胞菌属、不动细菌属及产碱杆菌属

　　光、氧、水分、温度及微生物对食品品质的影响是相辅相成、共同存在的，采用科学有效的包装技术和方法避免或减缓这种有害影响，保证食品在流通过程中的质量稳定，更有效地延长食品保质期，是食品包装科学研究解决的主要课题。

第二节　包装食品的微生物控制

一、环境因素对食品微生物的影响

1. 水分

　　水分是微生物生存繁殖的必要条件，水分的增加使微生物活性增高。食品中微生物与水分的关系可以用 A_W 说明，不同种类微生物繁殖所需要的 A_W 最低限不一样，大部分细菌在 A_W=0.90 以上的环境中生长，大部分霉菌在 A_W=0.80 以上的环境中繁殖，部分霉菌和酵母在 A_W 较低的环境中也能繁殖。

A_W对微生物细胞内的酶促反应具有重要影响。一方面，各种酶只有在适宜的A_W下才能保持最佳的空间构象，从而发挥其生物活性；另一方面，A_W影响底物的传质速率，从而影响酶促反应的速率。A_W对微生物细胞内其他化学反应也具有重要的影响，水分的竞争作用、稀释及溶解作用往往会影响相关反应的速率，从而对微生物的生长繁殖产生重要影响。

食品微生物在A_W较低（A_W=0.5以下）的干燥环境中不能繁殖，但值得注意的是，干燥食品从环境中吸收水分的能力较强，一旦吸湿，A_W又将提高而适宜微生物繁殖。要想降低食品的A_W，就得使食品干燥或在食品中添加盐、糖等易溶于水的小分子物质。

2. 温度

微生物生存的温度范围较广（-10～90℃），根据适宜繁殖的温度范围微生物可分为：嗜冷细菌（0℃以下）、嗜温性细菌（0～55℃）和嗜热性细菌（55℃以上）。食品在贮存、运输和销售过程中所处的环境温度一般在55℃以下，这一温度范围正处在嗜温性和嗜冷性细菌繁殖生长威胁之中，而且侵入食品的细菌随温度的升高而繁殖速度加快，一般在20～30℃时细菌数增殖最快。

3. 氧气

氧的存在有利于需氧细菌的繁殖，且繁殖速度与氧分压有关，由图5-8可见，细菌繁殖速率随氧分压的增大而急速增高。即使仅有0.1%的氧气，也就是空气中氧分压的1/200的残留量，细菌的繁殖仍不会停止，只不过缓慢而已。这个问题在食品进行真空或充气包装时应特别注意。

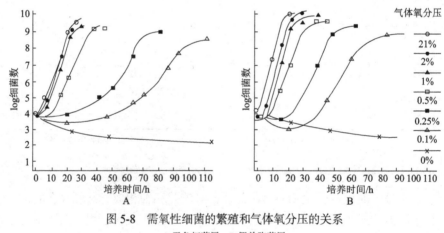

图5-8 需氧性细菌的繁殖和气体氧分压的关系

A.无色杆菌属；B.假单胞菌属

4. pH

适合微生物生长的pH为1～11。一般食品微生物得以繁殖的pH范围：细菌3.5～9.5，霉菌和酵母2～11。对食品微生物最适宜的pH：细菌为pH7左右，霉菌和酵母为pH6左右。大多数食品均呈酸性，酸性条件下微生物繁殖的pH下限：细菌4.0～5.0，乳酸菌3.3～4.0，霉菌和酵母1.6～3.2。适当控制食品的pH也能适当地控制微生物的生长和繁殖。

二、包装食品的微生物变化

1. 因包装发生的环境变化对食品微生物的影响

食品经过包装后能防止来自外部微生物的污染，同时包装内部环境也会发生变化，其中的微生物相也会因此而变化。以肉为例，生鲜肉经包装后其内部环境的 O_2 和 CO_2 的构成比例不断发生变化，这是因食品中微生物及肉组织细胞的呼吸而使 O_2 减少、CO_2 增加，包装内环境的气相变化反过来又会影响食品中的微生物相，即需氧性细菌比例下降，厌氧性细菌比例上升，霉菌的繁殖受抑制而酵母菌等却在增殖。在包装缺氧状态下，食品腐败产物为大量的有机酸，而在氧气充足的条件下食品腐败时多产生氨和 CO_2。

2. 包装食品可能引起的微生物二次污染

如前所述，大部分市售包装食品都会有一定数量的微生物，如果把这些常见微生物都当作污染来处理是不现实的，但弄清在流通过程中食品所含的细菌总数或明确其菌群组成，不仅有利于从微生物学角度查明食品腐变等质量事故的原因，且对包括加工、包装工艺在内的从食品制造到消费的整个流通过程中的微生物控制有实际的指导意义。

微生物对包装食品的污染，可分为被包装食品本身的污染和包装材料污染两方面。在食品加工制造过程中的各个工艺环节，如果消毒不严或杀菌不彻底，在产品流通过程各阶段的处理，特别是在分装操作中，如果微生物控制条件欠佳等，均有二次污染的可能。随着货架期或消费周期的延长，不仅会大量繁殖细菌，也会给繁殖较慢的真菌提供蔓延机会。这种现象在防潮或真空充气包装中也常常发生。

包装材料较易发生真菌污染，特别是纸制包装品和塑料包装材料；在包装容器制品的制造和贮运期间，会受到环境空气中微生物的直接污染和器具的沾污。就外包装而言，被内装物污染、包装操作时的人工接触、黏附有机物、吸湿或吸附空气中的灰尘等都能导致真菌污染。因此，如果包装原材料存放时间较长且环境质量又差，在包装操作前若不注意包装材料或容器的灭菌处理，包装材料的二次污染则成为包装食品的二次污染。

近年来，基于健康角度考虑及人们饮食嗜好的变化，大多数食品逐渐趋于低盐和低糖，且大多采用复合软塑材料包装以提高包装的阻隔保护性，这样处理可能会助长真菌的污染和繁殖。

表 5-4 为霉菌对食品污染的主要表现。

表 5-4 霉菌对食品的污染

食品种类	霉菌污染情况
盒饭、面包、米糕	这类食品含有较多水分，包装后会在包装容器内壁布满水汽，适合霉菌的生长繁殖，明显降低其保存性能
糕点类、果酱类及巧克力食品	蛋糕等甜味糕点最易发霉变质，果酱、巧克力等吸湿后也常发霉，这些食品与干货类食品一样，以生长嗜干性霉菌为主，尤其以出现的黄色散囊菌属霉菌斑点格外显眼
加热杀菌包装食品	罐头及蒸煮袋食品一般都经杀菌消毒，但实际上由于杀菌不彻底或封口不良，以及材料本身质量而有残菌或造成二次污染。加热杀菌包装食品一般在常温下流通，且消费周期长，也易引起微生物污染
果汁清凉饮料	果汁糖度高、pH 低，易受真菌和酵母污染引起变质，特别在杀菌不彻底及流通环境温差大的情况下引起果汁膨罐或爆瓶。清凉饮料一般利用 CO_2 抑菌，灌装后不再杀菌，CO_2 压力小于 1MPa 时，pH 和 CO_2 抑菌作用变弱，尤其是果汁清凉饮料，如果不杀菌处理，酵母菌便会大量繁殖而使其变质
生鲜食品	果蔬类食品易发生因霉菌（尤其是果胶酶）引起的腐烂病害，在收获或运输过程中由于损伤易侵入交替霉菌属、葡萄孢盘菌属、酒曲菌属等霉菌；果蔬用托盘薄膜包装后，由于其呼吸作用使包装内温湿度增大而易使霉菌繁殖，从而使霉害加重

三、包装食品的微生物控制

（一）加热杀菌

绝大多数微生物在 20～40℃的温度范围内生长迅速，若使食品的温度偏离这个温度范围，就能杀灭细菌或制造一个不利于微生物生长的环境。高温可以达到杀菌效果，因而大部分包装食品都要进行加热杀菌，然后才能流通和销售。加热杀菌方法可分为湿热杀菌法和干热杀菌法。所谓湿热杀菌是利用热水和蒸汽直接加热包装食品以达到杀菌目的，这是一种最常用的杀菌方法；所谓干热杀菌就是利用热风、红外线、微波等加热食品达到杀菌目的。例如，把经过杀菌的食品用热收缩包装薄膜包装后，再用 150～160℃的热风加热 5～10min，一方面使包装膜收缩；另一方面可有效地杀死附着在包装材料表面的微生物。

1. 微生物的耐热性

食品中最耐热的病原菌是肉毒杆菌，但有些非病原性、能形成孢子的腐败菌，如厌氧腐败菌和嗜热脂肪芽孢杆菌等比肉毒杆菌更耐热。因此，通常的加热杀菌是以杀死各种病原菌和真菌孢子为目的，也可通过变性作用使酶失去活性。表 5-5 列出了湿热下微生物的耐热性。

表 5-5　微生物在湿热下的耐热性

微生物	加热温度/℃	死亡所需时间/min
肉毒杆菌孢子 A 型、B 型	100	360
	110	36
	120	4
肉毒杆菌孢子 E 型	80	20～40
	90	5
枯草杆菌孢子	100	175～185
	120	7.5～8
沙门氏菌	60	4.3～30
大肠杆菌	57	20～30
四联球菌	61～65	<30
葡萄球菌	60	18.8
乳酸菌	71	30
肠炎弧菌	60	30
霉菌丝	60	5～10
霉菌孢子	65～70	5～10
酵母营养细胞	55～65	2～3
酵母孢子	60	10～15

2. 影响微生物耐热性的因素

食品成分会不同程度地增强微生物抗热性：高浓度糖液对细菌孢子有保护作用，因此糖水水果罐头的杀菌温度或时间比无糖同类产品高或长；淀粉和蛋白质也有保护食品中微生物的作用；油脂对微生物及其孢子的保护作用较大，除了直接保护还能阻止湿热渗透；水分是一种有效的传热体，它能渗入微生物细胞或孢子中而比干热更具有致死性；如果微生物被截留在脂肪球内，那么水分就不易渗入细胞，湿热致死效果就与干热相近。因此，同一食品物料中，液相内的微生物可以迅速地被致死，而油相内的菌群却不易杀死，这就使得油脂类食品的杀菌温度更高、时间更长而造成风味损失。

另外，食品成分对微生物的耐热性有间接影响，即不同食品成分物料的热传导率有差别，如脂肪的导热性比水差。更重要的是，微生物的耐热性与食品稠度有关。如果把足够的淀粉或其他增稠剂添加于食品中，使其内部的对流加热系统转化为传导加热系统，那么除了对微生物有直接保护作用外，还会缓解热量至容器内或食品物料内部冷点的热渗透速率，这样就间接地保护了微生物。

pH 对加热杀菌也有很大的影响，当食品含酸量高时，如番茄汁或橙汁，就不需高度加热，因为酸可提高热的杀菌力。一般来说，pH 越低，杀菌所需的加热温度越低、时间也越短。如果有足够的酸度，用 93℃ 15min 加热杀菌便可达到要求。

3. 加热杀菌温度和时间组合

加热杀菌温度和时间密切相关，即温度越高，破坏微生物所需时间越短。虽然温度和时间是破坏微生物所需要的，但在破坏微生物作用上，同样有效的不同温度-时间组合对食品的损害作用远远不同。在现代加热杀菌中，这是最重要的实践，也是几种比较先进的包装技术的基础。

在杀菌温度-时间组合中，高温对微生物的致死至关重要，但对损害食品色泽、风味、质地和营养价值等更重要的因素是长时间，而不是高温。如果用肉毒杆菌接种牛乳，然后试样分别按 100℃ 330min、116℃ 10min、127℃ 1min 条件加热，虽然其灭菌作用相同，但对牛乳的热损害却大大不同：加热 330min 的试样具有蒸煮味并呈棕色；加热 10min 的试样几乎有同样的质量问题；加热 1min 的试样虽稍过热，但其品质与未经加热的牛乳差异不大。

在微生物与各种食品之间，敏感性在时间和温度方面的差异是一种普遍现象。表 5-6 为高温杀菌牛乳温度对芽孢破坏速度、加热时间及褐变反应的比较。微生物对高温的相对敏感性比食品成分大，温度每上升 10℃（50℉），大致能使导致食品变质的化学反应速率加快 1 倍，而当温度高于微生物的最高生长温度时，每上升同样的 10℃，会使微生物破坏的速率加快 10 倍。

表 5-6　高温杀菌牛乳温度对加热杀菌时间、褐变、食品营养的影响

加热温度/℃	芽孢破坏相对速度	褐变反应相对速度	杀菌时间（完全杀灭）	相对褐变程度	孢子致死时间	食品营养成分保存率%
100	1	1.0	600min	10 000	400min	0.7
110	10	2.5	60min	25 000	36min	33
120	100	6.5	6min	6 250	4min	73
130	1 000	15.6	36s	1 560	30s	92
140	10 000	39.0	3.6s	390	4.8s	98
150	100 000	97.5	0.36s	97	0.6s	99

由于高温可用较短的灭菌时间，因此，只要技术条件可能，对热敏性食品应尽可能采用高温瞬时灭菌处理。例如，对酸性果蔬汁进行巴氏杀菌时，目前一般采用瞬间巴氏

杀菌：88℃ 1min 或 100℃ 12s 或 121℃ 2s。尽管三种温度-时间组合其灭菌效果相同，但 121℃ 2s 杀菌处理可在果汁风味和维生素的保留上获得最好质量。然而，如此短的杀菌保温时间使杀菌设备更加复杂和昂贵。

4. 加热杀菌方法

食品工业上通常根据产品特性采用最低标准温度进行加热杀菌，一般根据温度的高低可分为以下三种杀菌方法。

（1）低温杀菌　也称巴氏杀菌（Pasteurisation），由于杀菌温度低于100℃，食品中还残存微生物，除了嗜热性乳杆菌外，均为芽孢菌的芽孢，而大部分芽孢菌在5℃以下的低温环境中是不能繁殖的，故在 80℃左右巴氏杀菌的包装熟食品，在低温下贮藏，其保质期也是较长的。巴氏杀菌目的是为了杀死致病菌和腐败菌，同时保证食品有较好的品质、弹性和风味。

（2）高温杀菌　主要适用于罐装、瓶装及蒸煮袋食品的杀菌。将食品装入包装容器中完全密封，用蒸汽或热水蒸馏杀菌。一般罐头食品在 115℃左右进行 60～90min 的杀菌处理，普通蒸煮袋（RP-F）采用 115～120℃杀菌 20～40min，高温蒸煮袋（HiRP-F）采用 121～135℃杀菌 8～20min，超高温杀菌蒸煮袋（URP-F）采用 135～150℃ 2min 的超高温杀菌。

（3）高温短时杀菌（HTST）和超高温瞬时杀菌（UHT）　这是两种适合于流动性液态或半液态食品的短时杀菌方法，能有效地保全食品原有的营养和风味质量，常用于无菌包装食品的杀菌。

（二）低温贮存

各种生鲜食品和经过处理调制的加工食品一般都含有较高水分，这些食品在常温下短时间内放置，就会因微生物大量繁殖而腐败变质，若采用冷藏或冻结，其腐变反应速度会明显降低。

1. 冷藏

冷藏能降低嗜温性细菌的增殖速度，嗜热性细菌一般也不会繁殖。目前常用三种方法。

（1）低温与真空并用　食品低温贮藏时所产生的代表性腐败菌一般是需氧性假单孢杆菌，而大部分厌氧性细菌的繁殖温度下限为2～3℃，若在无氧的低温环境（0±2）℃下保藏食品，可大幅度地延长食品保质期，这种方法称冰温贮藏。

（2）低温与 CO_2 并用　CO_2 能抑制需氧细菌的繁殖，如果降低包装内的含氧量，再充入 CO_2 进行低温贮藏，能产生更显著的贮藏效果。

（3）低温与放射杀菌并用　如果采用能杀灭食品中所有微生物的照射剂量进行放射杀菌，食品会产生严重褐变和异臭而根本不能食用。对于鱼类和畜肉类食品，如果用不影响食品质量的低剂量（10～40Gy）照射杀灭其中的假单孢菌属等特殊的腐败菌，然后进行低温贮藏，其贮存期可延长 2～6 倍，这种方法称辐射杀菌法（radurization）。

2. 冻结

普通食品在-5℃左右，其水分的 80%会冻结，降温至-10℃时低温性微生物还能增殖，温度再下降，微生物就基本上停止繁殖，但化学反应和酶反应仍未停止。一般认为，食品在-18℃以下保质期可达 1 年以上。

冷冻调理食品多采用塑料及其复合材料包装，并在冻结状态下流通和销售，这类材料必须具备优良的低温性能，常用的有 PA/PE、PET/PE、BOPP/PE、Al/PE。托盘包装采用 PP、耐冲击性聚苯乙烯（HIPS）、OPS 等。现代食品包装常采用真空充气和脱氧包装技术与低温贮藏相结合的方法来有效地控制微生物对食品腐变的影响（表5-7）。

表 5-7　冷冻调理食品的包装形式和包装材料

食品		包装形式	包装材料
蔬菜		袋、含气包装	PE、OPP/PE、PET/PE
鱼贝类	一般鱼	重叠、含气包装	盘子：泡沫 PS、HIPS； 外包装：PET/PE、OPP/PE
	虾、干贝	带覆皮、紧贴包装	盘子：EVA 覆层的泡沫 PS； 密封材料：聚合树脂/EVA
	金枪鱼	袋、真空包装	单向拉伸尼龙膜（ONy）/PE、尼龙、聚合树脂
	水产加工品（烤鳗鱼串）	袋、真空包装	ONy/PE
烹调食品	汉堡肉饼、饺子	重叠、含气包装	盘子：HIPS、OPP、PP； 外包装：PET/PE、OPP/PE
	烹调食品、奶汁、烤通心粉	纸盒、含气包装	盘子：铝箔容器；外包装：PE、ONy、PE；外箱：厚纸盒
	米饭	纸盒、真空包装	外包装：PET/PE、ONy/PE； 外箱：厚纸盒
	馅饼	纸盒、收缩包装	外包装：收缩 PVC、收缩 PP； 外箱：厚纸盒
	果品	袋、含气包装	PE、OPP/PE、ONy/PE
	冷冻点心	纸盒、含气包装	盘子：铝箔容器； 外包装：PP/PE；外箱：厚纸盒
	汤	纸盒、脱气包装	筒：PE/PVDC；盘子：PP/PE； 外包装：PET/PE；外箱：厚纸盒

（三）微波灭菌

微波是具有辐射能的电磁波，微波用作食品加热处理已有一定历史，但微波用作食品灭菌处理的研究只有 60 多年的历史，其工业化则时间更短。我国工业微波加热设备常用的固定专用频率有两种：915MHz 和 2450MHz。

1. 微波灭菌机理

微波与生物体的相互作用是一个极其复杂的过程，生物体受微波辐射后会吸收微波能而产生热效应，而且生物体在微波场中其生理活动也会发生反应和变化，这种非热的生物效应也会影响微生物的生存。微波辐照细菌致死可认为是微波热效应和非热力生物效应共同作用的结果，两种效应相互依存、互相加强。细菌的基本单元是细胞，细胞的存活除依靠细胞膜保护外，还与细胞膜电位差有关，如果维持细胞正常生理活动的膜电位状态被破坏，必然会影响到细胞的生命状态。微生物处在相当高强度的微波场中，其细胞膜电位会发生变化，细胞的正常生理活动功能将被改变，以致危及细胞的存活。这种微波致死细菌的机理与传统加热杀菌致死完全不同。

组成微生物的蛋白质、核酸和水介质作为极性分子在高频微波场中被极化的理论也是常见的微波灭菌机理的一种解释：极性分子在高频高强度微波场中将被极化，并随着微波场极性的迅速改变而引起蛋白质分子团等急剧旋转及往复振动，一方面相互间形成摩擦转换成热量而自身升温；另一方面将引起蛋白质分子变性。对微生物细胞来说，如果细胞壁受到某种机械性损伤而破裂，细胞内的核酸、蛋白质等将渗漏体外而导致微生物死亡。

比较一般加热灭菌方法，在一定温度条件下微波灭菌缩短了细菌死亡时间，或微波灭菌致死的温度比常规加热灭菌的温度低，这是微波灭菌与传统加热灭菌最重要的区别。当然，微波灭菌处理时能有较高的温度状态，对充分灭菌是极为有利的。

2. 微波灭菌的热力温度特性

传统加热灭菌其热力由食品表面向里层传递，传热速率取决于食品的传热特性，这就决定了食品表层和中心的温度差，以及中心升温的滞后性，从而延长了食品整体灭菌所需要的总时间，而且单纯的热力作用较难杀灭耐热性较强的芽孢杆菌。微波透入食品加热传热的特性使食品升温时间大大短于传统加热升温时间，而且微波灭菌使细菌致死的因素还有非热力的生物效应，这使得微波灭菌时间更短，且温度较低，这为保持食品的色香味和营养成分创造了条件。

必须指出，灭菌是对食品整体而言的，微波灭菌时食品表面温度可能会因散热或水分散失而低于其内部温度，致使食品表面的细菌残留存活，这一微波灭菌工艺上的问题应予以注意和解决。

3. 微波灭菌工艺

（1）微波间歇辐照灭菌工艺　　用脉冲式微波辐照食品灭菌可取得较理想的效果，脉冲式微波灭菌能在短时间内产生较强微波电场间歇作用于食品而使食品升温，因其按时间积分平均值计其总能量不大，食品物料升温变化相对来说并不大，但瞬时强微波电场对食品物料的极化作用十分强烈，从而大大提高了灭菌效果。但高电场强度和高功率密度将对微波设备和被处理物料的耐击穿性提出更高要求，并需要精确控制辐照时间，这些要求将使微波设备成本有所提高。

（2）连续微波辐照工艺　　一般采用较低场强、适当延长微波辐照时间的连续微波灭菌工艺。隧道式箱型微波设备的箱体内功率密度较低，能适合于连续微波灭菌工艺。在物料对温度及加热时间允许的前提下，适当延长辐照时间将有利于强化灭菌效果，同时也能使物料加热状态均衡，减少物料内外温差。用频率 2450MHz、功率 5kW 的连续可调微波设备对复合膜包装的调味海带做灭菌处理，结果 40s～2min 大肠杆菌被完全杀灭，而传统加热杀菌需蒸煮 30min。连续微波灭菌工艺对袋装榨菜及包装月饼、面包、蛋糕等因二次污染的灭菌有较好的效果，可获得较长的贮存货架期。

（3）多次快速加热辐照和冷却杀菌工艺　　该工艺能快速地改变微生物的生态环境温度，且多次实施微波辐照灭菌，从而避免被杀菌物料连续长时间处于高温状态，可有效保持食品的色、香、味和营养成分。该灭菌工艺适合于对热敏感的液体食品，如饮料、米酒的灭菌保鲜。

微波灭菌作为食品加工新技术应用于传统加工食品的保鲜工艺近年来得到较大的发展。例如，糕点类、豆制品、畜肉加工制品、鱼片干等经微波灭菌处理，可较好地保全食品原有风味特色，并有效延长货架保质期。由于微波灭菌保鲜食品其保鲜期长于冷冻食品，可高于 0℃冷藏而无须低温冻藏，且食用时烹调快、能与家用微波炉配套使用，因此，食品微波灭菌技术将有更广的应用前景。

（四）高压电场低温等离子体冷杀菌技术

高压电场低温等离子体冷杀菌（cold plasma cold sterilization，CPCS）是目前国际上一种最新的食品冷杀菌技术。如图5-9所示，在高压电场激发下利用食品周围介质产生光电子、离子、臭氧和活性自由基团等与微生物表面接触导致其细胞破坏而达到杀菌效果，成为近几年杀菌领域关注的热点。低温等离子体激发系统可使用空气或其他多种气体（单一纯气体、两种或多种气体的混合物）作为激发介质，在比较宽的气压和温度范围内产生，可使用多种电压激发而成，如微波、脉冲、交流电和直流电。低温等离子体激发系统结构有多种形态，激发后对样品的作用范围因系统结构差异而不同，其中DBD系统被认为是对包装食品最有效的系统。此系统可使用高电压（几十千伏）作为激发电压产生等离子体而达到显著的表面除菌效果，它的杀菌优点是等离子体发生过程中没有显著的温度变化。

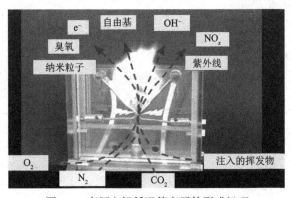

图5-9　高压电场低温等离子体形成机理

目前，对于生鲜肉、新鲜果蔬及鲜切菜等热敏食品采用的杀菌包装技术，存在杀菌不彻底及产生二次污染问题；尽管产品可采用冷链贮藏物流，但微生物仍能大量繁殖引起腐败变质，货架保鲜期短。此外，热杀菌对产品生鲜感官品质及营养成分的负面影响，不利于保持原有品质。为生鲜食品有效杀菌保鲜及延长货架保鲜期，开发高效冷杀菌和保鲜包装技术成为食品行业的必然趋势。

与目前广泛采用的热源等杀菌技术比较，高压电场CPCS保鲜包装技术是食品冷杀菌保鲜包装技术的重要突破。此技术可与气调保鲜包装技术完美结合，冷源等离子体对包装产品进行杀菌处理，不会产生二次污染；产生杀菌作用的等离子体来源于包装内部气体，不会产生化学残留，安全性高；尽管使用的电压非常高，但杀菌处理过程很短不会产生热量、没有温升，且操作环境无特殊要求、操作简便。因此，CPCS技术作为一种新的冷杀菌方式，特别适用于对热敏感食品（如生鲜畜禽鱼类肉制品及调理产品、新鲜果蔬及鲜切菜等）冷杀菌。这些特点对生鲜类及其热敏性食品的大规模开发，具有关键的技术突破、巨大的开发空间和良好前景。此外，等离子体中含有大量活性物质外，还产生紫外线，如果将功能性纳米材料与等离子体技术结合，能有效激发功能性纳米材料光催化抑菌活性，抑制包装产品表面微生物，有效提高生鲜畜禽鱼类肉制品、新鲜果蔬及鲜切菜等的安全品质，延长货架保鲜期。

案例一

一种生鲜猪肉的间歇式高压电场低温等离子体冷杀菌方法

图 5-10　高压电场 CPCS 试验设备

采用由南京农业大学食品包装研究所通过产学研研制开发的高压电场低温等离子体冷杀菌试验设备（图 5-10），新鲜猪肉经（$O_2 : CO_2 : N_2 = 5 : 2 : 3$）气调包装，设置高压电场 CPCS 冷杀菌处理程序为：电场强度 18.5kV/cm 处理 30s→室温放置 3min→18.5kV/cm 处理 30s。结果如表 5-8 所示：采用分段间歇式高压电场 CPCS 冷杀菌处理对新鲜猪肉的杀菌效果显著，放入 4℃环境中贮藏第 10 天，对照组样品已变质，CPCS 冷杀菌样品保持良好的生鲜感官品质。

表 5-8　生鲜猪肉高压电场低温等离子体冷杀菌效果

		时间/d			
		0	5	10	15
菌落总数/（log cfu/g）	对照组	2.41±0.13	5.06±0.13	7.82±0.09	8.12±0.05
	实验组	2.41±0.13	2.50±0.13	4.08±0.09	6.14±0.11
红度值	对照组	6.82±0.19	6.75±0.15	6.35±0.17	6.09±0.07
	实验组	6.82±0.19	6.53±0.12	6.12±0.14	5.93±0.20

（五）辐照防腐

食品辐照处理是利用放射源散射的放射能作用于食品，使食品中的微生物和酶钝化而达到抑制或杀灭微生物的目的。目前，食品辐射处理常用 γ 射线和 β 粒子线，由于其穿透力和不会在食品中产生显著的热量，故被称为食品的"冷杀菌"。γ 射线具有穿透力强、可辐射到食品深处且较为均匀等优点，现广泛应用于包装食品的辐射杀菌处理。β 粒子穿透力弱，只能用于食品等表面或薄膜及片状食品的辐射处理。

辐照处理对微生物和酶产生抑制或杀灭作用，对食品其他成分同样会受到辐射水解产生游离基而使其品质劣化。因此，辐射使微生物和酶钝化，也应使食品组分品质劣变减少到最低程度；采用在食品冻结状态、真空或惰性气氛下辐射，或添加游离基接受体（如抗坏血酸）等方法已取得良好效果；但这些方法在保护食品组分的同时也对微生物和酶提供了保护，使用时常适当提高其辐射处理剂量。

由于辐照处理能改变食品和包装材料的化学分子，且足够剂量还会导致放射性，因此，必须考虑辐照食品的安全性：辐照对食品营养价值的影响；可能产生的毒性物质和有害放射性；在辐射食品中产生致癌物质的可能性。由于辐照食品安全的复杂性，各国对食品辐射处理总是加以严格控制，法规要求在对任何新的食品资源做辐射加工和流通之前，必须经食品与药物管理机构立案和批准。

第三节 包装食品的品质变化及控制

一、包装食品的褐变及其控制

食品的色泽不仅给人以美感和消费倾向性，也是食用者心理上的一种营养素；食品所具有的色泽好坏，已成为食品品质的一个重要方面。事实上，食品色泽的变化往往伴随着食品内部维生素、氨基酸、油脂等营养成分及香味的变化。因此，食品包装必须有效地控制其色泽的变化。

（一）食品的主要褐变及变色

食品褐变包括食品加工或贮存时，食品或原料失去原有色泽而变褐或发暗。图 5-11 表示几种产生褐变的食品成分及其反应机理。

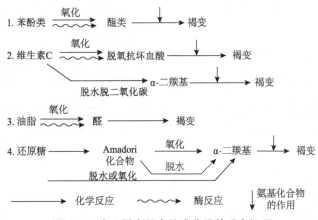

图 5-11 产生褐变的食品成分及其反应机理

褐变反应有三类：食品成分由酶促氧化引起的酶促性褐变；非酶促性氧化或脱水反应引起的非酶促性褐变；油脂因酶和非酶促性氧化引起酸败而褐变。在导致褐变的食品成分中，以具有还原性的糖类、油脂、酚及抗坏血酸等较为严重，尤其是还原糖引起的褐变，如果与游离的氨基酸共存，则反应非常显著，即美拉德反应。

典型的非酶褐变有氨基、羰基反应和焦糖反应等，非酶褐变的化学过程已知有以下 4 种：美拉德反应、焦糖化反应、抗坏血酸氧化分解反应及酚类物质的氧化褐变。从影响食品质量的角度来分析，氨基、羰基反应又可分为基本上无氧也能进行的加热褐变和在有氧条件下发生的氧化褐变；前者在食品加工过程中赋予食品以令人满意的色香味，后者因褐变而呈暗色和产生异臭。

典型的酶促褐变如苹果、香蕉及茄子、山药等果蔬受伤去皮之后，其组织与氧接触引起的褐变。酶促性褐变需有酚类、氧化酶和氧等基质，因此，加热使酶失活，降低 pH，或使用亚硫酸盐等可抑制酶促褐变；真空或充气包装也能有效减缓褐变反应。

食品的变色主要是食品中原有颜色在光、氧气、水分、温度、pH、金属离子等因素影响下的褪色和色泽变化。

（二）影响褐变变色的因素

影响褐变变色的因素主要有光、氧气、水分、温度、pH、金属离子等。

1. 光

光线对包装食品的变色和褪色有明显的促进作用，特别是紫外线的作用更显著。天然色素中叶绿素和类胡萝卜素是一种在光线照射下较易分解的色素。图 5-12 和图 5-13 表示了光的波长对胡萝卜素和叶绿素分解的影响。由图 5-12 和图 5-13 可知，波长 300nm 以下的紫外线对色素分解的影响最为显著。

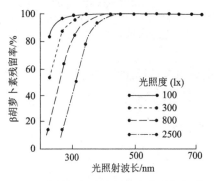

图 5-12　光的波长对 β 胡萝卜素分解的影响

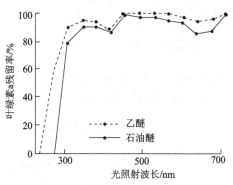

图 5-13　光的波长对叶绿素分解的影响

玻璃和塑料包装材料虽能阻挡大部分的紫外线，但所透过的光线也会使食品变色和褪色，缩短食品保质期。为减少光线对食品色泽的影响，选择的包装材料必须能阻挡使色素分解的光波。

2. 氧气

氧是氧化褐变和色素氧化的必需条件。色素是容易氧化的，类胡萝卜素、肌红蛋白、血红色素、醌类、花色素等都是易氧化的天然色素；在酚类化合物中，如苹果、梨、香蕉中含有绿原酸、白花色素等单宁成分，还原酮类中的维生素 C、氨基还原酮类，羰基化合物中的油脂、还原糖等，这些物质的氧化会引起食品的褐变、变色或褪色，随之而来的是风味降低、维生素等微量营养成分的破坏。因此，包装食品对氧化的控制是至关重要的保质措施。图 5-14 表示透氧性不同的各种塑料薄膜包装咸味熟牛肉其贮藏温度对牛肉色泽的影响，显然包装材料的透氧率越高，温度越高，色素的分解越快。

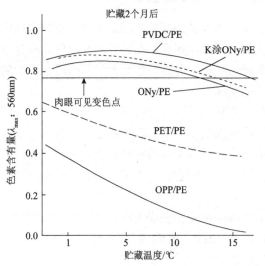

图 5-14　包装材料的阻隔性对咸味熟牛肉色泽的影响

3. 水分

褐变是在一定水分条件下发生的，一般认为：多酚氧化酶的酶促褐变是在 $A_W=0.4$ 以上，非酶褐变 A_W 在 0.25 以上，反应速度随 A_W 上升而加快；在 $A_W=0.55\sim0.90$ 的中等水分中反应最快。若水分含水量再增加时，其基质浓度被稀释而不易引起反应。水分对色素稳定性的影响因色素性质不同而有较大差异，类胡萝卜素在活体上非常稳定，但在干燥后暴露在空气中就非常不稳定；叶绿素、花色素系色素在干燥状态下非常稳定，但在水分达6%以上时，就明显地迅速分解，尤其在光氧存在条件下会很快褪色。

4. 温度

温度会影响食品的变色，温度越高，变色反应越快。干燥食品吸湿就会褐变或褪色，这种反应与环境温度关系密切；由氨基-羰基反应引发的非酶促褐变，当温度在 30℃以上时褐变开始发生，温度提高 10℃其褐变速度提高 2～5 倍。高温会使食品失去原有的色泽，如干菜、绿茶、海带等含有叶绿素、类胡萝卜素的食品，高温能破坏色素和维生素类物质而使风味降低，若长期贮存，应关注环境温度的影响。

5. pH

褐变反应一般在 pH3 左右最慢，pH 越高，褐变反应越快。在中性或碱性条件下，食品易发生抗坏血酸氧化分解反应和酚类物质的氧化。从中等水分到高水分的食品中，pH 对色素的稳定性影响很大，叶绿素和氨苯随 pH 下降、分子中 Mg^{2+} 和 H^+ 换位，变为黄褐色脱镁叶绿素，色泽变化显著；花色素系和蒽醌系色素，pH 对色素稳定性的影响各异，红色素在 pH5.5以上时易变成青紫色，檀色素、青色素等在 pH4 左右时变成不溶性而不能使用，故包装食品的色泽保护应考虑 pH 的影响。

6. 金属离子

一般地，Cu、Fe、Ni、Mn 等金属离子对色素分解起促进作用，如番茄中的胭脂红，橘子汁中的叶黄素等类胡萝卜素只要有 1～2μg/g 的铜离子、铁离子就能促进色素氧化。

（三）控制包装食品褐变变色的方法

食品变色是食品变质中最明显的一项，尽管褐变变色的因素很多，但通过适当的包装技术手段可有效地加以控制。

1. 隔氧包装

在常温下，氧化褐变反应速度比加热褐变反应速度快得多，对易褐变食品必须进行隔氧包装。对于诸如浓缩肉汤和调味液汁类风味食品，即使包装内有少量的残留氧，也能引起褐变变色，降低食品的风味和品质。

真空包装和充气包装是常用的隔氧包装，要完全除去包装内部的氧特别是吸附在食品上的微量氧是困难的，必须在包装中封入脱氧剂，用以吸除包装内的残留氧，并可吸除包装食品在贮运过程中透过包装材料的微量氧，这样处理可长期地保持包装内部的低氧状态，有效防止食品氧化褐变。目前大部分食品采用软塑包装材料，隔氧包装应选用高阻氧的如 EVOH、PET、PA、PVDC、Al 等为主要阻隔层的复合包装材料。

2. 避光包装

利用包装材料对一定波长范围内光波的阻隔性，防止光线对包装食品的影响；选用的包装材料既不失内装食品的可视性，又能阻挡紫外线等对食品的影响。例如，能阻挡波长 400nm以下光的包装材料，适用于油脂食品包装，用在含有类胡萝卜素及花色素类的食品也有效。然而，对于一般色素，可见光也会加速光变质，对长时间暴露在光照下的食品，可对包装材料着色或印刷红、橙、黄褐色等色彩，这样虽部分丧失了包装的可视性，但能有效地阻挡光线对食品品质的影响，而且通过丰富多彩的图案装潢设计，可增加食品的陈列效果和广告促销作用。现代食品包装，也采用阻光阻氧阻气兼容的高阻隔包装材料，如铝箔、金属罐等防止光、氧对食品的联合影响，从而大大延长食品保质期。

3. 防潮包装

水分对食品色泽的影响包括两方面：其一是对含一定水分（20%～30%）的食品，如带馅的点心等糕点食品，由于脱湿而发生变色。其二是干燥食品会因吸湿增大食品中的水分而变色。前者防止变色的方法是采用适当的包装材料保持其原有水分，而后者主要是保持食品干燥而使色素处于稳定状态，采用阻湿防潮性能较好的包装材料或采用防潮包装方法，能较好地控制因水分变化引发的褐变变色。

二、包装食品的气味变化及其控制

在食品的感观指标中，香味或滋味是评判一种食品优劣的重要指标，控制食品的香味变化也是食品包装所要研究和解决的一大课题。

（一）包装食品产生异味的主要因素及控制

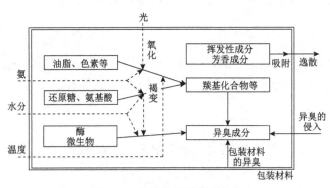

图 5-15　包装食品的风味变化

包装食品的香味变化主要是由包装及内部食品的变质因素产生的异味所造成，追溯风味变化的起因是非常复杂的问题，图 5-15 形象地示出了风味变化及主要因素。

1. 食品所固有的芳香物

食品主要成分或在加工过程中产生的挥发性成分，一般是人们较为欢迎的香味，这种香味成分应用保香性较好的包装材料来包装，尽可能减少透过包装的逸散。

2. 食品化学性变化产生的异臭

包装食品贮运过程中因油脂、色素、碳水化合物等食品成分的氧化或褐变反应而产生的异味会导致食品风味的下降。这种食品氧化、褐变是由残留在包装内部或透过包装材料的氧所引起，故对易氧化褐变食品应采用高阻隔性，特别是阻氧性较好的包装材料进行包装，还可采用控制气氛包装、遮光包装来控制氧化和褐变的产生。

3. 由食品微生物或酶素作用产生的异臭

这种因素可以根据食品的性质状态选择加热杀菌、低温贮藏、调节气体介质、加入添加剂等各种适当的食品质量保全技术及包装方法来加以抑制和避免。

4. 包装材料本身的异臭成分

这是引起食品风味变化的一个严重问题，特别是塑料及其复合包装材料的异味。应严格控制直接接触食品的包装材料质量，并控制包装操作过程中可能产生的塑料包装材料过热分解所产生的异味异臭污染食品。图 5-16 说明了食品在加工流通过程中产生异味的主要途径，这些因素可通过严格的质量管理及流通贮运过程中严格的防范措施来避免和减缓。

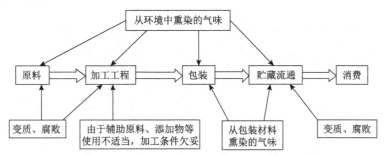

图 5-16　食品在加工流通过程中产生异臭的主要途径

（二）塑料包装材料的渗透性引起的异味变化

1. 塑料包装材料的透氧、透气性引发的食品异味变化

塑料包装材料都具有不同程度的渗透各种气体的性能，包装食品后能使食品香味不逸散，但由于氧气的渗入，会引起食品氧化、褐变等而产生异味；同时，对没有经过杀菌处理或杀菌不彻底的包装食品，也会因微生物和酶的作用而产生异臭或风味变化。这是塑料与玻璃和金属包装材料相比的一大缺陷。为防止因材料透氧所引起的食品风味变化，应选用新型高阻气性复合包装材料，并采用各种食品质量保全新技术。

2. 塑料包装材料的气味渗透性

不同塑料薄膜对挥发性芳香物的渗透性有很大差异，从保护食品质量和风味角度考虑，包装材料对挥发性物质的渗透性也是至关重要的。

有关各种塑料薄膜对挥发性物质渗透性试验数据很多，但由于所用薄膜、挥发性物质的种类和状态不同，且测定方法及测定结果的表示方法也有差异，故很难进行统一的比较。表 5-9 为塑料薄膜对各种香精的渗透性比较（用塑料薄膜把香精包装后，用人体器官功能判断气味残留情况而得到）：PE 及 Ny 薄膜对香气的渗透性很大，而 PET、PC 薄膜则小些。图 5-17 表示了各种塑料复合薄膜小袋装入挥发性物质的蒸气后，用气相色谱法跟踪测定其残留物质得到的结果；表 5-10 列出了用各种塑料小袋封入乙醇，用重量测定法测定的乙醇渗透速度；由图 5-17 和表 5-9～表 5-10 结果可知：PC、PET、EVA、PVDC 等薄膜对挥发性物质有较高的阻隔性，保香性较好。

表 5-9　各种薄膜的香气透过性

香精种类	薄膜种类								
	低密度聚乙烯	高密度聚乙烯	聚丙烯	氯化乙烯基	聚酰胺	聚酯	聚碳酸酯	聚氯乙烯	防潮玻璃纸
华尼拉（香草）香精	O	O	⊕	⊙	O	●	⊕		O
熏制香精	O	O	⊕	⊕	O	●	●	⊕	O
杨梅（草莓香精）	O	O	⊕	⊕	O	⊙	⊕	⊕	O
橘香精	O	O	⊕	⊕	O	⊕	⊕	O	O
柠檬香精	O	O	⊕	⊕	O	⊕	●	O	O
咖喱香精	O	O	⊕	⊙	O	⊙	●	⊙	⊙

续表

香精种类	薄膜种类								
	低密度聚乙烯	高密度聚乙烯	聚丙烯	氯化乙烯基	聚酰胺	聚酯	聚碳酸酯	聚氯乙烯	防潮玻璃纸
姜香精	O	⊕	⊙	⊙	O	⊕	●	⊕	O
大蒜香精	O	O	O	⊙	O	●	●	⊕	⊕
咖啡香精	O	O	⊕	⊕	O	●	●	⊙	●
可可茶香精	⊕	⊕	⊕	⊕	O	●	●	●	●
辣酱油香精	O	O	O	O	O	⊙	●	⊕	O
酱油香精	O	O	⊕	⊕	O	⊙	⊕	⊕	O
咸辣椒	O	O	O	O	●	⊙	●	⊕	⊕

注：表中符号表示包装内香气完全消失所需时间，O—1h内，⊕—1d内，⊙—1周内，●—2周以上

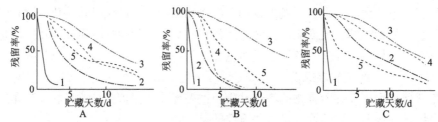

图 5-17 各种塑料薄膜对挥发性物质的渗透性

A.乙醛；B.乙酸乙酯；C.乙戊醛；1.PT/PE（70μm）；2.BOPP/PE（72μm）；3.PET/PE（70μm）；4.BOPP/PT/PE（72μm）；5.K 涂 BOPP/PE（70μm）

表 5-10 各种薄膜的乙醇渗透速度

包装材料的组成与厚度/μm	渗透速度/[g/（m²·24h）]		
	20℃	30℃	40℃
PE（100）	1.29	5.5	1.35
CPP	—	1.0	—
ONy（15）/PE（60）	1.26	5.3	12.6
K 玻璃纸（#350）/PE（60）	0.17	1.20	4.2
OPP（20）/PE（60）	0.12	0.90	3.0
KOPP（22）/PE（60）	0.083	0.66	2.1
OPP（26）/EVOH（15）/PE（60）	—	0.87	2.93
OPP（30）/EVOH（17）/PE（85）	—	0.42	—
EVA（17）OPP（35）	—	0.111	0.40

渗透性物质与塑料薄膜间的亲和性不同，其渗透的难易程度也有变化。PE 和 PP 等疏水性薄膜容易渗透酯类疏水性分子；尼龙等亲水性薄膜易渗透乙醇等亲水性物质而不易透过酯类等疏水性物质。

由此可知，风味食品选择包装材料时应考虑挥发成分的性质，来决定可否选用亲水性薄膜如 Ny 和 EVOH 等。由于环境温湿度对挥发性物质的渗透性有较大的影响，对亲水性物质

的渗透性影响尤为显著，因此，为防止温湿度带来的不利影响，可采用 PVDC、PE 等多层复合薄膜来包装含一定水分的风味食品。

3. 异臭的侵入和香味的逸散

包装食品受环境异臭的影响，这也是由薄膜对挥发性物质的渗透性这一因素所造成。若食品贮存环境有异臭源，或者把包装食品存放在有异臭的仓库、货车或冷库等场所，常常由于异臭成分侵入及香味的逸散而导致食品风味下降。

因食品的性质及异臭的种类和性质不同，用塑料包装材料包装食品时对食品的异臭污染也有很大差异，在选用包装材料和技术方法时应加以关注。

三、包装食品的油脂氧化及其控制

现代加工食品构成中大多含有油脂成分，油脂不仅能改善食品的风味，且在营养上其单位重量能提供更多的热量，对人体发育和生理机能也起着重要作用。油脂一旦氧化变质会发生异臭，不仅失去食用价值，其氧化生成物——过氧化物（用 POV 表示）对人体也有一定的毒害。

（一）油脂的氧化方式

根据油脂氧化的条件和机理可分为三类。

1. 自动氧化

自动氧化是油脂常温下放置在空气中的氧化现象，是油脂中的不饱和脂质在环境条件（光、水分、金属离子）作用下的一个连锁复杂的反应过程，从而使油脂分解生成有害的氧化生成物。自动氧化在低温环境中也会缓慢进行。

2. 热氧化

热氧化是指油脂在与空气中氧接触状态下加热所产生的氧化现象，此时明显产生有较强毒性的羰基化合物和聚合物，且不饱和脂肪酸和饱和脂肪酸一起被氧化。

3. 酶促氧化

酶促氧化主要是脂肪氧化酶（lipoxidase），以及棒曲霉（*Aspergillus*）、镰刀霉（*Fusarium*）和酒曲霉（*Rhizopus*）的酶促作用，使食品中的饱和及不饱和脂肪酸氧化。

油脂氧化与油脂种类，以及光、氧气、水分、温度、金属离子及放射线等因素密切相关。

（二）油脂类食品变质的影响因素及控制方法

1. 光

光能明显地促进油脂氧化，其中紫外线的影响最大。对于包装食品，直接暴露在阳光下的机会是很少的，主要受到橱窗和商店内部荧光灯产生的紫外线照射。表 5-11 表示了光波波长和油脂氧化的关系，波长 500nm 以下的光线对氧化的影响极大，为防止包装食品因透明薄膜引发的光氧化，最好采用红褐色薄膜或者采用铝箔等作为富含油脂食品的包装材料。

表 5-11　使用各种波长的光照玉米油和棉籽油以后的过氧化值

滤纸的透过性范围/nm	过氧化值/（meq/kg）			
	玉米油		棉籽油	
	试料 1	试料 2	试料 1	试料 2
360～420	20.9	20.2	17.6	17.3
420～520	8.7	8.5	12.4	12.5
490～590	4.5	4.9	8.1	7.9
590～680	1.1	1.4	3.1	3.4
680～790	1.0	1.2	2.1	1.8

表 5-12　奶油、奶酪在低温保存时受荧光灯照射的影响［过氧化值/（meq/kg）］

	照度（lx）								
	1000			3000			5000		
	照射时长			照射时长			照射时长		
	1d	3d	5d	1d	3d	5d	1d	3d	5d
奶油乳	2.52	3.77	6.18	4.80	9.58	12.36	7.89	13.67	25.33
使用蛋白质的奶油、奶酪	1.33	1.69	2.43	1.93	3.41	4.72	2.08	4.60	6.57
猪油混合奶油、奶酪	1.89	3.37	4.65	4.12	7.81	11.00	4.94	12.10	17.70

注：保存温度 10℃，每天荧光灯照射时间为 10h。使用油脂的活性氧实验法（AOM）稳定度：奶油 27h，猪油 85h

表 5-12 表示了荧光灯照射对低温保存的奶油、奶酪氧化影响。奶油、奶酪对空气中的氧是相对稳定的，当受到荧光照射时就会迅速氧化，当用 5000lx 荧光灯照射仅几小时，奶油、奶酪就会产生异味，但使用蛋白质的奶油、奶酪可抑制光氧化，这是因为蛋白质阻挡了部分光线。图 5-18 表示了添加玉米油的小麦粉光照实验；在商店明亮处照度为 500～1000lx 能明显促进包装食品的氧化，当照度为 20 000lx、温度 30℃条件下，包装食品的氧化速度是照度为 1000lx 时的 7 倍，是 500lx、30℃条件下的 15 倍。

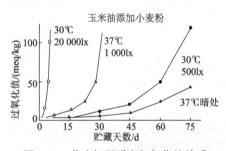

图 5-18　荧光灯照明度与氧化的关系

因荧光灯照射引起的包装食品氧化，即使其过氧化值较低，也会使食品产生特有异味，并使香味降低。因此，对光氧化敏感的食品，必须采用避光包装材料和包装方法。近年来铝箔及其复合包装材料的大量采用，使光线对食品氧化的作用减少，但为了提高包装食品的透视性以便吸引消费者，大部分食品依然采用透明性包装，故光线对食品氧化变质的影响一直存在；解决这个问题的方法只能局部或大部地牺牲包装食品的可视性，采用装潢印刷、制成完全避光的包装材料来保全光氧化敏感食品的风味和品质。

2. 氧气

食品中油脂氧化与氧分压密切相关，图 5-19 表示了氧浓度与亚油酸乳油液氧化速度的关系，当 O_2 降至 2%以下时，氧化速度明显下降，故油脂食品常采用真空或充气包装。

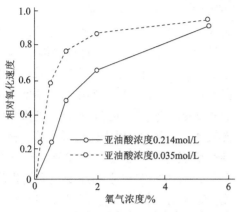 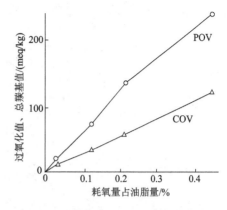

图 5-19　亚油酸乳浊液氧化速度与氧浓度的关系　　图 5-20　添油小麦粉 POV、COV 与耗氧量的关系

　　食品油脂氧化还与接触面积和油脂稳定性有关，若食品中油脂稳定性差则极易氧化变质，这时可采用封入脱氧剂的包装方法，使包装内的氧浓度降低到 0.1%以下。对添油小麦粉的过氧化值（POV）、总羰基值（COV）与耗氧量的关系研究表明（图 5-20）：含油脂量 15%的小麦粉 15g 包装在（10×15）cm^2 的薄膜袋中，包装的容差空间为 160mL，其中氧占油脂量的 2.06%，在 60℃暗处保存，当耗氧量相当于油脂的 0.1%时，POV 值为 60meq/kg，COV 值为 28meq/kg，发生明显的氧化变质。

3. 水分

　　食品中的水分以游离水和化合水两种形式存在。干燥食品中化合水的存在对保护食品质量稳定非常重要，过度干燥并失去了化合水的食品，其氧化速度很快；水分的增加又会助长水分解而使游离脂肪酸增加，并且会使霉菌和脂肪氧化酶增殖，故应尽可能保持食品的较低水分活度。水分对油脂氧化的影响是复杂的，对油脂食品的包装，一般以严格控制其透湿度为保质措施，即不论包装外部的湿度如何变化，采用的包装材料必须使包装内部的相对湿度保持稳定。

4. 温度

油脂的氧化速度随温度的升高而加快，低温贮藏能明显减缓食品中油脂的氧化。

四、包装食品的物性变化

　　包装食品的物性变化主要因水分变化所引发，无论是生鲜食品还是加工食品，都存在着食品本身失水趋于干燥的脱湿过程或吸收空气中水分的吸湿过程。食品的脱湿或吸湿，其物性就会发生变化，干燥时发生裂变和破碎现象，吸湿时发生潮解和固化现象，两者都会引起食品的品质风味下降，直至失去商品价值。

（一）食品的脱湿

　　一般食品含有一定水分，只有在保持食品一定水分条件下，食品才有较好的风味和口感。蔬菜、鱼肉等生鲜食品，其含水量一般在 70%～90%，贮存过程中因水分的蒸发，蔬菜会枯萎、肉质会变硬，其组织结构劣变；加工食品中，中等含水食品也会因水分散失而使其品质劣变。

图 5-21 表示了蛋糕水分蒸发与品质及商品价值的关系：在 30℃温度条件下，无包装放

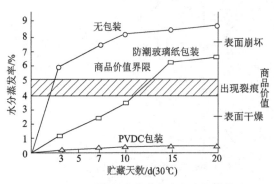

置 3d，其水分蒸发率为 6%，表面出现裂纹和碎块，蛋糕失去商品价值；用防潮玻璃纸包装，在 30℃温度条件下放置 12d 失去商品价值；用 PVDC 包装在 30℃温度条件下放置 20d，仍保持其完好状态。若蛋糕水分蒸发 4%～5%时，因表面出现裂纹而丧失其商品价值。一般情况下，含 35%以上水分的食品，会因脱湿产生物性变化而使产品劣变。如采用包装材料进行包装，可在一定时间内保持食品原有水分含量和新鲜状态。

图 5-21 蛋糕的水分蒸发率与商品价值

（二）食品的吸湿

1. 平衡相对湿度

每一种食品各有其平衡相对湿度，即在既定温度下食品在周围大气中既不失去水分又不吸收水分的平衡相对湿度。若环境湿度低于这个平衡相对湿度，食品就会进一步散失水分而干燥，若高于这个湿度，则食品会从环境气氛中吸收水分。

2. 吸湿等温曲线

测定不同温度下食品的平衡相对湿度，可获得一组食品的吸湿等温曲线，方法是把干燥食品露置在一设定温度、不同湿度气氛的钟形罩内，经几小时露置后称重，即可获得一组不同湿度条件下的平衡含水量数据，绘制成曲线即为该食品在这一设定温度的吸湿等温曲线。如图 5-22 所示的土豆吸湿等温线，在 20℃和 40% RH 时，土豆的平衡水分值为 12%。

不同性质食品其等温吸湿特性完全不同。水溶性物质在相对湿度达到一定值之前，其试样完全不吸湿或吸湿很少，如果相对湿度超过某一定值，则开始急剧吸湿；从理论上讲，其吸湿进行到试样完全溶解且水溶液的浓度和外界的相对湿度相平衡为止。图 5-23 为糖、盐等水溶性物质的吸湿等温曲线，这些食品在相对湿度低于 70%或 80%时，水分含量并不增加，但超过某一限度，则急剧吸湿而潮解。图 5-24 为几种天然食品的

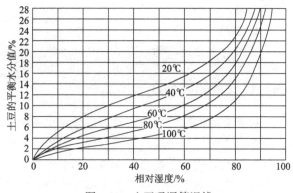

图 5-22 土豆吸湿等温线

吸湿等温曲线，这些天然高分子物质随着湿度的增加而其水分也不断地增加。粉末食品或固体食品一般由蛋白质、碳水化合物、脂肪及其他诸如砂糖、食盐、谷氨酸钠等组成，这些食品因其组织成分不同、各有不同的吸湿平衡特征。例如，奶粉、粉末肉汁等吸湿性强的食品，其低湿处的吸湿性较低，而高湿处的吸湿性则急剧增加。再如，脱脂奶粉一度使其吸湿后再干燥制成的速溶奶粉，其吸湿性比原料奶粉的吸湿性小得多。

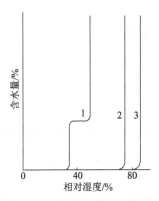

图 5-23　晶状物品的吸湿等温线

1. 非食物化学品；2. 食盐；3. 糖

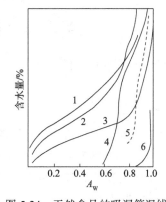

图 5-24　天然食品的吸湿等温线

1. 淀粉；2. 蛋白质；3. 纤维素；4. 葡萄糖；5. 蔗糖；6. 脂类

3. 食品的临界水分值

食品的临界水分值指保持食品（物性）质量的极限水分值，超过临界水分值食品即发生物性质量变化。干燥食品究竟吸收多少水分才会使之质量低劣呢？表 5-13 列出了几种食品在 20℃ 90% RH 条件下的饱和吸湿量及质量低劣的极限吸湿量——临界水分值。

表 5-13　各种食品的饱和吸湿量（20℃ 90% RH）和临界水分值

食品	吸湿量/%	临界水分值/%
椒盐饼干	43	5.00
脱脂奶粉	30	3.50
奶粉	30	2.25
肉汁粉末	60	4.00
洋葱干粉末	35	4.00
果汁粉末	60	—
可可粉末	45	3.00
干燥肉	72	2.25
蔗糖	85	—
干菜（番茄）	20	—
果脯（苹果）	70	—

由表 5-13 可知：椒盐饼干的水分含量超过 5%时，则引起食品的物性变化，使椒盐饼干失去其酥脆可口的风味。肉汁粉末其水分含量超过 4%时，则出现固化潮解等现象。另外，如肉汁粉末、咖啡等易吸湿食品，即使吸收比较低的水分，包装内的粉粒也会黏结成块而失去粉末特性，故确定其质量低劣的临界水分值较低。

干燥食品其临界水分值与饱和吸湿量差别很大，这意味着这类食品极易吸湿，使其含水量超过临界水分值而失去原有物性并变质。因此，必须采用阻气、阻湿性高的包装材料进行包装，并可采用封入吸湿剂的防潮包装方法。

第四节　包装食品的货架期

一、食品货架期及其影响因素

（一）食品货架期的定义

大多数食品随着贮藏时间延长其品质下降，直到消费者最终不能接受。食品货架期（shelf life of food）即从成品开始到最终不被消费者接受的这段时间，由于影响因素很多、过程复杂，确定食品货架期成为复杂的食品科学问题。

早期，美国食品技术协会对食品货架期的定义为"食品从生产出来至被购买时的时期，在此期间产品在营养价值、滋味、质地和外观方面具有满意合格的质量"；这一定义忽略了消费者在使用该产品之前在家贮藏的时间，这段时间也将会影响食品质量，为此，"食品货架期"被修正为"在适宜贮藏条件下食品能够保持其安全性的时间，在此期间内食品具有良好的感官、理化、微生物指标和功能特性，营养成分符合产品标签标注"。简言之，货架期就是指食品的所有主要特性可以被消费者接受且满足其质量要求的时间长度，因此，货架期的时间应包括食品变成无法接受之前停留在零售商和消费者手中的总时间。

食品货架期通常都由该产品的生产商决定，生产商必须考虑生产流通过程影响食品品质的因素和控制成本、贮运流通销售和消费者的方便性，延长食品货架期的可行性及技术运作成本等方面，因此，货架期的研究成为食品生产必不可少的一部分。

（二）影响食品货架期的因素

食品贮运流通销售过程中影响其品质的因素很多，就食品货架期而言可概括为三个主要方面。

1. 产品的自身特性（内在因素）

食品的自身特性包括 pH、水分活度、酶、微生物和反应物的浓度等，这些内在因素可以通过原料成分和加工工艺参数的选择而受到控制。

（1）食品易腐败性　　根据在贮藏期间的性质改变，食品可分为三种类型：易腐败型、较易腐败型和不易腐败型。食品也可根据货架期的长短，分为极短货架期产品、中短货架期产品和中长货架期产品。

易腐败型的食品如果要贮藏较长时间，必须进行冷藏或低温处理流通，如牛奶、鲜畜禽肉、鱼肉、初加工食品和新鲜果蔬等。较易腐败型的食品有些是自身具有天然的抑菌剂（如奶酪、根茎菜和鸡蛋），有些则进行了轻微的防腐处理（如巴氏杀菌奶、烟熏火腿和醋渍蔬菜），这些产品在储运和配送期间对环境条件有较大的耐受性。不易腐败型的食品可以在室温下存放不易发生腐败。对于加工过的食品如果其经过热杀菌处理、添加防腐剂（如软饮料）、减少其含水量的干制处理（如葡萄干或硬饼干），它们的货架期一般比较长，其前提条件是其包装完好无损，能够保证内容物不受外界环境影响。即便如此，这类食品的货架期也是有限的，它们会在室温条件下发生化学反应而腐败变质，而这主要取决于包装的性能和包装材料的透气透水性。

（2）产品包装的空余体积　　产品包装的空余体积影响着食品的含氧率，如果食品是在空气中包装，其空余体积越小越好，否则，包装所含的氧气残留量越大。一般地，包装的表面积越大和堆积密度越小，越容易使氧气透过。

2. 包装材料的性能

（1）包装材料的阻隔性能 包装材料尤其是纸基类和塑料包装材料对水蒸气、O_2、CO_2 等各种气体和光线均有渗透性能。对于特定食品，包装材料的渗透性会引发食品氧化、褐变变色和微生物腐败变质等品质变化反应，因此，包装材料的性能极大地影响许多外在因素对食品货架期的影响，也可通过改变包装材料的组成成分、功能、加工参数、包装体系或贮藏环境来改变产品货架期。

（2）包装和产品的相互作用 包装材料对产品而言并非完全惰性，之间的相互作用也会影响到最终货架期。马口铁罐包装番茄、柑橘果汁类产品一般采用内涂层材料，但在室温下贮藏一定时间内涂层也会发生降解反应，会使马口铁中的锡和铁发生溶解，其结果会使产品褐变变色、口味下降；因此，马口铁罐的内涂层材料会影响产品货架期。

纸塑类复合材料对食品成分也非完全惰性，将橙汁包装于复合纸盒中（LDPE 和纸复合组成），在 25℃下贮藏两个半月后，与玻璃容器包装的橙汁有很大差异，与橙汁直接接触的 LDPE 会吸收橙汁中的柠檬烯和抗坏血酸，结果使果汁发生褐变。因此，由于包装材料对产品风味物质的吸收，产品的货架期由其风味物质的变化而定，复合纸盒包装的柑橘类果汁货架期限制在 9 个月左右。

3. 产品贮运流通环境（外界因素）

外在因素包括温度、湿度、光照、总气压和不同气体的分压等，这些因素可以影响到食品货架期内各种腐败反应的速率。

包装食品的品质下降与包装中物质和热量的转移有关。在物质转移过程中，优先考虑的是物流环境中水蒸气和气体的变化，由于包装材料的渗透性能，包装中氧气和水蒸气的变化会影响食品品质；氮气和二氧化碳的转移也会影响食品品质，因为它们的存在会抑制或降低食品腐败反应的速率。因此，物流环境的气候条件（温度和湿度）在很大程度上影响包装食品腐败的速率，也即影响到食品的货架期。

二、确定食品货架期的方法

货架期研究是客观的、系统的决定食品能够达到预期时间而采用的方法。目前确定食品货架期所采用的方法主要有以下两大类。

（1）直接方法 将产品贮藏在预先确定的条件下，其贮藏时间比预期的货架期要长，且在规定的时间内检查食品，考察其开始变质的时间。这是易腐败型食品最常用的方法。

（2）间接方法 不易腐败型食品有较长货架期，一般不用整个贮藏试验方法，目前最常用的两种间接方法为：动力学模型预测和加速货架期实验。

（一）确定货架期的直接方法

确定货架期的直接方法如下：

1. 确定引起该食品变质的主要因素

每个食品都有限制其货架期的主要因素，原料成分、水分活度、pH、氧气、温度、包装材料、相对湿度、气体体积分数、氧化还原电势、金属离子、压力、酶类及微生物等都会影响到食品的货架期，从这些众多影响因素中确定出影响该类食品品质的主要因素。

2. 选择实验的方法

食品品质变化的程度要通过实验的方法进行考察和衡量，常用的方法有以下几种。

（1）感官评价　　通过评定食品的气味、外观、风味和质地，用感官来监控和记录食品的各种变化，最终确定出货架期。

（2）微生物评估　　通过检测微生物指标，评估货架期内食品中腐败微生物的数量和种类变化。

（3）理化分析　　通过物理化学指标的测定，分析整个货架期内食品品质变化。

3. 制订测定计划

制订包括测试内容、测试间隔时间、测试样品量等详细计划，在研究过程中，样品所处的贮藏条件应该与正常产品一样，定期检查和记录温度及湿度。

4. 确定货架期

当产品不再满足质量标准时，就已达到终点。通过所记录和观察的所有信息，决定产品的货架期。

5. 监控货架期

由于现实贮藏条件的多变性，产品在实际流通环境中的货架期会有所变化，在这期间要对分销和零售系统的不同点进行抽样，不断监控产品以确保在整个货架期内产品是安全的，如发现任何问题，都需要重新调整货架期。

（二）动力学模型预测食品货架期

动力学模型预测食品货架期的最重要一步是选择一个合适、可靠的模型来模拟食品的品质变化，为货架期试验提供有效的设计。该货架期预测的方法是将试验建立在食品品质变化模型的基础上，由食品体系中所发生的不同变质反应的动力模型公式来预测食品货架期。

1. 水汽敏感型食品货架期的预测

水是食品中各种生化反应及微生物生长繁殖的必要条件之一，影响着食品中各种腐败反应的速率。包装材料具有水蒸气透过性，食品在包装后水分含量的变化会影响各类腐败反应的速率，从而影响产品货架期。

根据食品吸湿等温特性，目前有多种货架期的预测模型，常用的有 BET（Brunauer-Emmett-Teller）模型、GAB（Guggenheim-Anderson-Boer）模型和直线模型（linear model）。BET 和 GAB 模型描述食品的吸湿等温曲线较精确，由于该两种模型的表达式比较复杂，计算工作量很大，必须借助计算机编程来预测货架期。直线模型虽然精确性稍差，但预测方便，在一定范围可较好地预测低水分食品的货架寿命，其方法如下。

低水分或中等水分食品，其吸湿等温线可以看作一段近似直线，可用一次方程来表示：

$$m = bA_W + c = \frac{m_c - m_i}{A_{Wc} - A_{Wi}} A_W + c$$

式中，m 为食品中的水分含量；b 为吸湿等温线（直线）的斜率；c 为常数；A_W 为食品的水分活度；m_c 为食品的临界水分含量；m_i 为食品的初始水分含量；A_{Wi} 为食品的初始水分活度；A_{Wc} 为食品在贮存期间某时刻的水分活度。

假设包装材料的水汽渗透性保持不变、外部环境的温度和湿度保持不变，那么利用上述直线模型可对低水分食品的货架期进行预测，公式如下：

$$\ln\frac{m_e - m_i}{m_e - m_c} = \frac{P}{X}\frac{A}{W_s}\frac{P_0}{b}\theta_s$$

式中，m_e 为在包装外部湿度条件下食品的平衡水分含量；P/X 为渗透性（X 为薄膜厚度、P 为渗透系数）；A 为包装的表面积；W_s 为食品的干重；P_0 为在贮藏温度下纯水的蒸汽压；b 为吸湿等温线的斜率；θ_s 为货架期。

当外部条件给定时，并且已知食品败坏时的临界水分，则可由上式求出该食品的货架期，同时，若已确定食品的货架期，还可以用上述公式来选择给定条件下最适宜采用的包装材料。

【案例】：某快餐食品贮藏在 30℃ 下，一旦其吸潮后将失去脆性无法食用，对其进行的相关测试数据如下：m_i 为 2%；m_e 为 8%；m_c 为 6%；P/X 为 0.3g/（$m^2\cdot d\cdot mmHg$）；包装表面积 A 为 0.150m^2；干物质重量 W_s 为 500g；等温吸湿线的斜率 b 为 0.06；30℃下纯水的蒸汽压 P_0 为 31.8mmHg。

代入上述公式可以求得其货架期：

$$\theta_s = \frac{\ln\dfrac{m_e - m_i}{m_e - m_c}}{\dfrac{P}{X}\dfrac{A}{W}\dfrac{P_0}{b}} = \frac{\ln\left[(0.08 - 0.02)/(0.08 - 0.06)\right]}{0.3\dfrac{0.150}{500}\dfrac{31.8}{0.06}} = 23d$$

如果使用如下不同渗透率的包装薄膜，经上述公式可以计算出其货架期：

薄膜 A：P/X=0.05g/（$m^2\cdot d\cdot mmHg$），求得货架期为 138d。

薄膜 B：P/X=0.1g/（$m^2\cdot d\cdot mmHg$），求得货架期为 69d。

薄膜 C：P/X=0.2g/（$m^2\cdot d\cdot mmHg$），求得货架期为 35d。

2. 氧气敏感型食品货架期的预算

氧气直接影响着食品的货架期，食品中微生物的生长、新鲜肉和熏制肉的色变、脂肪氧化酸败、果蔬的衰败等均与氧气有关。密封包装中（如金属罐和玻璃容器）影响氧化反应的主要是包装时内部残留的总氧量；在有一定透气性的包装（如塑料包装）中引起氧化反应有两种情况：包装时内部残存的含氧量和贮藏期间透过包装材料渗入的氧气。

如果确定了包装材料的透气率，包装内部和外部的气体分压，就可应用类似水汽敏感型食品的方法来对受气体影响食品的货架期进行预算。水汽敏感型食品和氧气敏感型食品的最大区别在于后者更敏感，呈现几何级数的链式反应。因此在计算氧敏感食品货架期时，其包装内的残留氧气不能忽略。

货架期计算公式如下：

$$\theta_s = \frac{QX}{PA(P_1 - P_2)}$$

式中，θ_s 为货架期；Q 为气体的最大允许吸收量；X 为包装材料厚度；P 为气体的渗透系数；A 为包装的表面积；P_1 为包装内气体的分压；P_2 为包装外气体的分压。

【案例】：假使用定向 PET 瓶包装精馏酒，其包装材料的 O_2 和 SO_2 的透过率分别为 $2.25\times10^{-15}cm^3\cdot cm/$（$cm^2\cdot s\cdot Pa$）和 $2.25\times10^{-14}cm^3\cdot cm/$（$cm^2\cdot s\cdot Pa$），包装透过率的计算一边是 25℃ 和 50% RH，另一边是 25℃ 和 100% RH，每个 PET 瓶的表面积为 720cm^2，厚度为 0.046cm，装 1L 酒，假设瓶内氧分压初始为 0，当该瓶完全密封时，计

算该 PET 瓶盛装酒的货架期（查阅相关资料可知在保证酒质量的前提下，酒的最大允许吸氧量为 5mg/L=5×10^{-3}g/L）。

（1）氧气渗入货架期的预算　　由于空气中的氧占 21%，则瓶外氧分压为 $0.21\times76=16$cmHg；1L 酒在货架期内最大允许吸氧量为 5×10^{-3}g，氧气密度为 1.43×10^{-3}g/L，则可以计算出最多允许氧气的透过量为 3.5mL。代入下述公式：

$$\theta_s = \frac{QX}{PA(P_1 - P_2)}$$

$$\theta_s = \frac{3.5\times0.046}{0.3\times10^{-11}\times720\times16} = 4.654\times10^6 \text{s} \approx 54\text{d}$$

（2）二氧化硫渗出货架期的预算　　假设酒中二氧化硫的初始浓度为 100μg/mL，其中 50%是游离态，那么可以计算出这 50μg/mL 二氧化硫的蒸气压为 1.726×10^{-3}cmHg。

最初自由二氧化硫为 50μg/mL 或者 50g/mL，假设水和酒的密度相同，那么也可以换算为 50mg/kg 或为 5×10^{-5}g/g。当该酒中游离二氧化硫的一半渗出后则可以认为此时到了货架期的尽头，即 2.5×10^{-5}g/g 的二氧化硫完全损失。二氧化硫的密度为 2.93×10^{-3}g/mL，酒中二氧化硫的最大允许渗出量为（2.5×10^{-5}）/（2.93×10^{-3}）=8.5×10^{-3}mL/g，则该 1L 酒的二氧化硫最大渗出量为 8.5mL。

代入下述公式计算出货架期：

$$\theta_s = \frac{8.5\times0.046}{0.3\times10^{-11}\times720\times1.726\times10^{-3}} = 1.05\times10^{10} \text{s} = 333\text{年}$$

（3）结论　　由上述计算可以看出用 PET 瓶盛装酒时，渗透到酒中的氧气是引起酒败坏的主要原因，计算出的货架期很短只有 54d，而二氧化硫的渗出不是影响货架期的主要因素，因此，可以在 PET 瓶的表面涂一层阻氧性的材料。

由两个或多个因素同时影响的食品货架期预算是非常复杂的（如氧化反应是源于氧的渗入，而失去脆性则是因为水分的渗入），尽管可以运用上述一些常用的公式和方法进行货架期的预算，但应该考虑到实验数据的局限性。

3. 受温度影响食品货架期的预算

温度是决定食品货架期的主要因素之一，温度影响着食品贮藏期间各种反应的进程，如果已知引起食品货架期终止的主要品质变化反应，那么就可以利用反应速率和温度的关系，预测出在某温度下该食品的货架期。

大多数情况下贮藏期内由于环境温度和湿度的变化，包装食品既存在着水分变化也存在着温度变化，这使得货架期的预算更为复杂，实际包装材料不是完全隔绝水分的，食品的水分活度也会随时间而发生变化，此时，反应速率常数由温度和水分活度共同决定，这使得食品货架期的准确预算十分困难，因此，常采用加速货架期试验方法来预测食品货架期。

三、加速货架期试验

加速货架期试验（accelerated shelf-life testing，ASLT）是针对货架期预测时间长、效率低、耗资大的问题而发展起来的一种方法。采用加速某已知环境因素，使得产品的腐败比正常速度更快，从而在短时间内预测出产品的货架期。该方法要求环境条件对产品货架期的影响可以量化。在食品上使用的加速手段主要有：提高温度、增加湿度、光照等，其中温度加速试验使用较为广泛。

（一）ASLT 的基本原理

ASLT 方法的基本假设就是温度、湿度、空气和光照等外部因素对食品腐败反应速率的影响可以应用化学动力学的方法进行量化。通过控制一个或多个外部因素使其处于一个比正常条件更高的水平，那么腐败反应速率则会加强，短时间内就能实现食品的腐败，因为这些外部因素对食品腐败反应速率的影响是可以量化的，通过前文所述模型由加速反应的结果就可以计算出在正常条件下的真实货架期。

所用公式如下：

$$\text{Arrhenius 模型：} \quad \theta_s = \theta_0 \exp\frac{E_A}{R}\left[\frac{1}{T_s} - \frac{1}{T_0}\right]$$

$$\text{线性模型：} \quad \theta_s = \theta_0 e^{-b(T_s - T_0)}$$

式中，θ_s 为在 T_s 温度下的货架期；θ_0 为在 T_0 下的货架期；E_A 为活化能（J/mol）；R 为理想气体常数［8.314J/（K·mol）］；b 为吸湿等温线的斜率。

通过加速实验，可以测算出公式中相关动力学参数，并且得到在加速试验温度条件 T_0 下的货架期 θ_0，那么代入上述模型公式则可以计算出在实际贮藏温度 T_s 条件下的货架期 θ_s。货架期与温度的关系如图 5-25 所示。

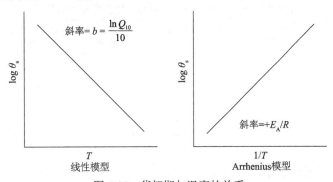

图 5-25　货架期与温度的关系

在反应级别确定的情况下，反应的速率常数与货架期成反比。因而通过计算任何两个相差 10℃温度下的货架期的比值，就可以求出 Q_{10} 的值。

$$Q_{10} = \frac{k_{T+10}}{k_T} = \frac{\theta_{sT}}{\theta_{sT+10}} \tag{5-4}$$

式中，θ_{sT} 表示温度为 T℃的货架期；k_T 表示温度为 T℃时反应的速率常数；θ_{sT+10} 表示温度为（$T+10$）℃的货架期；k_{T+10} 表示温度为（$T+10$）℃时反应的速率常数。

在表 5-14 中可以看出 Q_{10} 对货架期预测的重要性。某产品在 50℃下的货架期为两周，当

Q_{10} 为 2 时，那么它在 20℃下的货架期为 16 周，但如果 Q_{10} 为 2.5 时，那么在 20℃下的货架期就会成倍增加（31.3 周）。因此 Q_{10} 发生一点变化，则导致产品货架期的巨大改变。罐头食品的 Q_{10} 一般为 1.1～4，脱水产品的 Q_{10} 一般为 1.5～10，冷冻产品的 Q_{10} 一般为 3～40。

表 5-14　Q_{10} 对货架期的影响

温度/℃	货架期（周数）			
	$Q_{10}=2$	$Q_{10}=2.5$	$Q_{10}=3$	$Q_{10}=5$
50	2	2	2	2
40	4	5	6	10
30	8	12.5	18	50
20	16	31.3	54	4.8 年

（二）ASLT 的步骤

食品加速货架期的试验依照以下步骤：

1）确定产品的微生物学安全性和质量参数。

2）选择关键变质反应，确定哪些因素会引致产品品质衰退且消费者不能接受。

3）决定作为判定产品货架期结束的因素指标，并确定试验测试因素指标（感官评价或仪器测试）。

4）选择包装材料并进行系列测试，选择或确定最为经济有效的包装。

5）选择要加速试验的外部因素。ASLT 试验中最常用的是温度加速试验，其温度的选择见表 5-15（至少选择两个温度）。

表 5-15　ASLT 温度加速试验中最常用的测试温度

产品	测试温度/℃	对照温度/℃
冷冻食品	−7，−11，−15	<−40
冷藏食品	5，10，15，20	0
干制品	25，30，35，40，45	−18
罐装食品	25，30，35，40	4

6）确定在每个测试温度下的货架期。使用坐标曲线，记录在测试温度下，产品的货架期，如果未知 Q_{10} 值，必须进行全面的 ALST 测试。

7）确定测试的次数，公式如下：

$$f_2 = f_1 Q_{10}^{\Delta T/10} \tag{5-5}$$

式中，f_1 表示在最高测试温度 T_1 下的测试间隔时间；f_2 表示在较低测试温度 T_2 下的测试间隔时间；ΔT 表示 T_1 与 T_2 的摄氏温度差。

确定好测试温度和不同温度下测定次数后，得到相应数据，按照某种食品最有价值的货架期信息，可在其预期贮藏温度下获得。θ_s 指一定温度下的货架寿命。对于任何不为 10℃的温度差 ΔT，则公式（5-4）变为

$$Q_{10}^{\Delta T/10} = \theta_{s(T_1)} / \theta_{s(T_2)} \tag{5-6}$$

则
$$\theta_{s(T_1)} = \theta_{s(T_2)} \times Q_{10}^{\Delta T/10} \tag{5-7}$$

式中，$\theta_{s(T_1)}$ 为指定温度 T_1 下的货架寿命；$\theta_{s(T_2)}$ 为特定温度 T_2 下的货架寿命；ΔT 为 T_1 与 T_2 的温度差。

即得正常存储条件下的货架期。

8）计算所需测试样品的数量，包括每个测试条件下的样品数和对照组的样品数。

9）在进行 ASLT 方法时，为了方便处理数据，可以适当地增加或减少取样量。

10）测试每个贮藏条件下的参数，算出 k 或 θ_s，通过上述数学模型估算出在实际贮藏条件下产品的货架期。如果结果表明该产品的货架期至少与公司预期的一样长，那么该产品有可能满足市场要求。

ASLT 应用案例

案例 1. 脱水产品

脱水蔬菜中，脂肪的氧化水解、非酶褐变以及叶绿素的降解都是主要的变质反应。脱水水果则主要发生非酶褐变反应。例如，在 30℃和 40℃下对绿豆切片和洋葱切片进行加速腐败试验，当水分活度为 0.56 时，发现在 40℃时，洋葱的货架期是 20℃时的 1/11，30℃时是 20℃时的 1/3.5。

案例 2. 冷冻食品

冷冻食品通常贮藏于 -18℃，其加速试验一般在 -10℃或 -8℃下进行，这使得冷冻食品货架期的预测能在几周或几个月内完成。-8℃一般作为冷冻肉类 ASLT 加速试验的最高温度。此外应该知道有些产品如冷冻培根存在的所谓"逆稳定"现象，其贮藏在 -5℃的质量反而比 -25℃下更好。在进行冷冻食品的 ASLT 加速试验时，应该考虑产品中的冰晶形成，冰的形成会使未冷冻水相的浓度增加，因为腐败反应由温度和浓度共同决定，此时反应速率会因水相浓度的增加受到影响。当低于 -7℃时，未冻结水相浓度的相对变化比较小，当在 -7～0℃时，除了一些特殊的系统外，反应速率一般会增加，因此，在温度高于 -7℃时，还未有广泛适用的方法来预测低温冷藏食品的货架期。

案例 3. 罐藏食品

罐头食品一般不易发生微生物腐败，如果产品在加热灭菌工序之后冷却处理不充分，会在较高温度贮藏时发生嗜热菌腐败。罐藏食品中常出现的变质反应往往限制在产品自身组织的变化，如变色、变味和营养下降。肉类罐头最易出现的变质问题是由于罐头内壁腐蚀而产生氢气，发生胀罐。产品在 37.8℃下进行加速试验，当 Q_{10} 为 1.3 时，发现产品在 37.8℃时的货架期仅是在 4.4℃时的 40%。

案例 4. 易氧化产品

在所有的 ASLT 方法中，温度是最常用到的加速因素。根据脂肪氧化的总活化能（E_A）来分析温度对脂肪氧化速率的影响。上述测试的一个最基本假设就是在有抗氧化剂和没有抗氧化剂时，E_A 都是相同的，事实上无抗氧化剂时 E_A 要比有抗氧化剂时低。另外一些常用到的加速因素包括氧分压、反应物底物接触、添加催化剂。这些因素的影响通常没有温度影响那么重要，但用金属容器包装的高脂肪产品例外，金属对产品的污染是影响货架期的最重要因素。

案例 5. 软面包类食品

软面包类食品在日常生活中的需求量很大，但储存不当会加速其腐败。通过检测食品的感官、理化和微生物指标，得到了 47℃下的食品货架期为 2d，37℃下的食品货架期为 6d，由以上数据最后得到20℃下的软面包商业货架期为 24～39d。

应该说明：应用 ASLT 方法预测包装食品的实际货架期都会受到一些限制；加速实验只是一种快速评价货架期的方法，不能代替正常的贮藏实验。因此，对于某一特定食品，需要在实际环境条件下测试产品货架期，才能证实 ASLT 预测的货架期。如果在预测模型下推断的货架期与实际的货架期一致，ASLT 就可以应用于该产品加工与包装中参数的确立。另外，ASLT 方法只适用于温带气候，对于那些在热带气候中生产的或销往热带地区的食品，其所处的环境温度一般为 30～40℃，在仓库和运输车中会更高，ASLT 方法将不能代表在热带环境中食品发生的腐败反应，不能用于预测货架期。

——思考题

1. 包装食品在流通过程中可能发生的质变有哪些？有哪些环境因素会对食品品质产生影响？

2. 光照怎样对食品产生变质作用？包装时怎样考虑减少光线对食品品质的影响？

3. 氧气对食品品质有哪些显著影响？包装时怎样考虑减少或避免这些影响？

4. 简要说明环境微生物对食品二次污染的可能途径及可能造成的危害。

5. 试分析因包装发生的环境变化对食品微生物的影响。

6. 试列举包装食品的微生物控制方法。

7. 为什么采用 HTST 或 UHT 能有效地保全食品原有的营养和风味质量？

8. 试说明微波灭菌的机理，分析其特点及可能产生的局限性。

9. 试说明食品的褐变变色及其主要影响因素和包装控制方法。

10. 试说明包装食品产生异味的主要因素及控制方法。

11. 试说明包装食品的油脂氧化方式、影响因素及其控制方法。

12. 何谓食品的等温吸湿曲线？何谓食品的临界水分值？

13. 根据食品包装原理与方法，分析保证食品安全品质应采用的控制技术措施。

14. 分析影响食品货架期的因素，试举例说明。

15. 试说明水汽敏感型和氧气敏感型食品货架期的预测方法。

16. 试说明加速货架期试验（ASLT）的基本原理和方法。

第六章 食品包装基本技术方法及其设备

本章学习目标

1. 掌握各种食品包装基本技术方法的基本原理、包装特点及所适用的包装对象。
2. 了解各种包装机械设备，能根据实际生产的需要合理进行设备选型。

现代食品生产过程中，选用适宜的包装材料和容器对保护食品、方便储运、促进销售具有重要作用。然而，采用科学的包装技术方法，设置合理的包装工艺路线及机械设备，确定一系列包装技术措施，已成为现代规模化食品生产过程中保证包装食品品质质量、提高商品价值和市场竞争力的关键。本章将介绍食品包装基本技术方法及其设备。

第一节 概 述

一、食品包装技术

所谓食品包装技术（food packaging technology）是指：为实现食品包装目的和要求，以及适应食品各方面条件而采用的包装方法、机械仪器等各种操作手段及其包装操作遵循的工艺措施、监测控制手段、保证包装质量的技术措施等的总称。显然，食品包装是食品生产的关键过程，食品包装技术水平直接影响着食品包装的质量和效果，影响着包装食品的贮运和销售。

1. 食品包装工艺过程

食品包装一般工艺过程如图 6-1 所示。其中，食品的充填、灌装和封口、密封为食品包装主要过程。包装容器或材料的清洗、烘干、消毒（或包括容器制造）等为食品包装的前期过程。贴标、盖印、装箱、捆扎等为食品包装的后期过程。

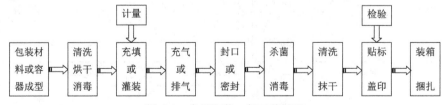

图 6-1 食品包装一般工艺过程

2. 食品包装技术和方法

食品的种类繁多，可采用的包装材料、容器各异，包装的形成方法也多种多样，但是要形成一个食品基本独立包装件的基本工艺过程和步骤是一致的。把形成一个食品基本独立包装件的技术和方法称为食品包装基本技术。主要包括：食品充填、灌装技术和方法，裹包与袋装技术和方法，装盒与装箱技术，热成型和热收缩包装技术，封口、贴标、捆扎技术和方法等。

为进一步提高包装食品质量和延长贮存期，在基本技术基础上又逐渐形成了食品包装的专门技术方法，如防潮包装、真空充气包装、无菌包装、活性包装、微波食品包装等。

随着科技进步和生活水平的提高，对食品及包装的要求越来越高，各种新材料、新工艺、新方法逐步地被应用于食品包装领域，食品包装技术和方法处在不断地变化发展之中。不同食品有不同的特性和包装要求，根据不同的特性和要求，应选用不同包装材料和技术方法，因此，掌握食品基本包装技术是各种包装技术发展创新的基础。

二、食品包装机械

1. 食品包装机械的种类

各种食品包装工艺过程操作及要求各不相同，需配有相应的包装机械来完成，因此包装机械种类很多，大致分类如下。

1）按完成主要包装操作任务不同分为：包装印刷机械、包装材料及制品加工机械、产品包装机械等。

2）产品包装机按功能不同主要分为：充填机、灌装机、裹包机、封口机、贴标机、打印机、集装机、清洗机、多功能包装机等。

3）按自动化程度不同分为：半自动包装机和全自动包装机。

4）按包装适应范围不同分为：专用型、多用型和通用型包装机。

现代高新技术如计算机、激光、光电等技术广泛应用到食品包装机械设备中，使食品包装朝高速化、联动化、无菌化、智能化方向发展。

2. 食品包装机械的基本构成

食品包装机械是完成食品主要包装工艺过程的机械，其种类繁多，形式多样，但究其结构一般都由被包装食品供送系统、包装材料或容器供送系统、主传送系统、包装操作执行系统、成品输出系统、包装机动力及传动系统、操纵控制系统和机身支架等几部分组成，它们之间的相互关系如图 6-2 所示。

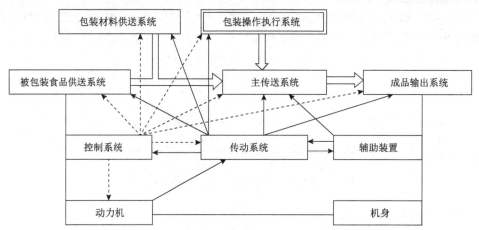

图 6-2 包装机械基本组成系统及其互依作用关系简图

虚线代表自动化控制信息传导；实线代表机械传动装置

3. 食品包装生产线

完成一种食品包装的全部机械，按包装工序排列，并用联结传送装置连接起来，即形成包装生产线。建立一条食品包装生产线一般应考虑以下几方面问题。

1）包装生产线应满足以某种或某类食品为主的包装工艺的要求，各包装机械生产能力相匹配，生产线联动流畅，能连续、协调运转，并能达到要求的生产率。

2）生产线紧凑有效，食品输送及包装容器供给、传送距离尽量短，尽量利用空间输送物料，提高生产效率并保证操作维修保养的方便。

3）液体食品包装尽量采用封闭式输送的包装系统，固体食品输送充填也尽可能采用机械自动化操作，以保证包装快捷并满足食品卫生要求。

4）以包装某种食品为主，适当地留有包装调节产品的余地，以便适应新的包装需要，能灵活地调度、调整，组建新的生产线。

5）包装是食品生产大系统的一个部分，包装生产线应与食品生产线紧密衔接。

为适应现代食品高速化、规模化发展和国际食品市场一体化的需要，食品包装生产线为适应良好操作规范（GMP）和危害分析与关键控制点管理体制（HACCP）等食品卫生质量技术规范管理系统的要求，可采用全程在线检测系统，集中统一控制管理，使食品包装生产线向更高自动化方向发展，从而确保规模化食品产品生产过程的高效、规范、卫生、安全。

第二节　食品的充填及灌装技术

将一定量食品装入某一容器的操作过程称充填（filling），主要包括食品的计量和充入。工程实际中，液体食品的充填称为灌装（canning）。

食品充填、灌装时，应满足下列要求。

1）食品按照要求的定量装入容器，一般规定有一定的计量精度要求，充填的计量精度是对装入容器的物料标定数量的误差范围，如 500g±1%。对罐头包装时，固体部分和流汁部分都要达到计量精度要求。充填的计量精度关系到食品生产企业的信誉和经济效益，因此，所选机械设备的计量精度等级要能达到生产企业规定的要求。

2）容器内要留有一定的顶隙，一般顶隙留量为整个容积的 6%。

3）要求快装、快封，减少食品的污染；充填完毕，容器口壁应保持清洁干净，以免汁液污染包装，影响食品保质期。

一、食品充填技术

充填（filling）是食品包装的一个重要工序，由于食品的种类繁多，形态及流动性各不相同；包装容器也是形式多样，用材各异，因此就形成了充填技术的复杂性和应用的广泛性。根据食品的计量方式精度要求不同，可将食品充填技术分为称重式充填、容积式充填和计数式充填。

（一）称重充填法

称重充填法（gravimetric filling method）适用于易吸潮、易结块、粒度不均匀、容重不稳定的物料计量，精度较高，但工作速度较低，装置结构较复杂，多用于充填粉状和小颗粒食品。常用的称量装置有杠杆秤、弹簧秤、液压秤、电子秤。根据称量方式的不同可分为间歇式和连续式两类。

1. 间歇式称量装置

间歇式称量有净重充填法和毛重充填法两种。

图 6-3 所示为净重充填法，即先将物料过秤量后再充入包装容器中，充填过程为：进料器 2 把物料从贮料斗 1 运送到计量斗 3 中，当计量斗中物料达到规定重量时即通过落料斗 5 排出，进入包装容器。进料可用旋转进料器、皮带、螺旋推料器或其他方式完成，并用机械秤或电子秤控制称量。

由于称量结果不受容器皮重变化的影响，因此称量精度很高，如 500g 物料其精度可达 ±0.5g，所以，净重称量广泛地应用于要求高精度计量的自由流动固体物料，如奶粉（扫二维码看视频）、咖啡等固体饮品，也可用于那些不适于容积充填法包装的食品，如膨化及油炸食品等。

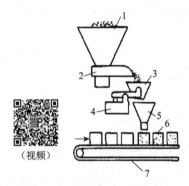

图 6-3　净重充填法（扫码可看视频）
1. 贮料斗；2. 进料器；3. 计量斗；4. 秤；
5. 落料斗；6. 包装件；7. 传送带

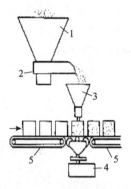

图 6-4　毛重充填法
1. 贮料斗；2. 进料器；3. 落料斗；
4. 秤；5. 传送带

图 6-4 所示为毛重充填法，与净重充填法的区别在于：没有计量斗，将包装容器放在秤上进行充填，达到规定重量时停止进料，故称得的重量为毛重，其计量精度受容器重量变化影响很大，计量精度不高；但由于食品不经计量斗而直接落入容器中称量，食品物料的黏附现象不会影响计量精度，因此，除可应用于能自由流动的食品物料外，还适用于有一定黏性物料的计量充填。

为了达到较高充填计量精度，可采用分级进料方法，即大部分物料高速进入计量斗，剩余小部分物料通过微量进料装置缓慢进入计量斗，在采用电脑控制的情况下，对粗加料和精加料可分别称量、记录、控制，做到差多少补多少。整个称重工作循环一般要 10s 左右，其最高速度不大于 30 次/min。为了提高称重速度和生产效率，可以增加称重装置的数量，也可采用集中称重离心等分装置，先集中称重再通过离心等分若干份进行充填包装。

2. 连续式称量装置

采用电子皮带秤称重，可以从根本上克服杠杆秤发出的信号与供料停机时已送出物料的计量误差问题，同时还能大大提高计量速度，适应高速包装机的需要。

图 6-5 为控制闸门开启的电子皮带秤，物料在皮带输送过程中，连续地流经秤盘。在秤盘上面的这一段（测量距离）皮带上的物料会由于密度变化而发生重量变化。而这一变化将通过传感器转化为电量变化，并与给定值进行比较，再经综合放大去驱动执行机构，

使其控制闸门升降，以调节料层厚度，也可以通过控制皮带速度来控制充填量。

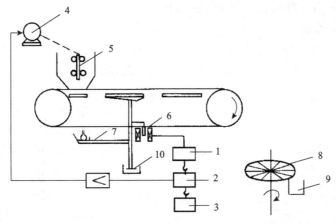

图 6-5 电子皮带秤

1. 整流器；2. 调节器；3. 重量给定；4. 可逆电机；5. 闸门；6. 差动变压器（压差传感器）；
7. 秤；8. 等分格转盘；9. 包装容器；10. 阻尼器

为了实现定量包装，在电子皮带秤物料流出端的下方设置一个等速旋转的等分格转盘。转盘上各分格在相等的时间内截取一段皮带上的物料（即截取等重量的物料），然后注入包装容器中。适当调节皮带速度和等分格转盘的转速，就能截取到预定重量的物料。

电子皮带秤的计量速度为 20～200 包/min，计量范围为 50～100g/包，计量精度为±（1.0～1.5）%，适应秤感量±0.5g 要求的物料包装计量。

案 例 一

江苏某包装设备有限公司开发的高速高精度飞碟组合秤

如图 6-6 所示，各单元驱动动力采用步进电机，控制部分选用 32 位奔腾处理器，组合运算速度快、运行稳定、控制可靠；高精度、高抗干扰性电子称重技术确保计量的精准性，15～2000g 称量范围的称量精度达到±0.5g；良好的部件互换功能，料斗通道等阴角的圆弧形设计使清洁维护十分方便，并可与该公司的其他系列包装设备成套配合使用，适用于休闲食品、冷冻食品、油炸食品等颗粒、条片、小块状和小袋状物料的计量充填。

图 6-6 高速高精度飞碟组合秤

（二）容积充填法

容积充填法（volumetric filling method）是通过控制食品物料的容积来进行计量充填的，它要求被充填物料的体积重量稳定，否则会产生较大的计量误差，精度一般为±（1.0～2.0）%，比称重充填要低。因此，在进行充填时多采用振动、搅拌、抽真空等方法使被充填物料压实而保持稳定的体积重量。容积充填的方法很多，但从计量原理上可分为两类，即控制充填物料的流量和时间及利用一定规格的计量筒来计量充填。

1. 计时振动充填法

如图 6-7 所示，贮料斗 1 下部连接着一个振动托盘进料器 2，进料器按规定的时间振动，将物料直接充填到容器中，计量由振动时间来控制。此法装置结构最简单，但计量精度最低。

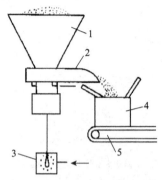

图 6-7 计时振动充填机示意图

1. 贮料斗；2. 振动托盘进料器；
3. 计量器；4. 包装容器；5. 传送带

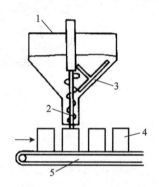

图 6-8 螺旋充填机示意图

1. 贮料斗；2. 送料轴；
3. 搅拌器；4. 包装件；5. 传送带

2. 螺旋充填法

如图 6-8 所示，当送料螺旋轴 2 旋转时，贮料斗内搅拌器 3 将物料拌匀，螺旋面将物料挤实到要求的密度，每转一圈就能输出一定量的物料，由离合器控制旋转圈数即可达到计量之目的。如果充填小袋，可在螺旋进料器下部安装一转盘用以截断密实的物料，然后将空气与之混合，形成可自由流动的物料，充填后再振动小袋以敦实松散的物料。螺旋充填法可获得较高的充填计量精度。

江苏某包装设备有限公司开发的螺杆充填包装机

如图 6-9 所示，通过伺服电机带动螺杆实施物料的计量充填；全透明料斗设计成两半可方便清理；充氮系统可使包装内残氧量控制在 ≤1.5%，重量检测反馈控制系统可自动对充填量进行调整，使精度控制在 1% 范围内，紧凑性截止门可防止封口夹粉导致破包漏气。适用于奶粉、米粉、营养食品、固体饮料、调味品等粉末状、超细粉末状等物料的充填包装。

图 6-9 旋风 1000 螺杆充填包装机

3. 重力-计量筒充填法

如图 6-10 所示，贮料斗 1 下部装有两个或多个计量筒 3，均匀分布在回转的水平圆板上；计量筒上部有伸缩腔 4，使之上下伸缩而调节其容积。计量筒转位到供料斗下面时，物料靠自重落入计量筒内，当计量筒转位到排料口即固定圆盘 5 上的圆孔时，物料通过排料管进入包装容器内。为了使物料迅速流入容器，有时要对容器加以振动。

此法适用于充填价格较低、计量精度要求不高的自由流动固体物料。

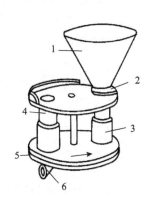

图 6-10　重力-计量筒充填机示意图

1. 贮料斗；2. 刷子；3. 计量筒；
4. 伸缩腔；5. 固定圆盘；6. 排料口

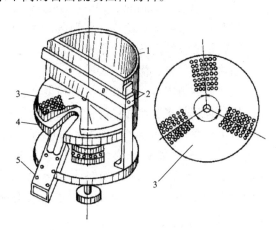

图 6-11　真空-计量充填机示意图

1. 贮料斗；2. 计量筒转轮；
3. 真空-空气总管；4. 容器；5. 运输带

4. 真空-计量充填法

如图 6-11 所示，贮料斗 1 下面装有一个带可调容积的计量筒转轮 2；计量筒沿转轮径向均匀分布，并通过管子与转轮中心连接；转轮中心有一个圆环真空-空气总管 3，用来抽真空和进空气。物料从贮料斗落于计量筒中，经过抽真空后密实均匀，运输带 5 不断将容器 4 送入转轮下方，当转轮转到容器上方时，空气把物料吹入容器内。真空-计量充填法常用来充填安瓿瓶、大小瓶、大小袋、罐头等，充填容量范围从 5mg 至几千克，一般的计量精度为±1%。

容积充填法工作速度高，装置结构简单，广泛用于计量流体、半流体、粉状和小颗粒食品；由于容积充填法的计量精度受物料体积重量稳定性和流动均匀性的影响，一般比称重充填法低，工程实际中采用二者结合的方式来提高计量精度。

案 例 三

江苏某公司开发的双龙 60 全自动充填系统

如图 6-12 所示，将容积法与称重法相结合，大部分加料采用容积法来实现高速充填，小余量采用称重计量充填实现高精度，6000mL 充填体积称重精度达到±1.5g，适用于各种粉末状、超细粉末状或粉粒状物料的高速充填。

图 6-12　双龙 60 全自动充填系统

（三）计数充填法

计数充填法（counting filling method）是将食品通过（计）数定量后充入包装容器的一种充填方法，常用于颗粒状食品和条、片、块状食品的计量充填，要求单个食品之间规格一致。计数充填法的设备和操作工艺简单，可手动、半自动或自动化操作，适用于多种包装方法，如热收缩包装、泡罩包装等。

从计数的量来分，有单个包装和集合包装两种。单个包装如常见的方便面、面包等的包装，集合包装是多个产品经计数后集中包装在一起，如饼干等的包装。

（1）长度计数装置　　使物品具有一定规则的排列，按其一定长度、高度、体积取出，获得一定数量。这种装置比较简单，由推板、输送带、挡板、触点开关四部分构成。常用于块状食品，如饼干、云片糕等的包装计数；由于这类食品形状规则，具有确定的几何尺寸，集积后的尺寸亦具有确定数值，通过适当调节推板的推程，便可进行计数。

（2）光电式计数装置　　物品在传送带上逐个通过光电管时，从光源射出的光线因物品的通过而呈现穿过和被挡住两种状态，由光电管把光信号转变为电信号送入计数器进行计数，并在窗口显示出数码。

（3）转盘式计数装置　　转盘式计数装置特别适合于形状、尺寸规则的球形和圆片状食品的计数。

固体物料充填方法的选择，要根据各种因素进行综合考虑，首先要考虑的是被充填物料的物理特性和充填精度。充填计量精度除受装置本身的精度影响外，还受到物料理化性质的影响，如物料容重不稳定、易吸潮、易飞扬及不易流动等。为提高充填速度和精度，可采用容积充填和称量充填混合使用的方法，在粗进料时用容积式充填以提高速度，细进料时用称量充填以提高精度。一般来讲，价值高的食品其计量精度要求也高。

二、灌装技术及设备

灌装是指将液体（或半流体）灌入容器内的操作，容器可以是玻璃瓶、塑料瓶、金属罐及塑料软管、塑料袋等。影响液体食品灌装的主要因素是黏度，其次为是否溶有气体，以及起泡性和微小固体物含量等。因此，在选用灌装方法和灌装设备时，首先要考虑液体的黏度。

（一）液体食品的种类

根据灌装的需要，一般将液体按黏度分为三类：流体、半流体和黏滞流体。

（1）流体　　是指靠重力作用下可在管道内按一定速度自由流动，黏度范围在 1～100cP 的液体，如牛奶、清凉饮料、酒等。

（2）半流体　　除靠重力外，还需加上外力才能在管道内流动，黏度范围在 100～10 000cP 的液体，如炼乳、番茄酱、酸奶等。

（3）黏滞流体　　靠自身重力不能流动，必须借助于挤压等外力才能流动，黏度在 10 000cP 以上的物料，如花生酱、果酱等。

（二）常用灌装方法

液体食品的灌装方法有以下几种。

1. 常压灌装

在常压下液体靠自身重力产生流动而灌入容器的方法称常压灌装。大部分自由流动的液体都可用此法灌装。

如图 6-13 所示，液体从贮液槽 1 流经灌装阀 4 进入容器。灌装时升降机构将容器向上托起（或将灌装管向下降），容器口部和灌装阀下部的密封盖 5 接触并将容器密封，然后使容器再上升顶开弹簧而开启灌装阀，液体靠重力自由流入容器中；当液体上升至排气口上部时，即停止流动；液位达到规定高度完成灌装后，升降机构将容器下降，灌装阀失去压力并由弹簧自动关闭。容器内的空气经设在灌装管端部的空气出口 2 通到贮液槽液面上部的排气管 3 排出。

这种方法适用于低黏度非起泡性的液体，如牛奶、矿泉水、酱油、醋等，使用的设备构造简单、操作方便、易于保养而被广泛使用。

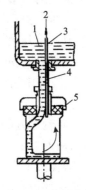

图 6-13　常压灌装

1. 贮液槽；2. 空气出口；
3. 排气管；4. 灌装阀；5. 密封材料

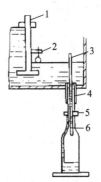

图 6-14　重力真空灌装

1. 供液口；2. 浮子；3. 排气管；
4. 灌装阀；5. 密封材料；6. 灌装液位

2. 真空灌装

真空灌装指在真空条件下进行的灌装，有以下两种方法。

（1）重力真空灌装　　即贮液箱处于真空，对包装容器抽气形成真空，随后料液依靠自重流进包装容器内。此法采用低真空，可消除纯真空灌装法所产生的溢流和回流现象。

如图 6-14 所示，位于顶部的贮液槽是封闭的，进液管 1 从槽顶伸入并浸没在液体下部，由浮子 2 控制液面，其上部空间保持低真空，当容器输送到灌装阀 4 下方时，升降机构将它托起，与密封盖 5 吻合，将容器密封，继续上升将阀开启。由于容器经阀中的排气管 3 与贮液槽上部联通，形成低真空，因而液体经阀中的套管靠重力灌入容器内。与重力灌装一样，当排气口被上升的液体封闭时，容器中的液面就不再上升。灌装完毕，容器下降，灌装阀由弹簧自动关闭。

这种灌装系统尤其适用于白酒和葡萄酒的灌装，因为灌装过程中，挥发性气体的逸散量最小，不会改变酒精浓度，使包装产品不失醇香。

（2）真空压差灌装　　即贮液箱内处于常压，只对包装容器抽真空，料液依靠贮液箱与待灌装容器间压差作用产生流动而完成灌装，如图 6-15 所示。真空压差灌装适用于易氧化变质的液体食品，如富含维生素等营养成分的果蔬汁产品的灌装。

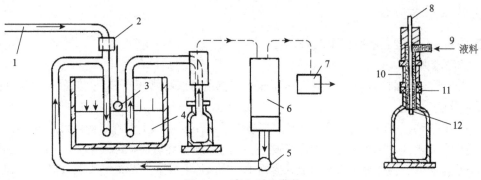

图 6-15 真空压差灌装

1.供液管；2.供液阀；3.浮子；4.贮液槽；5.供液泵；6.真空室；
7.真空泵；8.真空管；9.液体；10.灌装阀；11.密封材料；12.灌装液位

3. 等压灌装

在高于大气压条件下首先对包装容器充气，使之形成与贮液箱内相等的气压，然后再依靠被灌装液料的自重流进包装容器内。等压灌装属于定液位灌装，仅限于灌装含 CO_2 的饮料，如汽水、啤酒和香槟酒等。加压的目的是使液体中 CO_2 含量保持不变，压力可取 $1\sim9kg/cm^2$。

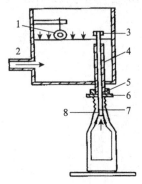

图 6-16 等压灌装法

1. 浮子；2. 供液口；3. 密封材料；4. 灌装阀；
5. 泄压口；6. 充气阀；7. 排气口；8. 灌装液位

如图 6-16 所示，放在迴转台上方的贮液槽是密封的，其液面由浮子 1 控制，液面以上空间充有压缩空气或 CO_2 以保持一定压力。液体经下部供液口 2 进入。灌装阀 4 装在贮液槽内，其中部设有的排气管顶端伸出液面，下端为排气口 7 和泄压口 5。当容器上升至灌装阀口时，先由密封盖 3 将容器封闭，然后压缩弹簧，顶开灌装阀，开始灌装；同时，机械弹键打开排气管顶部的充气阀 6，使容器的压力与贮液槽上部的压力相等。当液体上升到排气管口时，容器顶部空气压力上升，液体上升到规定液位而完成灌装。

4. 机械压力灌装

利用机械压力如液泵、活塞泵或气压将被灌装液料挤入包装容器内。主要适用于黏度较大的黏稠性物料，如果酱类食品的灌装。

（三）灌装机常用定量方法

目前，灌装机的定量方法可分为两种类型：高度定量法和容积定量法。

1. 高度定量法灌装

通过控制容器中的液位高度来达到定量灌装的目的，即每次灌装液料的容积等于一定高度的瓶内容积，故习惯上称为"以瓶定量法"。

图 6-17 所示为高度定量灌装机原理图。当橡皮垫 6 和滑套 5 被上升的瓶子 8 顶起后，灌装头 7 和滑套间出现间隙，料液由贮液箱 9 流入瓶内；瓶内原有气体由排气管排至贮液箱内部完成进液回气过程；当瓶内料液升至排气管嘴口 $C\text{-}C$ 截面时，气体不能排出，而料液继续灌入致使液面超过排气管嘴，瓶口部分剩余的气体受压缩，一旦与阀口上的液位压头相平

衡，料液就不能再进入瓶内，而沿排气管上升至与贮液箱内液位水平为止，即完成液位定量、停止进液，然后瓶子下降，压缩弹簧4保证灌装头与滑套间的重新密封，排气管内的液位靠自重滴入瓶内，至此，完成了一次定量灌装。只需转动调节螺母 10，改变排气管嘴伸入瓶口位置，就能改变每次的灌装量。

2. 容积定量法灌装

用容量杯或一定行程的活塞缸容积完成定量，即先将料液注入定量杯或活塞缸，然后再灌入包装容器内，因此，其定量精度比高度定量法高。

图 6-18 所示为定量杯定量灌装原理：在空瓶尚未升起时，定量杯 1 由弹簧 7 作用浸没在贮液箱中而使料液充满定量杯，随后空瓶由瓶托抬起，瓶嘴将灌装头 8 连同进液管 6、定量杯 1 一起抬起，使定量杯超出液面而完成定量，并使进液管中间的上下两孔均

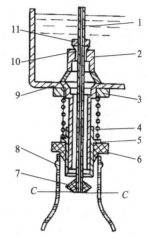

图 6-17　高度定量灌装原理图

1. 排气管；2. 灌装架；3. 螺母；4. 弹簧；5. 滑套；
6. 橡胶垫；7. 灌装头；8. 瓶子；9. 贮液箱；
10. 调节螺母；11. 压缩螺母

与阀体 3 中间槽相通，使定量杯中料液经过调节管 2 流入瓶内；瓶内空气由灌装头的透气孔逸出而完成进液排气过程；当定量杯中料液下降至调节管 2 的上端时，则完成整个定量灌装。改变调节管 2 在定量杯中的高度或更换定量杯，即可调节灌装量。

图 6-19 所示为活塞缸定量灌装原理：活塞 9 做上下往复运动，向下运动时，料液由贮料缸 1 在重力及压差作用下，经滑阀 5 上的弧形槽 6 流入活塞缸 10 内。当容器由瓶托抬起并顶紧灌装头 8 时，滑阀 5 被迫上升，贮料缸 1 与活塞缸 10 被间隔断，滑阀上的下料孔 7 则与活塞接通，同时活塞 9 作向上推进，把料液压入待灌容器内；灌装结束，容器连同瓶托一起下降时，弹簧 3 迫使滑阀也向下运动，滑阀上的弧形槽又将贮料缸与活塞缸沟通，进行下一个灌装循环。如在某一个瓶托上缺少待灌容器时，尽管活塞仍然作向上运动，但由于滑阀保持活塞缸与贮料缸的连通，体现了"无瓶不开阀"的功能。灌装量的调节通过活塞的运动行程来实现。

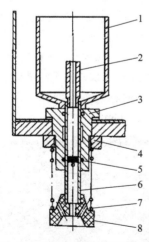

图 6-18　定量杯定量灌装原理图

1. 定量杯；2. 定量调节管；3. 阀体；4. 锁紧螺母；5. 密封圈；6. 进液管；7. 弹簧；8. 灌装头

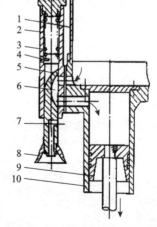

图 6-19　活塞缸定量灌装原理图

1. 贮料缸；2. 阀体；3. 弹簧；4. 导向螺钉；5. 滑阀；6. 弧形槽；7. 下料孔；8. 灌装头；9. 活塞；10. 活塞缸

（四）灌装设备

灌装机按容器的输送形式可分为旋转型灌装机和直线型灌装机两种。旋转型灌装机灌装迅速、平稳、生产效率高，是大中型企业首选的液体灌装设备。目前国内以旋转型灌装机为基础，吸收国际最先进的灌装技术开发出集洗瓶、灌装、封盖、贴标于一体的组合型灌装系统。

案 例 四

饮料灌装生产线

图 6-20 所示为江苏某公司根据含气饮料的灌装工艺要求，自行研制开发而成的一种具有国际先进水平的三合一等压灌装系统，这种碳酸饮料瓶装生产线的主要组成部分有原位清洗（cleaning in place，CIP）自动清洗系统、全自动理瓶机、风送系统、人工上瓶/自动卸瓶系统、空瓶杀菌系统、等压灌装系统、喷淋温瓶系统、贴标/套标系统、自动传输系统、空气净化系统；适用于含气饮料的等压灌装，生产能力可达 5000～36 000 瓶（500mL）/h。

该公司的热灌装系统（图 6-21）组成部分与三合一等压灌装系统基本相同，只是把先进的热灌装技术系统取代等压灌装系统，适用于果蔬汁饮料目前国际流行的 PET 瓶热灌装工艺要求。

（彩图）

图 6-20　含气饮料三合一等压灌装系统　　　图 6-21　果蔬汁饮料热灌装系统

该公司的饮用水灌装系统是集洗瓶、灌装、封盖、贴标于一体的组合型常压灌装系统，如图 6-22 所示。最新研制开发的具有国际先进水平的无菌冷灌装系统，是集消毒液冲洗、无菌水洗瓶、灌装、封盖、贴标于一体的五合一常压灌装生产线，如图 6-23 所示，包括：CIP/原位蒸汽灭菌（sterilize in place，SIP）/表面清洗（cleaning out place，COP）系统、全自动理瓶机、风送系统、人工上瓶/自动卸瓶系统、空瓶杀菌系统、无菌冷灌装系统、喷淋冷却系统、贴标/套标系统、自动传输系统、空气净化系统；适用于果蔬汁、茶饮料、鲜奶等瓶装无菌包装产品，生产能力：10 000～36 000 瓶（500mL）/h。

（彩图）

图 6-22　饮用水组合型常压灌装系统　　　图 6-23　无菌冷灌装系统

第三节 裹包及袋装技术

一、裹包技术及设备

裹包（wrapping）是块状类物品包装的基本形式，它是用柔性包装材料将产品或经过原包装的产品进行全部或局部的包封，包装形式灵活多样，不仅能对单件物品进行裹包，也能对排列的物品作集积式裹包。其特点是：用料省，操作简便，用手工和机器均可操作，可以适应不同形状、不同性质的产品包装，包装成本低，流通、销售和消费方便，因此，其应用十分广泛。

（一）裹包形式

由于块状类物品的物化特性各异，所需裹包的目的不同，裹包的形式多种多样，主要有以下几种（图 6-24）。

（1）半裹包 如图 6-24A，物品的大部分被包裹的形式。

（2）全裹包 这是常见的一种裹包形式，物品的表面全部被包裹。如图 6-24B、C 为扭结式裹包；图 6-24D～F 为折叠式裹包；图 6-24G 为接缝式裹包（又叫枕式裹包）；图 6-24H 为覆盖式裹包。

（3）缠绕裹包 如图 6-24I 将被包裹物品用柔性材料缠绕多圈的裹包方式。

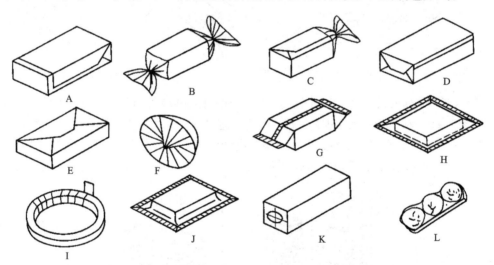

图 6-24 块状类物品的裹包方式

A. 半裹包；B. 双端扭结裹包；C. 单端扭结裹包；D. 两端折角式裹包；E. 底部折叠式裹包；
F. 褶形折叠式裹包；G. 枕式裹包；H. 覆盖式四边封裹包；I. 缠绕裹包；J. 贴体裹包；
K. 热收缩裹包；L. 拉伸裹包

（4）贴体裹包 如图 6-24J 将物品置于底板上，在其表面覆盖包装材料，然后加热并抽真空使材料紧贴物品，与底板封合的裹包方式。

（5）收缩裹包 如图 6-24K 用热收缩材料包裹物品，然后加热材料收缩而裹紧物品的包装方式。

（6）拉伸裹包 如图 6-24L 用弹性拉伸薄膜在一定张紧力作用下裹紧物品的方式。

（二）裹包方法

裹包方法与裹包形式密切相关，在食品包装中裹包方法主要为折叠式裹包、扭结式裹包、热熔封缝式裹包和拉伸裹包、贴体裹包等，其中热熔封缝式裹包也可完成各种热收缩裹包操作。

1. 折叠式裹包

折叠式裹包（fold wrapping）是一种普遍采用的裹包方法，其包装件整齐美观。折叠式裹包原理是用一定大小的包装材料裹包在被包装物品上，先用搭接方式包成筒状，再折叠两端并封紧。根据产品的性质和形状、机械化作业和表面装饰图案的需要、接缝位置和开口端折叠形式和方向，此种裹包方法又有多种变化。

（1）两端折角式　　两端折角式也称纸盒整包式，适合裹包形状规则、方正的产品。基本操作方法如图 6-25 所示。先裹包成筒状，接缝一般放在底面，然后将两端短侧边折叠，使其两边形成三角形或梯形的角，最后依次将这些角折叠并封紧。

（2）两端搭折式　　又称面包裹包式，适合于裹包形状不方正、变化多或较软的产品，如主食面包、烘烤糕点等，折叠特点为一个折边压住前一个折边，顺序如图 6-26 所示。

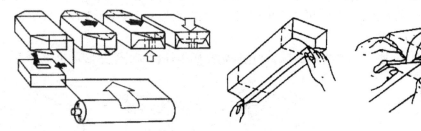

图 6-25　两端折角式裹包的操作程序　　　　图 6-26　两端搭折式裹包

（3）采用附加物的裹包方式　　图 6-27 所示为带有附加包装纸或纸板的裹包方法。图 6-27A，在塑料薄膜或玻璃纸内衬一条牛皮纸，把一端的周边包住，开封后在货架上不致立刻散乱，又可显示出商品的标价，在另一个意义上，一条牛皮纸代替了浅盘或纸盒，节省包装材料和成本。图 6-27B 在裹包使用之前用薄板或瓦楞纸板等制成凹形衬板，放在产品一端而后裹包，作用同前。

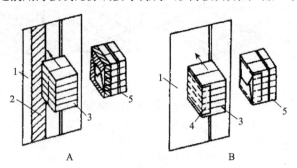

图 6-27　带附加包装纸或纸板的裹包
1. 裹包材料；2. 牛皮纸；3. 产品；4. 凹形衬板；5. 包裹件

2. 热熔封缝式裹包

热熔封缝式裹包（hot seal wrapping）是采用具有热封性能的塑料及复合薄膜等包装材料对包装物品实施包裹并对其接缝和端口进行热封的裹包方法，是目前规模化生产最为常用的一种裹包方法。

（三）裹包设备

1. 折叠式裹包机

图 6-28 为一典型的双端复折式裹包机工艺路线图。输送带 15 将盒状包装件整齐地输入，送纸辊 10 和 12 将已切断的玻璃纸 11 供送到预定的位置；推料板 13 将包装件以步进方式从位置Ⅰ推送到位置Ⅱ，在推送过程中由固定折纸板使包装材料形成对物品的三面裹包，在位置Ⅱ，先由折纸板 1 向上折纸，然后下托板 2 向上推送，包装材料又被固定折纸板折角，形成四角裹包侧面搭接，并使物品逐渐到达位置Ⅲ，在此位置由侧面热封器 3 完成侧面热封，在推满四件后，折角器 9 将前侧面的包装材料折角并将物品推至位置Ⅳ，在此过程中，另一侧面的折角由固定折角器（未画出）完成；在位置Ⅳ，先用折纸板 4 向上折纸，再由上托板 5 将物品推送至位置Ⅴ；在此过程中两端上部折边被固定折纸板（未画出）折叠，然后左右端面热封器 6 和 8 进行热封，完成裹包，最后由输出推板将包装成品输出。

这类裹包机可用于卷烟、小盒装食品的玻璃纸或 BOPP 等薄膜的外裹包。

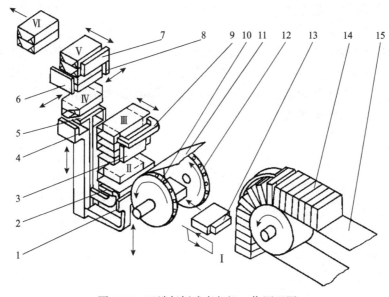

图 6-28　双端复折式裹包机工作原理图

1.侧面折纸板；2.下托板；3.侧面热封器；4.端面折纸板；5.上托板；6，8.端面热封器；7.输出推板；
9.折角器；10，12.送纸辊；11.玻璃纸；13.推料板；14.被包裹物品；15.输送带

2. 热熔封缝式裹包机

这类裹包机一般采用具有热封性能的塑料及复合薄膜等包装材料，适用范围广，可用于块状物品的裹包，工作平稳可靠，生产效率高，各种机型在生产实际中均应用较广。

（1）平张薄膜热封裹包机　　也称枕形裹包机，图 6-29 所示为工作原理图：卷筒材料 6 在成对牵引辊 5，主传送滚轮 8 和中缝热封滚轮 10 联合牵引下匀速前进，在通过成型器 7 时被折成筒状；供送链上的推头 1 将物品 2 推送入成型器中的筒状材料内，物品随材料一起前移，经过热封滚轮 10 完成中缝热封；端封切断器 11 在完成热封时即在封缝中间切断分开，形成前袋的底封和后袋的顶封；包装成品由毛刷推送至输送带送出。

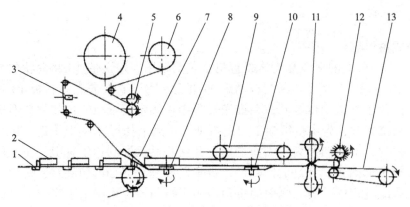

图 6-29　接缝式裹包机工作原理图

1. 供送链推头；2. 被包装物品；3. 光电传感器；4. 备用包装材料；5. 牵引辊；6. 包装材料；7. 成型器；
8. 主传送滚轮；9. 主传送带；10. 中缝热封滚轮；11. 端封切断器；12. 输出毛刷；13. 输出皮带

本机可采用各种热封的卷筒材料，包装长 80～320mm、宽 50～120mm、高 10～65mm 范围内的面包、糖果或各种盒装食品，包装速度可根据产品大小和生产量要求无级调速。

（2）对折薄膜热封裹包机　　这类裹包机根据薄膜对折裹包的位置可分为卧式对折薄膜裹包和立式对折薄膜裹包两种。如图 6-30 所示。这类裹包机适用于直接采用对折膜或用平张膜对折裹包物品，L 形热封装置热封开口的两边，同时形成后面的顶封，而形成三面封裹包。这种裹包方式常用于热收缩裹包。

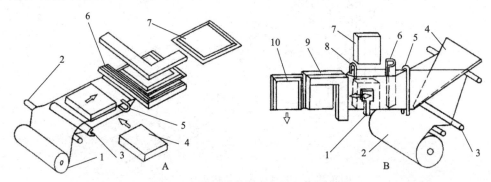

图 6-30　对折膜热封裹包机工作原理图

A. 卧式：1. 对折薄膜；2. 导辊；3. 开口导板；4. 被包装物；5. 开口器件；6. L 形封切装置；7. 成品。
B. 立式：1. 传送装置；2. 薄膜卷筒；3. 导辊；4. 三角成型器；5. U 形件；6. 开口导板；7. 被包装物；8. 开口器件；
9. L 形封切装置；10. 成品

（3）中型四面型封口式裹包机　　当尺寸宽 200～500mm、长 250～1500mm 时，采用枕形包装就不适宜了，需采用图 6-31 所示的四面封口包装机：上下两卷收缩薄膜 3 与 4 经导辊 5 引至横封器 6 处封接好，物品 2 经输送带 1 送进，顶着薄膜前进。传送带继续送进薄膜与物品到预定长度时，横封器动作完成前后两个袋的封接与切断，最后由带式纵封器 9 完成四封边口。

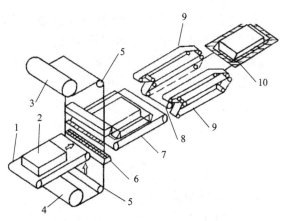

图 6-31　四面封口包装机工作原理图

1，7，8. 输送带；2. 物品；3，4. 收缩薄膜；5. 导辊；6. 横封器；9. 纵封器；10. 包装成品

（4）平张膜两端开放套筒式裹包机　　这种包装机适合接近立方体的物品，不需要完全被薄膜密封的场合使用。特别是物品下面加托盘时，常用这种包装形式，它的工作原理如图 6-32 所示，物品由推进装置 1 推动先顶着托盘纸板前进，由折叠导杆完成纸板折舌，然后顶着薄膜前进完成三面裹包，最后由横向封切装置 6 封切，同时形成前一包装件的套筒式裹包和后一包装件的薄膜顶封。包装好的物品最后由传送带送出而进入下面的包装操作。

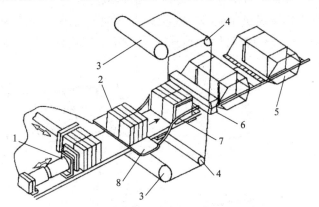

图 6-32　平张膜两端开放套筒式裹包机工作原理图

1. 推进装置；2. 物品；3. 薄膜；4. 导辊；5. 包装成品；6. 横向封切装置；7. 折叠导杆；8. 纸托板

（四）裹包机的选用

裹包机（wrapping machine）的种类很多，有通用型和专用型，有低速、中速、高速和超高速，有半自动和全自动，它们可以单独使用，也可以连在生产线上使用，在选用裹包机时应注意以下几点。

1）半自动裹包机多属于通用型，更换产品尺寸和裹包形式方便，机器运动多属于间歇式，生产速度一般为中低速（100～300 件/min）。

2）全自动裹包机多属于专用型，如糖果、香烟裹包机等，一般只适用于单一品种产品，机器运动方式有间歇式也有连续式，中速生产率一般为 300～600 件/min。可根据产品形状和大小、裹包形式及批量选用适宜的机型。

3）裹包用的薄膜是柔性材料，设备对材料的机械力学性能要求比较严格，特别是高速和超高速机型,对包装材料的适应性差,往往由于材料不合要求而不能保证质量或机器不能正常运转,故在设备选型时必须考虑材料的价格和供应情况。

4)机器的自动化程度越高,功能越完善,如质量监测、废品剔除、产量显示和故障报警等,其结构和检测系统就越复杂,许多场合采用电脑控制。因此,对操作维修人员要求有较高的技术水平。

二、袋装技术及设备

松散态粉粒状食品及形状复杂多变的小块状食品,袋装(bag packaging)是其主要的销售包装形式,生鲜食品、加工食品或诸如牛奶等液体食品也广泛采用袋装。在当今食品加工业中,袋装技术应用最为广泛,许多为保全食品质量运用而生的食品包装技术多数以袋装技术为基础发展而成。

(一)袋装的形式和特点

1. 袋装的形式

袋装的形式较多,用于食品销售包装的各种小袋主要有以下几种,如图6-33所示,A~F为扁平袋,用于味精、奶粉、糖果等粉状小颗粒食品包装,G~L为自立袋,用于饮料、牛奶等液体食品包装。按袋装方法分类,袋装有预制袋和制袋—充填—封口机用袋两种,预制袋是在包装之前预先用制袋机制成袋,在包装时先将袋口撑开,充填物料后封口,主要适用于手工包装。制袋—充填—封口机用袋是在一台设备上连续完成三步动作而形成产品的包装,是目前较为先进的一种袋装技术。

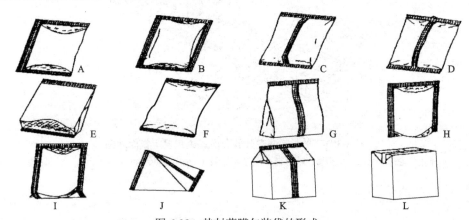

图6-33　热封薄膜包装袋的形式

A. 三边封口袋；B. 四边封口袋；C. 纵缝搭接袋；D. 纵缝对接袋；E. 侧边折叠袋；F. 筒袋；
G. 平底楔形袋；H. 椭圆楔形袋；I. 底撑楔形袋；J. 塔形袋；K. 尖顶柱形袋；L. 立方柱形袋

用于袋装食品的包装材料有:纸袋、塑料薄膜袋、纸塑复合袋、塑料复合袋,以及纸、铝箔、塑料复合袋等。目前还使用蒸镀铝的塑料薄膜袋。

2. 袋装的特点

袋装作为一种古老的包装方法至今仍被视作一种最主要的包装技术而广泛使用,是由袋装本身所具有的优点所决定的。袋装具有三大功能。①价格便宜、形式丰富、适合各种不同的规格尺寸。②包装材料来源广泛,可用纸、铝箔、塑料薄膜及其他的复合材料,品种齐全,具备适应各种不同包装要求的性能特点。③袋装本身重量轻、省材料、便于流通和消费，并且通过灵活多变的艺术设计和装潢印刷，采用不同的材料组合、不同的图案色彩，形成从低档到高档的不同层次的包装产品，满足日益多变的市场需求。

（二）袋装机械

1. 立式成型制袋—充填—封口包装机

这类包装机有很多形式，按包装结构分，主要有枕形袋、扁平袋、角形自立袋等类型。

（1）枕形袋立式成型制袋—充填—封口包装机　这类袋装机也有许多形式，图 6-34 所示为翻领成型制袋的枕形袋成型制袋—充填—封口包装机，有多种规格，主要应用于松散态物品包装，也可应用于松散态规则颗粒物品、小块状物品包装。

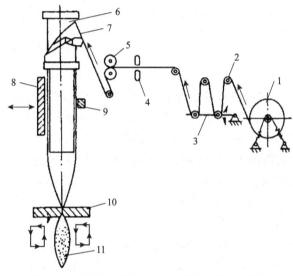

图 6-34　枕形袋成型制袋—充填—封口包装机

1. 包装用卷筒薄膜；2. 导辊组；3. 张力装置；4. 光电检测控制装置；5. 翻领成型器；6. 充填管；
7. 计量充填装置；8. 张紧装置；9. 纵向热封装置；10. 横向热封装置；11. 枕形袋包装件

其工艺过程为：从卷筒 1 引出包装薄膜带绕经导辊组 2、张力装置 3，由光电检测控制装置对薄膜材料带上商标图文位置进行检测后，通过翻领成型器 5 卷合成薄膜圆筒裹包在充填管的表面。先用纵向热封装置 9 对卷合成筒的薄膜接口部位热封，然后成密封筒状的薄膜移动到横向热封器 10 处进行横封，构成包装袋筒。计量充填装置 7 把计量好的物品通过上部充填管 6 充填入包装袋内，再由横封装置 10 热封并在居中切断，形成下部的包装袋成品 11，并同时形成下一个筒袋的底部封口。为了使包装过程延续进行，包装材料由牵拉进给装置，既图示横向热封装置夹持，按工作节拍和光电检测装置控制，完成包装材料的牵拉送进和热封切断，然后热封装置松开对包装成品的夹持，空程向上返回，进行下一个工作循环。

颗粒物品包装生产线视频可扫二维码观看。

（视频）

（2）扁平袋成型制袋—充填—封口包装机　这类袋装机也有多种形式，图 6-35 所示为典型的两种机型：A 为三面封式；B 为四面封式。

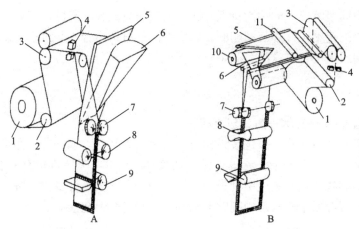

图 6-35　扁平袋成型（制袋）充填—封口—包装机

1. 包装用薄膜卷；2. 导辊；3. 预松装置；4. 光电检控装置；5. 制袋成型器；6. 充填管；
7. 纵封装置；8. 横封装置；9. 切断装置；10. 转向辊；11. 压辊

　　此类机型主要由包装膜卷筒装置、导辊预松装置、制袋成型装置、计量充填装置、纵封、横封切断装置，以及传动、电气控制和其他辅助装置等组成。包装工艺过程为：放置在支承装置上的包装薄膜卷筒由预松装置 3 牵拉，经导辊 2 松展成包装材料带，通过制袋成型器 5 折合成重叠带；用纵向热封滚轮 7 热封重叠带纵向开口而得到扁平管筒；再由横向热封装置 8 热封前端开口而成长筒扁平包装袋；物料通过计量充填装置 6 充填入成型袋中，热封袋口，切断而完成包装。

　　（3）角形自立袋制袋成型—充填—封口包装机　　如图 6-36 所示先将包装材料成型为圆形管筒，再制成角形自立袋，然后进行充填包装。包装薄膜从卷筒引出成材料带，经光电检测器、导辊 12 后到达翻领成型器 10，在成型圆管 11 表面卷合成圆筒形；由纵向预封装置 9 对卷合的叠合部位进行热熔封合，然后通过过渡导管到达等边长的方形管筒导管 8 表面，用纵向热封装置 7 把纵接缝再封合使之美观；由烫角器 6 烫出 4 个角棱，使之成为方形薄膜管筒，然后由横向热封切断装置 4 封接底口形成包装袋。由计量充填装置把包装物料通过充填管 5 装入袋中，再钳合袋口、排气、封合袋口、切断而完成一个工作循环。

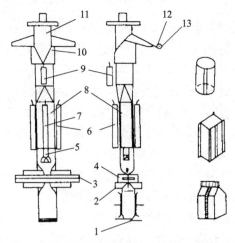

图 6-36　角形自立袋制袋成型—充填—封口包装机

1. 折合袋底装置；2. 排气钳；3. 夹带钳；4. 横向热封切断器；5. 充填管；6. 烫角器；7. 纵封装置；
8. 方筒导管；9. 纵向预封装置；10. 翻领成型器；11. 成型圆筒导管；12. 导辊；13. 包装薄膜

案　例　五

全自动高速立式包装机

如图 6-37 所示，该机采用连续工作方式，对粉粒状物料高速充填、快速包装；采用真空吸附拉膜确保包材的连续精确牵引，高速稳定的顶封底封与切断成袋装置使包装形式灵活多样；横封采用大功率伺服电机，使封口压力和张开行程任意调节，能满足各种包材和袋型的需求；触摸式真彩人机界面，选配 Internet 远程监控维护系统，可实现与客户零距离沟通。

图 6-38 为江苏某包装设备有限公司开发的 TM 系列条状包装机，适用于粉末和颗粒，包括砂糖、甜味佐料、速溶咖啡、奶精、奶粉、干燥剂等包装，可选配各种物料充填系统、激光喷码、激光打码、薄膜跟踪向导、充氮、U 槽口切割、R-角切割等；高精度重量控制填充系统能适应充填量 0.2～80g/袋的各类条状包装，包装速度为：条带数×40～100 袋/（min·条）（包装机条带数量可根据产品批量设置成 1～20 条）。

（彩图）

图 6-37　全自动高速立式包装机　　　　图 6-38　TM 系列条状包装机

2. 卧式制袋—充填—封口包装机

与立式成型制袋—充填—封口包装机基本相同，制袋与充填都沿着水平方向进行，可包装各种形状的块状、颗粒状等各种形状的固态物料，如点心、面包、方便面、香肠、糖果等，包装尺寸可以在很大的范围内调节。这类包装机也有多种形式，按结构分为三面封结构和四面封结构的包装机。

图 6-39 所示为直线进行式的卧式制袋—充填—封口包装机工作原理：从卷筒 1 拉下的包装材料由导辊 2 导引，经三角成型器 3 和 U 形杆 4 折合成 U 形带；光电检测装置 5 对包装材料上商标图文位置进行检测，然后由热封装置对 U 形折合带实施热熔封接两侧面、底边而完成制袋。牵引送进装置 7 作往复直线运动将成袋及材料作牵引送进，每次送进一个袋宽距离，由切断装置 8 裁切成单个包装袋，然后由袋钳将袋作钳持送进；在开袋口位由开袋装置将袋口吸开，并往袋内喷吹压力空气使袋口扩开，并由钳持包装袋的钳手保持张开的袋口，以便使装填物料顺利进行。袋子送到计量充填工位完成装填物料，再在整形工位由整形装置对袋中松散物料实施整形处理，使其袋形便于封口操作，且钳袋的钳手往外运动，让袋口恢复平直闭合状态，在封口工位完成热封，得到的包装件从机器中排出。

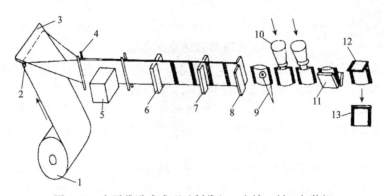

图 6-39　扁平袋卧式成型（制袋）—充填—封口包装机

1. 包装材料卷；2. 导辊；3. 成型折合器；4. 保持杆；5. 光电检测器；6. 成袋热封装置；7. 牵引送进装置；

8. 切断装置；9. 袋开口装置；10. 计量充填装置；11. 整形装置；12. 封口装置；13. 成品排出装置

如果待包装物料为颗粒状，在输送带左上方还需安装计量机构。一般也设有商标光电定位装置来控制正确的切断位置。

3. 液体食品袋装机

图 6-40 所示为液体物料袋装成型—充填—封口包装机示意图。该机为立式间歇运动充填

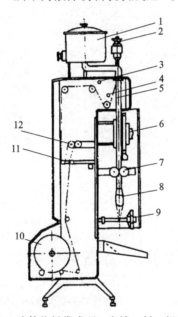

图 6-40　液体物料袋成型—充填—封口机示意图

1. 料缸；2. 阀开度调节器；3，4. 紫外线灯；5. 成型器；6. 纵封器；
7. 牵引辊；8. 充填阀；9. 横封切断器；10. 薄膜卷；11. 平衡器；12. 预牵引辊

机，内容物在 125～1000mL 范围内可调，生产能力为 40 件/min，适用于厚度为 0.08～0.1mm 的 PE 或 LLDPE 薄膜包装。工作原理如下：薄膜经预牵引辊 12 从卷筒 10 上拉下，送到成型器 5，进入成型器之前的薄膜要经过两道紫外线灯 3、4 照射，实施与产品接触一面材料的灭菌处理。从成型器中出来的薄膜被折成扁筒状。薄膜间歇运动静止时刻，纵封器 6 对扁筒状料袋热封。薄膜牵引辊 7 的间歇回转，使得料袋定长地牵引。液体食品在机器顶部料缸 1 中贮存，经充填阀 8 定量地进入料袋，横封切断器 9 在液面位置以下将袋口封合，同时将下袋切断分离。

这种包装机不属于无菌包装，产品仍然需要冷藏，可用于巴氏灭菌牛奶、果汁饮料、豆奶、酱油、醋等的包装。

（三）袋装机械的选用

袋装机械及其配套设备种类很多，功能、生产能力、所用包装材料及价格、包装袋的形状和尺寸等均各不相同，差异很大，选用时必须根据生产规模和市场行情综合考虑，引进国

外设备必须考虑原材料的国内供应情况。具体选用设备时可考虑以下几点。

1）充填的计量装置要选择适当。当包装某些颗粒状和粉状物料时，其密度必须控制在规定的范围内才能选用容积式计量，否则应考虑称量式计量。对受空气温度、湿度敏感的包装物料，在选用设备时尤应注意。

2）封口时的加热温度和时间应能调节到与所用包装材料的热封性能相适应，以保证热封质量。

3）充填粉末物料时，袋口部分因易沾污粉尘而影响封口质量，多数情况是由于塑料包装材料带静电而吸附粉尘，因此，这类袋装机必须设有防止袋口粉尘沾污的装置，如静电消除器等。

4）当装袋速度快、被装物品价格较贵时，应采用称重计量充填，并配有检重秤，随时剔除超重或欠重包装件，并能自动调整充填量。

5）单机形成自动化生产线时应选用高可靠性的机型，以免单机故障而影响整条生产线的正常生产。

第四节　装盒与装箱技术及设备

盒与箱作为销售包装和运输包装，一般由纸板或瓦楞纸板制成，属于半刚性容器，由于它们的制造成本低、重量轻，便于堆放运输或陈列销售，并可重复使用或作为造纸原料，因此至今乃至将来仍是食品包装的基本形式之一。

一、装盒技术及设备

包装纸盒（packaging carton）一般用于销售包装，有时装瓶装袋后再装盒，或装小盒后再装较大的盒；有时直接用于盛装食品等内容物。包装盒的发展主要是采用复合材料，变换盒样形式，改进印刷装潢；装盒技术主要是从手工操作向机械化、半自动化和全自动化方向发展，而纸盒的功能和用途则无很大的变化。

（一）装盒方法

目前，装盒方法有手工装盒、半自动机械装盒和全自动机械装盒。

1. 手工装盒法

这是最简单的装盒方法，不需要设备投资和维修费用，但速度慢，生产率低，对食品卫生条件要求高的产品包装容易造成微生物污染。故在现代化的规模生产条件下一般不采用。

2. 半自动装盒方法

由操作人员配合装盒机来完成装盒包装，一般取盒、打印、撑开、封底、封盖等由机器来完成，用手工将产品装入盒中。

半自动装盒机的结构比较简单，但装盒种类和尺寸可以多变，改变品种后调整机器所需时间短，很适合多品种小批量产品的包装，而且移动方便，生产速度一般为30～50盒/min。有的半自动装盒机用来包装一组产品，如小袋茶叶、咖啡、汤料和调味品等食品，每盒可装10～20包，装盒速度与制袋充填机配合，机器的运转方式为间歇转动，自动将小袋产品放入盒中并计数，装满后自动转位，放置空盒，取下满盒和封盖的工序由人工完成，一般生产速度为 50～70 小袋/min（每次装一小袋），或 100～140 袋/min（每次装 2 小袋），要与小袋制袋充填袋装机相配。

3. 全自动装盒方法

除了向机器的盒坯贮存架内放置盒坯外，其余工序均由机器完成，即为全自动装盒。全自动装盒机的生产速度很大，一般为 500～800 盒/min，高速的可超过 1000 盒/min。但设备投资大，机器结构复杂，操作维修技术要求高，变换产品种类和尺寸范围受到限制，故在这方面不如半自动装盒机灵活，一般适合于单一品种的大批量装盒包装。

（二）装盒机械

现代商品生产中应用的装盒机多种多样，下面主要介绍开盒成型—充填—封口、纸盒成型—充填—封口等形式的自动装盒机。

1. 开盒成型—充填—封口自动装盒机

如图 6-41 所示，该机主要组成部分包括：分立挡板式内装物传送链带 1、产品说明单折叠供送装置 2、下部吸推式纸盒片撑开供送装置 3、推料杆传动链带 4、分立夹板式纸盒传送链带 5、纸盒折舌封口装置 6、成品输送带与空盒剔除喷嘴 7，以及编码打印、自动控制等工作系统。

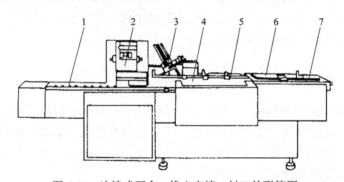

图 6-41　连续式开盒—推入充填—封口外形简图
1. 内装物传送链带；2. 产品说明单折叠供送装置；3. 纸盒片撑开供送装置；
4. 推料杆传动链带；5. 纸盒传送链带；6. 纸盒折舌封口装置；7. 成品输送带及空盒剔除喷嘴

该机适用于开口的方体盒形，垂直于传送方向的盒体尺寸为最大，可包装限定尺寸范围内的多种固态物品。内装物和纸盒均从同一端供送到各自链带上，而与其一一对应并做横向往复运动的推杆可将内装物平稳地推进盒内，然后依次完成折边舌、折盖舌、封盖盖、剔空盒（或纸盒片）等作业，最后将包装成品逐个排出机外。该机生产能力较高，一般可达 100～200 盒/min。

2. 纸盒成型—充填—封口装盒机

图 6-42 为纸盒成型—充填—封口装盒机工艺路线图。该机型适合于顶端开口难叠平的长方体盒形的多件包装。纸盒成型是借助模芯向下推动已横切压痕好的盒片，使之通过型模而折角粘搭起来，然后将带翻转盖的空盒推送到充填工位，分步夹持放入一定数量叠放在一起的竖立小袋。所用盒子长宽为 56～280mm，高为 58～80mm，一列式每盒装 15～40 袋，四列式每盒装 120～200 袋。经折边舌和盖舌后，就可插入封口。

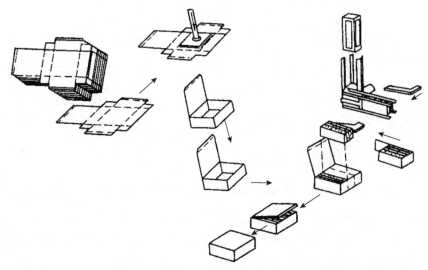

图 6-42　纸盒成型—夹放充填—封口机多工位间歇传送路线图

3. 开盒—衬袋成型—充填—封口机

图 6-43 所示为开盒—衬袋成型—充填—封口机的包装工艺路线图。首先把预制好的折叠盒片撑开，逐个插入间歇转位的链座，并装进现场成型的内衬袋，充填各种状态的固体类食品，然后再完成封口和封盒。

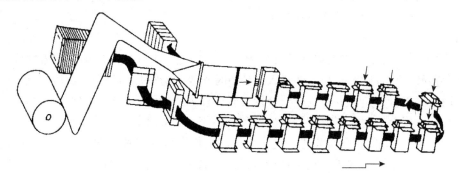

图 6-43　开盒—衬袋成型—充填—封口机多工位间歇传送路线图

这种衬袋成型法的特点为：采用三角板成型器及热封器制作侧边封的开口袋，既省料简单，又便于实现袋子的多规格化；底边已被折叠，主传送过程将减少一道封合工序；纸盒叠平，且衬袋现场成型，不仅有利于管理工作，降低成本，还使装盒工艺更加灵活，尤其能根据包装条件的变化适当组配不同品质的金属材料，且也可不加衬袋，很方便地改为开盒—充填—封口包装过程。

4. 半成型盒折叠式裹包机

这类装盒机有连续裹包法和间歇裹包法两种。图 6-44 所示为连续裹包法水平直线型多工位连续传送路线，适合于大型纸盒包装，工作时首先把模切压痕好的纸盒片折成开口朝上的长槽型插入链座，待内装物借水平横向往复运动的推杆转移到纸盒底面上之后，便开始各边盖的折叠、粘搭等裹包过程。

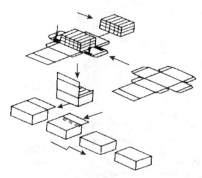 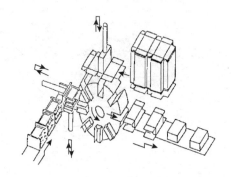

图 6-44 半成型盒折叠式裹包机多工位连续传送路线图　　图 6-45 间歇成型折叠盒裹包机示意图

图 6-45 为间歇成型折叠盒裹包机示意图，借助上下往复运动的模心和开槽转盘先将模切压痕好的盒片形成开口朝外的半成型盒，以便在转位停歇时从水平方向推入成叠小袋或多层排列的小件物品，然后在转位过程中完成折边、涂胶和封合。

二、装箱技术及设备

箱与盒的形状相似，习惯上小的称盒，大的称箱，它们之间没有明显界限。

1. 装箱方法

装箱与装盒的方法相似，但装箱的产品较重，箱坯尺寸大，堆叠起来比较重。因此，装箱的工序比装盒多，所用设备也较复杂。

（1）按操作方式分

1）手工操作装箱。先把箱坯撑开成筒状，然后把一个开口处的翼片和盖片依次折叠并封口作为箱底；产品从另一开口处装入，必要时先放入防震加固材料，最后封箱。用粘胶带封箱可用手工进行，如有生产线或产量较大时，宜采用封面贴条机；用捆扎带封箱，一般均用捆扎机，比用手工捆扎可节省接头卡箍和塑料带，且效率较高。

2）半自动与全自动操作装箱。这类机器的运作多数为间歇运动方式，有的高速全自动装箱机也采用连续运动方式。在半自动装箱机上取箱坯、开箱、封底均为手工操作。

（2）按产品装入方式分

1）装入式装箱法有立式和卧式两种方式：①立式装箱法。立式装箱机把产品沿垂直方向装入直立的箱内，常用于圆形和非圆形的玻璃、塑料、金属包装容器包装的产品，如饮料、酒类、瓶罐装的粉体类食品。装箱方法为：取出箱坯撑开成筒状封底，然后打开上口的翼片和盖片；空箱移至规定位置，开始装入产品。装箱的产品多数已经包装，它们的堆积成行、成列、分层计数等均由机器完成，装箱后，即合盖封箱。②卧式装箱法。卧式装箱机可使产品沿水平方向装入横卧的箱内，均为间歇式操作，有半自动和全自动两类，适合于装填形状对称的产品；装箱速度一般为 10～25 箱/min，半自动需要人工放置空箱，装箱速度为 10～15 箱/min。

2）裹包式装箱法与裹包式装盒的操作方法相同。图 6-46 所示为裹包式折叠装箱机水平与垂直折线组合型多工位间歇传送路线，适用于某些较规则形状且有足够耐压强度的物件进行多层集合包装。先将内装物按规定数量叠在模切纸箱坯片上，然后通过由上向下的推压使之通过型模一次完成箱体裹包成型、涂胶和封合，然后沿水平折线段完成上盖的粘搭封口，经稳压定型后再排出机外。高速的裹包式装箱机可达 60 箱/min，中速的可达 10～20 箱/min，半自动的为 4～8 箱/min。

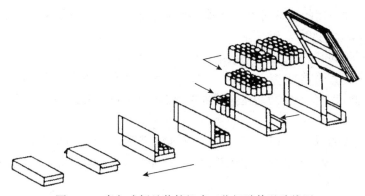

图 6-46 裹包式折叠装箱机多工位间歇传送路线图

2. 瓦楞纸箱和装箱设备的选用

（1）瓦楞纸箱的选用 选用瓦楞纸箱首先应考虑商品的性质、重量、贮用条件和流通环境等因素；运用防震包装设计原理和瓦楞纸箱设计方法进行设计时应遵照有关国家标准；出口商品包装要符合国际标准或外商要求，并经过有关的测试，在保证纸箱质量的前提下，尽量节省材料和包装费用；另外应考虑贮运堆垛时的稳定性。

（2）装箱设备的选用 对于生产率不高、质轻、体积小的产品，如盒、小袋包装品等，且在劳动力不短缺的情况下可由手工装箱；但对于一些较重或易碎的产品，如瓶装食品、饮料类、蛋品等，一般批量较大，可采用半自动装箱机；高生产率单一品种产品，应选用全自动装箱机。

第五节 热收缩和热成型包装技术

一、热收缩包装技术

热收缩包装（heat shrink packaging）是用热收缩塑料薄膜裹包产品或包装件，然后加热至一定温度，使薄膜自行收缩紧贴裹住产品或包装件的一种包装方法。目前，热收缩包装技术已在食品包装上被广泛使用，成为很有发展前途的食品包装技术。

（一）热收缩包装的特点和形式

1. 热收缩包装的特点

1）能适应各种大小及形状的物品包装，如小的对瓶子的局部包装，大的对托盘集装物的包装等；同时，它特别适用于一般方法难以包装的异形物品，如蔬菜、水果、整体的鱼肉食品及带盘的快餐食品或半成品的包装。

2）对食品可实现密封、防潮、保鲜包装，对产品的保护性好。收缩薄膜一般透明、紧贴食品表面，对产品色、形有很好的显示性，盒、瓶、罐装食品再用收缩包装后，强化包装品的保护功能，增加包装的外观光泽，从而提高商品的装潢效果，强化促销功能。

3）利用薄膜的收缩性，可把多件物品集合在一起，实现多件物品的集合包装或配套包装，为自选商场及其他形式的商品零售提供方便。

4）包装紧凑，方便包装物的贮存和运输。包装材料轻，且用量少，包装费用低。

5）包装工艺及使用的设备简单，且通用性强，便于实现机械化快速包装。

2. 热收缩包装的形式

按包装后包装体的形态特点，热收缩包装分为三种类型。

1）两端开放式套筒收缩包装，如图 6-47A 所示，将包装件放入管状收缩膜或用对折薄膜搭接热封成套筒状，套筒膜两端比包装件长出 30～50mm，收缩后包装件两端留有一圆形小孔。

2）一端开放式的罩盖式收缩包装，如图 6-47B 所示，用收缩膜覆盖在装有食品的盒或托盘容器口上，其边缘比容器口部边缘长出 20～50mm，经加热收缩，紧紧地包裹容器口部边缘。

3）全封闭式收缩包装，如图 6-47C 所示，可满足包装品的密封、真空和防潮等包装要求。

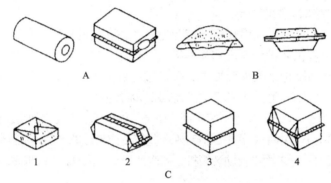

图 6-47　热收缩包装形式

A. 套筒收缩包装；B. 罩盖收缩包装；C. 全封闭式收缩包装；
1. 折叠式；2. 三边封口式；3. 四边封口式；4. 折边四边封口式

（二）热收缩包装材料的主要性能要求

1. 热收缩薄膜的收缩性能

热收缩薄膜的收缩性能指收缩膜在加热时各方面尺寸收缩的一种特性，一般用收缩率、总收缩率和定向比为指标来表示。

（1）收缩率　薄膜试样单位原长在一定加热条件下的尺寸收缩量的百分数。

$$收缩率 = \frac{L_1 - L_2}{L_1} \times 100\%$$

式中，L_1 为收缩前薄膜的长度；L_2 为收缩后薄膜的长度。

测试方法是先量得薄膜的原始长度 L_1，然后浸放到 120℃甘油中 1～2s，再用水冷却，测量得长度 L_2。

（2）总收缩率　薄膜收缩率有纵向和横向两个值，两值之和为该材料的总收缩率，其大小主要取决于构成收缩薄膜的塑料品种、成分，以及成型加工时的定向拉伸度，在其他条件相同的情况下，定向拉伸度越大，薄膜越薄，总收缩率就越大。总收缩率越大其收缩力和收缩速度越大。轻包装可用极薄的收缩薄膜，其总收缩率可超过 100%；而大型物品覆盖收缩包装用较厚的收缩薄膜，总收缩率为 60%～80%。

（3）定向比　指收缩薄膜的纵向定向收缩分布率与横向定向收缩分布率之比。

收缩薄膜的定向收缩分布率是以总收缩率的百分数来表示纵、横向的收缩性能值，即

$$定向比 = 纵向定向收缩分布率/横向定向收缩分布率$$

$$纵向定向收缩分布率（\%）= 纵向收缩率×100/总收缩率$$

$$横向定向收缩分布率（\%）= 横向收缩率×100/总收缩率$$

根据定向比值将收缩薄膜分为四类，分别用于不同形体和形式的包装。

1）超单向定向收缩薄膜：定向比=100/0～95/5，主要用作托盘集装物品的罩盖包装材料，其厚度在 100μm 以上。

2）高单向定向收缩薄膜：定向比=95/5～75/2，适用于两端开发式套筒收缩包装。

3）双向定向收缩薄膜：定向比=75/25～55/45，适用于三边、四边封合的收缩包装。

4）均衡定向收缩薄膜：定向比=55/45～45/55，适用于盘、盆装食品罩盖收缩包装，它可满足这类包装形式薄膜沿盘、盆边缘收缩，同时，顶部各方向也加热均匀，达到收缩的要求。

2. 热收缩薄膜的收缩温度

热收缩薄膜在一定温度范围内才发生收缩，在此范围内其收缩率随温度升高而增大，如图 6-48 所示。收缩温度在一定程度上决定了收缩薄膜的收缩力大小，如果收缩温度太高，薄膜开始的收缩力很大，但在包装存储期间其收缩力会下降而导致包装松弛，如图 6-49 所示。一般当薄膜实际收缩率不超过其潜在收缩率的 20%时，能有效防止热收缩包装的松弛现象。

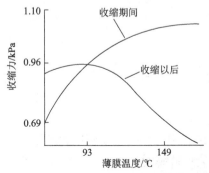

图 6-48　收缩力与收缩温度的关系曲线

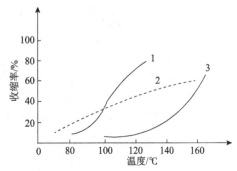

图 6-49　收缩率与收缩温度的关系曲线
1. PE；2. PVC；3. PP

3. 热收缩薄膜的热封性

收缩包装在薄膜加热收缩前，需要先对裹包薄膜搭接边进行热压封合，因此要求收缩薄膜应具有良好的热封性能，即应具有低的热封温度和足够的热封强度。

收缩薄膜具有的热收缩性、收缩温度范围及热封性能主要取决于收缩薄膜的种类、制膜工艺及质量的影响，而这些特性将影响收缩包装的效果和质量，所以根据被包装物的特性、形体、包装要求正确确定收缩包装形式，合理选择收缩薄膜是获得满意包装效果的重要保证。表 6-1 为几种常用热收缩膜的热收缩性能。

表 6-1   几种收缩薄膜的典型收缩率、收缩温度和热封温度

薄膜类型	典型收缩率/%	收缩温度/℃（空气）	热封温度/℃
PET	35	177	135
PE	30	171	135
PP	60	218	177
PVC	60	163	107
PVDC	45	177	138

（三）常用收缩薄膜的特性及适用场合

（1）聚氯乙烯（PVC）   收缩温度较低而范围广，收缩力强，收缩速度快，透明美观，封口干净漂亮，透氧率小，透湿度较大，故适用于生鲜果蔬的保鲜包装。缺点是：冲击强度低，低温易发脆，另外还有封口强度差，封口时会分解产生臭气，且当塑料中的增塑剂变化时，薄膜会出现横裂、光泽消失等。

（2）聚乙烯（PE）   特点是热封性好，封口强度高，冲击强度大、价格低、防潮性能好。缺点是光泽与透明性等比 PVC 差，收缩温度比 PVC 高（20～50℃）。

（3）聚丙烯（PP）   透明性与光泽最好，黏着性、耐油性及防湿性能好，收缩力强。缺点是收缩温度高而范围窄。

（4）其他   聚偏二氯乙烯（PVDC）薄膜主要用于肉食灌肠类包装。乙烯-乙烯醋共聚物（EVA）冲击强度大、透明度高、软化点低，收缩温度宽、热封性能好、收缩力小，尤适合带突起异形物品的包装。Ionomer 是一种离子键聚合物，强度与延伸率都较大，与内容物的适应性好，适用于长途运输的冷冻食品的收缩包装。

（四）热收缩包装工艺及设备

食品热收缩包装工艺过程一般包括：裹包、热封口、加热收缩和冷却四步。完成收缩包装加工的包装系统一般有裹包热封机、热收缩装置（包括冷却机构），以及各操作机械前后配置的必要的输送装置及其辅助操作机械组成。

（1）裹包   裹包操作在裹包机上完成，根据被包装物尺寸大小及所用收缩薄膜的特性截取薄膜的尺寸应合适。例如，中小型物品裹包筒或袋形薄膜的尺寸比包装物尺寸大 10%左右，收缩薄膜罩比托盘包装尺寸大 15%～20%。

（2）热封   热封一般采用镍铬电热丝热熔切断封合或脉冲热封合，为达到良好的热封效果，热封时应注意：①热封温度尽可能选择低一些，甚至施加及时冷却措施，并力求高速封合，以防热封的加热影响封口发生收缩。②热封温度应恒定，压力均匀，以获得平整光滑的封口，同时避免薄膜其他部分发生粘连。③封口封合强度应达到薄膜在封口相应方向上原有强度的 70%，以免热收缩时封合强度不足导致封口拉开。

（3）加热收缩   热收缩是在热收缩装置中利用热空气对包装制品进行加热使薄膜收缩。中小型包件可采用如图 6-50 所示热收缩隧道进行加热收缩。用收缩薄膜包装好的制品放在输送带 1 上，送入热缩隧道 3；发热元件 5 加热的空气由电动机 6 带动的风机 7 从入口 8 吹到包装成品上，完成收缩后，被输送带 1 送出用冷却风机 9 冷却。为了保证隧道内的温度恒定，一般都采用温度自动调节装置，热电偶 4 装在隧道内，保证空气温度差小于5℃。热风的速度、流量，以及输送机构、出入口形状与材质等，都对收缩质量有影响，热收缩加热参数可参照表6-2。

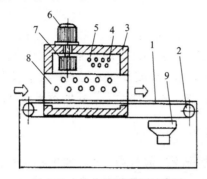

图 6-50　热收缩隧道的示意图

1. 输送带；2. 传动辊；3. 热缩隧道；4. 热电偶；5. 发热元件；6. 电动机；7. 风机；8. 入口；9. 冷却风机

表 6-2　几种收缩薄膜热收缩包装的工艺参数

薄膜种类	厚度/mm	热缩室温度/℃	加热时间/min	风速/（m/min）	备注
聚氯乙烯	0.02～0.06	140～160	5～10	8～10	温度较低，对食品类较适宜
聚丙烯	0.02～0.04	160～200	6～12	15～20	紧固性强
聚乙烯	0.03～0.10	160～200	8～16	6～10	加热收缩后必须冷却
	0.12～0.20	180～200	30～60	12～16	必要时可停止加热

目前国产热收缩包装设备采用红外辐射加热法，热收缩快、效果好，但是要求使用对红外线吸收率高的热收缩薄膜。

对于大型托板收缩包装，当生产率不高时，可以采用手提式热风喷枪对被包装物吹热风，完成热收缩包装。

二、热成型包装技术

用热塑性塑料片材加热成型制成容器，并定量充填灌装食品，然后用薄膜覆盖容器口并封合，这种包装方法称为热成型包装（heat forming packaging）。

（一）热成型包装的特点

热成型包装目前应用极为广泛，其主要原因是这种包装方法有以下特点。

1）包装适用范围广，用于冷藏、微波加热、生鲜和快餐等各类食品的包装，可满足食品贮藏和销售对包装的密封、半密封、真空、充气、高阻隔等各种要求，也可实现无菌包装要求，包装安全可靠。

2）容器成型、食品充填、灌装和封口可用一机或几机连成生产流水线连续完成，包装生产效率高；而且避免包装容器转运可能带来的容器污染问题；节约包装材料、容器运输和消毒费用。

3）热成型法制造容器方法简单，可连续送料连续成型，生产效率比其他成型方法一般高 25%～50%。

4）容器形状大小按包装需要设计，不受成型加工的限制，特别适应形状不规则的物品包装需要，而且可以满足商业销售美化商品的要求设计成各种异形容器，制成的容器光亮，外观效果好。

5）热成型法制成的容器壁薄，能减少包装用材量，且容器对内装食品有固定作用，减少食品受震动碰撞所致的损伤，包装品装箱时不需另用缓冲材料。

6）包装设备投资少、成本低。热成型加工用模具成本只为其他成型加工法用模具成本的 10%～20%，制造周期也较短，一次性投资是其他容器成型法投资的 5%左右。

（二）常用热成型包装材料

热成型包装用塑料片材按厚度一般分为三类：厚度小于 0.25mm 为薄片，厚度在 0.25～0.5mm 为片材，厚度大于 1.5mm 为板材。塑料薄片及片材用于连续热成型容器，如泡罩、浅盘、杯等小型食品包装容器。板材热成型容器时要专门夹持加热，因而是间接成型加工，主要用于成型较大或较深的包装容器。

热成型塑料片材厚度应均匀，否则加热成型时塑料片材因温度不均匀、软化程度不一而使成型的容器存在内应力，降低其使用强度或使容器变形，甚至不能获得形状完整合格的容器。通常，塑料片的厚薄公差不应大于 0.04。目前用于包装食品的主要有 PE、PP、PVC、PS 塑料片材和少量复合材料片材。

（1）聚乙烯　　聚乙烯（PE）由于卫生和廉价而在食品包装上大量使用，其中 LDPE 刚性差，在刚性要求较高或容器尺寸较大时可使用 HDPE，但其透明度不高。

（2）聚丙烯　　聚丙烯（PP）具有良好的成型加工性能，适合于制造深度与口径比较大的容器，容器透明度高，除耐低温性较差以外，其他都与 HDPE 相似。

（3）聚氯乙烯　　硬质聚氯乙烯（PVC）片材具有良好的刚性和较高的透明度，可用于与食品直接接触的包装，但是因拉伸变形性能较差，所以难以成型结构复杂的容器。

（4）聚苯乙烯（PS）　　热成型加工时常用 BOPS 片材，这种材料刚性和硬度好，透明度高，表面光泽。但热成型时需要严格控制片材加热温度，也不宜做较大拉伸，同时应注意成型用的框架应有足够的强度，以承受片材的热收缩作用。EPS 片材也可作热成型材料，一般用来制作结构简单的浅盘、盆类容器。它的优点是质轻，有一定的隔热性，可用作短时间的保冷或保热食品容器，但这种片材的热成型容器使用后回收处理困难，视为"白色污染"，目前已被限制使用。

（5）其他热成型片材　　PA 片材热成型容易，包装性能优良，常用于鱼、肉等包装；PC/PE 复合片材可用于深度口径比不大的容器，可耐较高温度的蒸煮杀菌；PE、PP 涂布纸板热成型容器可用于微波加工食品的包装；PP/PVDC/PE 片材可成型各种形状的容器，经密封包装快餐食品，可经受蒸煮杀菌处理。

国际上对塑料包装废弃物的"白色污染"问题日益重视，纷纷推出可降解塑料片材用于热成型包装，用 PE、PVC、PP 等与淀粉共混制成可降解生物片材，是改革快餐热成型包装的重要发展方向之一。

（6）封盖材料　　热成型包装容器的封盖材料主要是 PE、PP、K 涂 PVC 等单质塑料薄膜，或者使用铝箔、纸与 PE 的复合薄膜片材和玻璃纸等材料，一般在盖材上事先印好商标和标签，所用印刷油墨应能耐 200℃温度。

（三）热成型加工方法

按成型时施加压力的方式不同，热成型加工分为差压成型、机械加压成型及介于两者之间的助压气压差成型等几种热成型方法。

（1）压差成型　　依靠加热塑料片材上下方的气压差的压力使塑料片变形成型，有两种方法：图 6-51A 为空气加压成型，塑料片材被夹住并压紧在模口上，从片材上方送入压缩空气，片材下方模具上有排气孔，片材加热软化后，被空气压向膜腔而成型；图 6-51B 为从模具下方孔抽气，使塑料片材封闭的模腔成负压，上下压差使其向模腔方向变形成型，这种方法也称真空成型法。

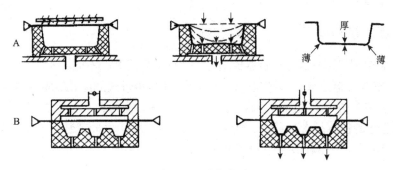

图 6-51　压差成型
A. 空气加压成型；B. 真空成型

差压成型加工法的优点是：制品成型简单，对模具材料要求不高，只要单个阴模，甚至可以不用模具生产泡罩包装制品，制品外形质量好，表面光洁度高，结构鲜明。缺点是制品壁厚不太均匀，最后与模壁贴合的部位的壁较薄。

（2）机械加压成型　　如图 6-52 所示，将塑料片加热到所要求的温度，送到上下模间，上下模在机械力作用下合模时将片材挤压成模腔形状的制品，冷却定型后开模取出制品。这一成型法具有制品尺寸准确稳定，制品表面字迹、花纹显示效果较好等特点。

（3）柱塞助压成型　　柱塞助压成型是将上述两种热成型方法相结合的一种成型方法。塑料片材被夹持加热后压在阴模口上，在模底气孔口封闭的情况

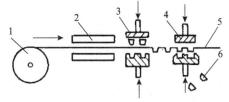

图 6-52　机械加压连续推料
1. 塑料片卷；2. 加热器；3. 成型模具；4. 切边；5. 废片料；6. 制品

下，柱塞将片材压入模内，封闭模腔内的空气反压使片材接近模底而不与模底接触，此时从模底处的孔中抽气或以上方压气最后完成塑变成型制品。这种成型方法可获得壁厚均匀的塑料容器。

（四）热成型技术要求

包装容器热成型主要包括加热、成型和冷却脱模三个过程。为保证获得满意形状、质量合格的热成型容器，应注意以下技术要求。

（1）确定合理的拉伸比　　容器深度 H 与其口径 D 之比 H/D 为成型容器的拉伸比。显

然，H/D 值越大，容器越难成型。热成型所能达到的 H/D 值与塑料的品种有关，塑料热延伸能力越大，熔体强度越高，则 H/D 值可越大。

（2）根据热成型所用材料的品种、厚度确定热成型温度、加热时间和加热功率　热成型容器的加热温度应在材料的 T_g 或 T_m 温度以上，而且受热应均匀稳定。各种塑料热成型温度不同，一般在 120～180℃。温度不合适，会出现成型不良，壁厚不均，气孔、白化、皱折等缺陷。

（3）注意热成型模具的几何尺寸　热成型容器所用模具尺寸形状应符合设计要求，表面光滑，有足够的拔模的斜度。各种成型方法成型的容器底部的壁厚总要变薄，在拉伸比小于 0.7 的情况下，容器底部壁厚一般只有平均壁厚的 60%。为了保证强度，容器底部采用圆角过渡，圆角半径应取 1mm 以上。

（五）热成型包装机械

热成型包装根据自动化程度、容器成型方法、封接方式等的不同，可以分为很多种机型。图 6-53 所示间歇式容器热成型包装机，该机的薄膜 1 是步进式的运动，成型器 2 每往复一次成型出几个（图中为两个）容器，容器在工位 3 进行物料充填，在工位 5 处封盖。牵引装置 6 带动复盖热合好的包装品水平移动，经刻印装置 7 刻印后，由冲裁装置 8 把包装容器切下，再经输送皮带 10 送出，余料卷在余料辊 9 上。

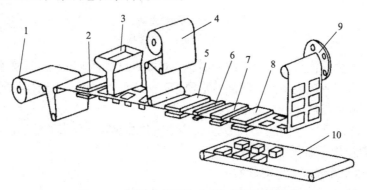

图 6-53　间歇式容器热成型包装机原理图
1. 薄膜；2. 成型器；3. 食品充填工位；4. 覆盖膜；5. 封盖工位；6. 牵引装置；
7. 刻印装置；8. 冲裁装置；9. 余料辊；10. 输送皮带

这种包装机的生产速度一般为 800～1200 包/min，容器最大尺寸可达 200mm 左右，容器高度可达 90mm。容器成型采用间歇式或直接加热空压式成型方法，覆盖膜封接采用平板封接器。该机适用于乳制品、果汁、布丁、果冻、冰淇淋等的包装。

第六节　封口、贴标、捆扎包装技术及设备

一、封口技术及设备

封口（sealing）操作是食品包装继计量充填或灌装之后的另一道重要的包装工序。由于被包装食品种类繁多，性能各异，包装要求、所用包装材料和容器各不相同，因而采用的封口方式方法和使用的封合物也就多种多样。

（一）封口封合方式、封合物的种类及功能

1. 封口封合方式

按包装容器口部形状不同，以及是否使用封口材料，封口方式大致可分为三类。

第一类为无封口材料封口，即直接用包装容器口壁部分材料经热熔、黏接或扭结折叠等方法实现封口，如塑料袋封口、纸袋封口、各种裹包封口等。这类封口可以在相应的裹包机或袋装机的封口工位上直接完成操作，不需另设封口机械，在自动化程度较低的生产场合，可采用手工或专用包装器具将装好物品的包装袋封口。

第二类为有封口材料的封口，即用封口材料预先制成与被封容器口相配的封盖，然后在专用的封口机上使封盖将容器口封合。这类封口方法主要用于金属、玻璃、塑料材料制成的刚性瓶罐容器的封口。

第三类为有辅助封口材料的封口，即用外加的材料将已封盖或未完全封盖的容器口封合，外加的辅助材料有金属针、线、胶带等，可用专门的器具或机器完成封口操作，也可由人工完成封口操作，如纸盒、纸箱等容器的封合。

食品包装对封口的一般要求为：外观平整、清洁美观；封口及时快捷、封口可靠、启封方便；封口材料无毒安全，符合食品卫生要求。

2.封合物的种类

包装容器封口的封合物是指附加在容器上的开启和封合的装置，主要包括各种封盖（cap）、塞（plug）、罩盖、衬垫等。其中封盖是重要的封口封合物，它的形式多种多样，如图 6-54 所示有：螺纹齿合型的连续螺纹盖（screw cap）（A）、凸耳盖（B）、滚压盖（roll-on cap）（D）、压合/扭开盖（C）、摩擦配合式的皇冠盖（crown cap）（E）、搭锁配合盖（I）、显偷换式的断开式显偷换盖（tamperproof seal）（J、K）、儿童安全盖（child resistant cap）（M、N）、方便型的固定式倾斜封盖（F）、可移动（H）或倾倒型封盖（G）、塞孔盖（L）等。

3. 封合物的功能

封合物与容器相配应具有如下功能：①封合物与容器封口要能形成有效密封，从而实现对包装容器内容物的保护要求。②方便开启、易于开启或达到防盗、使用安全、可控开启要求。③利用封合物处于包装物引人注目的部位的特点，以美观的外形、清晰的印刷图形标志起到向消费者传达视觉信息的作用。

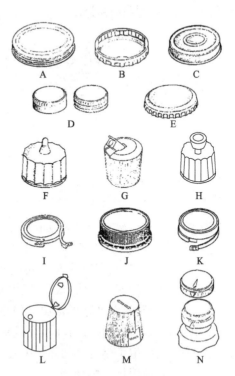

图 6-54　几种典型封合物（封盖）

（二）软塑包装容器封口

软塑包装容器主要是指用各种塑料薄膜、复合薄膜及塑料片材制成的袋、盒、筒状容器，这类容器的密封封合方法主要有热压封合、压扣封合、结扎封合等。封合方法的选择及要求取决于所用材料、包装形态、加热杀菌方法及包装食品特性和贮藏要求等多方面的因素。

1. 热压封合

热压封合（heat seal）指用某种方式加热容器封口部材料，使其达到黏流状态后加压使之粘封，一般用热压封口装置或热压封口机完成。热封头是热压封合的执行机构，通过控制调节装置可以调整热封头的温度和压力以满足不同的封合要求。根据热封头的结构形式及加热方法不同，热压封口方法可分为多种。

（1）普通热压封口　　如图 6-55 所示，主要有以下几种。

1）板封。将加热板加热到一定温度，把塑料薄膜压合在一起即完成热封。此法结构和原理都很简单，热合速度快，应用很广，适合于聚乙烯薄膜，但对于遇热易收缩或分解的聚丙烯、聚氯乙烯等薄膜不适用。

2）辊封。能高效连续封接，适用于复合材料及不易热变形薄膜材料的封合。为了防粘，可在加热辊外表面涂一层聚四氟乙烯。

3）带封。钢带夹着薄膜运动，并在两侧对薄膜加热、加压和冷却，实现封口。这种装置结构较复杂，可对易热变形的薄膜进行连续封接，专门用于袋的封口。

4）滑动夹封。薄膜先从一对加热板中间通过，进行加热，然后由加压辊压合。特点是结构简单，能连续封接热变形大的薄膜，适用于自动包装机。

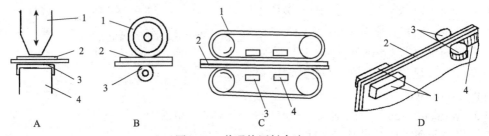

图 6-55　普通热压封合法

A. 板封：1. 加热板；2. 薄膜；3. 绝热层；4. 承压台。B. 辊封：1. 加热辊；2. 薄膜；3. 耐热橡胶圆盘。
C. 带封：1. 钢带；2. 薄膜；3. 加热部；4. 冷却部。D. 滑动夹封：1. 加热板；2. 薄膜；3. 加压辊；4. 封接部分

（2）熔断封合、脉冲、超声波和高频封合　　如图 6-56 所示。

1）熔断封合。利用热刀把薄膜切断，同时完成封接。这种封口没有较宽的封合带，强度低。

2）脉冲封合。在薄膜和压板之间置一扁形镍铬合金电热丝，并瞬间通以大电流，使薄膜加热黏合，然后冷却，防粘材料一般用聚四氟乙烯织物。这种封接方法的特点是封口质量（强度）高，适用于易热变形的薄膜，但冷却时间长，封接速度慢。

3）高频封合。薄膜被压在上、下高频电极之间，当电极通高频电流时，薄膜因有感应阻抗而发热熔化。由于是内部加热，中心温度高，薄膜表面不会过热，封口强度高，适用于聚氯乙烯之类感应阻抗大的薄膜。

4）超声波封合。由磁致换能器发出的超声波，经指数曲线形振幅扩大输出棒传到薄膜上，使之从内到外发热，薄膜内部温度较高，适用于易热变形薄膜的连续封接。

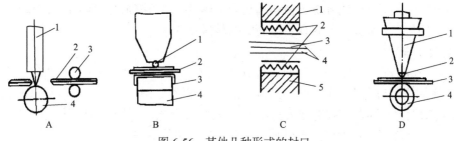

图 6-56　其他几种形式的封口

A. 熔断封合：1. 热刀；2. 封接部；3. 引出辊；4. 薄膜；

B. 脉冲封合：1. 压板；2. 镍铬合金电热丝；3. 防粘材料；4. 薄膜；

C. 高频封合：1. 压板；2. 高频电极；3. 焊缝；4. 薄膜；5. 承压台。

D. 超声波封合：1. 封接部；2. 承压台；3. 输出棒；4. 磁致换能器

2. 热压封合工艺参数

热压封合工艺参数指封接温度、封接时间和封接压力，这些工艺参数的确定取决于被封接薄膜材料的熔点、热稳定性、流动性、薄膜厚度等特性。

薄膜的热封温度应高于材料的黏流温度，在一定温度范围内，随加热温度的升高，薄膜的袋口呈现良好的黏流状态，在加压下可获得封口的封合强度相应升高。但是热封温度过高，封口封合强度达到极限，不再增加，如图 6-57 所示。过高的加热温度易使薄膜软化变形，影响封口的美观，甚至袋口局部烧穿。对热封口后需高温杀菌的包装食品更应注意确定适合的热封温度，以保证封口强度。

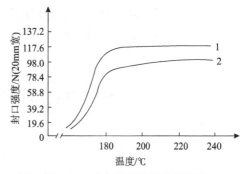

图 6-57　含铝箔复合膜袋热封性

1. 横封；2. 纵封（压力 3kg/cm², 时间 0.5s）

不同材料表现出不同的热封性能，其热封工艺参数也有很大差异。图 6-58 所示为 LDPE、CPP、BOPP 三种薄膜在一定的热封压力下的热封温度时间曲线。在某一热封温度 C 所允许的热封时间 $t_2 \sim t_1$ 范围内，热封质量均能得到保证。热封温度越高，时间范围越小，热封质量越难控制，从图 6-58 可知，BOPP 热封温度较高，而热封时间范围很窄，热封困难。

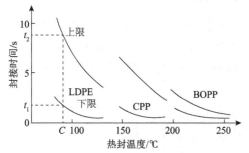

图 6-58　塑料薄膜的热封特性

上限：收缩率 30%；下限：热封强度 >98kPa

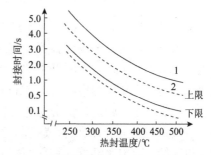

图 6-59　热封温度、时间、压力的关系

1. 热封压力 84kPa；2. 热封压力 480kPa

图 6-59 表示同一种材料不同热封压力对热封温度和时间的影响，显然提高热封压力，

其热封温度时间上下限曲线降低，说明达到同一热封要求可降低热封温度或缩短热封时间，但应注意，热封压力太大会使封口变形而影响热封质量。

3. 封口质量

1）封口外观平整美观。封口两封合面中间夹有污染物、封口出现折叠皱纹、有严重的凸凹不平等是热压封合常见缺陷。这些缺陷产生的原因分别是充填灌装对封口内侧造成污染；热封时对两封合面薄膜放置或夹持不平；热封工艺参数选择不合适，热封装置或机器选择不当，调整及使用不合理等。封口缺陷的存在将影响封口密封性。

2）封口有一定宽度。一般单质薄膜封口宽 2～3mm，复合膜封口宽 10mm。

3）封口有足够的封合强度和可靠的密封性。

4. 封口质量检测

食品软塑包装封口主要检测项目有以下几方面。

（1）热压封口缺陷检查　肉眼检测封口是否有缺陷，这是人为粗略估计的检测方法，在理想条件下，检测有效率约为 75%。红外线测试封口缺陷是将封口以 15m/s 速度通过红外线检测仪，封口受污染部分因热流受阻，检测器显示温度下降。这种检测法实用可靠，但检测器价格较高。测厚法对封口的检查是用测厚仪测量封口的厚度，因此检查出超过厚度部分的封口有皱纹及微粒污染。这一检测方法简单，但对封口内残留的油脂及水分的缺陷不易检出。

（2）耐压试验　袋装、盘装食品密封后（或者装同容量的水），按图 6-60 所示的方法在包装件上加压，所加负荷依包装内容物重量的不同按图注所列表内的要求选择，负荷作用 1min 后检查袋、盘封口是否有泄漏。

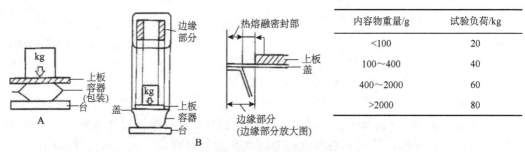

内容物重量/g	试验负荷/kg
<100	20
100～400	40
400～2000	60
>2000	80

图 6-60　软塑包装的耐压试验
A. 袋装食品的耐压试验；B. 盘装食品的耐压试验

（3）热封强度试验　这是保证封口质量的一种强度性检测。试验方法为：将密封包装件的热封部分切取 15mm 宽的试样，将封口以外两片薄膜分开并被试验机分别夹住其两端，然后以（300±2）mm/min 的速度拉伸，测定封口热封面被剥离时所需要的最大负荷（kg），一般要求热封口剥离拉力应在 23N/15mm 以上。

（4）包装跌落试验　将密封包装袋（内装食品或水）从一定高度自由跌落至水泥地面上，然后检查包装是否有泄漏，跌落试验的高度由包装内容物重量按表 6-3 的规定确定，试验时以包装的底部或平部着地跌落两次。

表 6-3 跌落试验跌落高度

内容物重量/g	跌落高度/mm
<100	20
100～400	40
400～2000	60
>2000	80

5. 铝丝结扎封口

专用于灌肠类包装物品的封口密封, 即用有一定直径和硬度的铝丝扎成环形套在筒装物的端口薄膜上, 然后扣紧完成封口。结扎封口要求所用铝丝光滑且尺寸合适; 铝丝环扣紧度合适, 过松密封不好, 过紧会损坏薄膜。

（三）金属罐二重卷边封口

金属罐普遍采用二重卷边封口, 卷边封口机的结构工作原理及二重卷边封口技术要求及质量指标与金属三片罐空罐罐底罐身卷边一样, 详见第四章第一节。

（四）玻璃瓶罐封口

玻璃瓶罐封口包括旋合盖封口与压盖封口两种。

1）旋合盖封口（twist-off lug cap）是对螺纹口或卡口容器用预制好的带螺纹或突牙的盖, 经专用封口机旋合而完成容器口密封的一种封口形式, 它广泛用于玻璃瓶罐及塑料瓶口的封合。这种封口具有密封好、启封便捷和启封后可再盖封的优点。

2）压盖封口（roll-on cap）所用瓶盖为由马口铁预压成型的皇冠盖, 盖内有密封垫或注有密封胶。用专用压盖机将皇冠盖折皱边压入瓶口凹槽内, 并使盖内密封材料发生适当压缩变形而将瓶口密封, 然后将盖的折皱部分压紧扣住瓶口凹槽上的凸缘完成盖封。压盖封口盖封操作简单, 密封性能好, 使用很广泛。

二、贴标技术及设备

贴标（labelling）是在包装作业的最后进行。标签（label）是加在容器或商品上的纸条或其他材料, 上面印有产品说明和图样; 或者是直接印在容器或物品上的产品说明和图样。标签的内容包括商品名称、商标、有效成分、执行标准、品质特点、使用方法、包装数量、贮藏条件、制造商和其他广告性图案及文字等。标签的功能是介绍商品, 方便使用, 并能传达企业的商品形象。通过精美的图案设计和装潢印刷, 起到宣传商品、促进销售的作用。需要注意的是, 标签的使用必须符合标签法规的规定。

1. 标签的种类

标签按功能分类有商标、货签、吊牌和其他标签。常用材料主要有纸、金属泊、塑料及复合材料, 按标签放置方法分类主要有以下几种。

（1）胶粘标签（gummed adhesive label） 一般用纸等薄片材料制成, 经印刷, 模切成所需形状。涂胶可在制造标签时完成, 使用时用水润湿背胶后粘贴, 也可在使用时涂胶。

（2）热敏标签（hot sensitive label）　　制标时在标签背后涂一层热熔性塑料树脂，使用时加热标签，使塑料涂层熔化后粘贴于商品或容器表面。热敏标签比胶粘标签价格高些，但使用方便，可适应高速贴标要求，特别适合于将标签作为封闭物使用，如折叠式裹包封口的饼干两端各贴一个标签，既是标签又起封口作用。

（3）压敏标签（pressure sensitive label）　　是在标签背面涂以压敏胶，然后黏附在涂有硅树脂的隔离纸上，使用时将标签从隔离纸上取下，贴于商品表面。压敏标签可制成单个，也可黏附在成卷隔离纸上，用于高速贴标场合。

（4）系挂标签（tag）　　用卡纸、薄纤维板或金属片制成，用线绳或金属丝系挂在商品上，有时用彩色稠带系在礼品之上。

（5）插入标签（inner label）　　是将标签放在透明的包装件内，不需固定，顾客可透过透明包装材料看到标签。

（6）直接印在包装件或包装容器上的标签　　这种标签是在塑料或纸包装袋上直接印上标签，也可印在玻璃、金属容器的表面。

2. 贴标工艺及设备

（1）贴标工艺　　贴标工艺过程因标签种类和使用设备不同而略有差异，大致可分为两类，即用冷胶或热熔胶（包括热敏胶）贴标和压敏胶标签贴标。

贴标机通常完成下列贴标工序：取标—标签传送—印码—涂胶—贴标—熨平。

（2）贴标机械　　由于标签所用材质、形式和形状等方面的差异，且贴标对象的种类繁多，有贴单标、双标甚至三标的，有身标、颈标等。因此，贴标机的类型也有很多。

三、捆扎技术及设备

随着商品流通的不断发展，产品的包装逐渐从单件小包装发展到中包装、大包装、集合包装，特别是瓦楞纸箱广泛地应用于产品的运输包装。捆扎作业便是外包装的最后一道工序。捆扎（strapping）是指用绳或带等挠性材料扎牢、固定或加固产品和包装件。捆扎机（strapping machine）是利用捆扎带捆扎包装件完成捆扎作业的机器。捆扎不仅使包装件更加牢固美观，而且便于运输、堆放和销售。

1. 捆扎工艺方法

（1）捆扎形式　　被捆扎的包装件以长方体和正方体为主。在捆扎之前，首先应根据包装件的内容和性质设计好捆扎形式，最常见的捆扎形式有单道、双道、十字、井字、多道交叉等多种。

（2）带子接头方式　　捆扎带抽紧后，需将两端首尾相接并固定。常用的塑料带可利用热熔搭接式进行封接，即采用各种有效的加热方法使塑料带搭接处表层受热熔化后搭接起来，在一定压力下保持一定时间，冷凝后形成可靠的粘接。接头强度应不低于带子被拉断或拉破的拉力的 80%。

（3）尺寸范围　　捆扎机所能捆扎包装件的尺寸范围，一般应遵循国家的标准系列，这样既可满足用户的不同需要，又便于简化制造和增加品种。目前国内外大多采用等差数列作为最大捆扎尺寸的标准系列。例如，捆扎包装件的宽×高有如下系列：600mm×800mm，600mm×600mm，600mm×400m，800mm×800mm，800mm×600mm，800mm×400m 等。此外，为了使小尺寸包装件也能捆紧，还规定了最小捆扎尺寸限制。

2. 捆扎带

食品包装用捆扎带主要有以下几种。

（1）聚酯捆扎带 PET 带是塑料捆扎带中性能最好的一种，其拉伸强度较高，受潮不会产生蠕变，有缺口时也不断裂，且弹性回复能力强，既可用于硬质货件的捆扎，又可用于趋于膨胀货物的捆扎集装。聚酯材料受热产生难闻气味，其接头应尽量避免用热合法接合。

（2）尼龙捆扎带 PA 带成本最高，其强度相当于中等承载的钢带，与聚酯带强度基本相同，可长期紧捆在包装对象上，但受潮后强度降低，有缺口就易断裂，其延伸率较前者大，长期受力其保持能力差。

（3）聚丙烯捆扎带 PP 捆扎带成本低于前两者，是一种性能差而应用广泛的塑料捆扎带。其延伸率高达 25%，保持能力很差，仅适于轻、中型膨松货物的捆扎集装，多用于瓦楞箱的加强捆扎。此种捆扎带突出的优点是有抗高温、高湿和低温的能力，在–60℃时仍具有一定强度。

（4）其他 PE 捆扎带的多种性能还不及前者，但可长期在低温下使用。PVC 捆扎带性能最差，成本也最低。PP、PE 捆扎带的断带拉力定为等于或大于 120kg、135kg、150kg、190kg 和 220kg 等 5 种，并规定延伸率要小于 25%，偏斜度小于 30mm/m。

3. 捆扎机械

目前常见的捆扎机械见表 6-4，其中 SK-1A 型全自动捆扎机应用广泛，该机可采用电子程序控制和微处理点控制，适合采用聚丙烯等塑料捆扎带；结构简单紧凑，工作性能稳定可靠，捆扎速度可达 20 道/min 以上。

表 6-4 捆扎机械分类

捆扎机械基本类型		按自动化程度及控制方式分类	
塑料带捆扎机	铁扣式	手提捆扎器	手动控制型
	电热熔接型（PP 带）		
	超声波熔接型（Ny、PET 带）	半自动捆扎机	凸轮程序控制型
	高频振荡熔接型（Ny、PET 带）		
铁皮带捆扎机	铁扣式	自动捆扎机	电子程序控制型
	点焊式		微处理器控制型
塑料绳结扎机	绳扣式	全自动捆扎生产线	微机控制型

思考题

1. 试说明食品包装技术的内涵；列举食品包装基本技术方法和食品包装专用技术方法。

2. 选配食品包装机械时，应遵循什么原则？

3. 建立食品包装生产线时，应考虑哪些问题？

4. 何谓食品充填和灌装？进行充填和灌装时应注意哪些问题？

5. 分析称重式充填和容积式充填，以及净重和毛重充填法的优缺点及对充填物料的适应性。

6. 试列举液体食品的常用灌装方法和计量方法。

7. 试综述目前国内外灌装技术现状和发展方向。

8. 试从包装方法上说明裹包与袋装的差别，并分析在包装机械工作原理上的差别。

9. 简要说明装盒和装箱方法的特点。

10. 简要说明热收缩包装的特点、热收缩薄膜的收缩性能指标。

11. 试列举常用收缩薄膜及适用场合。

12. 简要说明热成型包装的特点、常用热成型包装材料及适用场合。

13. 软塑材料热压封口方式可分为哪些？如何进行热压封口质量的检查？

第七章 食品包装专用技术方法及其设备

本章学习目标

1. 掌握食品防潮包装技术的原理、防潮包装设计方法。
2. 掌握真空充气包装，以及改善和控制气氛包装的技术原理、工艺方法及设备。
3. 了解活性包装概念及功能类型方法，掌握食品脱氧包装的基本原理和常用脱氧剂及操作要点。
4. 掌握食品无菌包装特点和无菌处理方法，了解国际无菌包装技术装备。
5. 了解微波食品包装的要求、方法及注意问题。

食品包装技术是以食品为核心的系统工程，涉及食品的加工工艺、品质安全控制、包装材料、装备技术、标准法规等。随着消费水平的提高及现代物流方式的改变，人们对食品丰富多样性和风味品质要求的日益提高，对食品包装的要求也越来越高；食品包装技术和方法处在不断地变化发展之中；而科技的进步，新材料、新工艺、新装备的发展日新月异，也促进了食品包装技术向信息化和智能化方向发展。本章将专门介绍防潮包装、改善和控制气氛包装、活性包装、无菌包装、微波食品包装等食品包装专用技术方法及设备。

第一节 防潮包装技术

含有一定水分的食品，尤其是对湿度敏感的干制食品，在环境湿度超过其质量所允许的临界湿度时，食品将迅速吸湿而使其含水量增加，达到甚至超过维持质量的临界水分值，从而使食品因水分而引起质量变化。水分含量较多的潮湿食品也会因内部水分的散失而发生物性变化，降低或失去原有的风味。从食品的组织结构分析，凡具有疏松多孔或粉末结构的食品，它们与空气中水蒸气的接触面积大，吸湿或失水的速度快，很容易引起食品的物性等品质变化。

防潮包装就是采用具有一定隔绝水蒸气能力的防潮包装材料对食品进行包封，隔绝外界湿度对产品的影响；同时使食品包装内的相对湿度满足产品要求，在保质期内控制在设定的范围内，保护内装食品的质量。

一、包装食品的湿度变化

1. 包装内湿度变化的原因
包装内湿度变化的原因有两方面：其一是因为包装材料的透湿性而使包装内湿度增

加；其二是由环境温湿度的变化所引起。在相对湿度确定的条件下，高温时大气中绝对含水量高，温度降低则相对湿度会升高，当温度降到露点温度或以下时，大气中的水蒸气会达到过饱和状态而产生水分凝结。这种温湿度变化关系与防潮包装有很大的相关性，如果在较高温度下将产品封入包装内，其相对湿度是被包装产品所允许的，当环境温度降低到一定程度时，包装内的相对湿度升高到可能超过被包装产品所允许的条件。所以，食品包装时环境大气中的相对温湿度条件对防潮包装有重要影响；若产品在较高温湿度条件下进行防潮包装，可能会加速食品的变质。

2. 保证食品质量的临界水分

每一种食品的吸湿平衡特性不同，因而对水蒸气的敏感程度也不同，对防潮包装的要求也有所不同。大多数食品都具有吸湿性，在水分含量未达到饱和之前，其吸湿量随环境相对湿度的增大而增加。每一种食品都有一个允许的保证食品质量的临界水分和吸湿量的相对湿度范围，在这个范围内吸湿或蒸发达到平衡之前，产品的含水量能保持其性能和质量，超过这个湿度范围，则会由于水分的影响而引起品质变化。例如，茶叶在炒制烘干后水分含量约 3%，在相对湿度 20% RH 时达到平衡；在 50% RH 时茶叶的平衡水分为 5.5%；在 80% RH 时，其平衡水分为 13%；当茶叶的水分含量超过 5.5% 时，茶叶质量急剧下降，因此把水分 5.5% 作为茶叶保持质量的临界水分含量，在进行防潮包装时在规定的保质期内必须保证茶叶的水分含量不超过 5.5%。部分食品的临界水分值和饱和吸湿量见表 5-13。

二、防潮包装材料

1. 防潮包装材料的透湿性

一般气体都具有从高浓度向低浓度区域扩散的性质，空气中的湿度也有从高湿区向低湿区扩散流动的性质。要隔断包装内外的这种流动，保持包装内产品所要求的相对湿度，就必须采用具有一定透湿要求的防潮包装材料。

水蒸气透过包装材料的速度，一般符合菲克气体扩散定律，即

$$dQ/dt = DS \, (dP/dx) \tag{7-1}$$

式中，D 为扩散系数，取决于材料和气体性质；S 为包装材料的有效面积；dQ/dt 为扩散速度；dP/dx 为水蒸气压力梯度。

当扩散过程平衡时，dP/dx 即为

$$dP/dx = (P_1 - P_2) / \delta \tag{7-2}$$

式中，$P_1 - P_2$ 为材料两面的水蒸气压力差；δ 为材料厚度。

由上两式可知，对一定的包装材料，水蒸气扩散速度主要取决于材料两面的水蒸气压差。因此，测定材料的透湿性能必须控制材料两面的水蒸气压差接近恒定，才能保证测定的准确性。

包装材料的透湿性能取决于材料的种类、加工方法和材料厚度，为判断包装材料的透湿性能，一般测定其透湿度。透湿度（Q）指在一定的相对湿度差、一定厚度、一平方米面积薄膜在 24h 内透过的水蒸气重量质量值，与环境温度、材料两侧水蒸气的压力差

（或湿度差）有关，是防潮包装材料的一个重要参数，也是选用包装材料、确定防潮期限、设计防潮工艺的主要依据。

包装材料的透湿度受测定方法和实验条件的影响很大，当改变其测定条件时其透湿度值也随之改变，故各国都制定了透湿度的测定标准。我国的标准测定方法：有效面积 $1m^2$ 的包装材料在一面保持 40℃，90% RH，另一面用无水氯化钙进行空气干燥，然后用仪器测定 24h 内透过包装材料的水蒸气量，测定值就是在 40℃、90% RH 条件下包装材料的透湿度，单位用 g/（m^2·24h）表示。

按上述方法测定的包装材料透湿度，可作为防潮包装设计的依据。但实际产品包装时不可能在这特定条件（40℃、90% RH）下进行，通常环境的温湿度变化较大，在不同温湿度条件下其透湿度有很大差别，当温度高、湿度大时，其水蒸气扩散速度就会增大。

为了提高防潮包装材料的防潮性能，一般采用不同材料进行复合。复合材料的防潮性能，是各层薄膜防潮性能的总和。当复合膜各层材料的透湿度分别为 Q_1、Q_2、…、Q_n 时，复合膜的透湿度可根据下式求出：

$$1/Q = 1/Q_1 + 1/Q_2 + \cdots + 1/Q_n \qquad （7\text{-}3）$$

对用同一种塑料薄膜层合的多层薄膜，其透湿度与叠合的层数成反比，即随叠合层数的增加而减少，而防潮性能随层数的增加而成比例地提高。

2. 常用防潮包装材料

防潮包装材料是指不能透过或难于透过水蒸气的包装材料；防潮性能最好是玻璃陶瓷和金属包装材料，这些材料的透湿度可视为零。目前大量使用的塑料包装材料中适宜用于防潮包装的单一材料品种有 PP、PE、PVDC、PET、防潮玻璃纸等，这些薄膜材料的阻湿性较好，热封性能也好，可单独用于包装要求不高的防潮包装；而复合膜材料比单一材料具有更优越的防潮及综合包装性能，能满足各种食品的防潮和高阻隔要求。表 7-1 所列为几种常用复合薄膜的透湿度。

表 7-1　几种常用防潮复合薄膜的透湿度（40℃、90%RH）

序号	复合薄膜组成	透湿度/[g/（m^2·24h）]
1	玻璃纸（30g/m^2）/聚乙烯（20～60μm）	12～35.3
2	防湿玻璃纸/聚乙烯	10.5～18.6
3	拉伸聚丙烯（18～20μm）/聚乙烯（10～70μm）	4.3～9.0
4	聚酯（12μm）/聚乙烯（50μm）	5.0～9.0
5	聚碳酸酯（20μm）/聚乙烯（27μm）	16.5
6	玻璃纸（30g/m^2）/纸（70g/m^2）/聚偏二氯乙烯（20g/m^2）	2.0
7	玻璃纸（30g/m^2）/铝箔（7μm）/聚乙烯（20μm）	<1.0

三、防潮包装方法及其设计

防潮包装的实质问题是：使包装内部的水分不受或少受包装外部环境影响，选用合适的防潮包装材料或吸潮剂及包装技术措施，使包装内部食品水分控制在设定的范围内。

防潮包装具有两方面的意义：一为防止被包装的含水食品失水；二为防止环境水分透入包装而使干燥食品增加水分，影响食品品质。

防潮包装设计方法有两种，即常规防潮包装设计和内装吸潮剂的防潮包装设计。

（一）常规防潮包装设计方法

根据被包装产品的性质、防潮要求、形状和使用特点，合理地选用防潮包装材料，设计包装容器和包装方法，并对防潮保质期进行测算。

1. 防潮包装设计的基本参数

防潮包装设计的基本参数如下：W 为被包装物品的净重（g）；C_1 为被包装物品的含水量（%）；C_2 为被包装物品的允许最大含水量（%）；S 为包装材料的有效面积（m^2）；T 为防潮包装有效期（24h 为计算单位）；h_1 为包装品贮存流通环境的平均湿度（%）；h_2 为包装内的湿度（%）；θ 为包装贮存环境的平均气温（℃）；ΔP 为包装材料两面的水蒸气压力差。

2. 防潮包装设计步骤

1）允许透过包装的水蒸气量 q（g）为

$$q = W \cdot (C_2 - C_1) \tag{7-4}$$

2）在食品保存期内，允许的最大吸湿量即为其包装材料所准许的最大水蒸气透过量，由此即可求出包装材料的允许透湿度（Q_v）为

$$Q_v = q/(S \cdot T) = W \cdot (C_2 - C_1)/(S \cdot T) \left[g/(m^2 \cdot 24h) \right] \tag{7-5}$$

3）确定包装材料在某食品贮存温湿度条件下的实际透湿度（Q_θ）根据菲克气体扩散定律，对式（7-1）积分得

$$Q_\theta = D \cdot S \cdot \Delta P \cdot T/\delta \tag{7-6}$$

一般情况下材料的扩散系数 D 是在 40℃、90% RH 的特定条件下测得的，把在此特定条件下测量并计算得到的包装材料的透湿度用 R 表示，则包装材料在某温、湿度条件下的实际透湿度可由下式得

$$Q_\theta = R \cdot K_\theta \cdot \Delta h \tag{7-7}$$

式中，Δh 为包装内外的湿度差（%）；K_θ 为包装放置在环境温度 θ℃时的温度影响系数（表 7-2）；R 为在 40℃、90% RH 条件下材料的透湿度（表 7-1）。

表 7-2　各种包装材料在不同温度下的 K_θ 值

薄膜	温度/℃								
	40	35	30	25	20	15	10	5	0
PS	1.11×10^{-2}	0.85×10^{-2}	0.64×10^{-2}	0.48×10^{-2}	0.35×10^{-2}	2.57×10^{-3}	1.84×10^{-3}	1.31×10^{-3}	0.92×10^{-3}
（软）PVC	1.11×10^{-2}	0.73	0.49	0.31	0.20	1.26	0.78	0.46	0.28
（硬）PVC	1.11×10^{-2}	0.80	0.58	0.31	0.29	1.99	1.36	0.90	0.61

续表

薄膜	温度/℃								
	40	35	30	25	20	15	10	5	0
PET	1.11×10^{-2}	0.73	0.48	0.31	0.20	1.29	0.81	0.48	0.29
LDPE	1.11×10^{-2}	0.70	0.45	0.28	0.18	1.05	0.63	0.36	0.21
HDPE	1.11×10^{-2}	0.69	0.44	0.27	0.17	1.00	0.59	0.33	0.19
PP	1.11×10^{-2}	0.69	0.43	0.25	0.16	0.92	0.53	0.29	0.17
PVDC	1.11×10^{-2}	0.65	0.39	0.22	0.13	0.74	0.40	0.21	0.11

4）根据被包装食品的防潮要求、包装尺寸及贮藏环境条件选择包装材料。当包装材料的允许透湿度 Q_v 和实际透湿度 Q_θ 相等时，由式（7-5）和式（7-7）即可求出所要选定的包装材料的 R 值：

$$R = \frac{W\cdot(C_2 - C_1)}{S\cdot T\cdot K_\theta\cdot\Delta h} \tag{7-8}$$

根据 R 值即可选择与此相接近的包装材料（公式中字母的含义同上文一致）。

3. 核算实际的防潮有效期

由于计算所得的 R 值与实际选用的包装材料的[R]值有差异，因此必须根据实际选用包装材料的[R]值确定有效期：

$$T = \frac{W\cdot(C_2 - C_1)}{S\cdot[R]\cdot K_\theta\cdot\Delta h} \tag{7-9}$$

（二）封入吸潮剂的防潮包装设计

当防潮包装要求较高时，设计防潮包装必须采用透湿度小的防潮包装材料，并在包装内封入吸潮剂（干燥剂）。

1. 防潮设计方法

在设计使用吸潮剂的防潮包装时，假定透入包装内的水分完全由吸潮剂吸收，因此可根据包装目的和条件来计算吸潮剂的封入量。

设计时的有关参数及设计步骤为：①选定防潮包装材料的透湿度[R]，由测定或查表得到。②根据被包装食品与湿度的关系，由该食品的临界水分值决定包装内的相对湿度 h_2（%）。③根据所使用吸潮剂的吸湿等温曲线，求出包装内相对湿度 h_2（%）所对应的吸潮剂最大含水量 C_2（%），并选定其原始含水量 C_1（%）。④设计出包装容器的表面积 S（m^2），包装有效期 T（d），假设包装流通环境温度 θ（℃），相对湿度 h_1（%），则可决定温度系数 K_θ 值。

将以上参数代入式（7-10）中即可求得吸潮剂的用量 W（g）：

$$W = \frac{S\cdot R\cdot K_\theta\cdot\Delta h\cdot T}{C_2 - C_1} \tag{7-10}$$

2. 吸潮剂使用方法及注意事项

1）必须在包装材料透湿度小并密封性好的包装容器中才能使用吸潮剂。

2）为节约吸潮剂及保证吸潮效果，应尽量缩小包装预留空间。

3）吸潮剂一般不宜直接放在容器内，应将颗粒状吸潮剂包封在透气性良好的纱布袋或其他透气性薄膜小袋中，再放入包装容器内，也可将吸潮剂制成片状置于容器中。

4）吸潮剂放入包装之前应是未吸潮的或被干燥过的。

5）包封吸潮剂的小袋应标明不能食用；用于食品包装的吸潮剂必须无毒，无不良气味。

茶叶的防潮包装技术应用

　　不同品种茶叶在不同温度和湿度条件下炒制时，其平衡含水量变化也是不同的。在 15%～80% 的相对湿度变化范围内，炒青的平衡含水率变化为 3.52%～11.05%；相对湿度低于 35% 时，加工温度越高，茶叶平衡含水率越低；当相对湿度为 35% 时，不同温度下炒青的平衡含水率均为 5.15%；而当加工环境相对湿度大于 35% 时，炒青的平衡含水率都是随着湿度的增大而增大的，并且随着温度的升高，炒青的平衡含水率随湿度增大的速率也相应增大。不同茶叶包装材料保质期等参数见表 7-3。

表 7-3　不同茶叶包装材料保质期加速方程、保质期及模拟货架期

包装材料	厚度/μm	保质期加速方程	保质期/d	模拟货架期/d
PET/Al/CPP	110	$\ln \theta = -30.3516 + 11212/T$	60	57
市售茶叶袋	63	$\ln \theta = -25.4587 + 9274.3/T$	12	10
BOPP/PE	78	$\ln \theta = -26.3520 + 9607.0/T$	15	12

注：T 表示防潮包装有效期（24h 为计算单位）；θ 表示包装贮存环境的平均气温（℃）

第二节　改善和控制气氛包装技术

　　改善和控制气氛包装（modified or controlled atmosphere packaging，MAP&CAP），最常用的方法就是真空和充气包装、MAP 及 CAP。食品真空和充气包装都是通过改变包装食品环境条件而延长食品的保质期，而 MAP 和 CAP 是在真空充气包装技术基础上的进一步发展。现代食品流通销售模式为生鲜和鲜切农副产品保鲜包装提供了基本条件和无限商机，而 MAP 和 CAP 包装技术为其生鲜品质提供了技术保证。

一、真空和充气包装机理

（一）真空包装

　　真空包装（vacuum packing）即把被包装食品装入气密性包装容器，在密闭之前抽真空，使密封后的容器内达到预定真空度的一种包装方法。常用的包装容器有金属罐、玻璃瓶、塑料及其复合薄膜等软包装容器。

真空包装的目的是为了减少包装内氧气的含量，防止包装食品的霉腐变质，保持食品原有的色、香、味并延长保质期。附着在食品表面的微生物一般在有氧条件下才能繁殖，真空包装则使微生物的生长繁殖失去条件。

图7-1所示为新鲜牛肉用薄膜进行真空包装和普通包装在不同贮藏温度下的细菌繁殖情况，可见两者的差异很大，贮藏温度对细菌繁殖影响也很大。图7-2说明了真空包装和普通包装新鲜牛肉贮藏过程中微生物相的变化情况：普通包装在1℃下贮藏的牛肉，假单孢杆菌仍在繁殖，21d 时便能看到有明显的腐败；真空包装首先是肠内细菌，其次是乳杆菌和链球菌的繁殖较为显著，贮藏28d 时能感知稍有臭味，可认为乳酸菌是造成腐败的主要原因。

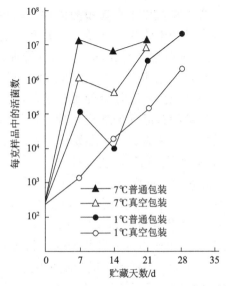

图 7-1　不同包装低温贮藏新鲜牛肉中微生物的繁殖情况

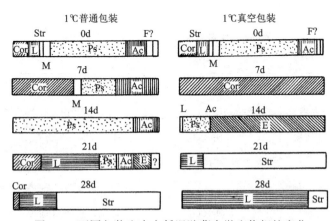

图 7-2　不同包装牛肉在低温贮藏中微生物相的变化

Cor. 棒杆菌；L. 乳杆菌属；Str. 链球菌属；M. 微球菌属；Ps. 假单胞属；Ac. 无色杆菌属；F. 黄杆菌属；E. 肠杆菌属

对微生物来说，当 O_2 浓度≤1%时，它的繁殖速度急剧下降，在 O_2 浓度为 0.5%时，多数细菌将受到抑制而停止繁殖。另外，食品的氧化、变色和褐变等生化变质反应都与氧密切相关，当 O_2 浓度 $\leqslant 1\%$ 时，也能有效地控制油脂食品的氧化变质。真空包装就是为了在包装内造成低氧条件而保护食品质量的一种有效包装方法。

食品真空包装的保质效果不仅取决于采用较高真空度的包装机械，也取决于采用正确合理的包装技术，包装后一般还需适当杀菌和冷藏；加工食品经真空包装后还要经过 $80℃$、$15min$ 以上的加热杀菌，生鲜食品在真空包装后应在低温状态（$10℃$以下）下流通和销售。

（二）充气包装

1. 充气包装特点

充气包装（gas packing）是在包装内充填一定比例理想气体的一种包装方法，目的与真空包装相似，通过破坏微生物赖以生存繁殖的条件，减少包装内部的含氧量及充入一定量理想气体来减缓包装食品的生物生化变质；区别在于真空包装仅是抽去包装内的空气来降低包装内的含氧量，而充气包装是在抽真空后立即充入一定量的理想气体如 N_2、CO_2 等，或者采用气体置换方法，用理想气体置换出包装内的空气。

经真空包装的产品，因内外压力不平衡而使被包装的物品受到一定的压力，容易黏结在一起或缩成一团；酥脆易碎的食品如油炸土豆片、油炸膨化风味食品等易被挤碎；形状不规则的生鲜食品，易使包装体表面皱折而影响产品质量和商品形象；有尖角的食品则易刺破包装材料而使食品变质。充气包装既有效地保全包装食品的质量，又能解决真空包装的不足，使内外压力趋于平衡而保护内装食品，并使其保持包装形体美观。

食品包装采用气体充填技术已有较长的历史，欧美在 20 世纪 30 年代已开始研究使用 CO_2 气体保存肉类食品；50 年代研究开发了用 N_2 和 CO_2 气体置换空气的牛肉罐头和奶酪罐，有效延长了保质期；60 年代由于各种气密性塑料包装材料的开发，很多食品如乳制品、肉食加工品、茶叶、花生、蛋糕等都成功地采用了气体充填包装技术；70 年代生鲜肉的充气包装在欧美国家和地区广泛应用。表 7-4 列出了部分生鲜食品和加工食品的充气包装情况。

表 7-4　生鲜食品和加工食品的充气包装

类别	食品名称	气体种类	充气目的
生肉	零售用肉	O_2+CO_2	肉色素发色、抑制微生物繁殖
鲜鱼	鱼肉	N_2+CO_2	保质肉色素、抑制微生物繁殖
肉加工品	火腿片	N_2+CO_2	防止脂肪和肉色素氧化，抑制微生物繁殖
乳制品	奶粉	N_2	防止氧化
茶、咖啡	红茶、咖啡	N_2	防止香气逸散
糕点	蛋糕	N_2+CO_2	防止霉菌繁殖
干果	花生、杏仁	N_2+CO_2	防止脂肪氧化
粉末饮料	粉末橘子汁	N_2	防止维生素损失、防止香气逸散
果菜	水果、蔬菜	$N_2+O_2+CO_2$	防止枯萎，保证鲜度

2. 充气包装保质机理

充气包装常用的充填气体主要有 CO_2、N_2、O_2 及其混合气体，其他很少用到的气体有 CO、NO_2、SO_2、Ar 等。

（1）二氧化碳　　空气中 CO_2 的正常含量为 0.3%。CO_2 在低浓度下能促进许多微生物的繁殖，但在高浓度下却能阻碍大多数需氧菌和霉菌等微生物的繁殖，延长其微生物增长的停滞期和延缓其指数增长期，因而对食品有防霉和防腐作用；但 CO_2 不能抑制厌氧菌和酵母菌的繁殖生长，若存在这类微生物时还需采用其他气体或方法抑制其增长。在混合气体中 CO_2 的浓度超过 30% 就足以抑制细菌增长，在实际应用中，因 CO_2 易通过塑料包装材料逸出和被食品中水分及脂肪吸收，混合气体中 CO_2 的浓度一般超过 50%。图 7-3 说明了不同充填气体包装猪肉在 4℃ 下贮藏的细菌繁殖情况，结果表明，充填 CO_2 包装能有效地抑制微生物的生长繁殖。

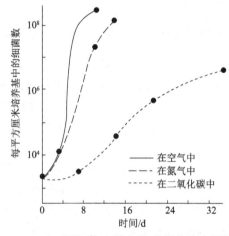

图 7-3　4℃时不同气体充填包装贮藏的猪肉的细菌数

CO_2 溶于水中会产生弱酸性的碳酸，因 pH 的降低而对微生物产生抑制作用；同时，CO_2 对油脂及碳水化合物等有较强的吸附作用而保护食品减少氧化，有利于食品贮藏。一般认为真空包装是防止食品腐变的有效方法，但往往难以达到预期效果，究其原因，发现包装内残存的微量氧也会使微生物生存，当温度较高时则会繁殖，如果采用 CO_2 充气包装，其保藏效果会得到明显改善。

（2）氮气　　N_2 在空气中占 78%，作为一种理想惰性气体一般不与食品发生化学作用，包装中提高 N_2 浓度，相对减少 O_2 浓度，就能产生防止食品氧化和抑制细菌生长的作用。N_2 不直接与食品中的微生物作用，它在充气包装中的作用有两个：一是抑制食品本身和微生物的呼吸；二是作为一种充填气体，保证产品在呼吸包装内的 O_2 后仍有完好外形。

N_2 充气包装的抗氧化效果如图 7-4 所示：玉米油的活性氧试验法（AOM）稳定性差（稳定时间 16h），充氮包装后油脂氧化的总羰基值有明显降低，说明充氮能抑制玉米油的氧化；猪油的 AOM 稳定性较大（85h），充 N_2 包装也能抑制猪油氧化，但光照明显地加快了油脂的氧化过程；椰子油的稳定性很好，其稳定时间为 172h，充氮包装与含气包装对油脂氧化影响几乎没有差别，其总羰基值的变化受光照影响较显著。由此可见，对极易氧化变质的食品，充氮包装能有效地延缓食品的氧化变质。

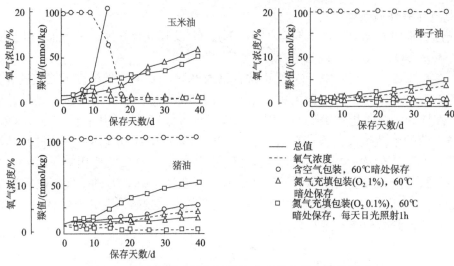

图 7-4　阳光照射对添加油脂的小麦粉充氮包装的影响

（3）氧气　　O_2 在空气中占 21%，是生物赖以生存不可缺少的气体。O_2 的个性活跃，会引起食品变质和加速腐败细菌的生长，一般包装内都不允许存在。

生鲜的肉类和鱼贝类，如果处于无氧状态下保存，则维持组织新鲜的氧合肌红蛋白就会还原变成暗褐色而使产品失去生鲜状态乃至商品价值。因此，维持新鲜肉类稳定的生鲜状态必须采用有氧包装。

在应用充气包装技术时，根据被包装食品的性能特点，可选用单一气体或上述三种不同气体组成的理想气体充入包装内，以达到理想的保质效果。一般情况下，N_2 的稳定性最好，可单独用于食品的充气包装而保持其干燥食品的色、香、味；对于那些有一定水分活度、易发生霉变等生物性变质的食品，一般用 CO_2 和 N_2 的混合气体充填包装；对于有一定保鲜要求的生鲜食品，则需用一定氧气浓度的理想混合气体充填包装。

对于同一种薄膜，三种气体的透过比例为 $N_2 : O_2 : CO_2 = 1 : 3 : （15 \sim 30）$，可见 N_2 是食品充气包装的一种理想气体。

二、真空和充气包装工艺要点

（一）包装材料的选择

根据食品保鲜特点，用于真空和充气包装的材料对透气性要求可分为两类：一类为高阻隔性包装材料，用于食品防腐的真空和充气包装，减少包装容器内的含氧量和混合气体各组分浓度的变化；另一类是透气性包装材料，用于生鲜果蔬充气包装时维持其低的呼吸速度。真空和充气包装对包装材料的透湿性能要求是相同的，对水蒸气的阻透性越好越有利于食品的保鲜。表 7-5 为常用塑料薄膜对 O_2、CO_2、N_2 的透气度和透湿度。

表 7-5 塑料包装材料的透气度和透湿度

| 序号 | 材料 | | 透气度（20℃，65% RH） | | | 透湿度（40℃，90% RH） |
| | 代号 | 厚度/μm | mL/（m²·24h·0.1MPa） | | | g/（m²·24h） |
			N₂	O₂	CO₂	
1	LDPE	25	1 400	4 000	18 500	20
2	HDPE	25	220	600	3 000	10
3	CPP	25	200	860	3 800	11
4	OPP	25	100	550	1 680	9
5	PVC（硬）	25	56	150	442	40
6	PVC	25	30～80	80～320	320～790	5～6
7	PS	25	880	5 500	1 400	110～160
8	PC	25	35	200	1 225	80
9	PET	25	25	60	420	27
10	PA	25	16	60	253	300
11	OPA	25	6	20	79	145
12	PVDC	25	2～23	13～110	60～700	3～6
13	PT	25	8～25	3～80	6～90	>120
14	K 涂 PT	25		2		10
15	PVA	25		7	10	很大
16	EVOH	25		2		50
17	KOPP	25	1.5	5～10	15	4～5
18	PA/PE	77		50		10
19	PP/PVDC/PE	76		15		5
20	PET/PVDC/PE	60		15		4
21	PA/EVOH/PE	80		12		8
22	PA/PVDC/PE	73		6		8
23	PET/EVOH/PE	71		4		7
24	PA/PP	90		50		4
25	PA/EVOH/LLDPE	55		47		13

用作真空包装的塑料薄膜，一般要求透气度较小，如 PET、PA、PVDC 和 EVOH 等薄膜具有良好的阻气性，但这些材料一般不单独使用，考虑到薄膜材料的热封性和对水蒸气的阻隔性。常采用 PE 和 PP 等具有良好热封性能的薄膜与之复合成综合包装性能较好的复合材料，需注意的是单层 PE 和 PP 因透气性大而不能用于真空和充气包装。

用作充气包装的塑料薄膜，一般要求对 N_2、CO_2 和 O_2 均有较好的阻气性，常用 PET、PA、PVDC 和 EVOH 等为基材的复合包装薄膜。对于风味食品也要求包装具备避光及展示效果，常选用以铝箔为基材的复合包装材料。

（二）真空和充气包装的工艺要点

（1）注意贮存环境温度对真空和充气包装效果的影响　　各种包装材料对气体的渗透速度与环境温度有着密切关系，一般随温度提高其透气度也随着增大。表 7-6 列出了三种常用气体对 PE 薄膜在不同温度条件下的渗透系数值。由此可知，真空和充气包装的食品，宜在低温下贮存，若在较高温度下贮存，会因透气率的增大而使食品在短期内变质；对生鲜食品或包装后不再加热杀菌的加工食品，应在低温（10℃以下）贮藏和流通。

表 7-6　三种气体在不同温度条件下对聚乙烯薄膜的渗透系数

温度/℃	透气系数/ $[10^{-10} cm^3 \cdot cm/ (cm^2 \cdot s \cdot cmHg)]$		
	CO_2	N_2	O_2
0	54.7	2.50	11.0
15	130	7.84	27.5
30	280	21.5	69.4
45	540	54.7	143

（2）注意真空和充气包装过程的操作质量　　热封时要注意包装材料内面在封口部位不要粘有油脂、蛋白质等残留物，确保封口质量。对真空包装的加热杀菌处理，要严格控制杀菌温度和时间，避免加热过度造成内压升高致使包装材料破裂和封口部分剥离，或由于加温不足而达不到杀菌效果。另外，真空包装时必须充分抽气，特别注意对生鲜肉类和不定型食品的真空包装，不能残留气穴，防止残存空气导致残存微生物在保质期内繁殖而使食品腐败变质。

（3）真空和充气包装的适用范围不同　　真空包装由于包装内外有压差，所以一般不宜用于易被压碎或带棱角的食品；对这类食品，如果常规包装方法不能保持其风味和质量而又有一定包装要求时，一般考虑采用充气包装。

三、真空和充气包装机械

真空和充气包装的工艺程序基本相同，因此这类包装机大多设计成通用的结构形式，使之既可用于真空包装，又可用于充气包装，也有的设计成专用形式。真空充气型包装机可以作真空包装或充气包装，而不具有充气功能的真空包装机只能用作真空包装；充气包装除了用真空充气包装机外，尚有用卧式或立式自动制袋充填包装机作不抽真空的充气包装。当采用混合气体充填包装或改善气氛包装时，包装机尚须配置气体比例混合器，将两种或三种不同气体按比例混合后充气。

（一）真空包装机械

真空包装机械能够自动抽出装满食品的真空包装袋内的空气，达到预定真空度后完成封口工序，亦可再充入氮气或其他混合气体，然后完成封口工序。在食品行业，真空包装机械的应用非常普遍，各种熟制品如鸡腿、火腿、香肠、烤鱼片、牛肉干等；腌制品如各种酱菜，以及豆制品、果脯等各种各样需要保鲜的食品越来越多地采用真空包装，经过真空包装的食品保鲜期长，显著延长食品的保质期。

真空包装机械有室式、输送带式、插管式、旋转式和热成型式 5 种类型。

1. 室式真空包装机

室式真空包装机的型式有台式、单室式和双室式，其基本结构相同，由真空室、真空和充气（或无充气）系统和热封装置组成。室式真空包装机最低绝对气压为 1～2kPa，机器生产能力根据热封杆数和长度及操作时间而定，每分钟工作循环次数为 2～4 次。

图 7-5 是典型真空室结构示意图，热封杆 8 和真空室盖 2 上的耐热橡胶垫板 1 构成热封装置，根据热封杆长度在其内侧配置 2～3 个充气管嘴 9，供 2～3 个袋同时充气并热封。真空室内放有活动垫板 4，可根据包装袋 3 的厚度放入或取出以改变真空室容积，调节真空泵抽气时间以提高效率。真空室后端装有管道连接真空泵。操作时，放下真空室盖即通过限位开关接通真空泵的真空电磁阀进行抽真空，其室内负压而使室盖紧压箱体构成密封的真空室。

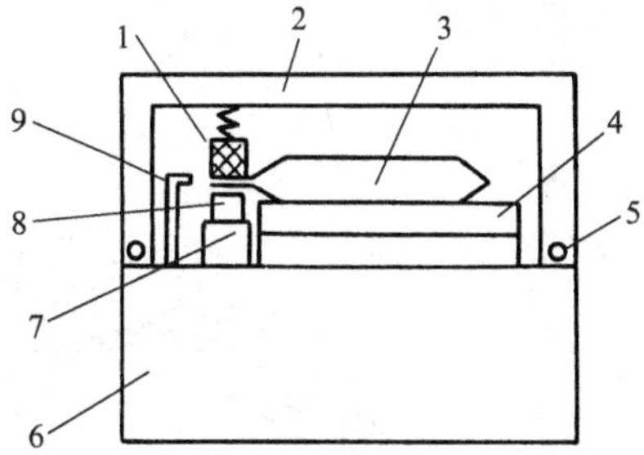

图 7-5　真空室结构示意图

1. 橡胶垫板；2. 真空室盖；3. 包装袋；4. 垫板；5. 密封垫圈；6. 箱体；7. 加压装置；8. 热封杆；9. 充气管嘴

2. 旋转式真空包装机

图 7-6 是旋转式真空包装机工作示意图，该机由充填和抽真空两个转台组成，两转台之间装有机械手自动将已充填物料的包装袋送入抽真空转台的真空室。充填转台有 6 个工位，自动完成供袋、打印、张袋、充填固体物料、注射汤汁 5 个动作；抽真空转台有 12 个单独的真空室，包装袋在旋转一周经过 12 个工位完成抽真空、热封、冷却到卸袋的动作，机器的生产能力达到 40 袋/min。由于机器的生产能力较高，国外机型配套定量杯式充填装置，预先将固体物料称量放入定量杯中，然后送至充填转台的充填工位充入包装袋内。

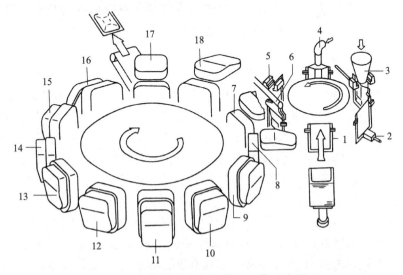

图 7-6　旋转式真空包装机工作示意图

1. 吸袋夹持；2. 打印日期；3. 撑开定量充填；4. 自动灌汤汁；5. 空工序；6. 机械手传送包装袋；7. 打开真空盒盖装袋；8. 关闭真空盒盖；9. 预备抽真空；10. 第一次抽真空（93.3kPa 左右）；11. 保持真空，袋内空气充分逸出；12. 二次抽真空（100kPa）；13. 脉冲加热热封袋口；14、15. 袋口冷却；16. 进气释放真空、打开盒盖；17. 卸袋；18. 准备工位

3. 热成型式真空包装机

塑料热成型容器真空包装机结构如图 7-7 所示，工作过程为：底膜从膜卷 9 被输送链夹持步进送入机内，在热成型装置 1 加热软化并拉伸成盒（杯）型；成型盒在充填部位 2 充填包装物，然后被从卷膜机 4 引出的盖膜覆盖，进入真空热封室 3 实施抽真空或抽真空-充气，再热封；完成热封的盒带步进经封口冷却装置 5、横向切割刀 6 和纵向切割刀 7 将数排塑料盒分割成单件送出机外，同时底膜两侧边料脱离输送链送出机外卷收。

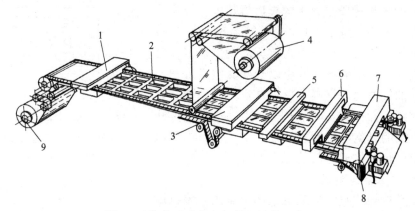

图 7-7　热成型式真空包装机结构示意图

1. 热成型装置；2. 包装盒充填部位；3. 真空热封室；4. 卷膜机；5. 封口冷却装置；6. 横向切割刀；7. 纵向切割刀；8. 底膜边料引出；9. 底膜卷

热成型式真空包装机的控制系统对成型模温度、热封模温度和时间等操作程序及操作参数一般采用可编程序控制器（PLC）控制，较先进的机型采用微处理器（MC）控制，可贮入几十个包装程序以供随时选择调用，同时还具有故障诊断功能，显示故障并自动停机。此外，盖膜展开装置装有光电定位器，在使用印有商标的盖膜时，根据膜上的色标控制底膜进给，使商标图案准确定位在盒上。

（二）充气包装机械

各种具有充气功能的真空包装机都可用作充气包装，但除插管式真空包装机外，其他类型真空-充气包装机充气时均不能直接充入塑料袋内，每次向真空室充气，耗气量大而成本高，如单室或双室式真空包装机的充气功能因耗气量大而一般不用，须经改进设计才能发挥其充气功能。充气包装机有两种类型：一种称气体冲洗式（gas hush），由各种立式或卧式自动制袋充填包装机改型，包装原理为连续充入的混合气体气流将包装容器内空气驱出，构成袋口端的正压状态并立即封口；此机不抽真空连续充气并热封，生产效率高，可使包装容器内含氧量从 21% 降低至 2%～5%，但由于包装件内残氧量较高，不适用于包装对氧敏感的食品。另一种称真空补偿式（compensated vacuum）充气包装机，其原理是先将包装容器空气抽出构成一定真空度，然后充入混合气体至常压，并热封封口；这种充气方式包装容器含氧量低，应用范围广，具有充气功能的各种真空包装机均可实施。

四、MAP 和 CAP 包装技术

（一）MA 和 CA 气调系统

MA（modified atmosphere）即改善气氛，指采用理想气体组分一次性置换，或在气调系统中建立起预定的调节气体浓度，在随后的贮存期间不再受到人为的调整。CA（controlled atmosphere）即控制气氛，指控制产品周围的全部气体环境，即在气调贮藏期间，选用的调节气体浓度一直受到保持稳定的控制。

薄膜气调包装系统模式可用图 7-8 来描述，在这个系统中同时存在着两种过程：一是产品（包括微生物）的生理生化过程，即新陈代谢的呼吸过程；二是薄膜透气作用导致产品与包装内气体的交换过程，这两个过程使薄膜气调系统成为一个动态系统，在一定条件下可实现动态平衡，即产品与包装内环境气体交换速率与包装内环境气体透过薄膜与大气的交换速率相等。各种薄膜气调系统的差异表现在：能否在气调期内出现动态平衡点，能否有保持动态平衡相对稳定的能力；这种差异的存在，也就被定性为 CA 型或 MA 型。

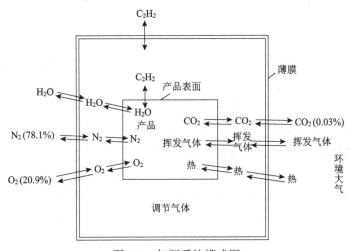

图 7-8　气调系统模式图

对于具有生理活性的食品，减少 O_2 提高 CO_2 浓度，可抑制和降低生鲜食品的需氧呼吸并减少水分损失，抑制微生物繁殖和酶反应，但如果过度缺氧，则会难以维持生命必需的新陈代谢，或造成厌氧呼吸，产生变味或不良生理反应而变质腐败。CA 或 MA 不是单纯的排除 O_2，而是改善或控制食品贮存的气氛环境，以尽量显著地延长食品的包装有效期。判断一个气调系统是 CA 型还是 MA 型，关键是看对已建立起来的环境气氛是否具有调整和控制功能。

（二）薄膜气调系统

1. 薄膜透气理论

气体通过薄膜介质的渗透作用与扩散作用一样，遵守菲克气体扩散定律，即

$$dQ/dt = P_0 A \, dP/dx \qquad （7-11）$$

式中，dQ/dt 为气体渗透速度，cm^3/s；A 为薄膜有效面积，cm^2；P_0 为气体的渗透系数，$cm^3 \cdot cm/(cm^2 \cdot s \cdot cmHg)$；$dP/dx$ 为气体的压力梯度，$cmHg/cm$。

当气体渗透处于稳态时，则式（7-11）为

$$Q/t = P_0A(p_1-p_2)/d \qquad\qquad (7\text{-}12)$$

式中，p_1-p_2 为薄膜两侧气体的分压（$cmHg$）；d 为薄膜厚度。

由此可见，某种气体在单位时间内通过薄膜的渗透量与有效面积成正比，与膜的厚度成反比，与膜两侧气体的分压差成正比，并且混合气体中各种气体的渗透方向和速度彼此独立，互不干扰。

2. 薄膜气调系统设计原理

对于一个薄膜封闭的气调系统来说，式（7-12）实际上表示了包装内气体与包装外气体的交换情况。

如果将系统内产品产气或耗气速率表示为 Q'/t，而气体通过包装膜的渗透速率为 Q/t，则可分两种情况加以讨论。

（1）CA 自动调气系统　　必须使包装系统满足：

$$Q'/t = Q/t \qquad\qquad (7\text{-}13)$$

即产品在控制气氛（气调）状态下的产气或耗气速率等于气体对包装膜的渗透速率：

$$Q'/t = P_0A(p_1-p_2)/d \qquad\qquad (7\text{-}14)$$

式中，p_1 实际上是包装体内某一被调气体的分压，而 p_2 则是这一气体在大气中的分压。从式 7-14 可见，除（p_1-p_2）受客观环境条件制约不可变外，其他几个因素在一定范围内都有一定的选择自由度。因此要满足 CA 控制条件，可通过多种途经实现：如果初步设计的系统产品呼吸作用产生的气体速度 Q'/t 过大，为满足 CA 控制条件，可减少包装系统内产品量，使 Q'/t 变小，也可增加薄膜有效面积，降低薄膜厚度，或选择透气性更好的薄膜。

若选用上述方法得到的结果还是 $Q'/t>Q/t$，则须考虑在包装系统中引入人为的控制或调节气体手段，如加入气体吸附剂；选用透气性强的纳米微孔薄膜，以使包装系统的结果调整为 $Q'/t = Q/t$。

（2）MA 气调系统　　MA 气调系统能使包装系统尽快达到气体状态相对稳定，并使 p_1 变得慢些。从气调的基本原理来看，为了延长气调保鲜效果，对果蔬类产品，由于呼吸作用较强，也即 Q'/t 较大，在设计包装系统时必须考虑选用透气率大的薄膜。对于气调贮存期间不产生大量气体的产品（如肉禽鱼类产品），则应选用对被调气体阻隔性好的包装材料。

（三）CAP 和 MAP

改善和控制气氛包装也称气调包装，是目前已广泛应用的食品保鲜包装技术，根据包装薄膜材料对内部气氛的控制程度而分为控制气氛包装（controlled atmosphere packing，CAP）和改善气氛包装（modified atmosphere packing，MAP），其包装体内的气体组分不

同于正常的大气环境，一般是氧分压下降，而 CO_2 浓度升高；MAP 和 CAP 不同之处在于对包装内部环境气体是否具有自动调节作用，从这个意义上讲，传统的真空和充气包装属 MAP 范畴。

1. CAP

CAP 即控制气氛包装，主要特征是包装材料对包装内气氛状态有自动调节作用，要求包装材料具有适合的气体可选择透过性，以适应内装产品的呼吸作用。生鲜果蔬产品自身的呼吸特性要求包装材料具有气调功能，能保持稳定的理想气氛状态，以避免因呼吸而可能造成的包装缺氧和 CO_2 含量过高。

任何 CAP 系统都应该在低氧和高 CO_2 浓度条件下达到以这两种气体为主体的平衡状态，这时产品的呼吸速率基本等于气体对包装膜的进出速率，系统中的任何因素发生变化都将影响系统的平衡或建立稳定态所需的时间。对果蔬而言，包装膜对 CO_2 和 O_2 渗过系数的比例 O_2/CO_2 也应合理，以适应果蔬的呼吸速度并能维持包装体内一定的 O_2 和 CO_2 浓度。表 7-7 为几种适合新鲜果蔬 CAP 的包装膜透气性能。

表 7-7　几种适合新鲜果蔬 CAP 的包装膜的透气性能

品种	透气度 mL/（$m^2 \cdot 24h \cdot 0.1MPa$）（膜厚 25.4μm）		CO_2/O_2 透气比
	CO_2	O_2	
HDPE	7 700～19 700	3 900～13 000	2～5.9
PVC	4 263～8 138	620～2 248	3.6～6.9
PP	7 700～21 000	1 300～6 400	3.3～5.9
PS	10 000～26 000	2 600～7 700	3.4～3.8
偏氯纶树脂	52～150	8～26	5.8～6.5
PET	180～390	52～130	3～3.5
醋酸纤维素	13 330～15 500	1 814～2 325	6.7～7.5
盐酸橡胶	4 464～209 260	589～50 374	4.2～7.6
PC	23 250～26 350	13 950～14 725	3～3.5
甲基纤维素	6 200	1 240	5
乙基纤维素	77 500	31 000	2.5

包装内的理想气氛状态可由包装后产品的呼吸作用自发形成，也可在包装时人为提供（配气）。一般来说，对本来就有较长贮藏寿命，且气调是为了延长产品贮藏期的产品，可用自发形成的方式；而对那些只有很短贮存寿命的产品，则可考虑人工提供理想环境气氛，使包装系统很快进入气调稳定状态。除了维持适宜的包装体内气氛状态稳定外，还可在包装内引用活性炭之类的吸附剂，以吸附由产品呼吸代谢而产生的乙烯等有害气体。对生鲜果蔬，CAP 与低温贮存并用可获得非常好的保鲜效果。

2. MAP

MAP 即改善气氛包装，指用一定理想气体组分充入包装，在一定温度条件下改善包装内环境的气氛，并在一定时间内保持相对稳定，从而抑制产品的变质过程，延长产品的保质期。MAP 适用于呼吸代谢强度较小的产品包装。表 7-8 为几种产品 MAP 的典型气体混合组成。

表 7-8　某些产品 MAP 使用的典型气体混合组成

产品	氧含量/%	二氧化碳含量/%	氮含量/%
瘦肉	70	30	
关节肉	80	20	
片肉	69	20	11
白鱼	30	40	30
油（性）鱼		60	40
禽类		75	25
硬干酪			100
加工肉			100
焙烤产品		80	20
干面食品			100
番茄	4	4	92
苹果	2	1	97

　　MAP 已成为一种应用广泛的食品保存方法，它能有效地保持食品新鲜且产生的不良反应最小。英国在肉类及肉制品的气调包装方面居于领先地位，法国紧随其后，保藏期相当长的无菌包装米饭在日本超级市场中已成为畅销产品，它采用充氮系统包装超高温灭菌，并采用氧阻隔性能极高和抗氧化性相当于金属容器的材料包装，使产品不需冷藏而能达到 6 个月的保藏期；在挪威，气调包装平均延长了鱼类制品和贝类的保藏期达 1.5 倍，在超市中就可以买到用气调包装的新鲜鲑鱼，可见气调包装正在影响肉类、干酪、鱼禽肉和其他新鲜及预制食品的包装，以及这些食品在全球市场的销售。

　　生鲜肉 MAP 可获得良好保鲜包装效果，生鲜肉类气调保鲜包装可分为两类：一类称红肉，如猪肉、牛肉、羊肉等，此类包装要求既能保持鲜肉红色又能抑制微生物生长。红肉中含有鲜红色的氧合肌红蛋白，高氧环境下可保持肉色鲜红，缺氧环境下还原为淡紫色的肌红蛋白，气调包装时 O_2 浓度需超过 60% 才能保持肉的红色，CO_2 浓度不低于 25% 才能有效抑制微生物。另一类如鸡、鸭等家禽肉，不需要维持鲜红的肉色，只需防腐保鲜，保护气体由 CO_2 和 N_2 组成。

　　MAP 包装材料必须能控制所选用混合气体的渗透速率，同时还能控制水蒸气的渗透速率。果蔬类产品的 MAP 应选用具较好透气性能的材料；用于肌肉食品和焙烤制品的 MAP 包装材料，应选用具有较高阻隔性的包装材料，以较长时间维持包装内部的理想气氛。一般要求对 N_2、CO_2 和 O_2 均有较好的阻透性，常选用 OPP、PE、PET、OPA 等为基材的复合包装薄膜。

超市生鲜调理肉高氧 MAP

生鲜肉使用 2% NaCl 预处理后用 70% O_2 和 30% CO_2 进行 MAP，第 6 天细菌总数超过 10^6cfu/g，有明显的变质现象，肉色感官还保持在较好的生鲜状态，没有汁液渗出，有效延长超市生鲜肉肉色货架期。

杨梅限制性气调保鲜包装

刚采摘的新鲜杨梅以原始的小竹篓包装放在保鲜冷库（0～5℃高温库）或冷风隧道或真空预冷设备预冷到（10±2）℃，并吹干杨梅表面水分，即分装入包装盒。采用（90±2）%的 O_2 和（10±2）%的 CO_2 气调包装，包装盒内的组合气体压力设定在 0.2～0.3MPa；气调保鲜包装产品的货架存储温度范围为 4℃。杨梅的包装保鲜期能达到 30d。

（四）MAP 包装设备

图 7-9 为国内研究开发的间歇和连续式 MAP 包装机系列，该机采用微机触摸屏控制，集微机控制、光磁感应、真空气动及复合气体混合技术于一体，可实现人机对话、理想气氛条件和工作参数任意设定、工作状态显示，适用于大型超市、农副产品配送中心、食品加工企业的农副产品、食品保鲜包装，也能适应农副产品气调保鲜包装研究。

（彩图）

（视频）

MAP盒式间歇气调包装机　　　MAP-HL360盒式连续式气调包装机

图 7-9　间歇和连续式 MAP 包装机系列（扫码看彩图和视频）

第三节　活性包装技术

一、活性包装概念及功能类型

活性包装（active packaging）即在包装材料中或包装空隙内添加或附着一些辅助成分

来改变包装食品的环境条件，以增强包装系统性能来保持食品感官品质特性、有效延长货架期的包装技术。

活性包装研究和开发在过去的几十年里有大量专利和文献报道，但活性包装作为现代食品包装技术术语，并进行商业化应用开发还是近几年的事情，其中典型的是脱氧剂、干燥剂等功能性包装辅助成分被装于独立包装小袋，广泛应用于食品包装中。此外，乙烯吸收剂、乙醇释放或发生剂、除味剂、CO_2释放或吸收剂等功能性包装辅助成分，通过与包装材料的结合等技术方法应用于食品包装。目前常见的活性包装功能类型、辅助成分及食品应用见表 7-9。

表 7-9　常见活性包装功能类型、辅助成分及食品应用一览表

活性包装功能类型	辅助成分	食品应用
脱氧剂	铁粉、$Na_2S_2O_4$、铂催化剂、抗坏血酸、葡萄糖氧化酶、过氧化氢酶	富含油脂食品的抗氧化包装，如含油糕点、奶酪、鱼肉干腌制品、油炸食品等
二氧化碳清除剂/释放剂	氧化铁/氢氧化钙、氧化钙/活性炭、抗坏血酸盐/碳酸氢钠	咖啡、生鲜肉和鲜鱼、干果和其他零食、海绵蛋糕等
乙烯清除剂	高锰酸钾、活性炭、活性黏土/沸石	水果、蔬菜保鲜包装
杀菌防腐剂	有机酸、银沸石、中草药提取物、BHA/BHT 抗氧化剂、维生素 E 抗氧化剂	谷类食品、畜禽肉、鱼、面包、奶酪、零食、水果、蔬菜
除湿剂	生石灰、活性黏土、硅胶	谷类食品、鱼肉禽干制品、水果蔬菜干制品
气味吸收剂	三乙酰纤维素、乙酰化纸、柠檬酸、亚铁盐/抗坏血酸、活性炭/黏土/沸石	果汁、油炸食品、谷类食品、乳制品、畜禽肉

注：BHA 表示丁基羟基茴香醚；BHT 表示二丁基羟基甲苯

二、脱氧包装技术

（一）脱氧包装概述

活性包装最广泛的商业应用是脱氧包装技术。脱氧包装（deoxygen packaging）是指在密封包装容器内封入能与氧起化学作用的脱氧剂（deoxygen agent），从而除去包装内的氧气，使被包装物在氧浓度很低，甚至几乎无氧的条件下保存的一种包装技术。

脱氧包装是在成功研制脱氧剂以后才出现的。脱氧剂最早于 1925 年用铁粉和硫酸铁研制而成，1933 年开始在食品上使用铁化合物制成的脱氧剂；1969 年开始用以亚硫酸盐为主要成分的脱氧剂，以后又研制成功有机脱氧剂等；这些脱氧剂与气密性良好的包装材料配合，可应用于不同类型的产品包装，并获得良好效果。目前封入脱氧剂包装主要用于对氧敏感的易变质食品，如蛋糕、礼品点心、茶叶、咖啡粉、水产加工品和肉制品等的保鲜包装。

脱氧包装与真空包装相比最显著的特点是在密封的包装内可使氧降低到很低水平，甚至产生一个几乎无氧的环境。真空脱氧剂能把包装容器内的氧全部除去，还能将从外界环境中渗入包装内的氧，以及溶解在液体中或充填在固体海绵状结构微孔中的氧除去，从而有效控制包装内产品因氧而造成的各种腐败变质，使其降低到最低限度。

脱氧包装在日本、欧美等发达国家和地区较广泛应用于食品贮藏保鲜。表 7-10 列举了封入脱氧剂包装应用于食品保鲜的一些典型实例。

表7-10 加工食品的封入脱氧剂包装

类别	典型食品	作用
糕点	蛋糕	防止脂肪氧化，保持风味，防止霉菌繁殖
水产加工品	精制水产品	防止霉菌繁殖
肉食加工品	火腿	防止脂肪氧化、变色，防止霉菌繁殖，保持风味
谷物	米、大豆	防止虫蛀现象，防止霉菌繁殖
茶叶	茶叶	防止褐色变色，防止维生素氧化

脱氧包装是在真空充气包装出现之后开发的一种新技术，与真空或充气包装结合弥补了真空充气包装去氧不彻底的缺点，且具有操作方便、高效、使用灵活等优点。此外，脱氧包装用于食品具有的显著特点如下。

1）在食品包装中封入脱氧剂，可在食品生产工艺中不必加入防霉和抗氧化等化学添加剂，从而使食品更安全，有益于人们的身体健康。

2）如果采用的脱氧剂合适，可使包装内部的氧含量降低到0.1%，食品在接近无氧的环境中贮存，可防止其中的油脂、色素、维生素等营养成分的氧化，较好地保持产品原有的色、香、味和营养。

3）脱氧包装比真空充气包装更有效地防止或延缓需氧微生物所引起的腐败变质，这种包装效果可适当增加食品中的水分含量（如面包）并可延长保质期。

（二）常用脱氧剂及其作用原理

虽然脱氧剂的组成有很大差异，但它们的作用原理是相同的，即利用脱氧剂中的无机或有机物质与包装内的氧发生化学反应而消耗氧，使氧的含量下降到要求的水平甚至达到基本无氧。目前，生产上常用的脱氧剂种类有铁系脱氧剂、亚硫酸盐系脱氧剂、葡萄糖氧化酶有机脱氧剂和铂、钯、铑等加氢脱氧剂等。

1. 铁系脱氧剂

铁系脱氧剂是目前使用较为广泛的一类脱氧剂。在包装容器内，铁系脱氧剂以还原状态的铁经下列化学反应消耗氧：

$$Fe + 2H_2O \rightarrow \cdots \rightarrow Fe(OH)_2 + H_2 \uparrow$$

$$3Fe + 4H_2O \rightarrow \cdots \rightarrow Fe_3O_4 + 4H_2 \uparrow$$

$$2Fe(OH)_2 + 1/2O_2 + H_2O \rightarrow \cdots \rightarrow 2Fe(OH)_3 \rightarrow \cdots \rightarrow Fe_2O_3 \cdot 3H_2O$$

$$2Fe + 3/2O_2 + 3H_2O \rightarrow \cdots \rightarrow 2Fe(OH)_3 \rightarrow \cdots \rightarrow Fe_2O_3 \cdot 3H_2O$$

以上反应过程较复杂，受到诸如温度、湿度（水分）、压力及加入到脱氧剂中的辅助成分（助剂）等因素的影响。铁发生氧化反应形成的终产物有差异，因而消耗的氧量也有不同；理论上铁氧化成氢氧化铁时，1g铁消耗0.43g（折合为约300cm³）的氧气，这相当于1500cm³正常空气中的含氧量。因此，铁系脱氧剂的除氧能力是相当强的，这是铁系脱氧剂得到较广泛应用的主要原因之一。

铁系脱氧剂主剂原料容易获得，制作简单，成本较低。但铁系氧吸收剂的脱氧速度相对较慢，且脱氧时需要一定量水分的存在才有较好效果。此外，在铁氧化时常伴有氢气生成，如何抑制氢气的产生或处理已生成的氢是铁系脱氧剂使用中需解决的问题，因此在配制或生产这类脱氧剂时常需加入一些具有这一作用的助剂。

2. 亚硫酸盐系脱氧剂

这类脱氧剂多以连二亚硫酸盐为主剂，以氢氧化钙和活性炭等为助剂。如在助剂中加入适量的碳酸氢钠，则除了能除去包装空间的氧外，还能生成二氧化碳，形成包装内的高二氧化碳环境，可进一步提高对产品的保护效果。

亚硫酸盐系脱氧剂发生的化学反应包括：

$$Na_2S_2O_4 + O_2 \xrightarrow{H_2O\ 活性炭} \cdots \rightarrow Na_2SO_4 + SO_2 \uparrow$$

$$Ca(OH)_2 + SO_2 \rightarrow \cdots \rightarrow CaSO_3 + H_2O$$

如果还需同时产生二氧化碳，则须再加入碳酸氢钠，发生以下的反应：

$$2NaHCO_3 + SO_2 \rightarrow \cdots \rightarrow Na_2SO_3 + H_2O + 2CO_2 \uparrow$$

总反应式为

$$2Na_2S_2O_4 + 2NaHCO_3 + 2Ca(OH)_2 + 2O_2 \xrightarrow{H_2O\ 活性炭} \cdots \rightarrow$$

$$2Na_2SO_4 + Na_2SO_3 + CaSO_3 + CaCO_3 + 3H_2O + CO_2 \uparrow$$

1g 连二亚硫酸钠大约可消耗 0.184g 氧，即在标准状态下 1g 连二亚硫酸钠可脱除约 $130cm^3$ 的氧，它的脱氧能力不如铁系脱氧剂，但它脱氧速度快，且可生成二氧化碳，这对食品储藏保鲜非常有利。因此，亚硫酸盐系脱氧剂使用效果较好且应用也较广泛。

3. 葡萄糖氧化酶

葡萄糖氧化酶也称有机系脱氧剂，是葡萄糖氧化成葡萄糖酸的酶催化剂，在催化其氧化反应的过程中消耗了包装内部的氧，从而达到脱除氧气的目的。

$$C_6H_{12}O_6 + O_2 + H_2O \xrightarrow{氧化酶} \cdots \rightarrow C_6H_{12}O_7 + H_2O_2$$

$$H_2O_2 \rightarrow \cdots \rightarrow H_2O + O$$

此反应的适宜条件是温度 30～50℃，pH4.8～6.2。目前这种脱氧剂仅在某些特定产品的包装中有应用。

除上述几种主要的化学脱氧剂之外，近年又研制了新型脱氧剂，如抗坏血酸（维生素 C）型脱氧剂，由于在吸收氧气的同时放出同量的 CO_2，可使包装内的气体量保持基本的稳定状态。另外，利用光照除氧法，即在透明的包装容器中同时封装一种含光敏色料和诱氧剂的薄膜，只要包装容器受到一定强度的光照射，容器内所含的氧便迅速除去。

（三）脱氧剂的反应特性

1. 脱氧剂的脱氧速度

脱氧剂根据脱氧速度的不同可分为速效型和缓效型。

图 7-10 给出了几类常用脱氧剂的脱氧反应速度，亚硫酸盐系脱氧剂的吸氧速度最快，属速效型；铁系脱氧剂的吸氧速度较慢，属缓效型脱氧剂。速效型脱氧剂一般在 1h 左右能使密封容器内游离氧降至 1%，最终达 0.2% 以下。缓效型脱氧剂要达到这种程度需 12～24h，但两者绝对脱氧能力无明显差别。在实际使用时，可将两种脱氧剂配合作用，并加入其他助剂，使其脱氧效果既迅速又长期有效；必要时还可加入能产生 CO_2 的组分，造成缺氧并有 CO_2 的较理想气氛环境。

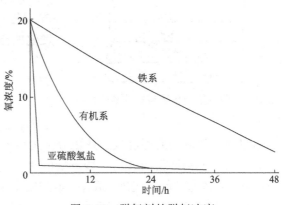

图 7-10 脱氧剂的脱氧速度

2. 脱氧剂反应速度与温湿度条件

一般地，脱氧剂随包装环境温湿度升高而活性变大，脱氧速度加快。图 7-11 所示为温度对铁系脱氧剂吸氧速度的影响。脱氧剂正常发挥作用的温度为 5～40℃。若低于 -5℃，脱氧能力明显下降，但目前有一种名为 KEEPIT 的铁系脱氧剂可在 -25℃ 低温状态下正常工作。

图 7-12 所示为湿度对铁系脱氧剂吸氧速度的影响。脱氧剂正常发挥作用的湿度范围是 60% 以上，当相对湿度低于 50%，脱氧能力明显下降。

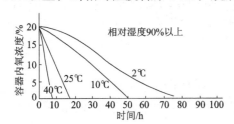

图 7-11 温度对铁系脱氧剂吸氧速度的影响

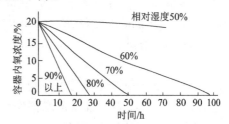

图 7-12 湿度对铁系脱氧剂吸氧速度的影响

3. 脱氧剂反应类型

如上述，一般脱氧剂需在有水分条件下才能发生反应，根据脱氧剂组配时的水分条件，可把脱氧剂分为自力反应型和水分依存型两类。自力反应型脱氧剂自身含有水分，一旦接触空气即可发生吸氧反应，脱氧速度由水分含量、贮藏温度等而定。水分依存型脱氧剂自身不含有水分，一般在空气中几乎不发生吸氧反应，但一旦感知到高水分食品中的水分时，即发生快速吸氧反应；此类脱氧剂使用保藏方便。

（四）脱氧剂包装的技术要点

用于食品脱氧包装的脱氧剂应安全无毒、不与被包装物发生化学反应，更不能产生异味。根据不同的脱氧需求选用相应的速效型或缓效型脱氧剂。其具体的技术要点如下。

1. 脱氧剂使用的方法、用量及使用条件

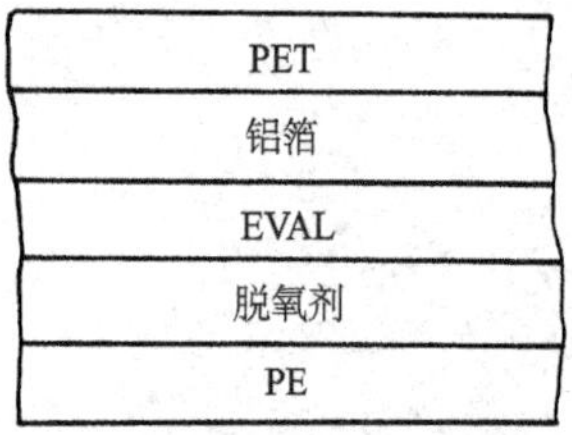

图 7-13　脱氧剂与包装材料的复合结构

（1）脱氧剂的使用方法　　脱氧剂有粉末状、颗粒状和片状等形态，使用时可以直接应用某种形态，也可采取一定的方式使其附着在某种载体如高发泡的泡沫塑料片上再使用。使用方法通常是先按一定量分装在透气性好的小袋中（注意袋上应印有警示标志或说明），然后再与被包装物一起封入包装内。一种更先进的方法是将脱氧剂与包装材料结合起来，融合到包装材料的成分中去，如图 7-13 所示，可通过调节包装层的厚度或组成成分来适应 O_2 的不同含量。

（2）脱氧剂的使用量　　脱氧剂的使用量不仅要保证除去包装容器内原有的氧，而且还需考虑渗入包装的氧气量，留有一定的安全系数，设计时一般增加 15%～20% 的使用量。

包装内脱氧程度的检查可采用氧指示剂进行。国际上可供选用的氧指示剂片，能通过自身的颜色变化来指示包装容器内氧的含量：当包装内氧含量超过 0.5% 时，氧指示剂显蓝色；低于 0.1%，显粉红色；氧介于 0.5%～0.1%，呈现雪青色。

（3）脱氧剂的使用温湿度条件　　脱氧剂的脱氧效果与脱氧环境温度密切相关。在脱氧剂通常使用的温度（5～40℃）内，脱氧剂活性随温度升高变大、除氧速度加快，温度降低则脱氧速度变慢。

包装容器内的相对湿度和产品含水量对脱氧剂的脱氧效果也有明显影响。如图 7-12 所示，当相对湿度 50% 时，铁系脱氧剂基本上不能吸氧；相对湿度 70% 时，需 50h 才能使包装内残存氧气含量降低到接近于零；而相对湿度达到 90% 以上，不足 20h 可使包装内氧含量接近零，这就是脱氧剂中常需加入吸湿剂作助剂的原因。虽然脱氧剂与氧反应时需要有一定的水分存在，但如果内装物的水分含量太高，则不仅达不到保持内装物的物理特性和质量，而且会降低脱氧剂的脱氧效果。因此，被包装物的含水量不应超过 70%。

脱氧包装如气密性能足够好，可贮于低温下，但为了清除缓慢渗入包装的氧，应把脱氧包装件贮存于略高于脱氧剂发挥作用的低限温度下，以免脱氧剂在低温下失效。

2. 使用脱氧剂的注意事项

（1）包装材料及包装容器　　用于封入脱氧剂包装的材料要求具有很高的气密性，特别是隔氧性能要好，在 25℃时其透氧度要小于 20mL/（m^2·0.1MPa·24h），多采用复合薄膜，如 K 涂 OPP/PE、K 涂 ONy/PE、K 涂 PET/PE 等，以及金属、玻璃、陶瓷等包装容器。

对于体积和形状固定的包装容器，要注意脱氧后的影响；正常空气中有 1/5 的氧气，当氧气消耗以后，会使容器内产生负压，形成部分真空，因而要求包装材料或容器需具备一定的强度。为克服软包装因使用脱氧剂而使包装体收缩，影响美观，可选用抗坏血酸型等可产生二氧化碳的脱氧剂或结合充气包装来避免此缺陷。

（2）脱氧剂在分包使用前必须包装完好　　脱氧剂不能直接与大气接触，同时要求在包装过程中操作迅速，以免吸氧而影响使用效果。目前用于食品包装的铁系脱氧剂一般用气密性包装材料包封,使用时应随开随用。试验表明:脱氧剂开封后在湿度80% RH,温度25~30℃的环境中放置5h,对其脱氧效果无明显影响,故自力反应型铁系脱氧剂在开封后5h内务必使用。水分依存型铁系脱氧剂放置时间可较长。

（3）注意选择合适的脱氧剂类型和脱氧效果　脱氧包装能否保全食品质量取决于脱氧剂的吸氧能力和吸氧效果,一般铁系脱氧剂在封入包装 4h 内,氧气浓度可降低至0.35%以下,4h后可达 0.1%。如果把速效型和缓效型脱氧剂配合使用,既可实现快速脱氧,又能维护包装内长期接近无氧状态,可长期保持包装食品的风味和品质。

> **案 例 四**
>
> ### 传统肉制品混合型专用脱氧剂
>
> 本案例作为南京农业大学的发明专利,采用速效型硫系脱氧剂和缓效型铁系脱氧剂复配,成分配比为:Fe 2.10~2.70 份、活性炭 0.25~0.35 份、$Na_2S_2O_4$ 0.06~0.08 份、H_2O 15%~25%(m/m Fe)、NaCl 5%~10%(m/m Fe)、Ca(OH)$_2$ 25%~35%(m/m $Na_2S_2O_4$)。混合配制的火腿专用脱氧剂既能够快速脱去真空包装的残留氧气,1h脱氧率达 92.67%、包装残留氧 1.67%,又能长时间吸收包装渗透的氧气,可有效防止火腿切面的快速氧化褐变,在 12h 内能持续稳定的吸氧,并在长时间内维持一定的吸氧能力,显著提高包装火腿的抗氧化效果,在传统火腿正常保质期内维持火腿肉切面桃红色,并将火腿脂质氧化指标控制在国家标准规定的范围内,能够满足目前切块火腿等传统腌腊肉制品特殊的抗氧化包装要求,延长传统腌腊肉制品包装产品的贮藏期。

三、其他活性包装技术

活性包装除脱氧包装外,目前研发应用较多的有抗菌性包装、活性功能吸收剂等。

（一）食品抗菌性包装

1. 抗菌性包装概念

抗菌性包装是指能杀死或抑制食品腐败菌和致病菌的包装,通过在包装材料中增加抗菌剂或采用具有活性功能的抗菌聚合物,使包装材料具有抗菌功能,从而能够延长食品货架期或提高食品的微生物安全性。包装材料获得抗菌活性后,通过延长食品表面微生物停滞期、降低生长速度或减少微生物成活数量来限制或阻止微生物生长。

随着消费者对低加工食品和无防腐剂食品的需要,抗菌性食品包装开始发展起来,与直接在食品中添加防腐剂相比,抗菌性包装确保了只有低水平的抗菌剂与食品接触。

2. 包装材料抗菌功能模式

通过在包装材料中增加抗菌剂或应用抗菌聚合材料达到抗菌功能,一般有3种模式:释放、吸收、固定化。释放型是让抗菌剂迁移到食品中或包装内空隙来抑制微生物的生长;吸收型抗菌剂是从食品系统内去除微生物生长所必需的要素来抑制微生物生长;固定化系统并不释放抗菌剂,而是在接触面处抑制微生物生长。对固体食品来讲,抗菌性包装和整个食品之间接触的机会较少，所以固定化系统对固体食品的效果可能不如对液体食品好。

3. 抗菌剂

目前被广泛使用的抗菌剂，有化学抗菌剂、生物抗菌剂、抗菌聚合物、天然抗菌剂等，均可添加到包装系统中发挥其抗菌作用。化学抗菌剂包括有机酸及其盐类（如苯甲酸盐、丙酸盐、山梨酸酯）、杀真菌剂（如苯菌灵）、乙醇等。有机酸及其盐类具有强抗菌活性，最为常用。杀真菌剂苯菌灵和抑酶唑已经被添加到塑料薄膜材料中，并证实具有抗真菌活性。乙醇具有很强的抗菌和抗真菌活性，但是不能充分抑制酵母生长。

细菌素是一种细菌分泌的抗菌物（通常是肽），对一些与产生菌亲缘相近的细菌有杀菌作用。Nisin 是最早被发现的细菌素之一，也是目前唯一可以安全使用的生物性食品防腐剂，能够有效抑制肉毒杆菌的过量繁殖和毒素的产生，现已被商品化开发利用。

一些合成或天然的聚合物也有抗菌活性，紫外线或激光照射能够刺激尼龙结构，使其产生抗菌活性，天然聚合物壳聚糖有抗菌活性，天然植物成分如柚子籽、桂皮、山葵和丁香等已经被添加进包装系统，并表现出对腐败菌和致病菌有效的抗菌活性。尽管抗菌性包装材料有着大量的试验性的研究，但能够商业应用的却非常少，这是因为抗菌剂在和高分子材料热融合挤压时会破坏抗菌活性。

气态型抗菌剂能够蒸发而渗透进内层非气态抗菌剂到达不了的空间，乙醇是一个气态抗菌剂，包装顶隙内的乙醇蒸气能够抑制霉菌和细菌生长。

4. 抗菌性包装系统设计问题

抗菌性包装系统的设计需要注意抗菌剂释放速度需与目标微生物的生长动力学相匹配。若抗菌剂的迁移速度大于目标微生物的生长速度，抗菌剂会在预计贮藏期结束前就耗尽，这时包装系统将失去抗菌活性，微生物便会开始生长。另外，如果包装中的抗菌剂释放速度太慢，以致不能控制微生物生长，微生物就会在抗菌剂释放发挥作用前急剧生长；当食品表面抗菌剂浓度维持在最低抑菌浓度以上时，系统才会主动呈现有效的抗菌活性。另外，薄膜/容器的成型方法对材料中抗菌剂的效果也很重要，同时，包装材料的物理和机械完整性也会受到合成进来的抗菌剂的影响。

（二）活性功能吸收剂

1. 乙烯吸收剂

果蔬成熟会产生乙烯（C_2H_4），作为植物激素它对新鲜果蔬的积极效果是促进成熟过程，消极效果是加快呼吸速率，这会导致果蔬加速衰老、组织变软，使叶绿素降解、加快发生采后腐败。因此，对大部分新鲜果蔬而言，应控制采后乙烯的影响，可在新鲜果蔬包装中采用乙烯吸收剂。

乙烯吸收剂有许多专利文献报道，其中被商业应用的是以高锰酸钾（$KMnO_4$）为基本组分的乙烯吸收剂。乙烯与 $KMnO_4$ 的反应过程如下：

$$3C_2H_2 + 2KMnO_4 + H_2O \longrightarrow 2MnO_2 + 3CH_3CHO + 2KOH \qquad (7\text{-}15)$$

$$3CH_3CHO + 2KMnO_4 + H_2O \longrightarrow 3CH_3COOH + 2MnO_2 + 2KOH \qquad (7\text{-}16)$$

$$3CH_3COOH+8KMnO_4 \longrightarrow 6CO_2+8MnO_2+2H_2O \qquad (7\text{-}17)$$

$$总反应：3C_2H_4+12KMnO_4 \longrightarrow 12MnO_2+12KOH+6CO_2 \qquad (7\text{-}18)$$

经过一系列反应将 C_2H_4 氧化成乙醛，然后是乙酸，乙酸继续被氧化生成 CO_2 和 H_2O。因为 $KMnO_4$ 有毒，它不能直接添加到食品包装中去；取而代之的是将 $4\%\sim6\%$ 的 $KMnO_4$ 添加到具有巨大表面积的惰性物质中，如珍珠岩、矾土、硅胶、氧化铝锭片、蛭石、活性炭或硅藻土，然后将其装入小袋，再装进包装袋里。

另一种乙烯吸附剂是活性炭，吸附乙烯后再用金属催化剂降解。例如，日本开发的乙烯脱除剂，在活性炭中填充有助于乙烯降解的物质（钯催化剂或无机溴），吸收 C_2H_4 并将其催化裂解，可有效降低脐橙和香蕉的软化速度。利用内部为微孔结构的矿物质来吸收乙烯也是一种有效方法，把浮石、沸石、方石英（SiO_2）等与微量金属氧化物烧结在一起后被分散到塑料薄膜中去，制成半透明膜以增加气体的渗透性，可提高新鲜果蔬的货架期。

2. CO_2 吸收剂/释放剂

在变质和呼吸反应过程中，一些食品会产生 CO_2，为避免食品变质或损坏包装，这些 CO_2 必须从包装中除去。例如，鲜炒咖啡豆会释放出大量的 CO_2，如果不清除，可能会使包装袋膨胀甚至爆裂。可采用装有 $Ca(OH)_2$ 和铁粉的 CO_2 吸收剂小袋，同时吸收 CO_2 和 O_2。CO_2 吸收剂经常使用的反应机制是，在足够高的水分活度下，CO_2 与 $Ca(OH)_2$ 发生如下反应：

$$Ca(OH)_2 +CO_2 \longrightarrow CaCO_3+H_2O$$

另有 CO_2 吸收小袋为含有 CaO 和吸湿剂（如硅胶）的多孔性包装袋，CaO 和硅胶中的水分结合形成 $Ca(OH)_2$ 可吸收 CO_2。

可供释放 CO_2 的吸收剂小袋，以抗坏血酸和碳酸亚铁或抗坏血酸和碳酸氢钠组合为基础，吸收 O_2 并产生等体积的 CO_2，以避免清除 O_2 后而造成柔性包装袋的塌陷或局部真空。

3. 异味吸收剂

高分子包装材料对风味物质的吸附作用是众所周知的，异味吸收剂主要是去除那些由氧化的或者非氧化的生物腐败而形成的不良风味。例如，新鲜的禽肉和谷物产品，在生产过程中会释放出一些微量但是仍然可以检测得到的腐败气味：由蛋白质和氨基酸降解产生的含硫成分和胺类，有脂质或者无氧糖酵解产生的乙醛和酮类。这些气味被阻气性包装捕获，在打开包装时，气味就会释放出来而被消费者所察觉。

在脂肪和油脂自动氧化初级阶段，过氧化物降解形成醛类物质，如己醛和庚醛，这些醛类物质产生的气味可以被活性包装清除。杜邦公司推出了一种去除顶隙内醛类的薄膜产品，这种材料是由聚乙烯亚胺为主的各种聚烃烯亚胺和聚烯烃组成，已被应用于快餐食品、谷类食品、乳制品、禽类产品和水产品包装。一些商业开发的异味吸收小袋可以吸收某些包装食品在分销过程中产生的硫醇和 H_2S。

（三）活性包装新技术研究方向

纳米材料技术的应用与开发为包装领域带来了新活力。纳米包装材料指分散相尺寸为 $1\sim100nm$ 的纳米颗粒或晶体与其他包装材料合成或添加制成的纳米复合包装材料体系。纳米包装是指应用纳米技术、采用纳米复合包装材料，使包装具有超级功能或特性的一类包装总汇。纳米包装改变了传统包装技术，通过有效利用原子、分子赋予材料新的特性来改变包装材料的功能特性。

纳米抗菌技术可以使材料本身具备抗菌性，纳米无机抗菌塑料即在塑料中添加纳米抗菌材料，另有纳米抗菌涂层兼具抗紫外线性能，用于抗菌涂料的典型纳米材料有纳米 TiO_2、ZnO_2 及纳米银抗菌材料等。现已有应用的 MOD 系列纳米高性能无机抗菌包装技术，即以 MOD 活性基团及无机纳米银化合物为主要抗菌成分，以各种无机材料为载体加入牛奶、饮料的无菌复合包装材料中，发挥广谱无毒的显著抗菌作用。

纳米技术可用于保鲜包装，纳米级银粉对乙烯氧化具有催化作用，可以加速氧化食品释放出的乙烯，减少包装中的乙烯含量，提高新鲜果蔬等食品的保鲜效果和延长货架寿命。另有报道纳米技术用于防伪包装、防静电包装、高阻隔性包装等多个方面，有着极其广泛的发展前景。

第四节　无菌包装技术

一、无菌包装的原理及意义

所谓食品无菌包装技术，是指把被包装食品、包装材料容器分别杀菌，并在无菌环境条件下完成充填、密封的一种包装技术。无菌包装（aseptic package）的最大特点是被包装食品和包装材料容器分别杀菌。

无菌包装的食品一般为液态或半液态流动性食品，其特点为流动性好、可进行高温短时杀菌（HTST）或超高温瞬时杀菌（UHT），产品色、香、味和营养素的损失小，如维生素能保存95%，且无论包装尺寸大小，质量都能保持一致，这对热敏感食品，如牛奶、果蔬汁等的风味品质保持具有重大意义。在无菌条件下包装的食品可在常温下贮存流通。

无菌包装技术发明于 20 世纪 40 年代，最初是为了生产不能用传统的高压釜灭菌、但要求有较长货架寿命的产品（如乳制品及香蕉泥之类的热敏感食品）而开发。无菌包装与传统罐装工艺及其他所有食品包装的不同之处在于：食品单独连续杀菌，包装也单独杀菌，两者相互独立，这就使得无菌包装比普通罐头制品的杀菌耗能量少，且不需用大型杀菌装置，可实现连续杀菌灌装密封，生产效率高；但若在加工、包装、充填、封合各个环节中有任一地方未能彻底杀菌，就会影响产品的无菌效果。

传统罐头加工使食品无菌，但一般来说食品的营养成分和风味品质在加工过程中受到了损害；罐头内全部食品必须在最短的安全时间内达到最低安全温度，由于通常在容器外加热，紧靠容器的食品达到最高加热温度的时间要比中心部分食品达到的时间短得多，结果使大部分食品保持高温的时间远远超过杀菌所需要的时间，而实际杀菌时间正是要使中心冷点食品达到指定杀菌温度的时间。对于大容积罐头，因食品传热缓慢而使这个问题更为突出。无菌包装技术使食品单独连续杀菌，很好地解决了传统罐头的缺点，在保证热敏性食品货架寿命的同时，使包装食品营养更丰富，味道更鲜美。

目前，无菌包装技术广泛应用于果蔬汁、液态乳类、酱类食品和营养保健类食品的包装，随着科学技术的进步，消费者对食品营养、风味等要求的日益提高，无菌包装的应用范围将会更加广泛。

二、无菌包装体系的杀菌方法

食品无菌包装技术的关键是包装体系的杀菌，即包装食品的杀菌、包装材料和容器的杀菌处理、包装系统设备及操作环境的杀菌处理。

（一）无菌包装食品的杀菌方法

1. 超高温瞬时杀菌

超高温瞬时杀菌（ultra high temperature instantaneous sterilization，UHT）是把食品在瞬间加热到高温（135℃以上）而达到杀菌目的。

（1）直接加热杀菌法　　工作原理如图 7-14 所示，用高压蒸汽直接向食品喷射，使食品以最快速度升温，在几秒内达到 140～160℃高温并维持几秒钟，再在真空室内除去多余水分，然后用无菌冷却机冷却到室温。这种方法特别适宜于对热特别敏感的流质食品的灭菌处理，但易使产品香味挥发损失。例如，牛奶的 UHT 杀菌工艺：原料（5℃）预热（15～20s）到75～80℃→迅速加热到140～150℃保持（2～4s）→迅速降温至80℃→冷却（15～20s）至室温；这种杀菌方式使牛奶在高温段时间很短，能使产品完全杀菌，且能基本保持牛奶的营养和风味。目前国际上采用的有 UHT 喷射式杀菌（UHT injection steriliser）和 UHT 注入式杀菌（UHT infusion steriliser）两种类型的设备。

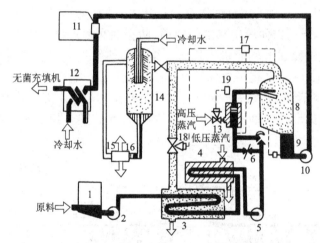

图 7-14　直接加热杀菌法工作原理图

$$5℃ \xrightarrow{\text{（约 29s）}} 78℃ \xrightarrow{} 150℃（2～4s） \xrightarrow{\text{（约 14s）}} 80℃ \xrightarrow{} 20℃$$

1. 原料箱；2. 泵；3. 第一预热器；4. 第二预热器；5. 泵（加压用）；6. 流量调节器；7. 蒸汽喷射装置；8. 减压容器；9. 液面保持槽；10. 无菌泵（取出制品用）；11. 无菌均质机；12. 制品冷却机；13. 蒸汽流量调节阀；14. 冷凝器；15. 冷凝水泵；16. 真空泵；17. 温度差调节阀；18. 蒸汽量调节阀；19. 蒸汽喷射式-温度控制器

（2）间接加热杀菌法　　即采用换热器进行间接加热杀菌，根据食品的黏度和颗粒大小可选用片式换热器、管式换热器、刮板式换热器。片式换热器适用于果肉含量不超过 1%～3%的液体食品；管式换热器对产品的适应范围较广，可加工高果肉含量的浓缩果蔬汁等液体食品，凡用片式换热器会产生结焦或阻塞，而黏度又不足用刮板式换热器的产品，都可采用管式换热器。刮板式换热器装有带叶片的旋转器，在加热面上刮动而使高黏度食品向前推送，达到加热杀菌之目的。间接加热灭菌法的工艺原理如图 7-15 所示。

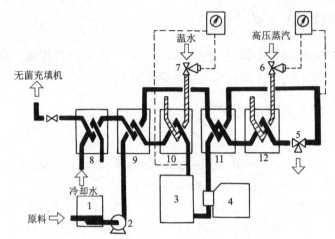

图 7-15　间接加热灭菌法工艺原理图

（约9s）　　　（约18s）　　　　　（约9s）　　　（约12s）
5℃ ——→ 85.6℃ ——→ 138℃（2.5s）——→ 102℃ ——→ 20℃

1. 原料箱；2. 泵；3. 保持箱；4. 均喷箱；5. 流路转换阀；6. 灭菌温度调节蒸汽阀；7. 预热温度调节水阀；8. 最后冷却器；9. 第一热交换器；10. 第一加热器；11. 第二热交换器；12. 第二加热器

　　片式超高温杀菌设备由一组片式热交换器组成，对流体物料连续预热、杀菌和冷却。图 7-16 是英国 APV 公司巴拉弗洛（Paraflow）片式热交换器组成的间接加热超高温杀菌设备流程图。原乳从平衡槽①用泵抽送至预热片式交换器②与牛乳热交换而升温至 85℃，送入贮槽③并保持 6min 以便稳定浆液蛋白质，防止在高温加热区段内产生过多的沉淀物。经稳定处理的牛乳经泵送入均质机④均质，再送至热交换器⑤、⑥与高温蒸汽热交换，加热杀菌到 138～150℃，并视需要保温 2～4s。接着灭菌乳流经转向阀⑦，如果温度等于或高于杀菌温度，杀菌乳流入快速冷却片式热交换器⑨与冰水热交换至 100℃，再进入预热片式交换器②与原乳热交换进一步冷却，经冷却片式热交换器⑩再次与冰水热交换而使灭菌乳冷却到 20℃左右，送入无菌包装机包装。

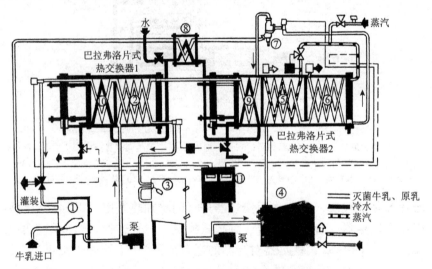

图 7-16　APV 片式超高温杀菌设备流程图

①平衡槽；②预热片式交换器；③贮槽；④均质机；⑤、⑥高温蒸汽热交换器；⑦转向阀；⑧分离冷却器；⑨、⑩冷却片式热交换器；⑪控制箱

2. 高温短时杀菌

高温短时杀菌（high temperature short time，HTST）主要用于低温流通的无菌奶和低酸性果汁饮料的杀菌，可采用换热器在瞬间把液料加热到 100℃以上，然后速冷至室温，可完全杀灭液料中的酵母和细菌，并能保全产品的营养和风味。

案 例 五

蒸汽浸入式超高温杀菌工艺

蒸汽浸入是将产品注入蒸汽中。预热产品，将它泵入浸入室中，其一端配有锥体压力容器。图 7-17 所示为蒸汽浸入式杀菌室结构，蒸汽杀菌室顶部设有分配器，产品由分配器进入蒸汽中，在不冲击容器壁的情况下到达底部锥体。由于蒸汽蒸发的潜热，产品加热几乎是瞬时进行（通常为 0.2s）。蒸汽会稀释产品，但随后在产品冷却时会被排出真空室。

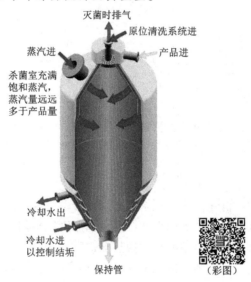

图 7-17　蒸汽浸入式杀菌室结构

蒸汽杀菌室提供瞬时、温和的加热，这是由短时间高温以及产品和蒸汽之间的低压差而实现的。与其他传统 UHT 系统相比，该工艺具有显著优势，可以极大程度地减少对所处理产品造成的化学变化。短时间高温加热有助于产品保持其新鲜风味，同时保持极高的杀菌率，使产品具有较长的保质期。底部锥体上的冷却夹套会使壁温低于产品温度，并抑制了结焦和结垢。如果产品通过杀菌室下方直接安装的泵下料，则保证了保温管拥有充足压力，以保持明确的单向流，并且基本上不含空气和蒸汽气泡。这一点对于保温时间和温度的精确控制十分重要，而这两者都极大地影响着产品的最终质量。在真空膨胀容器中进行闪蒸冷却，以精确的控制来确保正确排水量，这样产品较之原始状态不会出现稀释或浓缩。

蒸汽直接浸入式 UHT 可应用于诸多产品的杀菌，包括牛奶、奶油、饮品、布丁、冰激凌、婴儿食品、炼乳、加工奶酪和酱汁。

3. 欧姆杀菌

欧姆杀菌（Ohm sterilization）是一种借助通入电流使液态食品内部产生热量达到杀菌目的的新型加热杀菌技术。

英国 APV 公司已推出工业化规模的欧姆加热系统，可使 UHT 技术应用到含颗粒（粒径可达 25mm）液态食品的加工。图 7-18 所示为该杀菌系统的工艺流程示意图，系统主要由泵、管路、欧姆加热器、保温管、控制仪表等组成，其中核心部分是柱式欧姆加热器（图 7-19），由 4 个以上电极室组成，每个电极室内有一个单独的悬臂电极。

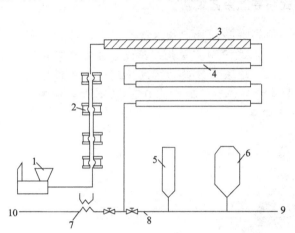

图 7-18　欧姆加热系统工艺流程示意图　　　　　图 7-19　欧姆加热器原理图

1. 进料泵；2. 电极加热器；3. 保温管；4. 冷却热交换器；5. 无菌集液罐；6. 无菌产品罐；7. 无菌消毒液冷却热交；8. 通入无菌包装机管道；9. 接无菌包装机；10. 杀菌液回流　　　　1. 电极管；2. 50Hz 三相电源；3. 中间管；4. 电极

欧姆杀菌工艺过程为：首先是装置预杀菌，用热导率与待杀菌物料相近的一定浓度硫酸钠溶液循环加热，达到杀菌温度，从而也使产品杀菌温度能平衡有效地过渡到正常值。一旦系统杀菌完毕，杀菌液由循环管路中的片式换热器进行冷却，当达到稳定状态后，排掉杀菌液，同对将产品引入系统进行杀菌。系统中反压泵给系统提供反压，以防止产品在欧姆加热器中沸腾。杀菌高酸性产品时，反压维持在 0.2MPa，杀菌温度 90～95℃；杀菌低酸性食品时，反压维持在 0.4MPa，杀菌温度可达 120～140℃。物料通过欧姆加热组件时被逐渐加热至所需杀菌温度，然后依次进入保温管、冷却换热器和贮罐或直接供送给无菌包装机。

欧姆杀菌作为高新技术应用于含颗粒，诸如牛肉丁和胡萝卜丁的汤汁类液态食品，对提高产品卫生安全性和品质风味质量，便于过程控制和降低操作费用，均有关键作用。

案 例 六

一种用于果汁饮料灭酶杀菌处理的欧姆加热系统

一种用于果汁饮料灭酶杀菌处理的欧姆加热系统，其自耦变压器的电源输入端可以与室内电源连接，电路控制箱可以控制自耦变压器的电压输出，温控仪由电路控制箱线路输出端供给能量，平行极板间可以形成欧姆加热，温控仪可以通过测温元件对饮料容器内的果粒果汁温度进行测控，欧姆加热对饮料营养成分破坏小，灭酶杀菌效果好。

（二）无菌包装材料和容器的杀菌方法

无菌包装材料的杀菌方法视材质而不同，传统无菌包装普遍使用纸塑类多层复合软包装材料或片材热成型容器。这类材料在复合加工时的温度高达 200℃左右，这相当于对包装材料进行了一次灭菌处理，但储运、印刷等加工过程会重新被微生物污染，如果直接用来包装食品则会造成微生物的二次污染，因此，在无菌包装时必须对包装材料单独进行杀菌处理。纸塑类包装容器的杀菌有物理和化学两种方法：物理方法常用紫外线辐射杀菌和电磁波灭菌，化学方法常用 H_2O_2 强氧化剂杀菌。随着科技的蓬勃发展，纳米技术已大规模应用在包装材料上，运用纳米技术研发的包装系统可以修复小的裂口和破损，形成抗菌表面，使材料本身具备抗菌性。

（1）紫外线杀菌   紫外线在波长 250～270nm 范围内有较好的灭菌效果，且与照射强度、时间、距离和空气温度有关，如采用高强度的紫外杀菌灯照射长度为 76.2cm 的软包装材料，照射距离为 1.9cm、照射时间为 45s，就能获得较好的灭菌效果。紫外杀菌还与材料表面状态有关，对于表面光滑无灰尘的包装材料，采用紫外线可杀灭表面上的细菌；对于压凸的铝箔表面，杀菌时间比光滑表面长 3 倍；对不规则形状的包装容器表面，则灭菌照射时间要比平面长 5 倍。

（2）过氧化氢（H_2O_2）杀菌 H_2O_2 是一种杀菌能力很强的杀菌剂，毒性小，在高温下可分解成氧和水：

$$H_2O_2 \longrightarrow H_2O + [O]$$

"新生态氧" [O] 极为活泼，有极强的杀菌力。H_2O_2 对微生物具广谱杀菌作用，但其杀菌力与 H_2O_2 的浓度和温度有关，H_2O_2 浓度越高、温度越高，其杀菌效力就越好。H_2O_2 浓度小于 20% 时，单独使用杀菌效果不好，当 22% 浓度 H_2O_2 在 85℃ 杀菌时可得到 97% 的无菌率，而浓度为 15% H_2O_2 在 125℃ 时杀菌可得到 99.7% 的无菌率，由此可见，使用 H_2O_2 溶液灭菌时浓度和温度对包装材料无菌率的影响很大，温度的影响更大。但杀菌温度受包装材料的限制。H_2O_2 杀菌常采用溶槽浸渍或喷雾方法，使包装材料表面有一层均匀的 H_2O_2 液，然后对其进行热辐射，减少 H_2O_2 在包装材料表面的残留量，使 H_2O_2 完全蒸发分解成无害的水蒸气和氧，同时增强灭菌效果。

（3）H_2O_2 和紫外线并用的杀菌方法   此方法比 H_2O_2 杀菌结合加热处理的杀菌效力更显著。图 7-20 为各种杀菌方法灭菌效果比较，即使采用低浓度 H_2O_2（<1%）溶液，加上高强度的紫外线辐射杀菌处理，也可取得惊人的杀菌效果；这种杀菌方法只需在常温下施行就可产生立即杀菌的效果，较单一使用 H_2O_2（即在高温下用高浓度的 H_2O_2）或单一使用紫外线照射杀菌，其杀菌效果好上百倍。

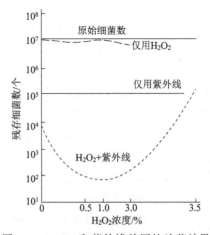

图 7-20 H_2O_2 和紫外线并用的杀菌效果

（三）包装系统设备及操作环境的杀菌方法

包装系统设备及操作环境的杀菌包括两方面的内容。

（1）包装系统设备的杀菌　　食品经杀菌到无菌充填、密封的连续作业生产线上，要防止食品受到来自系统外部的微生物污染，因此在输送过程中，要保持接管处、阀门、热交换器、均质机、泵等的密封性和系统内部保持正压状态，以保证外部空气不进入。同时要求输送线路尽可能简单，以利于清洗。无菌包装系统设备杀菌处理一般采用原位清洗系统实施，根据产品类型可按杀菌要求设定清洗程序，常用的工艺路线为：热碱水洗涤—稀盐酸中和—热水冲洗—清水冲洗—高温蒸汽杀菌。

（2）操作环境的杀菌　　操作环境的无菌包括除菌和杀菌两项工作。杀菌可采用化学和物理方法并用进行，并定期进行紫外线照射，杀灭游离于空气中的微生物。除菌是防止细菌和其他污物进入操作环境，除菌主要采用过滤和除尘方法实现，一般无菌操作空间的空气需经消毒、二级过滤和加热消毒产生无菌过压空气，其过压状态保证避免环境有菌空气渗入无菌工作区。

三、无菌包装系统

无菌包装系统的研究始于 20 世纪 20 年代，50 年代由美国推出了世界上第一个无菌包装系统——Dole 无菌灌装系统（Dole aseptic canning system），接着又推出了玻璃瓶无菌包装机（aseptic glass filler）。Dole 无菌包装系统在世界上已超过 120 条，主要使用金属罐，用高温饱和蒸汽对空罐和盖预先杀菌，然后充填流动性无菌食品，布丁、奶酪、调味汁和汤类食品在美国多采用 Dole 系统加工和包装。随着包装材料工业发展和世界能源危机的冲击，自 70 年代中期开始采用超高温杀菌技术和无菌软包装。目前，采用 UHT 杀菌和纸塑复合材料的无菌包装产品占有越来越大的市场份额，同类产品成为消费者的首选。无菌包装系统分为敞开式无菌包装系统和封闭式无菌包装系统，其区别是封闭式无菌包装系统比敞开式无菌包装系统多了无菌室，包装材料要在无菌室内杀菌、成型、灌装。由于无菌室一直通有无菌气体保持其正压，因此无菌室能有效防止微生物的污染，在生产中应用广泛。下面将简要介绍典型的食品无菌包装系统。

（一）纸盒无菌包装系统

这种类型的无菌包装系统发展迅速，我国主要引进的是 Tetra Pak 公司的利乐砖形包、屋顶形包无菌包装机和国际纸业公司的 SA-50 无菌包装系统。随着人们健康意识的觉醒，保质期达 6～8 个月之久的利乐砖形包已经不符合现代养生之道，保质期在 6～7d 的屋顶形包终将风靡市场。

1. Tetra Pak 利乐砖形包无菌包装机

该机采用卷筒材料输入立式机器进行杀菌、成型、充填和封合，砖形容器由 5～7 层材料组成，典型材料结构为：PE/印刷层/纸板/PE/铝箔/PE/PE。这种机器采用 H_2O_2 和高温热空气进行包装材料的无菌处理。我国早期引进的机型为 L-TBA/8 型，近几年引进的机型为 TBA/9。图 7-21 为 TBA/9 无菌灌装机工作示意图。

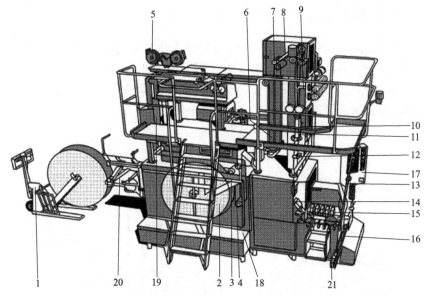

图 7-21　TBA/9 无菌灌装机工作示意图

1. 纸卷车：配有液压提升装置；2. 包装纸卷；3. 马达驱动的滚筒：保证包装纸进料均匀畅顺；4. 惰轮：以启动或停止滚筒（3）；5. 封条附贴器：纵封时封条从侧边缘黏合使封口紧密结实；6. H_2O_2 槽；7. 挤压滚筒：以压挤掉包装纸上的过氧化氢；8. 气帘：喷出高温无菌空气以吹干包装纸；9. 产品灌装管；10. 纵封装置；11. 暂停装置：生产中如有短暂停机，再开机时设备会先完成仍未封好的纵封；12. 感光器：以监控自动图案校正系统；13. 横封：由两对连续运转的夹爪形成；14. 灌装好的小包装：按切断后滑落到最后的折叠器；15. 折叠器：包装顶部及底部的角被折好及热封成型；16. 利乐砖成品从运输带卸放出来；17. 可转动控制屏；18. 润滑油液压油添加处，机器自动洗涤液亦在此处添加进去；19. 日期打印装置；20. 包装材料接驳工作台；21. 水和洗涤剂混合槽：用于机器外部的自动清洗

2. SA-50 无菌包装系统

图 7-22 为国际纸业公司的 SA-50 无菌包装系统工作原理图，该机采用 H_2O_2 和加热方法对包装材料进行无菌处理：先由 35% 的 H_2O_2 在槽中经 80℃ 处理 9～12s，然后在通过滚轮的过程中 H_2O_2 逐渐减少；当通过 120℃ 热空气喷射后，材料上的 H_2O_2 完全被除去。此后，在无菌的成型填充工作区内完成成型、填充和密封操作；用过压无菌空气保持成型填充工作区域操作环境的无菌状态。目前，利用纳米无机抗菌技术、抗菌制备设备、金属离子抗菌技术和纳米级粉体抗菌制备技术，在食品机械表面制成纳米界面涂料，其界面为超双亲性二元协同界面，可达到既疏水又避油污的要求，以保证食品的卫生条件。

目前，美国及其他发达国家使用的成型/充填/封合无菌包装系统还有德国的 Bosch 和意大利的 Benco 无菌包装系统。这两种系统都采用纸板/塑料多层复合材料，并用 H_2O_2 和加热作为包装材料的主要杀菌手段，用于低酸性食品的包装。

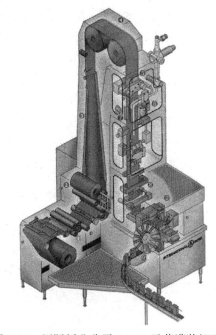

图 7-22　国际纸业公司 SA-50 无菌灌装机系统

（二）采用预成型容器的无菌包装系统

这种无菌包装系统不用卷筒材料，而是用预先压痕并接缝的筒形材料，在机器无菌区之外预先成型，然后用 H_2O_2 并加热杀菌，用于牛奶和果汁饮料之类的无菌包装，由于纸盒在系统之外预制好，大大简化了无菌包装系统的纸盒成型部分。典型设备是德国 PKL公司的 Combiloc 无菌包装系统，其工艺流程如图 7-23 所示。

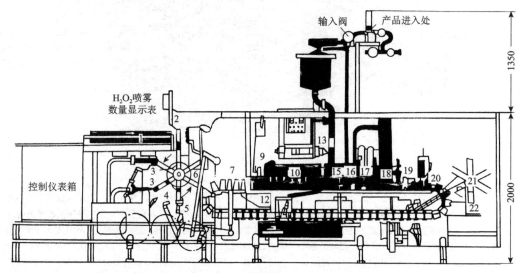

图 7-23　Combiloc 无菌包装机工艺流程示意图

1. 盒坯输送台；2. 拉开盒坯；3. 底部加热熔化；4. 底部折叠；5. 底部密封；6. 链式输送带；7. 顶部折纹；8. 无菌区（图中未标序号）；9. H_2O_2 喷雾；10. 干燥带；11. 空气加热器（图中未标序号）；12. H_2O_2 排气罩；13. 灌装台；14. 阀门组件（图中未标序号）；15. 去沫器；16. 吹液器；17. 顶部加热熔化；18. 顶部密封；19. 热印期限；20. 顶部第二次封口；21. 传送轮；22. 传送带

包装材料用纸板/铝箔/PE/Surlyn 树脂等组成。呈平整状的半成型容器进入装置后，由真空作用使容器自动弹起打开，接着覆盖在容器底部的 PE 由热空气加热软化、成型和密封，然后传送到无菌填充部分。无菌填充部分由导入的无菌空气形成轻微的正压力，以防止来自装置外的空气进入无菌区而产生污染。容器内部用 H_2O_2 喷雾、200℃的热风加热消毒、蒸发干燥，使容器内表面残存的 H_2O_2 低于 $1\mu L/mL$。填充食品后用超声波密封上口，并在容器侧面曲折向上，形成开口用的"舌头"，即为成品。

另一种是热柠檬酸杀菌的 Rampart Packaging—Mead 公司的 Crosscheck 无菌包装系统，应用于低酸性食品和含有颗粒物产品的包装。

（三）塑料瓶（杯）无菌罐装系统

图 7-24 为采用卷筒材料的塑料容器成型/充填/封合无菌罐装系统。该系统采用 H_2O_2 杀菌处理，底部材料带和上部盖材经 H_2O_2 槽浸渍，而后经 4、10 两个加热干燥器使材料带上的 H_2O_2 完全分解蒸发而达到无菌，然后在过压无菌空气环境下完成容器成型、充填和封口。

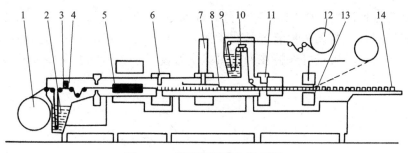

图 7-24　塑料瓶无菌包装系统

1. 材料卷筒；2，9. 过氧化氢槽；3. 吸气吸液工位；4. 干燥器；5. 加热元件；6. 热塑材料成型（用无菌空气）；
7. 无菌充填部位；8. 充填区域（无菌）；10. 负压干燥；11. 真空封口；12. 铝箔材料卷筒（上盖）；
13. 冲剪模；14. 输出

　　另一种塑料容器成型/充填/封合无菌罐装系统是大陆制罐公司（Continental Can Company）推出的 Conoffasf 包装系统，这种系统不用 H_2O_2 杀菌，而是使接触产品的包装材料无菌，在制造多层包装材料的共挤过程中，加工温度达到了使材料灭菌的温度，从而使与食品接触的材料无菌。在包装过程中，多层包装材料输入机器，在无菌条件下使多层材料的外层材料脱去，露出无菌的与产品接触的表面，然后制成包装容器，成型、充填、封合区的无菌条件由加压无菌空气维持。例如，容器的材料组成为 PP/PE/PVDC/PP 时，最里层的 PP 在无菌区内剥除卷去，使材料的内部表面处于绝对的无菌状态。容器成型后，充填食品，确保了食品接触部分的无菌。

（四）衬袋盒（箱）无菌包装

　　衬袋盒（箱）（bag in box）是液体或半液体食品方便又经济的一种包装形成，如图 7-25 所示由三部分组成：①一个柔性的可折叠多层复合袋；②封盖和管嘴，产品通过它灌装和流出取用；③刚性的外盒或外箱，根据容积大小可用瓦楞纸板或木板等材料制成。衬袋箱（盒）始于 20 世纪 50 年代末的美国，用于 5 加伦（10L）的牛奶包装。80 年代高阻隔性材料和多层复合材料的开发应用，使衬袋盒（箱）开始用于食品的无菌包装领域。衬袋盒箱无菌包装系统以瑞典 ALFA—LAVAL 公司的 STAR—ASEPT 较为典型，采用蒸汽杀菌，安全可行，且可进行杀菌温度和时间的测量记录，可适用酸性和低酸性食品，如牛奶、各种果蔬汁和浓缩汁等不含颗粒和纤维液体食品的无菌充填；无菌取料，通过管嘴可随意取用部分产品而包装内部仍保持无菌状态；由于包装顶隙极小，充填嘴区域内氧气的渗透小，减小了因氧变质的危险性。该机采用原位清洗系统，与 UHT 杀菌配套，操作管理简便。

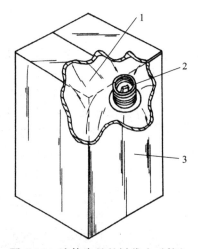

图 7-25　液体食品的衬袋盒（箱）
1. 薄膜袋；2. 封盖和管嘴；3. 刚性外盒（箱）

　　STAR—ASEPT 包装袋复合材料构成如图 7-26 所示，包装袋由两个未固定的 LLDPE

内衬袋的复合材料构成。该 LLDPE 内衬袋可承受 140℃蒸汽短时杀菌,阻光隔氧主要由铝箔及共挤层提供,其无菌包装产品在常温下贮存半年,产品品质与低温冷藏相当;常温下贮存一年,产品质量可保持在商业可接受程度以上,与低温及冷冻贮藏相比,可节省大量贮运费用。

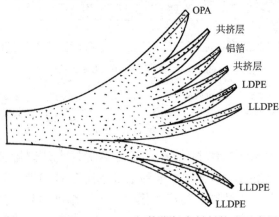

图 7-26　STAR—ASEPT 包装袋复合材料构成示意图

案例七

液体食品无菌包装用复合袋

　　液体食品无菌包装用复合袋,包括内层袋、外层袋和袋口三部分。外层袋是由聚乙烯薄膜表层、聚酯薄膜中层及聚乙烯薄膜热封底层构成的复合结构;内层袋为聚乙烯薄膜内层袋。其中,聚酯薄膜中层为真空镀铝聚酯薄膜层;聚乙烯薄膜表层、聚酯薄膜中层以及聚乙烯热封底层通过胶黏剂粘接为一个整体。

　　通过采用双层袋形,内层袋与外层袋之间能形成缓冲,其承载能力要比单层袋形要强,而且采用此双层袋形还不占用堆放空间,重量轻可以节约运输成本;通过将外层袋设置为复合层,中层采用真空镀铝聚酯薄膜,这样可以有效地防紫外线照射,可延长袋内液体的保质期,表层和热封底层均采用聚乙烯薄膜,其能增加外层袋的承载能力和耐折性,避免破袋,防止细菌进入袋内。此复合袋具结构简单、堆放过程中不占空间、制造成本低、承载能力强、耐折性好、安全系数高、抗污染能力强等优点。

第五节　微波食品包装技术

　　微波食品(microwave food)并不是单独意义上的食品,它是指所有其他类的食品为适应微波加热(调理)要求而采用一定包装方式制成的食品,即可采用微波加热或烹制的一类预包装食品,主要有两大类:①常温或低温下流通,经微波加热后直接食用的食品,如可微波速食汤料、可微波熟肉类调理食品、可微波汉堡包等;②冷冻冷藏下流通经微波加热调理(烹制)后才能食用的食品,如冷冻调理食品等。

一、微波加热特性与包装要求

（一）微波加热与包装

微波是指波长在 1～1000mm，频率为 300MHz～30GHz 的电磁波。处在微波场中的食品物料，其中的极性分子（分子偶极子）在高频交变电场作用下高速定向转动产生碰撞、摩擦而自身生热，表现为食品物料吸收微波能而将其转化为热能使自身温度升高。微波加热可以节约时间、无异味，对营养成分的保留率较高。微波加热的效果与包装材料和食品物料的介电性质有关，对微波的吸收性越强则能量转化率越高，温升越快。食品成分的介电、物理和热性能的变化会造成微波加热不均及随后散热不均。

微波食品的方便性之一是可将包装连同食品一起进行加热调理，在包装设计时就必须将其包装作为加热容器来考虑。因此包装材料对微波的加热适应性，即对微波的吸收、反射与透过性能，以及对内装产品在加热时的影响，是微波食品包装时必须考虑的一个重要问题。食品连同包装一起在微波场中加热时，食品吸收微波生热，温度逐渐升高，与食品直接接触的包装材料温度也会升高，同时包装材料本身也可以不同程度地吸收微波能而产热，这些作用会使包装材料的温度升高，特别是食品中含有油脂或油脂黏附于包装材料时，材料受热速度快且温度很高（常可达 130～150℃），因此要求包装材料具有较高的耐高温性能。另外，由于微波食品有很大一部分是冷冻冷藏的调理食品，对此类食品的微波包装还要求包装材料具有良好的耐低温冷冻性能、脆折点要低。

（二）微波加热的不均匀性与包装

食品的成分和结构体系复杂，不同物料或同一物料的不同组分，由于介电特性不同其吸收微波能的能力亦不同，其在微波场中的温升情况也表现出差异，要在微波场中达到理想的加热效果，常需借助包装材料的选择和包装形式的设计。

1. 尖角集中效应

食品的几何形状、部位对微波加热也有较大的影响，如食品的大小、厚度、中心、边角等。微波能被物料吸收、反射和透过，其所能达到物料内部的最大深度称为微波的穿透能力，当物料的厚度、大小超过其穿透能力时，食品物料中心将得不到微波能，只能靠外部物料向内部传热，因此其温升较慢。而食品的边角部分很容易被微波穿透，其产热迅速而温升很快，常常会受到过度加热，甚至在其中心部分尚未熟透时边角就会产生焦煳现象，此即微波加热的"尖角集中效应"。因此在微波食品包装时要求通过合理选择包装材料和包装设计，尽可能避免微波加热的不均匀性对食品质量造成的影响，如采用可阻挡微波的铝箔包裹食品的边角或尖角部位来屏蔽微波等。

2. 表面低温现象

微波食品加热时，在物料大小合适的情况下，由于其所受微波作用来自于各个方向，物料中心部位接受的微波能多而产热量大，而在较短时间内热量又无法传递到外部，因此其中心部位温度会因热量积聚而迅速升高。另外，食品物料表面在接受微波能而生热后，其中水分会迅速变为水蒸气蒸发使表面热量散失，表面温度难以升高。并且与传统加热方式不同的是，微波食品在加热时食品周围的环境空气不能生热，其温度大大低于食品表面的温度，因此微波食品加热时常常会出现食品内部温度高的表面低温现象，很难形成像传统焙烤食品那样具有鲜亮色泽和脆硬口感的外皮。对于此类微波食品在包装时就必须考虑采用可高度吸收微波的包装材料来改善食品表面受热状况，如采用微波敏片等。

微波加热时，密封包装袋内空气膨胀压力增高，要求包装材料能耐受较强的内压强度。

二、微波食品用包装材料

作为接触食品并且在微波条件下加热要经受高温处理的食品包装材料（容器），其材料的选用要符合相关的卫生规定，必须具有可靠的卫生性能。选用微波穿透性好，即介电系数小的介质。为确保食物的品质，还需耐油、水、酸和碱，具有方便性和多用途及廉价性，符合环保要求。

（一）微波食品用包装材料的分类

根据包装材料在微波场中的特性及在特定包装中的作用可将其分为 4 类。

1. 可透过微波的包装材料

此类材料在微波场中很少吸收和反射微波，对微波的透过性很高，也称微波透明包装材料。包装食品在进行微波加热或蒸煮时，只有微波能最大限度地被食品所吸收，食品才能迅速升温，从而提高加热效率，因此，此类包装材料是微波食品包装的主要用材。一般的纸类、塑料、玻璃等包装材料大都属于此类材料。表 7-11 列出了部分材料的介电性质供参考。

表 7-11　在 2450MHz 下部分材料的介电性质

材料	相对介电常数	介质损耗
纸	3～4	0.05～1
PE	2.26	$2.65×10^{-3}$
PA	2.4	0.02
耐热玻璃	4.0	0.02
瓷器	5.9	$3.52×10^{-3}$
水（20℃）	76.7	12.04

2. 可吸收微波的包装材料

在微波场中与食品一起吸收大量微波能而生热，甚至比食品升温更快。通常用于微波敏片包装与食品表面直接接触，使食品表面能达到产生脆性和褐变色泽所需的温度。

微波感受器是利用很薄的金属薄膜可以吸收微波能量，然后将其转化成热能，从而加热食品，使食品表面发生褐变和脆化。

3. 可反射微波的包装材料

在微波场中不能吸收和透过微波但能反射，主要用作微波屏蔽材料，防止食品边角或突出部位过度加热，达到均匀良好的加热效果，如铝箔和铝箔复合薄膜材料等金属类包装材料。需注意的是此类包装材料在应用时需特殊处理，使用不当会引起打火。

4. 可改变电磁场的包装材料

可使被包装物在微波场中受热更均匀，也称为整场器件。例如，美国 Alcon 公司的一种名为 MicroMatch 的容器，主要由铝箔复合制成，其圆顶可不同程度地反射微波，从而改变食品内部不同部位的电磁振荡，使食品加热更均匀彻底。

（二）微波食品包装材料

1. 纸类

主要有各种纸和纸板、纸浆模塑材料、涂塑纸板等。

（1）纸和纸板　　纸和纸板具有一定的强度、形状保持性和优良印刷性能，可与食品一起置于微波炉中加热，并可吸收微波加热过程中食品逸出的水蒸气，而避免其在包装内表面形成凝结水而影响食品外观品质。纸板一般用于制作杯、碗、托盘、衬垫等。

（2）纸浆模塑材料　　纸浆模塑材料应用最多的是纸浆模塑托盘，为"双炉通用"性材料。这种托盘在纸浆模制后常层合成耐热性、阻水性很强的聚酯膜，一般有两层封口：下层铝箔、上层塑料膜盖封，微波加热时可将铝箔去掉重新盖上塑料盖，在普通加热方式下，只需去掉塑料盖即可直接进行加热，很适合作为冷冻调理食品和米饭类的微波食品包装。

（3）涂塑纸板　　涂塑纸板主要有涂 PE、PP、PET 的纸和纸板，经涂塑后其耐热、耐油、耐水性等大大提高，可用于各种微波食品包装。

纸质材料特别是经涂塑处理后的材料非常适合于微波食品包装，但由于其本身能部分吸收微波能而被加热，如果在微波炉中加热时间过长，纸张存在因高温而被烤焦的危险，尤其是边角部分和含水分较低的食品。因此纸类包装微波食品最好使用带盖容器，使加热更均匀；在外观设计上要尽可能采用圆滑过渡，以避免局部过热现象的发生。

2. 玻璃和陶瓷

（1）玻璃　　玻璃用于微波食品包装的最大优点是它对微波透明、耐热性好、强度高并能承受较高内压，且使用非常方便。玻璃瓶一般采用金属旋盖密封或用由塑料保护的金属自泄压盖密封；前者去掉瓶盖后即可放入微波炉中直接加热，后者可直接放入微波炉中加热。玻璃包装材料主要用于饮料类等含水量大的液体食品的微波包装。

（2）陶瓷　　陶瓷对微波的吸收较多很少用于微波食品的包装，但作为微波炉加热器皿则很常见。由于陶瓷吸收微波，因此其能量利用率较低，不太适合长时间加热，另外当食品加热到其所需程度时，陶瓷往往已经很烫手，使用时应注意。

3. 金属

由于金属能反射微波，且在微波炉中容易产生打火现象，过去常认为其不能应用于微波食品包装。实际上，只要进行适当控制金属完全可以使用，如在金属表面涂塑或用纸裹包以避免容器与容器、容器与微波炉壁的接触即可防止打火。

4. 塑料

塑料是微波食品包装中应用最多的一类材料，由于对微波的透明特性，以及材料种类繁多、性能各异，能提供各种不同的性能以适应不同微波食品的包装需要，主要有 PA、PE、PP、ABS、PC、PET、Ny、苯乙烯丙烯腈（SAN）、EPS 和 PA/PP、PP/CPP、PET/PE、PA/PE、PET 蒸镀 SiO_2、PP/EVOH/PE，以及纸塑、铝塑等复合包装材料。PC、聚对苯二甲酸乙二醇酯（CPET）、PA/PP、PP/CPP、PET/PE 等适合于长时间微波加热食品，PA/PE、

EPS、PE、SAN 等可用于短时加热即可的微波食品包装。CPET、PC 等常制成托盘使用，在各种微波食品中都有应用，特别是冷冻调理食品中应用很广泛。

PVC、PVA 等极性材料则不适合微波食品包装。尽管 EPS 保温性能优良、对微波的透过能力也很好，但是它在高温下具有单体迁移的危险性且容器易于变形，因此也不太适合用于微波食品包装，特别是对于高脂肪食品如油炸食品、肉汁、奶酪沙司和含奶油的食品更不适宜采用。

案 例 八

几种典型微波食品包装

1. 冷冻调理食品微波包装

冷冻调理食品的微波包装一般采用 CPET、PC、纸浆模塑托盘等包装，涂塑铝箔封口，也可以采用盐酸橡胶薄膜拉伸裹包。

盒中袋式包装时常采用复合薄膜袋外套纸盒，使用的复合薄膜主要有：Ny/LLDPE、PP/EVOH/PE 及各种铝箔复合薄膜等。

2. 披萨饼、汉堡包与三明治类微波包装

（1）披萨饼微波包装　　披萨饼微波包装采用纸盒和外覆塑料薄膜包装，纸盒的底面和内表面有支撑物，在微波加热时纸盒被托起离开炉底一定距离，便于为金属表面反射的微波透入包装，同时食品被托起离开纸盒，纸板上留有出气孔，撕去塑料薄膜后使微波加热时产生的水蒸气可以逸出包装，从而防止水分重新被内容物所吸收，避免了披萨饼变软和潮湿。

（2）汉堡包微波包装　　汉堡包微波包装采用纸盒包装，纸板材料的中间部分复合有铝箔，除顶盖外其他 5 个面是屏蔽的。用于包装冷冻汉堡包时，将汉堡包放在微波中加热时两个半块面包在盒子的底部，小馅饼则在顶部；小馅饼因暴露在满功率的微波加热能量之下迅速被加热，而两个半块面包接收到的微波能量则相对较少，但足够其解冻和加热。

（3）三明治微波包装　　三明治微波包装用不透水的薄膜进行裹包，面包的底部采用铝箔屏蔽包装，面积至少达到 5%～10%。

3. 其他类食品微波包装

（1）圣代冰淇淋包装　　将冰淇淋与其顶端的配料分开，上面的配料可以被微波加热，而下面的冰淇淋被完全屏蔽仍然保持其冷冻状态。当用微波加热后，两层之间的包装可以被刺破，这样融化的顶端配料就可以挂到冰淇淋上，或将其浇到冰淇淋上。使用这种包装消费者就可以同时吃到一冷一热的圣代，很有新奇感。

（2）可产生褐变的微波包装　　一种可用微波加热的纸盒包装，在纸盒上面开有气孔，里面套有一只有垫脚的托盘，外包装可撕开的薄膜。当薄膜被撕开时就会露出排气孔，微波加热过程中产生的水汽可以通过此孔散发出去。托盘可以根据需要选择可以吸收微波的材料作涂层，使与托盘接触的食品表面能够发生褐变和松脆。也可以进行屏蔽设计以防止披萨饼顶端的配料等食品的过度加热。

（3）微波爆玉米花包装　　将专用玉米与调料混合后微压成块状，然后用纸塑复合材料真空包装，最后将包装袋整理折叠后进行外包装。为保证玉米膨爆后包装袋不破裂，要求包装能耐受一定强度的内压，同时包装袋展开后的有效内容积应大于袋内玉米膨爆后的体积。使用时可以直接将内包装放入微波炉中加热，随着膨爆的进行，产生的气体将包装袋撑开使玉米可以散开。

思考题

1. 试说明包装食品的湿度变化原因及防潮包装的实质问题。
2. 概述防潮包装设计方法，并自选一例食品进行防潮包装设计。
3. 试说明 MAP 和 CAP 的含义、主要特征及两者之间的差别和适用场合。
4. 简述真空充气包装及封入脱氧剂包装的保质机理和各自的特点。
5. 试列举包装食品上的常用脱氧剂；说明其反应特性和使用注意事项。
6. 试说明食品无菌包装的特点和意义。
7. 简要说明无菌包装材料和容器杀菌方法，并列举我国目前采用的无菌包装机主要机型。
8. 概述微波食品的定义和包装要求，试列举微波食品常用包装材料，分析微波食品包装技术的开发方向和市场前景。

第八章 各类食品包装

本章学习目标

1. 熟悉各类食品包装目前所采用的包装材料及技术方法。

2. 熟悉不同食品的品质特性、腐败变质方式，掌握据此确定包装要求、选用包装材料及包装技术的程序方法。

3. 熟悉各类生鲜食品的加工保鲜、贮运流通销售等过程中的变质方式和包装要求；掌握可选用的包装材料与包装技术方法。

食品包装成为农产品深加工、食品工业快速发展的关键，是其加工贮运、流通销售的必需过程。如何对食品进行有效包装，在延长食品货架保鲜期的同时，有效维持产品的品质和保证其安全，是食品包装科学孜孜追求的目标。随着人们对食品消费要求的提高，对包装食品的品质要求也日益提高；食品种类繁多、包装形式丰富多彩，新材料、新工艺、新装备、新技术的发展日新月异，也逐渐改变着食品的生产、加工、流通和消费方式。本章将介绍农产品深加工、食品产业目前主要类别的食品包装技术方法。

第一节 果蔬类食品保鲜包装

果蔬生产具有很强的季节性和区域性，且易腐烂变质。由于国内外市场贸易流通和跨区域冷链物流等需要，采后果蔬贮藏保鲜具有重要意义。近20年来，果蔬贮藏保鲜包装技术与方法取得了很大的进展，技术成果已成功应用于采后果蔬保鲜和物流生产实践。

一、果蔬保鲜包装的基本原理和要求

（一）果蔬保鲜包装的基本原理

1. 气调保鲜机理

如图8-1所示，包装具有的气调效果是果蔬保鲜包装的基础：包装材料具有一定的气体阻透性，包装内外气体成分可通过包装材料互换，使包装内环境气氛条件因果蔬呼吸作用而达到低

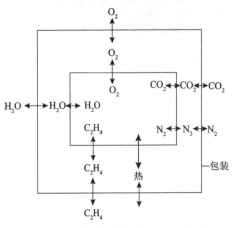

图8-1 果蔬包装内外环境气体互换示意

O_2 高 CO_2 状态，该状态反过来又抑制果蔬呼吸，使果蔬生命活动降低、延缓衰老，从而具有保鲜作用。

需要注意的是，当 CO_2 过高、O_2 过低会造成无氧呼吸并积累生理毒性物质，导致果蔬生理病害发生，尤其是对 CO_2 耐性差的果蔬，如柑橘属果品对 CO_2 非常敏感，包装内浓度一般不允许超过 1%。因此在保鲜包装中应使用具有一定透气性的包装材料，以保证包装内外进行一定程度的气体交换，使包装内 O_2 和 CO_2 达到果蔬保鲜所需的最适浓度范围。

不同种类厚度的包装材料，其气体透过性不同。采用单一薄膜往往难以满足不同水果蔬菜的生理特性要求，因此，在生产中常采用薄膜打孔和纳米微孔膜来满足其透气性要求。

2. 抑制蒸发

包装可使新鲜果蔬蒸腾散失的水分留在包装内部而形成高湿微环境，从而抑制水分散失，保持饱满鲜嫩的果蔬外观；但包材透气性太差则易造成包装内部的过湿状态，招致微生物侵染而腐败发生。因此，果蔬包装时应选用适当透湿性的材料，也可采用纳米微孔膜等功能性材料来调整包装内部湿度，使之维持在适宜状态。

大多数果蔬在收获时已有一定成熟度，其生理活动较稳定，因而适宜于密封包装；但也有部分蔬菜（尤其是茎叶蔬菜）收获时其生理代谢活动不稳定，用穿孔膜包装往往能获得良好的效果，在适宜的低温下效果则更好。

一般而言，温度对果蔬中微生物生长繁殖和各种酶类的催化反应具有重要影响，果蔬保鲜包装在适宜的低温下贮藏流通能抑制各种生理病害，获得良好的保鲜效果。

包装前预冷对延长保鲜包装有效期具有重要作用，它可迅速有效地排出果蔬田间热、抑制果蔬呼吸、防止水分蒸腾，使果蔬在包装时能尽可能保持其采收时的良好品质。包装时选用隔热容器和冰等蓄冷材料一起使用，可将果蔬包装内的温度维持在较低水平；这种简易方法在果蔬流通时可达到冰箱和冷藏运输车同样的保鲜效果，但果蔬保鲜仍以包装后在冷库贮藏为主要措施，以此来保证果蔬处于适宜的低温条件下。

案 例 一

果蔬低温保鲜抑制蒸发

不同果蔬蒸腾失水反应与温度的关系不同。柿子、柑橘、苹果、梨、西瓜、马铃薯、洋葱、南瓜、卷心菜、胡萝卜等果蔬对温度比较敏感，随着温度下降其蒸发作用会显著降低；栗子、桃、李子、无花果、甜瓜、萝卜、番茄、菜花、豌豆等果蔬对温度有一定反应，随着温度的降低，其蒸发作用也会有所下降。而草莓、樱桃、芹菜、黄瓜、菠菜、蘑菇则具有强烈的蒸发作用且与温度无关。

表 8-1 列出了多种蔬菜在不同温度下包装贮存的货架期，常温贮藏保鲜效果远比低温差。气调包装必须和低温结合起来，其保鲜作用才能充分发挥。

表 8-1 蔬菜薄膜包装在不同贮藏条件下的货架期

种类	贮存时间/d				冷藏（0～3℃）时间/d		
	不包装	开孔	密封	贮藏温度/℃	不包装	开孔	密封
菠菜	3	7	14	18	6	20	30
甜菜	9	9	11	23～35	18	31	43
四季豆	5	7	7	24～34	7	21	25
豌豆	5	—	10	7～24			25
小豌豆	4	4	5	14～29	11	—	14
莴苣	3	2	2	25～34	10	11	13
芦笋	5	—	6	17～28	—	—	18

3. 抑制后熟

乙烯是一种植物激素，广泛存在于植物的各种组织、器官中，是由蛋氨酸在供氧充足的条件下转化而成的。它的产生具有"自促作用"，即乙烯的积累可以刺激更多的乙烯产生。在果蔬生长后期随成熟而产生，在一定浓度（mg/kg）下会促进果蔬呼吸、加速叶绿素分解、淀粉水解及花青素的合成，促进果蔬成熟并导致老化的迅速发生。包装中使用功能性包装材料和乙烯去除剂，可有效去除果蔬贮藏过程中产生的乙烯或抑制内源乙烯的生成，抑制果蔬后熟而达到保鲜目的。

4. 调湿、防雾、防结露

如果包装材料透湿性太差，包装内部逐渐变成高湿状态而易在包装内形成水雾，当外部温度低于包装内部空气露点温度时，水汽就会在包装内壁结露，也因包装内高 CO_2 而形成碳酸水，滴落在果蔬表面易导致湿蚀发生，使外观变差，商品价值降低，严重者会发生微生物侵染而导致腐败变质。采用防雾、防结露功能性包装材料，可有效防止水雾和结露现象。

在包装内部封入具有吸湿放湿功能性辅助材料，可使包装内湿度维持基本恒定，避免因包材透湿性差而产生过湿状态。

（二）果蔬保鲜包装要求

果蔬保鲜包装时为保证其良好品质与新鲜度，要求能充分利用包装材料具有的阻气阻湿、隔热保冷、防震缓冲、抗菌抑菌、吸收乙烯等特性，采用相应的包装方法和适当的容器结构对果蔬进行内外包装，创造一个良好的包装内气氛条件，把果蔬呼吸作用降低至维持其生命活动所需的最低限度，并尽量降低蒸发、防止微生物侵染与危害；同时，也应避免果蔬受到机械损伤。不同种类果蔬对包装的要求不尽相同。

（1）**软质水果** 草莓、葡萄、李子、桃等软质水果，含水量大，果肉组织极软，是最不易保鲜的一类水果。这类水果要求包装应具有防压、防振、防冲击性能，包装材料应具有适当的水蒸气、氧气透过率，避免包装内部产生水雾、结露和缺氧性败坏。可采用半刚性容器覆盖以玻璃纸、醋酸纤维素或聚苯乙烯等薄膜包装。

（2）**硬质果蔬** 苹果、香蕉、柑橘、甘薯、胡萝卜、马铃薯、洋葱、山药、甜菜、萝卜等硬性果蔬，肉质较硬，呼吸作用和蒸发也较软质水果缓慢，不易腐败，可较长时间保鲜。这类果蔬的保鲜要求是创造最适温湿度和环境气氛条件，可采用 PE 等薄膜包装或用浅盘盛放、用拉伸或收缩裹包等方式包装。

（3）茎叶类蔬菜 这类蔬菜组织脆嫩，脱水速度快，易萎蔫，其呼吸速度也较快，对缺氧条件很敏感。包装时主要考虑其防潮性和抗损伤作用以及对环境气体的调节能力。

二、果蔬保鲜包装材料及包装方法

（一）果蔬保鲜用包装材料

用于果蔬保鲜包装的材料种类很多，目前应用的主要有塑料薄膜、纸质包装材料、塑料片材、蓄冷材料、隔热容器、保鲜剂等几大类。

1. 薄膜包装材料

常用的薄膜保鲜材料主要有 PE、PVC、PP、BOPP、PS、PVDC、PET/PE、K 涂 Ny/PE 等薄膜，以及 PVC、PP、PS、辐射交联 PE 等的热收缩膜和拉伸膜。这些薄膜常制成袋、套、管状，可根据不同需要选用。近年来开发了许多功能性保鲜膜，除了能改善透气透湿性外，涂布脂肪酸或掺入界面活性剂使薄膜具有防雾、防结露作用；还有提高透明性的薄膜，混入泡沸石为母体的无机系抗菌剂的抗菌性薄膜，混入陶瓷、泡沸石、活性炭等以吸收乙烯等对保鲜有害气体的薄膜，混入远红外线放射体的保鲜膜等。

1）塑料薄膜是透气、透明、阻隔性优良的保鲜材料，在鲜切果蔬包装材料中应用最为广泛。目前应用较多的有 PE、LDPE、PVC、EVA、PP 和 PVDC 等。这些包装材料能有效地隔氧、隔光，满足不同的透气率。

> 案 例 二
>
> ### PVA 活性包装膜对圣女果保鲜性能研究
>
> 采用 PE 膜、PVA 膜、PVA 活性包装膜对圣女果进行保鲜包装，通过对圣女果的感官评价，同时测定其失重率、腐败率、维生素 C 及总糖含量等各项指标的变化，比较 3 种不同包装膜对圣女果的保鲜效果。3 种包装膜均适用于圣女果的保鲜包装，可延长其货架寿命；通过对保鲜后圣女果各项性能指标进行检测，发现 PVA 活性包装膜能够更好地延缓圣女果的腐败，降低变质率，维持较高的维生素 C 及总糖含量，延长圣女果的保鲜期 6d 以上，达到了很好的保鲜效果。

> 案 例 三
>
> ### 微孔薄膜保鲜
>
> 微孔保鲜膜是一种高透气性新型气调保鲜薄膜，上面开有许多微小的气孔，孔径 $0.01\sim10\mu m$，可以在一定条件下改善 O_2 或者 CO_2 等气体透过率，其 CO_2 渗透率是普通聚乙烯保鲜膜的 10 倍以上。微孔薄膜通常用于气调包装中，可以

加强内外的气体交换，保持一定比例的 O_2 和 CO_2 浓度，防止 O_2 浓度过低（低于 1%）导致果蔬无氧呼吸，产生大量乙醇和乙醛等挥发性物质积累而影响果实的风味。微孔膜保鲜袋具有较高的水汽渗透性，能防止因包装内温度过大而凝结水珠。微孔薄膜包装适用于呼吸强度大或对 CO_2 敏感的果蔬，如芦笋、甜玉米、梨、甜椒、苹果等。

2）纳米复合包装材料指通过纳米合成、添加及功能改性等工艺形成的纳米级（1～100nm）包装材料，具有良好的力学性能、稳定性能、阻隔性能、自洁性、杀菌性等特征。目前常用 PE、PA、PP、PVC、PET 等作为基础材料开发纳米复合包装材料；壳聚糖、淀粉、大豆蛋白及其衍生物等通过纳米化也可制备保鲜包装材料。

3）乙烯气体吸附膜乙烯又称为植物催熟激素，可促进果蔬成熟衰老，几乎所有的植物组织均有产生乙烯的能力，当植物受到伤害后乙烯产生量增加，称为伤乙烯；果蔬鲜切加工可诱发乙烯释放量增加。用乙烯吸附膜包装鲜切果蔬可以吸收包装袋中的乙烯，减缓袋内果蔬的呼吸作用，再利用包装薄膜具有一定阻隔 O_2 和 CO_2 的作用，可使包装果蔬经自身呼吸作用而自然地达到抑制代谢的"休眠状态"，延缓鲜切果蔬的衰老。因此，降低鲜切果蔬包装内的乙烯含量对于延长货架期显得尤为重要。乙烯吸附薄膜是在塑料薄膜（主要是 LDPE）中混入凝灰石、沸石、黏土矿物、硅石、石粉等气体吸附性多孔物质，在制膜时加入 3%～5% 的气体吸附剂，来提高乙烯气体的吸附效果。由于气体吸附剂的添加量有限，其吸附能力也是有限度的。

4）可降解的新型生物杀菌包装材料随着环保意识和绿色包装理念的建立，人们越来越关注塑料及其包装制品对环境造成的污染问题，同时也关注使用化学杀菌剂可能危害人们的身体健康及污染周围环境的问题。可降解的新型生物杀菌包装是利用一些可降解的高分子材料，在其中加入生物杀菌剂，起到了防腐保鲜、可降解和保护环境等多种作用。由于这种包装材料可降解又具有杀菌效用，使用方便安全，今后将可能广泛地应用于鲜切果蔬等新鲜产品的包装中。

5）智能包装材料指在包装材料中加入了更多的新技术成分，使其既具有普通包装的基本功能，又对环境因素具有"识别"和"判断"功能，如可识别和显示包装空间的温度、湿度、压力及密封的程度、时间等一些重要参数。近年来，科学家通过在包装材料中植入可以检测到鲜切果蔬释放的乙烯气体及乙醇的传感器，从而能够显示果蔬的成熟度，控制产品品质，延长货架寿命。

2. 纸质包装材料

（1）SO_2 保鲜纸　　该保鲜纸是将 SO_2 保鲜剂（SO_2 释放剂、缓释剂、胶黏剂、稳定剂和防水剂按照一定比例组成）以 $150g/m^2$ 左右的涂布量均匀涂于基材上制成。

（2）DH-1 型柑橘保鲜纸　　以联苯（DP）、透明质酸（HA）和石蜡为主要原料制成的 DH-1 型柑橘保鲜纸，质地柔软，且具有一定的弹性。经贮藏试验证实该药纸具有制造工艺简单、使用方便、保鲜效果好等特点。随着消费者对食品品质和保藏期要求的提高，以及环保意识的增强，功能化、环保化、简便化已渐成国际果蔬保鲜包装的主流趋势，以天然生物材料制成的可食性包装膜逐渐成为研究的热点。可食性包装膜是食品和果蔬保鲜的理想材料，它的许多优点使其取代普通的塑料是不可逆转的趋势，有很好的发展前景。

> **案　例　四**
>
> ### 中草药速效葡萄保鲜纸
>
> 速效葡萄保鲜纸是将焦亚硫酸盐或重亚硫酸盐与中草药抗菌剂及胶黏剂组成保鲜剂涂刷到单层基材上，再与另一层基材粘贴，经干燥制成。该保鲜纸可连续释放二氧化硫气体、中草药灭菌挥发油，达到对葡萄防腐保鲜的目的。据试验，该保鲜纸在夏季常温运输中可使葡萄保鲜 69d，冷藏葡萄可保鲜 2~3 个月。

> **案　例　五**
>
> ### 果蔬电气石保鲜纸
>
> 电气石具有在常温常压下自发释放负离子和远红外线、产生生物静电的特性，从而使电气石保鲜纸具有延缓果蔬呼吸、抑菌防腐的作用。电气石含 8.5% 左右的硼，可被植物吸收，使用后的电气石保鲜纸不会造成白色污染。

（3）瓦楞纸箱　　普通瓦楞纸箱是由全纤维制成的瓦楞纸板构成，近年来功能性瓦楞纸箱也开始应用。例如，在纸板表面包裹发泡聚乙烯、聚丙烯等薄膜的瓦楞纸箱；在纸板中加入聚苯乙烯等的隔热材料的瓦楞纸箱；还有聚乙烯、远红外线放射体（陶瓷）及箱纸构成的瓦楞纸箱等。这些功能性瓦楞纸箱可以作为具有简易调湿、抗菌作用的果蔬保鲜包装容器来使用。

> **案　例　六**
>
> ### 远红外瓦楞纸水果包装箱
>
> 在 100%的天然纸浆制造的瓦楞纸板上涂抹上一层可以释放出远红外线的陶瓷，开发出一种远红外瓦楞纸水果包装箱，用来盛装新鲜水果，其保鲜期可比用普通瓦楞纸箱的延长 1 倍左右。

3. 保鲜包装用片材

保鲜包装用片材大多以高吸水性的树脂为基材，种类很多。例如，吸水能力数百倍于自重的高吸水性片材，在这种片材中混入活性炭后除具有吸湿、放湿功能外，还具有吸收乙烯、乙醇等有害气体的能力；混入抗菌剂可制成抗菌性片材，可作为瓦楞纸箱和薄膜小袋中的调湿材料、凝结水吸收材料，改善吸水性片材在吸湿后容易构成微生物繁殖场所的缺点。目前已开发出的许多功能性片材已应用于蘑菇、脐橙、涩柿子、青梅、桃、花椰菜、草莓、葡萄和樱桃的保鲜包装。

4. 蓄冷材料和隔热容器

蓄冷材料和隔热容器并用可起到简易保冷效果，保证果蔬在流通中处于低温状态，因而可显著提高保鲜效果。蓄冷材料在使用时要根据整个包装所需的制冷量来计算所需的蓄冷剂量，并将它们均匀地排放于整个容器中，以保证能均匀保冷。

发泡聚苯乙烯箱是常用的隔热容器，其隔热性能优良并且具有耐水性，在苹果、龙须菜、生菜、硬花甘蓝等果蔬中已有应用，但是其废弃物难以处理。可使用前述的功能性瓦楞纸箱和以硬发泡聚氨酯发泡聚乙烯为素材的隔热性板材式覆盖材料作为其替代品。

5. 保鲜剂

1）气体调节剂有脱氧剂、去乙烯剂、CO_2发生剂等。脱氧剂多用于耐低氧环境的水果如巨峰葡萄等；CO_2发生剂多用于柿子、草莓等；去乙烯剂（包括去乙醇剂）有多孔质凝灰石、吸附高锰酸钾的泡沸石、溴酸钠处理的活性炭等。

2）涂布保鲜剂有天然多糖类、石蜡、脂肪酸盐等。

3）抗菌抑菌剂有日柏醇、二氧化氮、银、泡沸石等。

4）植物激素有赤霉素、细胞激动素、维生素B_9等，均可抑制呼吸、延缓衰老、推迟变色，保持果蔬的脆度和硬度等。

为进一步提高保鲜效果，可将保鲜剂与其他包装材料一起使用于保鲜包装中。

（二）果蔬保鲜的内包装方法

（1）塑料袋包装　　选择具有适当透气性、透湿性的薄膜，可以起到气调效果；与真空充气包装结合进行，以提高包装的保鲜效果。这种包装方法要求薄膜材料具有良好的透明度，对水蒸气、O_2、CO_2透过性适当，并具有良好的封口性能，安全无毒。

（2）浅盘包装　　将果蔬放入纸浆模塑盘、瓦楞纸板盘、塑料热成型浅盘等，再采用热收缩包装或拉伸包装来固定产品。这种包装具有可视性，有利于产品的展示销售。芒果、白兰瓜、香蕉、番茄、嫩玉米穗、苹果等都可以采用这种包装方法。

（3）穿孔膜包装　　密封包装果蔬时，某些果蔬包装内易出现厌氧腐败、过湿状态和微生物侵染，因此，需用穿孔膜包装以避免袋内 CO_2 的过度积累和过湿现象。许多绿叶蔬菜和果蔬适宜采用此法。在实施穿孔膜包装时，穿孔程度应通过试验确定，一般以包装内不出现过湿所允许的最少开孔量为准。这种方法也称有限气调包装。

（4）简易薄膜包装　　常用 PE 薄膜对单个果蔬进行简单裹包拧紧，该方法只能起到有限的密封作用，在柑橘类果蔬包装中得到广泛应用。

（5）硅窗气调包装　　硅窗气调包装是一种在塑料袋上烫接一块硅橡胶窗，通过硅橡胶窗上的微孔调节袋内气体成分组成的包装方法，这种方法通常适用于果蔬的包装。硅窗气调包装的原理：硅窗气调技术是利用硅胶膜对氧气和二氧化碳有良好的透气性及适当的透气比，可以对果蔬所处环境的气体成分进行调节，达到控制呼吸作用的目的。同时还可抑制酶的活性和微生物的活动，以此来延缓果蔬的衰老，提高果蔬的贮藏保鲜效果。

（三）果蔬涂膜包装技术

全世界每年生产的新鲜水果蔬菜在消费前的损失率为 15%～80%,这种现象在热带地区国家和发展中国家显得较为严重。目前延长果蔬采后寿命的贮藏技术比较多，如冷藏、涂蜡、气调等。其中涂蜡处理是通过在果蔬表皮形成一层能阻隔气体、水汽的半透膜，抑制果蔬的呼吸作用，从而起到防腐保鲜的作用。

果品涂蜡处理的优点：①增加果品表面光泽，改善外观品质，提高商品价值。②适当堵住果品表皮上的气孔，可在一定程度上抑制果品水分蒸发，减缓皱缩过程，研究表明，涂蜡处理果品相比未处理过的同类果品，其失重率有显著下降。③抑制呼吸作用，降低呼吸速率，延缓果品衰老过程。④在蜡液中加入抗菌剂，可以防止微生物对果品的入侵，减少因微生物导致的坏果率。

涂蜡方式主要有浸涂、喷涂、刷涂三种。浸涂对蜡液的黏度性能要求低，技术相对简单，同时浸涂也容易造成蜡液浪费、干燥时间长、表面易结蜡乳头。喷涂对蜡液的黏度要求高，技术要求相对较高，但是喷涂效果均匀，蜡液浪费少，效率高，因此是现在主流的涂蜡方式。刷涂占用蜡液少，但是漏涂严重，蜡液涂覆率低，不适用长期贮藏前的涂蜡。

案 例 七

新型柑橘蜡液的创制及其生理效应研究

以锦橙果实为实验对象，用多种不同来源的蜡液进行涂膜包装，测定处理后果实失重、果实亮度、粉化和果汁异味等参数。

结果显示：蜡液处理的水果失重率均有减少，减少范围在10%～50%，提高了亮度，并伴随不同程度的粉化。同时，所有实验对象均未出现异味。用氧化聚乙烯、巴西棕榈蜡和虫胶混合物配制的蜡液表现出优异的效果，经其涂覆的锦橙失重率减少35%、亮度较佳且随时间变化小、有轻微程度粉化。

（四）果蔬保鲜外包装方法

果蔬外包装是对小包装果蔬进行二次包装，以增加耐贮运性并有利于创造合适的保鲜环境。目前外包装常采用瓦楞纸箱、塑料箱等。从包装保鲜考虑，外包装可同时封入保鲜剂及各种衬垫缓冲材料，如脱氧剂、杀菌剂、去乙烯剂、蓄冷剂、CO_2发生剂、吸湿性片材等。

三、鲜切果蔬包装

随着社会进步、生活节奏加快，消费者对果蔬食用的消费方便性和安全性要求越来越高。在欧美，一种洗净分切的包装果蔬产品应运而生，最初只限于餐厅、旅馆等餐饮业的应用，近几年超市货架零售的分切包装果蔬也日趋普遍。我国鲜切果蔬保鲜包装产品成为果蔬食用消费的发展趋势。

（一）鲜切果蔬保鲜包装机理

生鲜果蔬采收后其呼吸、蒸腾失水及生理变化都在继续进行，其影响后熟和货架保鲜期的因素比其他食品更复杂，其中除了物理性和病菌侵犯外，果蔬采收后的呼吸作用及生理变化反应都是酶活动的结果，酶的活性对于温度的变化极为敏感，温度越低，果蔬衰老劣变的速度越慢，运销寿命越长，而温度越高呼吸率越大，呼吸热能越多，使果蔬新鲜度迅速衰减。包装会改变果蔬的呼吸率、生理生化变化及乙烯作用，尤其是切口部位的失水和病理性衰败，进而影响果蔬生鲜品质和货架保鲜期限；若要延长货架保鲜期限，必须做到延缓衰老、减少蒸发、避免物理性伤害。因此，鲜切果蔬的温度控制对包装后的货架保鲜期起着极重要的作用；同时，鲜切果蔬的微生物和包装内气氛控制对货架保鲜期限有关键的影响力。

果蔬呼吸为吸入 O_2 呼出 CO_2。鲜切果蔬的呼吸速率受温度影响外，还受到果蔬品种、种植采收、运输储存、加工条件、产品规格等因素影响。包装内气体成分也是重要的变因，而包装内的气体成分变化除与包装材料本身的透气有关，包材面积和产品重量比例也对其具有重要影响。包装袋越大，透气面积越大，则单位时间进入袋中的气体越多；包装袋内果蔬越多，总呼吸量越大。在多重因素影响下，一个合适的包装，其透气率需符合包装中产品的呼吸率，使果蔬有足够的 O_2 呼吸，抑制无氧呼吸而产生的异味，并控制因 O_2 过量导致氧化而使果蔬变色。呼吸产生的 CO_2 在包装中累积也会影响保存期限，过低（<7%）会加速蔬菜氧化，过多（>18%）会产生异味，适量的 CO_2（>10%）则有抑制氧化变质的效果。

（二）鲜切果蔬保鲜包装材料和方法

鲜切果蔬包装要慎选原料，配合适当的采收时间和条件，采后预冷与运输过程中要控制温度并管理搬运堆栈操作，避免物理性损伤和外来污染。在加工前保持原料的最佳新鲜状态，并在工厂加工处理时注意卫生和温度控制，减少蔬菜品质劣变和微生物污染，然后进行包装和冷链流通。

1. 鲜切果蔬包装材料

目前，在鲜切果蔬产品包装上应用最广泛的包装材料是塑料薄膜，它具有透明、保湿、透气、密封性好并且价格低廉等特点，适合于具有较强蒸腾作用的鲜切果蔬的包装，具有明显的保鲜效果和应用前景。

（1）塑料树脂　　PE、PP 在包装上主要制成薄膜，利用其透气性好的特点，可用于鲜切果蔬的保鲜包装。PVC 具有透明度和光泽性较高等特点，利用其制作拉伸膜和热收缩膜，也比较适合于鲜切果蔬的包装。鲜切果蔬包装采用的材料还有 PS、PET/PE、K 涂Ny/PE 等薄膜，以及 PVC、PP、PS、辐射交联 PE 等的热收缩和拉伸膜；这些薄膜常制成不同规格的小袋加以利用。

（2）新型功能包装材料　　近年来，HDPE 微孔薄膜包装袋广泛用于新鲜水果包装，在薄膜袋上加做一定数量的微孔（40μm），加强袋内 O_2 和 CO_2 气体交换及自动调节，防止 O_2 过低或 CO_2 过高引发无氧呼吸、产生大量乙醇和乙醛等挥发性物质积累而影响产品风味。这种薄膜袋内的 O_2 浓度一般可保持在 10%～15%，适用于 CO_2 浓度忍耐力强的果蔬产品，特别适合具有较高代谢活性的鲜切果蔬包装。

美国希悦尔公司（Sealed Air Corporation）Cryovac[TM]食品包装部，根据各种果蔬呼吸强度分成几个等级（表8-2），并配合不同等级的呼吸率范围，研究开发出相应的限制性气调保鲜包装袋，见表 8-3。另外还有高透明度、抗雾、可微波等为超市零售设计的包装材料。

表 8-2　5℃储存温度下果蔬的呼吸强度等级及主要果蔬品种

呼吸强度等级	呼吸率范围/[mg CO₂/（kg·h）]（5℃）	主要果蔬品种
极低	<5	花生、枣、剥皮马铃薯
低	5～10	苹果、柑橘、洋葱、马铃薯
中	10～20	杏、梨、包心菜、红萝卜、莴苣、番茄
高	20～40	草莓、花椰菜（cauliflower）
极高	40～60	洋蓟、豆芽
超高	>60	芦笋、青花菜（broccoli）

表 8-3　Cryovac^{TM}果蔬限制性气调保鲜包装袋

呼吸强度等级	透气率/[cm³CO₂/（m²·24h）]（23℃，1 个标准大气压）	Cryovac^{TM}果蔬气调保鲜包装袋型号
极低	200	B900
低	9 800	PD-900
中	20 500	PD-961；PD-951
高	36 000	PD-941
极高、超高		PY 系列微孔包装膜

注：1 个标准大气压≈101kPa

（3）可降解新型生物杀菌包装材料　　由于化学杀菌剂可能危害人体健康和造成污染环境等问题，以及塑料薄膜包装带来的"白色污染"，可降解的新型生物杀菌绿色包装材料是当前国际食品包装的新热点。它是以可降解高分子材料为基材加入生物杀菌剂，使包装材料具备防腐保鲜、可降解和不污染环境等性能，使用方便，特别适用于鲜切果蔬产品的包装，在生鲜食品包装中将具有广泛的应用前景。

2. 鲜切果蔬包装形式和方法

鲜切果蔬的包装形式有袋装、盒装和托盘包装。块茎类鲜切蔬菜可采用袋装真空包装；叶菜类鲜切蔬菜可采用盒装和托盘包装，根据果蔬品种的呼吸强度等级可选择充气包装或制性气调保鲜包装，如欧美等国家和地区超级市场零售分切果蔬沙拉采用充气包装，其充入的理想气体比例则通过试验确定。除气调包装技术外，还有减压包装、涂膜包装和智能包装技术。

（1）气调包装　　气调包装是鲜切果蔬常用的保鲜包装方法。控制气调包装（CAP）是通过人为方法对 O_2、CO_2、乙烯，以及果实释放的香气实施控制，实现鲜切果蔬的保鲜。改善气氛包装（MAP）是利用鲜切果蔬自身的呼吸作用，来降低贮藏环境中的 O_2 浓度和提高 CO_2 浓度，达到抑制呼吸代谢、保持品质的气调贮藏的效果。在实际应用时一般可把 MAP 和 CAP 结合使用，包装时采用理想气氛包装，然后通过功能性气调薄膜来调控包装内部的 O_2 和 CO_2 及乙烯的浓度，有效提高其贮藏保鲜效果。

案　例　八

高氧自发性气调包装

高氧气调包装为近年来出现的新型包装方法，包装袋内的 O_2 浓度一般保持在 70%～100%，具有抑制酶活性，防止由此引起鲜切果蔬产品酶促褐变发生；防止无氧呼吸引起的发酵，保持鲜切果蔬产品的品质；有效地抑制好氧和厌氧微生物生长，防止病原微生物引起的腐烂等优点。高氧自发性气调包装适用于在高 CO_2 浓度和在低 O_2 浓度下易出现无氧呼吸发酵的果蔬产品，特别是适用于鲜切果蔬产品的保鲜。对易腐的果蔬产品可采用 80%～90% O_2 + 10%～20% CO_2。在欧洲市场上采用高氧包装鲜蘑菇，在 8℃ 下货架期可达 8d。

案　例　九

鲜切生菜高 CO_2 气调保鲜包装方法

将经过预冷挑选的新鲜生菜鲜切后进行高 CO_2 气调包装，优选混合气体按体积百分比组成为：10% O_2+30%～40% CO_2+50%～60% N_2，采用高阻气性保鲜袋充气包装于 0～4℃ 下贮藏，能够有效保持鲜切生菜口感及新鲜度、降低腐烂率。

（2）减压包装　　减压包装作为一种特殊的气调保鲜方法，目前得到广泛应用。其原理：一方面不断地保持减压条件，稀释 O_2 浓度，抑制乙烯的生成；另一方面把鲜切果蔬释放出的乙烯从环境中排除，从而达到贮藏保鲜的目的。真空包装保鲜技术是将鲜切果蔬置于密闭的包装容器或包装袋内，用真空泵抽出大部分空气，使内部压力降到 10kPa 左右，造成一个低 O_2 的环境（可降到 2%），乙烯等气体分压也相应降低，并在贮藏期间保持恒定的低压。温度为 1～18℃，相对湿度须在 95% 以上。减压包装保鲜有以下几个优点：降低 O_2 浓度、鲜切果蔬的呼吸强度和乙烯生成速度；鲜切果蔬释放的乙烯随时除掉。减压包装保鲜技术是在真空技术发展的基础上，将常压贮藏替换为真空环境下的气体置换贮存方式。此方式能迅速改变贮存容器内的大气压力，精确控制气体成分，取得稳定的超低氧环境。

（3）涂膜保鲜包装　　将可食性涂膜材料涂于果蔬表面而形成涂层，可抑制果蔬水分散失、控制其呼吸及生理生化反应速率，延缓乙烯产生，抑制褐变的发生，改善产品的外观品质；涂膜材料可以采用各种功能性成分的改性复配，来有效提高保鲜功能效果，具有简单方便、经济快捷的特点，成为近年来研究开发的热点，应用前景看好。

对鲜切果蔬而言，将各种天然可食的涂膜保鲜材料进行复配，在果蔬表面形成一层透明、有光泽的且具有较好选择透气性和阻气性的涂层。该涂层可改变鲜切果蔬产品表面的气体环境，有效地阻碍水分的蒸发和病菌的侵入及繁殖，降低呼吸作用，减少内部物质的转化和基质的消耗；阻碍乙烯的生物合成；减少细胞膜脂质过氧化和自由基损伤，延缓细胞衰老；防止芳香成分挥发作用，因而可以显著地提高产品的质量和稳定性。用于鲜切果蔬的可食性涂膜包装材料主要有多糖、蛋白质、纤维素和类脂。

一种鲜切马铃薯保鲜方法

采用卡拉胶和海藻酸钠复合涂膜材料对鲜切马铃薯涂膜处理，并真空包装，鲜切马铃薯在 4℃ 下可以保藏 15d。其保鲜效果明显优于 PE 保鲜袋直接封口包装和直接真空包装。

（4）智能包装　　智能包装（intelligent packaging）是一种能够自动监测、传感、记录和溯源食品在流通环节中所经历的内外环境变化，并通过复合、印刷或粘贴于包装上的标签以视觉上可感知的物理变化来告知和警示消费者食品安全状态的一种技术。近年来，鲜切果蔬智能包装研发成为热点，且在部分产品中得到相应的商品化应用，其中以包装质量控制的指示剂等新技术成就最为突出，比较典型的有时间-温度指示剂被安装在食品包装的外部，O_2、CO_2、乙烯指示剂及新鲜度指示剂等被放置于包装的内部。

智能包装作为一种新兴的高科技包装技术，在产品的信息收集、管理、控制等方面较其他包装技术有明显的优势，具有极广阔的发展前景。

3. 温度控制

温度控制对鲜切果蔬的生鲜品质至关重要。鲜切果蔬加工过程对果蔬造成的污染和伤害都会影响果蔬的呼吸率和保存期限，分切越细，呼吸率越高；处理过程越烦琐，污染机会越大；预冷不足，呼吸率偏高；因此，稳定合适的储存流通温度也能有效延长果蔬的保鲜期限，但过低的温度会造成果蔬冻伤。

（三）鲜切果蔬高压电场低温等离子体冷杀菌（CPCS）保鲜包装

目前，对于鲜切果蔬等热敏食品采用的杀菌包装技术，存在杀菌不彻底及产生二次污染问题；尽管产品可采用冷链物流贮藏，但微生物仍能大量繁殖引起腐败变质，货架保鲜期短。

与目前广泛采用的化学抑菌保鲜比较，高压电场低温等离子体冷杀菌（CPCS）保鲜包装技术是食品冷杀菌保鲜包装技术的重要突破。此技术可与 MAP 技术完美结合，低温等离子体对包装产品进行杀菌处理，不会产生二次污染；产生杀菌作用的等离子体来源于包装内部气体，不会产生化学残留，安全性高；尽管使用的电压非常高，但电流微小、杀菌处理过程很短不会产生热量、没有温升，能耗很低，且完全能适应大规模自动化生产方式。因此，低温等离子体杀菌技术作为一种新的冷杀菌方式，特别适用于鲜切果蔬产品的冷杀菌。

四、果蔬类加工食品包装

（一）干制果蔬类食品的包装

干制果蔬是果蔬制品的主要形式，其包装应在低温、干燥、通风良好、环境清洁的条件下进行，空气的相对湿度最好控制在 30% 以下，同时应注意防虫、防尘等。

1. 干果包装

核桃、板栗、花生、葵花籽等富含脂肪和蛋白质的果品，在包装时应考虑防潮、防虫蛀、防油脂氧化，故可采用真空包装。未经炒熟的板栗、花生等还具有生理活性，在贮藏包装时除了密封防潮外，还应注意抑制其呼吸作用，降低贮存温度以免大量呼吸造成发霉变质。

炒熟干果的包装主要应考虑其防潮、防氧化性能。可采用对水蒸气和氧气有良好阻隔性的包装材料，如金属罐、玻璃罐、复合多层硬盒等；若要求采用真空或充气包装，则可以选用 PT/PE/Al/PE、BOPP/Al/PE、KPET/PE 等高性能复合膜包装。

2. 干菜包装

主要目的是防潮和防虫蛀，包装材料应选用能防虫及对水蒸气有较好阻隔性的材料，一般采用 PE 薄膜封装；对香菇、木耳、金针菇等高档干菜包装有展示性要求的，可选用 PT/PE、BOPP/PE 复合膜包装，还可采用在包装内封入干燥剂的防潮包装。

脱水蔬菜的水分是在低温下脱除的，没有经过阳光的曝晒，也没有经过盐渍，因此其营养成分特别是维生素的损失不大，包装首先应考虑防潮，其次是防止紫外线照射变色。要求较低的大宗低档脱水蔬菜可用聚乙烯薄膜包装，要求较高的品种可用 PET（Ny）真空涂铝膜/PE，或 BOPP/Al/PE 等复合膜包装。

（二）速冻果蔬的包装

速冻果蔬的包装主要是坚固、清洁，无异味、无破裂，密封性好，透气率低，还应详细注明果蔬产品的食用方法和保藏条件。包装应符合相关食品卫生技术标准与要求，和便于贮藏、运输、销售和开启食用。

适用于速冻包装的材料应能在−50～−40℃的环境中保持柔软，常用的有 PE、EVA、PP 等薄膜；对耐破度和阻气性要求较高的场合，如包装笋、蒜薹、蘑菇等也可以用 PA 为主体的复合薄膜包装，如 Ny/PE 复合膜。国外采用 PET/PE 膜包装对配好佐料的混合蔬菜进行速冻保藏，食用时可直接将包装放入锅中煮熟食用，非常方便。

速冻果蔬的外包装常用涂塑或涂蜡的防潮纸盒、发泡聚苯乙烯作保温层的纸箱包装。玻璃容器容易胀裂或受温度变化而爆裂，一般不用于速冻食品的包装。

（三）果蔬的罐装

传统果蔬类罐藏制品都是采用金属罐和玻璃瓶包装，近年来纸质罐也有应用。金属罐中使用最多的是马口铁罐和涂料马口铁罐，铝罐等应用较少；纸质罐可用于罐藏某些干制食品及果汁等。目前果蔬采用蒸煮袋包装，即软罐头，已大部分取代了金属罐和玻璃罐。方便食品越来越受到大众的欢迎。软罐头食品以其携带更方便，价格更实惠，设计精美的特点，成为多数消费者的首选。

第二节　畜禽肉类产品包装

畜禽肉类食品主要有生鲜肉和各类加工熟肉制品。随着人们生活消费水平的日益提高，生鲜肉的消费也逐渐由传统的热鲜肉发展为工业化生产的冷却肉分切保鲜包装产品，熟肉加工制品也由原来的罐头制品发展成为采用软塑复合包装材料为主体的西式低温肉制品和地方特色浓郁的高温肉制品，三者构成了我国中西结合的肉类制品产品结构体系。

一、生鲜肉保鲜包装机理

刚宰杀不经冷却排酸过程而直接销售的称为热鲜肉。冷鲜肉是指宰后胴体迅速冷却处理、在 24h 内降低到 0～4℃，并在低温下加工、流通和零售的生鲜肉，能有效抑制微生物的生长繁殖，确保肉品安全卫生；同时，冷却肉经历了较为充分的成熟过程，质地柔软富有弹性、持水性及鲜嫩度好，提高了肉品的营养风味，因此，近年在我国发展很快，已成为生鲜肉品流通销售的主流品种。

（一）生鲜肉的变色机理

生鲜肉的色泽是影响销售的重要外观因素，取决于肌肉中的肌红蛋白（Mb）和残留的血红蛋白的状态。肌肉缺氧时的肌红蛋白与氧气结合的位置被水取代，使肌肉呈暗红色或紫红色，当与空气接触后形成氧合肌红蛋白而使色泽变成鲜红色，如长时间放置或在低氧分压下存放，肌肉会因高铁肌红蛋白的形成而变成褐色。若仍继续氧化，则变成氧化卟啉，呈绿色或黄色。高铁肌红蛋白，在还原剂的作用下，也可被还原为还原型肌红蛋白。肌红蛋白的三种氧化还原形态转化见图 8-2。

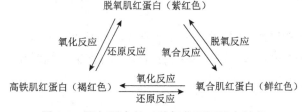

图 8-2　肌红蛋白的三种氧化还原形态转化

影响生鲜肉色泽变化的主要因素有氧分压的大小、肌肉的贮藏温度和 pH、储存时间、氧化物质的产生和宰后微生物的侵染程度等。

1. 氧分压

鲜肉表层以氧合肌红蛋白为主，呈鲜红色；中间层以高铁肌红蛋白为主，呈褐红色；下层以还原态肌红蛋白为主，呈紫红色，这是氧气在肌肉深层渗透过程中氧分压逐渐下降造成的。环境中的氧气浓度高时有利于形成较稳定的氧合肌红蛋白，表明生鲜肉高氧气调显著的保鲜效果。

2. 贮藏温度和时间

贮藏温度高会促进肌红蛋白氧化、微生物生长加快、脂肪迅速氧化，降低肉色货架保鲜期。相反，低温能促进氧气透过肉的表面，组织中的溶氧量也增加，有利于维持肌红蛋白的氧合形式。因此包装生鲜肉应尽可能贮存在较低的温度条件下。

鲜肉储存时间越长，越易形成高铁肌红蛋白而导致鲜肉褪色。

3. pH

最适 pH 可加速生化反应速率，从而提高颜色变化速率。为了维持肌肉颜色的稳定性，需根据不同种类的畜禽的不同部位对 pH 要求进行调控。

4. 高铁肌红蛋白还原酶活力

在体内，高铁肌红蛋白还原酶活力在维持色素稳定性中起着关键作用。一旦形成高铁肌红蛋白，高铁肌红蛋白还原酶将使之还原，从而延长鲜肉的货架期。

5. 脂肪氧化

脂肪氧化和肉色之间存在密切关系，由于脂肪氧化产生自由基破坏了肉中的色素，使肉变色，而肉变色产生的 Fe^{3+}，又是脂肪氧化的催化剂。

6. 微生物

微生物是导致鲜肉销售中褪色的主要原因。在微生物的对数生长期，需氧菌如假单胞菌等迅速繁殖，消耗大量氧气使肉表面氧分压下降，促进高铁肌红蛋白大量形成而使肉色变褐色。因此，从提高生鲜肉的卫生安全性和延长肉色货架保鲜期两方面，都需要严格控制从屠宰到分割加工和包装的微生物污染。

（二）生鲜肉变色的控制

针对肌红蛋白的结构、性质及影响因素，可以采用控制氧气和肌红蛋白的接触或在肌肉表面涂上抗氧化剂，抑制或阻止高铁肌红蛋白的产生，对鲜肉的颜色进行有效控制。

1. 气调保藏

通过调节包装内气氛环境对生鲜肉微生物会产生明显影响，高浓度 CO_2 可明显抑制假单细胞杆菌、大肠杆菌的生长，从而保证了鲜肉的安全性。

2. 抗氧化物质

向肌肉表面涂上维生素 C（或维生素 E）或两者混合使用及酚类物质可阻断氧化肌红蛋白向高铁肌红蛋白转化，从而减少高铁肌红蛋白的含量。同时也可阻断不饱和脂肪酸的氧化酸败，延长鲜肉的保质期。

二、生鲜肉制品包装

生鲜肉制品常用的包装方式主要有托盘包装、真空包装、气调包装等零售包装，这些包装可以保护生鲜肉免受环境灰尘和微生物的污染，不同程度地延长生鲜肉的保质期。生鲜肉的智能保鲜包装将成为研发方向。

1. 生鲜肉托盘保鲜包装

托盘包装是超市冷柜中生鲜肉的销售方式。鲜肉经切分后用发泡聚苯乙烯托盘包装，上面用 PVC 或 PE 包裹。最常用托盘包装能在短时间内引起肌红蛋白氧化形成鲜艳的亮红色，但由于没有完全和空气隔离，对微生物的抑制作用较弱，6～9d 后开始褪色，而且易发生脂肪氧化和蛋白质氧化，导致鲜肉品质下降。另外，托盘包装的保质期也较短。

2. 生鲜肉真空保鲜包装

真空包装是除去包装内的空气，再应用密封技术，把包装袋内的鲜肉与外界隔绝。真空包装生鲜肉能获得较长时间的保鲜期，能有效抑制好氧微生物生长繁殖，却不能抑制厌氧细菌的生长，但低于 4℃ 的低温储存流通条件可使厌氧细菌停止生长。所以，生鲜肉采用真空收缩包装必须严格控制原料肉的初始细菌，在生鲜肉的屠杀、分割、包装生产过程中采用 HACCP 等全程安全质量控制技术体系，有效地降低微生物造成危害的概率。

生鲜肉真空包装时因缺氧而呈现肌红蛋白淡紫红色，在销售时会使消费者误认为不新鲜，若在零售时打开包装使肉充分接触空气或再进行高氧 MAP，可在短时间内使肌红蛋白转变为氧合肌红蛋白，恢复生鲜肉的鲜红色。另外，真空包装生鲜肉虽能较好地抑制蛋白氧化和脂肪氧化，尽可能保持肉品原有的色香味，但易引起汁液渗出，且易发生变形。用作真空包装和充气包装的塑料薄膜，一般要求对气体有较好的阻隔性，常选用以 PET、Ny、PVDC 及 EVOH 等作为基材的复合包装薄膜。

3. 生鲜肉气调保鲜包装

气调包装是将一种或几种混合气体代替包装袋内的空气，再把包装密封，有利于形成氧合肌红蛋白而使肌肉色泽鲜艳，并抑制厌氧菌的生长，从而延长肉品的货架期；常用气体有 O_2、N_2、CO_2，既可单独使用，也可两种或三种气体按一定的比例混合使用。充入 CO_2 时，气体置换率达到 80%时就非常有效。为了使冷却肉具有更吸引人的樱桃红色，还可加入少量的 CO 代替 O_2，CO 与肌红蛋白结合可形成比 MbO_2 更稳定的 MbCO。气调包装又可分成高氧包装（high oxygen package）和低氧包装（low oxygen package）。高氧包装用于生鲜红肌肉 （fresh red meat）包装，通过高氧维持生鲜红肌肉的鲜红肉色。气调包装常用材料主要有 OPP/PE、PET/PE、PVDC/PE、PA/PE、EVOH/PE 等。Cryovac公司建议的 Case-Ready 冷鲜肉及肉制气调包装的充气比例见表 8-4。

表 8-4　冷鲜肉与肉制品气调包装常用的气体混合比

种类	混合比例	采用国家和地区
冷鲜肉（5～12d）	80% O_2+20% CO_2	欧洲
冷鲜肉（5～8d）	75% O_2+25% CO_2	欧洲
鲜碎肉制品和香肠	33.3% O_2+33.3% CO_2+33.3% N_2	瑞士
新鲜斩拌肉馅	70% O_2+30% CO_2	英国
熏制香肠	75% CO_2+25% N_2	德国及北欧四国
香肠及熟肉（4～8 周）	75% CO_2+25% N_2	德国及北欧四国
家禽（6～10d）	50% O_2+25% CO_2+25% N_2	德国及北欧四国

案例十一

托盘包装、真空包装和气调包装在鲜肉中的应用

图 8-3 是牛半膜肌分别经托盘包装、真空包装和气调包装（80% O_2：20% CO_2）后于 4℃冷藏 4d 后结果。由图可知托盘包装 4d 后开始褪色，真空包装保持紫红色不变，而气调包装形成鲜艳的亮红色。

托盘包装　　　　　　　真空包装　　　　　　　气调包装　　　（彩图）

图 8-3　不同类型包装在鲜肉中的应用

4. 生鲜肉智能保鲜包装

智能包装是指能监测并指示包装内部食品周围环境变化的包装技术。它可以提供食品在存储和运输过程中的相关质量信息。智能包装根据功能主要分时间温度指示卡、新鲜度指示卡、泄露指示卡、病原体指示卡、生物传感器和射频识别技术等。通过智能包装可以获取鲜肉的新鲜度、微生物污染、温度变化及包装完整性等产品信息。

案例十二

鸡肉 MAP-低温等离子体冷杀菌保鲜包装技术

新鲜鸡肉使用 MAP（O_2：CO_2：N_2 =65：30：5），经低温等离子体处理后在 4℃下贮藏。随着贮藏时间延长，鸡肉表面色差值 $L*$ 和 $b*$ 都呈升高趋势，而 $a*$ 值呈显著升高。低温离子体处理包装鸡肉能够抑制表面微生物生长，处理组鸡肉表面的微生物数量和生长速度明显低于空气包装处理组。使用空气包装处理组的鸡肉在 4℃下能保存 7d，虽然在 10d 时包装内无明显异味，但是菌落总数非常高并且超过 7lg（cfu/g）。低温等离子体处理的鸡肉在 4℃能够保存至少 14d，在 20d 时，虽然嗜冷菌菌落总数超过 7lg（cfu/g），但是包装内没有明显的异味产生。

三、加工熟肉制品包装

加工熟肉制品主要有中式肉制品、西式肉制品和灌肠类制品。

1. 中式肉制品包装

除罐藏外，中式肉制品为延长保质期常用真空充气包装和热收缩包装等。许多中式产品包装后需高温（121℃）杀菌处理，则要求包装材料能耐 121℃以上的高温，常用的有 PA（PET）/CPP、EVOH/CPP、PA（PET）/Al/CPP，一般采用真空包装，然后高温杀菌，产品货架期可达 6 个月，常常被称为软罐头。

中式干肉制品的主要变质方式有：吸潮霉变、脂肪氧化、蛋白质氧化和风味变化等，包装的主要要求为隔氧防潮，可用 BOPP/PA（PET）/PE、BOPP/PVA/PE、PT/PE 等，为了防止光线对干肉制品的严重影响，常用镀铝 PA（BOPP）/PE、BOPP/ Al /PE 等包装，并可采用充 N_2 包装或脱氧包装。

2. 西式肉制品包装

有些西式肉制品在充填包装后再在 90℃左右条件下进行加热处理，为了使产品组织紧密，一般要求包装材料有热收缩性能，可用 PA、PET、PVDC 收缩膜。有些西式肉制品制成产品后不再高温杀菌，可采用 PE、PS 片热成型制成的不透明或透明的浅盘、表面覆盖一层透明的塑料薄膜拉伸裹包，PA、PVC 等收缩膜进行热收缩包装，这类产品的货架期短较，并且需在 4~6℃的低温条件下冷藏。

3. 灌肠类制品包装

灌肠类制品是用肠衣作包装材料来充填包装定型的一类熟肉制品，灌肠类制品的商品形态、卫生质量、保藏流通和商品价值等都直接和肠衣的类型及质量有关。肠衣的种类很多，性质各有不同。大致分为天然肠衣和人造肠衣两种，或从食用性分为可食肠衣和非可食肠衣。每一种肠衣都有它特有的性能，在选用时应根据产品的要求考虑其可食安全性、透过收缩性、密封开口性、耐油耐水性、耐热耐寒耐老化性及强度等性能。

（1）天然肠衣　　用猪、牛、马、羊等动物的消化器官肠等经发酵腌制或干制而成，具有良好的韧弹性、可食安全性、水汽透过和烟熏渗入性、热收缩性和对肉馅的黏着性，是一种非常好的天然包装材料，如上海大红肠、哈尔滨大红肠、广东腊肠、维也纳香肠、法兰克福香肠等。这些天然肠衣的特点是透气性好，所以对产品进行适当干燥后，进行烟熏，烟熏成分附着在产品上，能产生人们喜欢的风味，且肠衣可直接食用。

（2）人造肠衣　　人造肠衣外形美观、使用方便、可适应各种产品的包装要求，特别是机械适应性好，规格统一便于标准化操作，应用非常广泛。人造肠衣分为透气性肠衣和非透气性肠衣。

1）透气性肠衣：又可分为可食性的和非可食性的肠衣两种。可食性肠衣是以动物的皮等作为原料，其性质和天然肠衣相近似，称为胶原肠衣，其特点是有透气性且可食用；非可食性肠衣主要包括纤维素系列肠衣和玻璃纸，纤维素系列肠衣又可分为纤维素肠衣和纤维状肠衣，这一类肠衣的特点是有透气性但不可食用。

2）非透气性肠衣：主要是塑料肠衣，根据材料的不同可分为聚偏二氯乙烯（PVDC）肠衣和尼龙肠衣等，根据形状不同又可分为片状肠衣和筒状肠衣。这类肠衣品种规格较多，可以印刷，适合于蒸煮类产品（图8-4）。

天然肠衣　　　　胶原肠衣　　　　纤维素肠衣　　　纤维涂层肠衣　　　PVDC肠衣　　（彩图）

图8-4　肠衣的类型

案例十三

纤维素肠衣

纤维素肠衣一般由自然纤维如棉绒、木屑、亚麻或其他植物纤维制成，能承受高温快速加工、充填方便、抗裂性强，在湿润情况下也能进行熏烤；但是该类肠衣不能食用、不能随肉馅收缩，在制成成品后必须剥离。根据纤维素加工技术不同有小直径肠衣、大直径肠衣、纤维状肠衣等三种。小直径肠衣主要用于制作熏烤成串的无衣灌肠制品和小灌肠制品；大直径肠衣有普通、高收缩性和轻质三种。普通肠衣比较坚实，直径为5～12cm，有透明琥珀色、淡黄色等多种颜色，加工时不易破裂，可制成各种不同规格的灌肠制品，常用于腌肉和熏肉的固定成型包装；高收缩肠衣在制作时要经过特殊处理，其收缩性、柔韧性良好，特别适用于制作大型蒸煮肠和火腿，充填直径可达7.6～20cm，成品外观非常好；轻质肠衣皮薄、透明、有色，充填直径在8～24cm，一般应用于包装火腿及面包式肉制品，但不适宜蒸煮。

案例十四

胶原肠衣

　　胶原肠衣是用家畜的皮、肠、腱为原料制成的胶原蛋白肠衣。胶原肠衣卫生，透气性、机械强度都较好，粗细长短统一，规格多样，可食用，可烟熏和蒸煮，烟熏时上色均匀，且适合机械化生产，省时省力，适合制作鲜肉灌肠及其他小灌肠。这种肠衣的缺点是不如天然肠衣口感好，皮膜较厚硬。不可食胶原肠衣较厚，且大小规格不一，形状也各不相同，主要用于灌制干肠。胶原肠衣使用时应避免干燥破裂，也要避免因湿度过大而潮解化为凝胶使产品软坠，故相对湿度应保持在 40%～50%；胶原肠衣易生霉变质，应置于 10℃以下贮存或在肠衣箱中冷却，使用后肠衣要用塑料袋密封。

案例十五

香辛料肠衣和着色肠衣

　　香辛料肠衣即肠衣内表面均匀涂上一层香辛料，应用于各种蒸煮火腿、香肠和肉块，经蒸煮冷却蛋白质凝固后香辛料会转移至产品上，能抑制微生物，延长产品货架期。着色肠衣即肠衣里面复合可食性胶原蛋白层，用食用色素印刷，能给产品创造出独特的个性，特别适于干燥和半干产品如色拉米。

第三节　蛋奶饮料类食品包装

一、传统蛋制品包装

　　中国是世界禽蛋生产和消费大国，占世界总产量 43%以上，具有传统特色的蛋制品如咸鸭蛋、松花蛋、红喜蛋等历史悠久，深受消费者青睐。但传统咸鸭蛋等蛋制品生产机械化程度低、劳动密集型导致生产效率低、劳动力成本高、破损率高，包装成本和能耗也高，传统工艺长时间高温杀菌也影响产品风味感官品质，市场产品蛋白盐分达 6%～7%，口感较差，不符合现代食品低盐美味健康消费理念，成为产业发展瓶颈。

　　南京农业大学食品包装工程研究所通过与常熟市某食品包装材料科技有限公司等产学研紧密合作、联合开发，突破了蛋制品专用纳米涂膜包装新材料制备开发的技术难题，通过涂膜包装新工艺和自动化生产线的集成创新研发，以及传统蛋制品风味品质调控新技术和新产品开发应用，形成了"蛋制品纳米涂膜保鲜包装新材料、新工艺、新装备及新产品成套技术"成果。

（一）传统蛋制品专用涂膜保鲜包装新材料

　　根据传统蛋制品抑菌保鲜功能要求，在系统研究 TiO_2、SiO_2、Fe_2O_3 等纳米光催化抑菌保鲜机理、功能性组合构建及与环境友好型或可降解高分子材料偶联复合方法基础上，研究开发专用于咸鸭蛋、松花蛋、红喜蛋涂膜保鲜包装新材料，进行抑菌保鲜效能特性研究和安全性分析评估，以及适应自动化生产线要求的涂膜包装新工艺研究，中试优化纳米涂膜保鲜包装新材料制备及涂膜包装新工艺。

1. 传统咸鸭蛋、松花蛋专用涂膜保鲜包装新材料

采用 PVA 作为包装基材，与液体石蜡等采用表面活性剂进行乳化交联复合，并采用 TiO_2、SiO_2 等不同功能纳米粒子组合对 PVA 基复合材料偶联复合改性，提高 PVA 基复合成膜阻水性能并赋予抑菌保鲜功能，应用咸鸭蛋、松花蛋涂膜保鲜包装，保鲜货架期可达到 3 个月。

2. 传统红喜蛋专用纳米涂膜保鲜包装新材料

根据传统红喜蛋的观感品质特性，在传统蛋制品涂膜保鲜包装新材料新工艺研究开发基础上，以 PVDC、PVA 为基质，优选具有传统红喜蛋观感特色的可食性红色素，并采用 TiO_2、SiO_2 等不同功能纳米粒子组合对 PVA 基复合材料偶联复合改性，研究传统红喜蛋专用纳米涂膜保鲜包装新材料制备工艺、涂膜包装方法、颜色稳定性和货架保鲜期，研究探索传统红喜蛋"低盐腌制-高温杀菌-纳米涂膜包装"风味调控和品质保证技术，确定传统红喜蛋专用纳米涂膜包装新材料及自动化涂膜包装新工艺。

（二）蛋制品纳米涂膜包装新工艺

结合蛋制品涂膜包装自动化生产线的研制开发及大量中试研究发现，涂膜材料温度、热风吹干温度及时间、传送链洁净度是传统蛋制品涂膜包装自动化生产工艺的关键控制点；通过解决煮熟杀菌协同涂膜包装的无菌衔接、涂膜材料控温循环流动、涂膜后二级吹干成膜等关键技术问题，研发确定传统蛋制品适用于自动化生产线的涂膜包装生产工艺如图 8-5 所示。

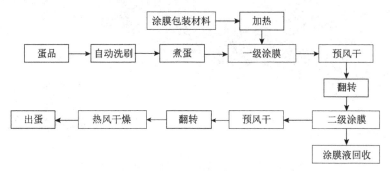

图 8-5 蛋制品涂膜包装关键工艺流程图

（三）传统蛋制品涂膜包装自动化生产线

1. 蛋制品涂膜包装自动化生产线设计研制

根据蛋制品涂膜包装规模化生产工艺要求，在项目前期涂膜包装新材料新工艺研究开发基础上，研究确定蛋制品涂膜包装-风干成膜冷却新工艺生产线设备总体方案，研制开发蛋制品涂膜包装关键工艺中试装备，研究确定涂膜温度、时间和热风干成膜、冷却等关键工艺条件参数对产品品质影响，确定规模化生产工艺及系统装备存在的问题。

通过优化再设计研制开发第二代自动化生产线装备，进行调试、生产性试验优化工艺参数，改进自动化生产线蛋制品输送及自洗刷系统、涂膜液循环供送系统、蛋品翻转托辊机构及反馈控制系统，确定控制参数范围，然后按照"涂膜-风干成膜"关键工艺定型设计单元模块设备，以及根据不同产品要求特点开发集成自动化生产线的一体化链接控制技术，进行生产性试验及单元模块设备工艺标准化，并进行自动化生产线涂膜材料供给、蛋制品供送速度、温度、时间等工艺技术参数调试和标准化。

2. 传统蛋制品涂膜包装自动化生产线工作原理

图 8-6 为 1000 万枚/年传统蛋制品涂膜包装自动化生产线，主要由两级蛋品涂膜包装机、两级风干成膜机、膜液供送循环系统及电器控制等部分组成；其工作原理为：将煮熟后的原料盐蛋放在进蛋工作台上，进入输送链道，进入一级涂膜池，涂膜，预风干，经过翻转机构进入二级涂膜池，涂膜，预风干，翻转进入两级热风干燥设备，调整蒸汽量及风量的大小至吹干蛋品上的膜液；最后成品进入出蛋工作台、输送链道，进入喷码装盒、装箱等包装操作。经过涂膜池的输送链回到下方的清洗池清洗。涂膜池的膜液由膜液搅拌罐等膜液供送系统提供。整个生产线采用单机拼接式连接，结构简单，维护方便；4 个无极调速电机分别带动各级输送链，电机速度及涂膜液及输送链清洗池内的温度都由控制柜反馈控制。

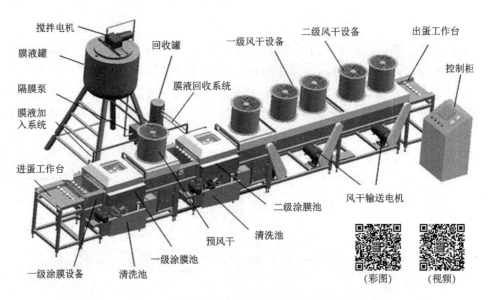

图 8-6　传统蛋制品涂膜包装自动化生产线
蛋制品纳米涂膜保鲜包装技术视频可扫二维码观看

本项目研制开发的新材料、新工艺、新装备用于传统蛋制品新产品开发（图 8-7），实现了我国传统产业重大技术突破。与薄膜真空包装比较，可显著节省耗材 90%，包装成本降低 50%，包装废弃物可环境友好性完全分解；同时实现高效节能、低碳绿色的现代工艺自动化生产模式，显著提高产品市场竞争力和综合经济效益，提高劳动生产效率 60% 以上，劳动力生产成本降低 30%～40%，适应目前国内大部分中小传统蛋制品生产企业现代化改造的需要，进行适当的单元装备组合也可适应大中企业规模化生产要求；包装产品外观自然美观、保鲜效果好，且避免了薄膜真空包装的高温杀菌，提高了产品风味品质，符合现代食品方便营养美味消费理念。通过项目示范推进本技术成果推广应用，将推进我国传统蛋制品产业实现"高效绿色、低碳减排"国家产业发展战略。

图 8-7　传统蛋制品纳米涂膜保鲜包装新产品

A. 低盐咸鸭蛋纳米涂膜保鲜包装新产品；B. 低碱性松花蛋纳米涂膜保鲜包装新产品；C. 传统红喜蛋涂膜保鲜包装新产品

二、鲜蛋包装

1. 清洁鸡蛋的涂膜保鲜包装

鲜蛋包装的关键是防震缓冲以防破损和防止微生物侵染，蛋壳毛细孔是蛋内胚胎的氧气管，但在鲜蛋贮存中是多余的，并为微生物的侵入和繁殖供氧提供了通道。因此，常温下保存鲜蛋必须将毛细孔堵塞，常用的办法是涂膜，所用的涂料主要有硅酸钠（水玻璃）、液体石蜡及其他一些水溶胶物质如 PVA、PVDC 乳液等。据报道，清洁鸡蛋使用液体石蜡喷涂风干成膜，在常温下的货架保鲜期仅 20d 左右。

目前清洁鸡蛋是鲜蛋物流销售的主要产品方式，涂膜保鲜包装货架保鲜期短成为鲜蛋物流销售的瓶颈，为此，国内许多高校研究单位研究开发涂膜保鲜包装新材料，南京农业大学课题组以 PVA 和 PVDC 为基质，采用功能性纳米 TiO_2/SiO_2 和表面活性剂对 PVA、PVDC 基等复合材料进行乳化交联复合改性，提高新材料的耐水阻湿性能，并辅以光催化抑菌效能，用于清洁鸡蛋涂膜保鲜，与目前采用的液体石蜡涂膜保鲜比较，可延长清洁鸡蛋货架保鲜期 50% 以上。

2. 鲜蛋运输包装

鲜蛋运输包装采用瓦楞纸箱、塑料盘箱和蛋托等。为解决贮运中的破损问题，包装中常用纸浆模塑蛋托、泡沫塑料蛋托、聚乙烯蛋托及塑料蛋盘箱等。

三、奶类食品包装

（一）液态奶包装

液态奶制品主要包括鲜奶和酸奶。鲜奶又包括巴氏消毒奶、超高温瞬时杀菌奶、超高温灭菌奶。酸奶包括发酵酸奶、灭菌发酵酸奶、酸化奶饮料和调配酸奶饮料。液态奶种类的多样化催生出液态奶包装形式的多样化。乳品企业选择包装形式的衡量指标主要是成本、鲜奶的货架保鲜期，以及产品的市场定位。

1）无菌屋顶包，是一种纸、塑复合包装，外形有点像小房子，超市冷藏货架上可以见到。屋顶包里面装的是巴氏消毒奶，保留有一定的微生物。这种奶要求在 4℃ 左右贮存。由于对温度敏感，保质期较短，一般为 7d。

2）无菌塑料包牛奶，外观类似巴氏塑料袋牛奶，但保质期可以达到 30d，这是因为里面装的是超高温瞬时杀菌（UHT）奶，加上包装材料经过特殊处理，因此使奶在常温下的保质期大大延长。此包装虽然较经济，但会出现破包或串味等现象。

3）塑料袋和玻璃瓶是两种比较经济的巴氏奶包装，要求冷藏，保质期短，一般是2～3d。

4）利乐砖和利乐枕这种包装产品一般都散放或者成箱放，不用放入冷柜。这种奶的所有细菌和微生物全部被杀死，而且在无菌环境下灌装，达到了商业无菌的标准。利乐枕保质期达到45d，利乐砖保质期达到6～9个月。

（二）奶粉的包装

奶粉包装的质量要求主要是保证其货架期长、防潮结块、防氧化、避光、无异味等要求。生产企业一方面要严格按工艺要求进行生产；另一方面要谨慎选用每层材料，保证其性能符合要求。奶粉制品保存的要点是防止受潮和氧化、阻止细菌的繁殖、避免紫外线的照射，包装一般采用防潮包装材料，如涂铝BOPP/PE、K涂纸/Al/PE、BOPP/Al/PE、纸/PVDC/PE等复合材料；也可采用真空充氮包装，如使用金属罐充氮包装等。奶粉包装主要有以下三种形式。

1）盒装纸制品。成本低，易加工，适合大批量生产，结构变化丰富多样，并且是最适合精美印刷的包装材料，展示促销效果好，有良好的环保性，但保质期不长，不适合产品远距离销售。

（视频）

2）袋装塑料制品。质轻，机械性能好，适宜的阻隔性，化学性稳定，光学性能好，卫生性良好，良好的加工性能和装饰性能。奶粉软袋定量充填包装流程视频可扫二维码观看。

3）罐装金属罐。机械性能好、阻隔性能好，形状规则，保形性好，最大的特点是可以重复使用，环保，节省材料。奶粉罐装生产线视频可扫二维码观看。

（视频）

（三）奶酪、奶油包装

1. 奶酪

奶酪包装主要是防止发霉和酸败，其次是保持水分以维持其组织柔韧且免于失重。干酪在熔融状态下进行包装，抽真空并充氮气，可有效延长保质期，但所用的包装材料能够耐高温，避免熔融乳酪注入时变形。用聚丙烯片材压制成型的硬盒耐高温性能好，在120℃以上时能保持强度，适用于干酪的熔融灌装。

长时间存放奶酪和干酪的软包装要用复合材料，常用 PT/PVDE/PE、PET/PE、BOPP/PVDE/PE、Ny/PVDE/PE以及复合铝箔和涂塑纸制品，多采用真空包装。短时间存放的奶酪可用单层薄膜包装，价格便宜，常用 PE、PT、EVA、PP，多采用热收缩包装。

2. 奶油

奶油中脂肪含量很高，极易发生氧化变质，也很容易吸收周围环境中的异味，要求包装材料有优良的阻气性，不透氧、不透香气、不串味，其次是耐油。奶油一般的包装可采用羊皮纸、防油纸、铝箔/硫酸纸或铝箔/防油纸复合材料。要求较高的采用涂塑纸板或铝箔复合材料制成的小盒，以及 PVC、PS、ABS 等片材热成型盒、共挤塑料盒和纸/塑复合材料盒等包装，以 Al/PE 复合材料封口。

四、饮料包装

（一）软饮料包装

我国软饮料共分十大种类：碳酸饮料类、果汁及果汁饮料类、蔬菜汁及蔬菜汁饮料类、含乳饮料类、植物蛋白饮料类、瓶装饮用水类、茶饮料类、固体饮料类、特殊用途饮料类及其他饮料类。

1. 碳酸型饮料包装

玻璃瓶是传统的碳酸饮料包装容器，但玻璃瓶笨重易碎，已被 PET 瓶所取代。碳酸饮料用金属罐主要为铝质二片罐，较高的 CO_2 内压使薄壁罐具有较好的刚度和挺度，有关金属罐内涂层可参见第四章。

PET 瓶碳酸饮料包装因其质轻方便运输，又具有良好的阻气性而得到广泛应用。但 PET 瓶对 CO_2 的阻隔性不够理想，在常温下较长时间贮存时 CO_2 损失较大。

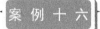

PET 瓶的阻 CO_2 性能

2L 的 PET 瓶在灌装初始有 4 容积 CO_2，前 3～4d 中 CO_2 气体将损失 0.3 容积，随后 CO_2 的损失趋于稳定，每周约损失 0.04 容积，4 个月后，PET 瓶中的 CO_2 大约还有 3 容积，但仍可被消费者接受。PET 瓶的阻隔性可用 K 涂来提高，即在其表面涂覆 0.01mm 左右厚度的 PVDC，成本很低，但阻气性却大大提高，阻氧性提高 3 倍，对 CO_2 气体的阻隔性也大大提高，用其包装的饮料货架期可延长 2 倍。碳酸饮料还可以用 PP/PVDC/PP、PP/EVOH/PP 等材料制成的共挤吹塑瓶来包装，其阻气性等各种包装性能均较理想，但价格较高，因此其应用较少。

2. 果蔬汁饮料的包装

果蔬汁饮料一般采用三种包装形式，即金属罐、玻璃瓶和纸塑铝箔复合材料包装盒。

（1）金属罐　　金属罐是国内外常用的包装方式，果蔬汁经热交换器升温到 90℃左右，进行真空脱气后直接罐装入金属罐中并封口，再杀菌。热灌装可降低罐顶部空间的含氧量，这样处理产品的保质期可达一年以上。由于果蔬汁含有较多的有机酸，对金属罐的耐酸腐要求较高，目前广泛采用的是马口铁三片罐和铝质二片罐，内涂采用环氧酚醛型涂料；要求较高的采用二次涂层，即在环氧酚醛内涂层的基础上再涂乙烯基涂料，以提高其耐酸腐能力。

（2）玻璃瓶　　玻璃瓶是我国近年来广泛采用的果蔬汁饮料包装，具有良好的耐腐能力，清洁卫生、易清洗，果蔬汁经升温真空脱气后直接热灌装，使瓶内产生 0.04～0.05MPa 的负压，有效降低了包装内的氧含量。

（3）纸基复合材料无菌包装　　纸基复合材料无菌包装是目前国际流行的果蔬汁包装形式，采用无菌包装技术意义很大，HTST 和 UHT 杀菌技术可基本上保全果蔬汁中热敏性营养物质，使包装的产品更营养，品质更鲜美。有关无菌包装技术可参阅本书无菌包装技术部分。

3. 矿泉水包装

多采用塑料瓶包装。

（1）HDPE 瓶　　无毒卫生、质轻方便且价格较低，在美国饮用水市场上占有很大比例。但 HDPE 是半透明，无法增强水的感染力而被透明、光亮的 PVC 和 PET 瓶所取代。

（2）PVC 瓶　　透明、表面光泽较好，有一定阻氧性，用于包装蒸馏水，可防止水中溶解氧的逸散损失，在欧洲市场上用于饮用水的包装，我国也大量使用 PVC 瓶包装饮用水。

（3）PET 瓶　　因其良好的阻气性和光亮、透明性而大量用于碳酸饮料的包装，在饮用水包装中的应用也有所增加，特别是用于含气的饮用水包装，但价格较高。

（二）含醇饮料包装

含醇饮料指乙醇含量在 2%以上的各种酒类，主要有蒸馏酒、配制酒、发酵酒三大类。

1. 蒸馏酒及配制酒包装

蒸馏酒由于含醇量高而使微生物难以生存，包装主要是防止乙醇、香气的挥发，同时为贮运销售提供方便。

我国酒类的传统包装是陶罐封装，现代酒包装主要是玻璃瓶和陶瓷器皿，能保持酒类特有的芳香而能长期存放，包装器皿的造型灵活多变，既能体现出古朴风格又能表达时代气息，能很好地体现出酒类商品的价值。但玻璃和陶瓷笨重易碎，运输销售不便，近年来，塑料容器包装已开始引入酒类包装领域。

酒类包装设计大多是在瓶型设计和瓶盖结构的变化，目前大多采用塑料旋盖和金属止旋螺纹盖作为防盗盖包装。另外根据不同的包装要求，许多新型的包装也在不断地开发应用。例如，清酒自加热罐、自冷却罐包装饮料及饮料酒，还有利用包装来使酒类醇化成熟的超声波炼酒瓶可增加包装的自加热、自冷却和醇化成熟等特殊功能。

2. 发酵酒包装

发酵酒指啤酒、黄酒和葡萄酒等各种果酒。发酵酒包装除了防止乙醇蒸气散失外，还要防止残留二氧化硫被氧化而降低对酒中所含细菌的抑制作用。发酵酒的传统包装也是陶罐和玻璃瓶，对于啤酒则还用铝罐包装，此外，还有塑料瓶和衬袋盒包装。

衬袋盒与玻璃瓶相比，其运输破碎损失大大降低、便于冰箱贮存，取酒时只需拧开连在袋上的龙头即可方便地放出酒液，空气不会进入包装因而能保证剩余的酒不会走味，因此被国外酿酒业和消费者广泛接受。衬袋盒包装的主要问题是罐装和贮存时的透氧性，酒的抗氧化能力主要取决于游离二氧化硫的含量，如果制袋和开关材料选用不当，氧气便会侵入使游离二氧化硫的含量大大降低，从而使内装酒被无限制地氧化；为了能阻隔氧气的渗入，衬袋材料采用多层复合薄膜如 PP/PVDC/PE 制成。西欧国家 2～10L 酒的包装正逐步向衬袋盒包装过渡。

3. 汽酒类包装

汽酒类由于乙醇含量低，又含有一定糖类，微生物易繁殖，装瓶以后也没有像啤酒那样经过严格的消毒，一般采用玻璃瓶再加上有较高 CO_2 的内压包装。

（三）固体饮料包装

1. 茶叶包装

茶叶是世界三大无酒精饮料之一，按其生产工艺的不同大致可分为绿茶、红茶和乌龙茶。茶叶对外界的异味极其敏感，当包装的气密性不合要求时，茶叶本身的清香会逐渐散失，还会吸附周围环境的各种气体，使茶叶的品质下降。因此，茶叶的包装主要是要求防潮、遮光、防氧化和防串味。常用的茶叶包装有以下几种。

（1）茶叶的传统包装　最早用于茶叶包装的容器是陶罐，其遮光性能优良，有一定的阻气和防潮性能，但陶罐易破损，不易流通，目前仅作为一种陈列的工艺品包装。现代大多采用马口铁罐，有密封罐和非封罐两种，密封罐多采用真空充气包装，可长期保存绿茶而不变质。

（2）茶叶的塑料容器包装　用于茶叶包装的塑料薄膜有单层膜和复合膜。低档茶叶多用 PE 或 PP 单层薄膜包装，防潮性较好，但阻气性较差，不能蔽光和防止串味，保质期较短。中高档茶叶多用复合薄膜包装，常用的复合薄膜有：OPP/PE、K 涂 PT/PE、PE/PVDC/PE、BOPP/Al/PE、PT/纸/PE/Al/PE、K 涂 BOPP/PE、真空涂铝 PET/PE 等。

（3）茶叶的特殊包装　茶叶包装除了防潮、阻气、遮光外，高档茶叶包装为保全其特有的清香并能长期保存，常采用真空充氮包装。有时除了小包装袋内真空充氮外，其外包装的大袋里也充入氮气。制作大包装袋的材料是：表层涂敷 PE 的牛皮纸、中间是涂敷 PVDC 的 PP 薄膜和铝箔，内层是 PE，各种材料均用 PE 或 EVA 热熔胶复合；内包装材料常用 PT/K 涂 PP/Al/PE 或 PET/Al/PE 等，外包装常用瓦楞纸箱。

2. 固体饮料包装

咖啡、可可、果珍等固体饮料包装主要是防潮、防止脂肪氧化、防止香气逸散或串味。这类食品传统上均用玻璃瓶和马口铁罐封装，为节省包装费用和减少仓储运费等，现在正逐步地改用塑料薄膜袋包装。

小包装固体饮料，可采用 PET/PVDC/PE、BOPP/PVDC/PE、PA/PVDC/PE 等复合薄膜包装。大包装可采用 BOPP/PE/PT/PE 复合膜包装，这种复合材料硬性好，比较挺括。

高档固体饮料如咖啡、可可等常用真空充氮包装。作为礼品包装，也采用纸盒外包装。

第四节　水产品包装

水产品主要包括鱼类、甲壳类动物、爬行类动物、腔肠类、棘皮类、软体类动物和藻类等。目前市场上水产品种类可分为活体水产品、新鲜水产品、冰冻产品和加工产品几大类。目前常规的保鲜手段主要采用冷冻冷藏配合冷链运输销售，近年来气调保鲜包装技术也已得到研究应用。

一、生鲜水产品的品质特性及保鲜包装机理

（一）生鲜水产品的品质特性

生鲜水产品极易腐败变质，需及时有效保鲜，这主要是由于以下几方面。

1）鱼虾贝类消化系统、体表、鳃丝等处都黏附着大量细菌，鱼虾贝类死后这些菌类开始向纵深渗透而致腐败。因鱼种不同及鱼类所生活的水域不同，鱼体所携带的微生物种类存在较大的差异。

2）鱼类体内各种酶的活性很强，如内脏中的蛋白脂肪分解酶、肌肉中的 ATP 分解酶等；鱼体捕捞后被放置在较高的温度下，此时鱼体内的酶处于高活性阶段，加速了酶活反应。

3）一般鱼贝类栖息的环境温度较低，捕获后往往被置于较高温度环境，加速了前两种腐败进程；相对于畜肉来说其个体小、组织疏松、表皮保护能力弱、水分含量高而造成了腐败的加快。

4）鱼类死后自溶过程中蛋白质分解，肌肉组织变软，pH 改变，鱼体新鲜度下降。自溶作用为鱼体表面的微生物生长提供了有利条件，微生物作用于自溶产生的游离氨基酸类物质，将其分解成氮、硫化氢或组胺类物质，导致鱼体产生异味，腐败变质。

（二）生鲜水产品的保鲜包装机理

（1）**防止微生物性腐败**　　低温是抑制微生物细菌繁殖的最好办法，还能降低鱼体内的酶活性，减弱由微生物导致的鱼体颜色变化及造成的异味。但温度波动常造成其抑菌效果降低，如果在 0～10℃ 低温条件下采用气调包装则保鲜效果更显著，如采用 40% CO_2 和 60% N_2 气调包装得到较理想的抑菌效果。

CO_2 对需氧菌的控制效果非常显著，但对厌氧菌则没有抑制作用。厌氧菌群在无氧情况下可快速增长，特别是作为食物中毒菌的产气荚膜芽孢梭菌和肉毒杆菌，而 O_2 的存在可有效抑制厌氧菌，同时还可以有效防止鱼肉中氧化三甲胺转化成三甲胺。因此，生鲜鱼的气调包装为保证食用安全常采用 O_2、CO_2、N_2 三种气体混合包装，如采用 40% CO_2 和 60% N_2 气调包装能得到较理想的抑菌效果。

（2）**保持鱼肉色泽**　　生鱼片等鱼肉的颜色是判断其新鲜度的主要感官指标。鱼肉在新鲜时呈现鲜亮的红色或白色，暴露在空气中后颜色会越来越暗，最后呈紫黑色；这种颜色的变化与微生物引发的腐败无关，而是肌肉内部肌红蛋白和血液中的血红蛋白发生化学反应变成了甲基肌红蛋白所致。高氧气调包装可使肌红蛋白形成氧合肌红蛋白从而有效地控制了甲基肌红蛋白的生成，故可以保持鱼肉良好的色泽。

（3）**脂质氧化的防止**　　鱼油中含有大量不饱和脂肪酸，如二十二碳六烯酸（DHA）和二十碳五烯酸（EPA）；由于其高度不饱和，极易氧化产生令人生厌的酸臭味和哈喇味。采用低氧气调包装可有效避免氧化劣变的发生。但为了保证鱼肉肉色鲜艳常常采用高氧，气调包装时应根据不同商品形态、要求和保鲜期限等采用最适气体组成。

二、生鲜水产品的销售和运输包装

（一）生鲜水产品的销售包装

生鲜水产品的包装方式主要有以下几种：PE 薄膜袋；涂蜡或涂以热溶胶的纸箱（盒）；采用纸盒包装，并在纸盒外用热收缩薄膜裹包；将鱼放在用 PVC、PS、EPS 制成的塑料浅盘中，盘中衬垫一层纸以吸收鱼汁和水分，然后用一层透明的塑料薄膜裹包或热封；

生鲜的鱼块或鱼片也可以直接用玻璃纸或经过涂塑的防潮玻璃纸裹包；高档鱼类、对虾、龙虾、鲜蟹等由于对保鲜要求比较高，可采用气调、真空包装，包装使用的材料主要有 PET/PE、BOPP/PE、PT/Al/PE、PET/PVDC/PE 等高阻隔复合材料。

鱼虾冷冻小包装袋一般用 LDPE 薄膜，涂蜡纸盒或涂以热熔胶的纸箱（盒）包装也较普遍。分割鱼肉、对虾为保持色泽、外形和鲜度，也用托盘外罩收缩薄膜包装。

生鲜鱼类的 MAP 所采用的包装材料应具有高阻气性，可采用 PET/PE、PP/EVOH/PE、PA/PE，采用的气体及比例应根据不同鱼类的特性试验来确定。值得注意的是，生鲜鱼类 MAP 必须配合低温才能得到良好的效果。

（二）生鲜水产品的运输包装

水产品运输包装主要采用普通包装箱和保温包装箱，普通包装有铝合金箱、塑料箱和纤维板箱等，保温箱有钙塑泡沫片复合塑料保温箱、EPS 或聚氨酯（PUR）泡沫片复合塑料保温箱和 EPS 复合保温纸箱等。

冻结的鱼货必须用冷藏车运输，在销售点还需设置冷库。保温箱包装水产品可用普通车辆在常温下运输，零售点可在常温下保持 2d 左右堆放和销售不会变质，非常方便。

（三）其他生鲜水产品的包装

（1）虾类产品　　虾类产品含有丰富的蛋白质、脂肪、维生素、矿物质及大量水分和多种可溶性呈味物质，且其头部含有大量细菌，在贮存过程中易出现脱水、脂肪氧化、细菌性腐败、化学变质和失去风味等现象。包装前应去头、去皮和分级，再装入涂蜡纸盒中进行冷藏或冻藏，有的纸盒有内衬材料；为防止虾的氧化和丧失水分，可对虾进行包冰衣处理，用 PE、PVC、PS 等热成型容器包装，也可用 PA/PE 膜进行真空包装。鲜活虾类产品可放在冷藏桶的冰水中并充氧后密封包装，以防止虾类死亡。

（2）贝类产品　　贝类水产品的性质与鱼虾相似，贮存过程中易发生脱水、氧化、腐败及香味和营养成分的损失。贝类捕获后通常去壳并将贝肉洗净冷冻，用涂塑纸盒或塑料热成型盒等容器包装，低温流通。扇贝的活体运输包装常采用假休眠法：将扇贝放入有冰块降温的容器内保持 3～5℃使扇贝进入假眠状态，冰融化的水不与扇贝接触，直接从底板下流走；待运输结束，将扇贝恢复到它本身所栖息的海水温度即可苏醒复活。这种方法运输扇贝可使其存活 7d，而一般的常规方法仅可存活 3d。

案例十七

牡蛎等软体水产品包装

牡蛎等软体动物极易变质败坏，肉中含有嗜冷性的"红酵母"等微生物，在-17.7℃甚至更低的温度下仍能生长。生鲜牡蛎一旦脱离壳体就应立即加工食用。牡蛎可采用玻璃纸、涂塑纸张、氯化橡胶、PP、PE 等薄膜包装，涂蜡纸盒再用玻璃纸、OPP 等薄膜加以外层裹包（防泄漏），都是较理想的销售小包装。

三、加工水产品的包装

水产加工产品根据加工方法可以分成盐渍产品、干制水产品、鱼糜制品和罐头类食品等几大类。

1. 加工水产品的普通包装

（1）盐渍类水产品　　盐渍水产品由于食盐溶液的高渗透压能抑制细菌等微生物的活动和酶的作用，包装主要是防止水分的渗漏和外界杂质的污染，通常用塑料桶、箱包装。

（2）干制水产品的包装　　乌贼干、鱿鱼干、虾米、海参等水分含量很低，易吸湿、霉变或氧化而变质，需采用防潮包装材料。普通销售包装可用彩色印刷的 BOPP/PE 膜密闭包装，高档产品包装要求避光、隔氧，可采用涂铝复合薄膜真空或充氮包装。

（3）水产品罐装　　有软包装、金属罐和玻璃罐包装三种形式。在水产品软罐头生产时，如熏鱼，应去除原料中的骨、刺等尖锐组织，以免戳穿包装袋。

案例十八

熏鱼、鱼糕、鱼火腿、鱼香肠等水产熟食品

这些产品极易腐败变质，一般都需真空包装并加热杀菌。若采用软包装，则应选用具有高阻隔性且耐高温或具有热稳定性的复合薄膜材料，如 BOPP/PE、PET/PE、K 涂 BOPP/PE 等；在要求较高的场合，可选用 PP/PVDC/CPP 共挤膜或 PET（PA）/Al/CPE 复合膜包装。滚粘面包屑的鱼通常采用蜡纸裹包并用纸盒包装，纸盒中衬垫羊皮纸，也可采用热成型—充填—封口包装。

---

2. 加工水产品的气调包装

（1）低水分水产品　　干海苔和一些干燥的调味菜等都属低水分食品，细菌在这样低的水分活度下难以生长繁殖，采用充氮除氧包装可保持产品原有颜色、防止脂质氧化和防虫。

水分稍多的半干制品如幼鳀鱼干、晒竹荚鱼片、鱿鱼丝等，使用除氧包装易发生褐变，用亚硫酸盐处理再用充氮包装可防止变色，使用充 CO_2 包装防止氧化变色效果会更好。用高浓度 CO_2 包装生鱼片会产生发涩的感觉，但对半干制品影响不大。

（2）高水分水产品　　水产品气调包装的目的主要是防止氧化变色等，也可与其他方法配合抑制微生物生长繁殖，高浓度 CO_2 气调包装对抑制微生物也有效果。但气调包装时气体抑菌效果只能限定在产品表面，如果适量添加乙醇和盐，其抑菌保鲜效果可明显提高。例如，生鱼片、鱼糜制品、明太鱼子、鲑鳟鱼子等，采用气调包装可延长保鲜期；新鲜烤鱼卷可保鲜 2d，用 CO_2 包装可保鲜 6d；鱼糕保鲜期是 4d，用气调包装可保鲜 8～9d。

第五节　其他类食品包装

一、粮谷类及粮谷食品包装

粮谷类主要是指大米、小麦、玉米、大麦、荞麦、高粱等，尤以前两者为重要。以

粮谷类为主要原料制成的食品形式多样，统称粮谷食品，常见的粮谷食品有饼干、面包、糕点、方便面（米）、方便粥及一些谷物膨化食品。

（一）粮谷类包装

粮谷类包装的主要问题是防潮、防虫和防陈化。在储运过程中，除了专用的散装粮仓和散装车厢、船舱外，对粮谷都要进行包装，目前大多是在塑料编织袋中衬 PE 薄膜袋，既能有效防潮，又有轻微的透气性，谷物胚胎能继续进行呼吸又不会产生过多的呼吸热，从而保持谷物的新鲜状态。

对于精米、面粉、小米等粮食加工品，多采用塑料编织袋，以及 PE、PP 等单层薄膜小包装。对于较高档品种，可采用多层复合材料包装，包装方法也由普通充填包装改用真空或充气包装。若要求具有良好的驱虫效果，可在复合薄膜材料中加入驱虫剂（除虫菊酯、胡椒基丁醚等），一种典型的复合材料为防油纸/黏合剂+除虫剂/铝箔/聚乙烯。

（二）面包、饼干包装

1. 面包包装

通常采用软包装材料裹包，主要包装材料有如下几种。

（1）蜡纸　　蜡纸是最经济的包装材料，在自动裹包机上也有足够的挺度，封合容易，能有效防止水分的散失。其缺点是透明度不好，而且容易折痕造成漏气，引起面包水分散失和发干。目前我国仍有相当数量采用蜡纸裹包。

（2）玻璃纸　　涂塑玻璃纸的包装成本比蜡纸高得多，但解决了防潮和热封问题，较适合用作高档面包的包装。

（3）塑料薄膜　　PE 薄膜包装面包其成本比玻璃纸低 30%左右，但厚度较薄的薄膜机械操作工艺性较差；PP 薄膜透明度优于 PE 薄膜，而且挺度较理想，机械操作工艺性能也好，但 BOPP 热封困难；PE/PP/PE 三层共挤膜满足了面包包装的需要。目前大约 90%的面包采用 PE 或 OPP 薄膜袋包装，这种包装货架期较短，可采用热封或塑料涂膜的金属丝扎住袋口，OPP 袋也有采用袋口扭结封口，还可采用收缩薄膜包装。

2. 饼干包装

饼干含水量很低，且含有脂肪，包装主要是防潮、防油脂氧化、防碎裂；夹心饼干和花色饼干常用果酱、果仁、奶油等装饰，更需注意防止脂肪氧化，故需选用防潮遮光隔氧的包装材料，如防潮玻璃纸、PVDC 涂塑纸、K 涂 BOPP/PE、铝箔/PE 等复合薄膜等，可以热封，表面光泽好，并能适应自动包装机械操作的要求。采用 PVC、PS 等塑料片材热成型盒能保护酥脆的饼干不致压碎。金属罐（盒）包装饼干一般为礼品包装。

（三）面条、方便面（米）包装

（1）面条　　潮面不易保存，一般不包装。需包装的是干面条，即挂面、通心粉等，一般采用 PE、BOPP/PE 薄膜等防潮材料包装。

（2）方便面（米）　　速食的方便面是先将波纹面干制后油炸，方便米是大米熟制后干制而成，食用时用温水（沸水）浸泡复原即可。包装主要要求防潮、防油脂酸败，一般采用发泡 EPS 或 PE 钙塑片材制成的广口塑料碗盛装，再以铝箔/PE 封口包装，近年来随着绿色环保政策的逐步落实，纸浆模塑广口容器包装开始取代发泡 EPS 包装。

（3）快餐盒饭　　以大米饭为主体的快餐盒饭近年来发展很快，因发泡 EPS 塑料饭盒强度高、保温性好、外观漂亮、使用方便而成为主要包装容器。由于发泡 EPS 饭盒引起的"白色污染"，我国已全面废止一次性发泡塑料餐具而代之以一种环保型的纸质快餐饭盒。

（四）糕点包装

糕点有的含水量极高，如蛋糕、年糕；有的含水量极低，如桃酥等；有的含油脂很高，如油酥饼、开口笑等；有的包馅，如月饼等。因此，糕点的包装应适应这些不同特点。

（1）含水分较低的糕点　　酥饼、香糕、酥糖、蛋卷等食品包装时首先要求防潮，其次是阻气、耐压、耐油和耐撕裂，主要包装形式有：塑料片材热成型浅盘包装外裹包 PT 或 BOPP 薄膜或用盖材覆盖热封、套装透明塑料袋封口；纸盒内衬 PE、PT/PE、BOPP/PE 等薄膜袋，不仅具有很好的防护性，其防潮阻气性能也较理想，故货架寿命长、陈列效果好。

（2）含水分较高的糕点　　蛋糕、奶油点心等很容易霉变，同时其内部组织呈多孔性结构，表面积较大，很容易散失水分而变干、变硬；另外，由于糕点成分复杂，氧化串味也是品质劣变的主要原因。因此，包装主要是防止生霉和水分散失，其次是防氧化串味等，故应选用具有较好阻湿阻气性能的包装材料，如 PT/PE、BOPP/PE 等薄膜进行包装，也可采用塑料片材热成型盒盛装此类食品；档次较高的糕点可选用高性能复合薄膜配以真空或充气包装技术，或同时封入脱氧剂等，可有效地防止氧化、酸败、霉变和水分的散失，显著延长货架期。

> **案 例 十 九**
>
> ### 油炸糕点包装
>
> 此类食品油脂含量极高，极易引起氧化酸败而导致色、香、味劣变，甚至产生哈喇味，包装的关键是防止氧化酸败，其次是防止油脂渗出包装材料造成污染而影响外观，其内包装常用 PE、PP、PT 等防潮、耐油的薄膜材料进行裹包或袋装。要求较高的油炸风味小食品可采用隔氧保香性较好的高性能复合膜，如 K 涂 BOPP/PE、K 涂 PT/PE、BOPP/Al/PE 等包装，也可同时采用真空或充氮包装或在包装中封入脱氧剂等方法。

二、豆制食品包装

豆制食品主要是由豆类制成的豆奶、豆乳粉、豆腐、千张、腐竹、腐乳、豆豉等食品。豆奶和豆乳粉与牛奶和牛乳粉性状及营养价值接近，故豆奶和豆乳粉包装与牛奶和牛乳粉基本相同，主要采用各类软包装材料包装。这里主要介绍其他几种豆制品包装。

（一）高水分豆制品的包装

1. 鲜豆腐的包装

鲜豆腐属于高水分豆制食品，水分含量高，十分容易破碎，包装比较困难。目前基本采用塑料片材热成型包装盒包装，它是将豆浆自动灌装到盒内加盖密封，再蒸煮杀菌制成；由于包装是加盖后蒸煮，里面原有的细菌等微生物在高温蒸煮时被杀死，而外界的微生物又很难进入，因此可以保持较长时间不变质，这是目前鲜豆腐工业化生产的主导发展方向，成本低、物流销售方便。

2. 豆腐干的包装

豆腐干是一种半脱水豆制食品，有卤制的和非卤制的两种，一般采用真空包装高温杀菌生产法，现在超市中陈列的豆腐干基本上是采用此法，采用 PET/PE、BOPP/Ny/CPP 等复合薄膜真空包装后高温蒸煮杀菌。

（二）低水分豆制品的包装

腐竹等含水分很低的豆制品，包装主要是能防止其受潮、霉变，防止外界细菌、微生物的侵入。这类豆制品可用 PE，也可以用 BOPP/PE 复合膜包装。如果长期贮存，应选用 PET/PE、K 涂 BOPP/PE、BOPP/Al/PE 等高性能复合薄膜包装，在包装时还应注意包装材料的灭菌处理，也可采用真空或充气包装。

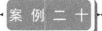

案例二十

豆豉的包装

豆豉是我国四川、湖南、江苏、广东等地区的发酵豆制食品之一，黄豆或黑豆原料经过浸泡、蒸煮、制曲、发酵等工艺而制成成品，属于高水分豆制食品，易引起霉变。豆豉的包装材料主要有纸袋、塑料袋和各种复合包装材料及金属罐。用纸袋包装豆豉，因其气密性差、灭菌效果差、不防潮，气温在 15℃以下时仅可保存半个月。如果要长期储存，应选用气密性及热封性都比较好的复合薄膜作为包装材料，用以延长产品的保存期。另外，也可采用真空或充气包装，保质期会更长。豆豉还可与其他食品一起制成罐头食品，用金属罐进行包装。

三、糖果与巧克力包装

糖果与巧克力作为一类方便食品深受消费者喜爱，是人们日常生活中不可缺少的嗜好性食品，世界年产量已超过 1200 万 t。糖果的花色品种繁多，口味各异，其分类也不尽统一，一般含水量在 5% 以下称为硬糖，含水量在 5%～10% 称为半软糖，含水量在 10% 以上称为软糖。按其工艺特点分则有硬质糖果、夹心酥糖、焦香糖果、凝胶糖果、抛光糖果、胶基糖果、巧克力及其制品、充气糖果等。

1. 糖果、巧克力品质变化与包装要求

（1）发烊与返砂　发烊是指糖果在周围环境湿度较高时不断吸收水汽而导致糖体粘化或溶化的一种现象。返砂是指经烊化的糖果在周围环境相对湿度较低时其表面水分散失而使糖类分子重新排列形成晶体，糖果变得混浊甚至完全不透明的现象。发烊与返砂过程交替进行直到糖果完全返砂，糖果失去透明性和光滑舌感，变得粗糙无光。糖果的发烊和返砂与生产工艺有关，而周围环境湿度的变化是影响其产生的重要因素。因此糖包装材料的要求有高阻隔水蒸气性能，以避免糖果产生发烊或结晶返砂。

（2）巧克力表面起霜和光泽消失　　原因主要有：巧克力中的糖因潮解溶化再结晶而在表面形成糖斑，使巧克力光泽迅速失去，即砂糖花白；巧克力在周围环境温度变化时脂肪晶型发生改变，低熔点脂肪渗透至表面结晶而产生花白斑，即脂肪花白现象。因此，在包装时必须隔绝周围环境温度、湿度对产品的影响，采用防潮包装材料。

（3）软化变形　　巧克力是一种热敏性食品，当外界环境温度接近或达到其中的脂肪熔点时，巧克力会不同程度地软化变形，特别是含有流散心体的巧克力制品更容易发生变形。一般来说，低于15℃的环境下产品坚实脆裂，高于25℃发软，超过30℃时产品软化变形，坚脆性消失。此类产品包装时要求材料的隔热性良好。

（4）干缩变形　　主要是由于糖果内部水分失衡、向外扩散所产生，这种现象在含水分达20%～24%的凝胶糖果中更容易出现,含水分较高的巧克力及其制品也容易发生干缩变形；包装应考虑尽可能防止水分的变化或散失。

（5）氧化酸败　　巧克力是一种高脂肪食品，在空气中自然放置极易导致脂肪氧化而产生不良风味，产品质量显著恶化，因此其抗氧化包装显得尤为重要。

（6）香气的逸散及异嗅　　糖果特别是巧克力具有令人愉悦的香气，在贮存过程中其香气会逐渐减弱，同时由于吸收环境的气味而产生令人不愉快的异嗅和陈宿气。

2. 糖果、巧克力包装常用包装材料

糖果、巧克力及其制品对包装材料的要求为：高阻氧阻气和水蒸气阻隔性、较强的耐油性和隔热性及良好的印刷成型等可装饰性能。可用的包装材料有玻璃纸、铜版纸、铝箔、PE、OPP、BOPP 及各种复合薄膜材料，如透明纸/PP、牛皮纸/透明纸、牛皮纸/PE/Al/PE、Al/PP、Al/PE、PP/PE 等。一些可食性淀粉膜常用作内衬包装。

传统的糖果包装采用蜡纸裹包、玻璃纸裹包，现在多用复合膜包装。纸和纸板是糖果、巧克力包装中最常用的材料，硫酸纸、玻璃纸等常用作内包装材料，铜版纸和纸板常用作外包装材料。铝箔具有良好的防潮保湿性、保香性、防异嗅性、耐油性等，经涂塑后机械适应性和密封性也非常好，因此在糖果包装特别是巧克力及其制品包装中应用广泛。

3. 糖果、巧克力的包装方法

糖果与巧克力包装大都采用机械自动包装，包装形式新颖，且采用热封合，包装气密性好，能较长时间地防潮、防湿、保香，其货架寿命大大延长。只有一些小批量的特殊花色糖果和巧克力仍采用手工包装。

糖果包装的形式有扭结式、折叠式和枕式等多种裹包形式。将糖果制成各种形状或包装后折成各种形状的形象化包装，辅之以精美的图案，可增强糖果的商品价值和吸引力。糖果的组合包装可采用筒装、袋装、盒装、金属罐、塑料罐和纸塑组合罐等包装。

四、油脂类食品和调味品包装

1. 烹调油包装

烹调油包括豆油、菜籽油、花生油、芝麻油和色拉油等。传统烹调油均采用玻璃瓶包装，近年来已被塑料包装容器所取代，常用容器有 PVC、PET、PS 瓶和 PE 注塑容器。其中 PVC 具有良好的物理性能，而且重量很轻，在我国目前应用最为广泛。据了解，国外也大量采用 PVC 瓶包装食用油。油脂的新型包装材料和容器正在开发之中。近年来一些一次性包装材料的研制及应用，也将引入油脂包装。此种材料运用淀粉等物质以特种工艺制作，用毕可回收或用作饲料等，这种包装有利于保持油脂品质，特别有利于保护环境。油脂的新型包装材料和容器正在开发之中。纸/PE/离子型树脂复合材料制成的容器热封性好，又耐油脂；PA（或CPP）/Al/离子型树脂可用作盒中衬袋包装油脂，也可制成自立袋。油脂大容量包装都采用铁桶。

2. 花生酱、芝麻酱等含油食品包装

花生酱、芝麻酱等都是油脂含量较高的食品，容易氧化而引起酸败，并产生蛤喇味。这类食品的传统包装方法是采用玻璃瓶、罐包装，并加入适量的抗氧化剂。

花生酱和芝麻酱等含油食品的现代包装广泛采用塑料薄膜和吸塑成型容器包装，并辅之以真空和充气包装技术，可有效地抑制内装的食品发生氧化酸败。在选用包装材料时，应注意环境温度、湿度对材料透气性能的影响，使包装产品在温湿度变化环境之中尽可能维持包装内的气氛稳定，确保产品在贮存期限内的质量。例如，花生酱和芝麻酱充氮包装，在环境湿度为50% RH时，可以采用PT/PE薄膜包装，若在环境湿度为80% RH时应选用PA（PET）/PE、BOPP/Al/PE（EVA）等阻气性较好的复合薄膜。

3. 酱油、酱类、食醋的包装

酱油、酱类、食醋目前基本上都已强制采用玻璃瓶包装或其他小包装，这样可以避免在贮存和运输过程中受污染。就我国目前作酱油包装的，大都是一般玻璃瓶，其颜色有透明、茶色、蓝色、深褐色之分，封口以滴塑压盖和木塞为主，容量以500mL和640mL两种为首；也可采用硬质聚氯乙烯瓶和双拉伸聚丙烯瓶包装，目前生产的塑料软包装酱油和食醋，其保质期可达6个月。

4. 辣酱油、番茄酱、蛋黄酱等高档调味品的包装

辣酱油、番茄酱、蛋黄酱含丰富的营养成分，易变质、变味，需用高阻气性包装材料包装。除常用玻璃瓶包装外，国外还开发了多层吹塑容器如PA/PE、PE/EVOH/PE等共挤吹塑瓶用于这些调味品包装，复合片材热成型容器也常用作辣酱类调味品包装。

——思考题——

1. 简要说明果蔬保鲜包装的基本原理和要求。
2. 简要说明鲜切蔬菜的生理生化特性，如何设计鲜切蔬菜的保鲜包装？
3. 生鲜肉和加工熟肉制品的包装要求有哪些区别？
4. 试说明生鲜肉的保鲜包装机理和目前国内外采用的技术方法。
5. 试分析中式腌腊肉制品的主要变质方式和采用的包装技术方法。
6. 肠类食品使用的肠衣有哪些种类，各有什么特点？
7. 试述水产品品质变化特性及包装对策。
8. 试说明生鱼片等生鲜水产品的气调保鲜包装机理和方法。
9. 如何根据粮油类食品特性选择合适的包装？
10. 糖果和巧克力储存期间的变化特征对包装有什么要求？
11. 油脂及高脂肪含量食品的包装主要考虑哪些问题？

第九章 食品包装标准与法规

本章学习目标

1. 熟悉我国食品包装相关标准和法规。
2. 了解 ISO、美国农业部、欧盟等组织与食品包装相关的标准和法规。
3. 了解 GMP、HACCP 等与食品包装技术规范相关的基本概念。

食品是供人们直接食用的特殊商品，经包装的食品，其卫生与安全性直接关系到人类的健康和安全。因此，食品包装既要符合一般商品包装的标准和法规，更要符合与食品卫生及安全有关的标准和法规。

法规（law）是"含有立法性质的管制规则，由必要的权力机关及授权的权威机构制定并予颁布实施的有法律约束力的文件"。标准是"为了在一定的范围内获得最佳秩序，经协商一致制定并由公认机构批准，共同使用和重复使用的一种规范性文件"（GB/T 20000.1—2014）。一个自愿执行的标准可以被吸收到法规中，这样标准的条款就变成强制性。操作规范（practice）是指工业部门或其行业协会等权威机构所制订的标准化的参考文件，但它还没有被正式接受为标准。食品包装标准（food packaging standard）就是对食品的包装材料、包装方式、包装标志及技术要求等的规定。

制定法规、标准及操作规范是为了便于所有有关成员之间相互交流、减少差异、提高质量、保证安全、促进自由贸易及实施操作。纵观国际上现行的食品法规和标准，其中都含有食品包装的要求，食品包装标准和法规与食品标准和法规密不可分，两者都有十分具体的要求，且最基本的核心问题是共同的，就是保证食品的卫生与安全。

第一节 我国食品包装法规与标准

一、我国食品包装法规

随着我国经济发展和国际贸易的需要，我国相继制定、修订并颁布实施了许多与食品包装相关的标准和法规，已经形成了一套与国际接轨的食品包装法规和标准体系，为我国进入世界贸易组织（World Trade Organization，WTO）后的规范管理奠定了基础。

（一）《中华人民共和国食品安全法》

为保证食品安全，保障公众身体健康和生命安全，《中华人民共和国食品安全法》（以下简称《食品安全法》）由全国人民代表大会常务委员会发布，由中华人民共和国全国人民代表大会常务委员会修订通过。

1.《食品安全法》关于食品包装的要求

《食品安全法》第十章附则中对用于食品的包装材料和容器的含义进行了阐释：用于食品的包装材料和容器，指包装、盛放食品或者食品添加剂用的纸、竹、木、金属、搪瓷、陶瓷、塑料、橡胶、天然纤维、化学纤维、玻璃等制品和直接接触食品或者食品添加剂的涂料。

在《食品安全法》第三十三条食品生产经营应当符合食品安全标准中对食品包装的要求：（五）、（六）、（七）、（八）款分别规定，"餐具、饮具和盛放直接入口食品的容器，使用前应当洗净、消毒，炊具、用具用后应当洗净，保持清洁""贮存、运输和装卸食品的容器、工具和设备应当安全、无害，保持清洁，防止食品污染，并符合保证食品安全所需的温度、湿度等特殊要求，不得将食品与有毒、有害物品一同贮存、运输""直接入口的食品应当使用无毒、清洁的包装材料、餐具、饮具和容器""销售无包装的直接入口食品时，应当使用无毒、清洁的容器、售货工具和设备"。

2.《食品安全法》有关食品包装卫生管理的安全

《食品安全法》第四章食品生产经营中规定：

第四十一条　生产食品相关产品应当符合法律、法规和食品安全国家标准。对直接接触食品的包装材料等具有较高风险的食品相关产品，按照国家有关工业产品生产许可证管理的规定实施生产许可。质量监督部门应当加强对食品相关产品生产活动的监督管理。

第五十八条　餐具、饮具集中消毒服务单位应当具备相应的作业场所、清洗消毒设备或者设施，用水和使用的洗涤剂、消毒剂应当符合相关食品安全国家标准和其他国家标准、卫生规范。

第六十六条　进入市场销售的食用农产品在包装、保鲜、贮存、运输中使用保鲜剂、防腐剂等食品添加剂和包装材料等食品相关产品，应当符合食品安全国家标准。

3.《食品安全法》有关包装标签的要求

第六十七条　预包装食品的包装上应当有标签。标签应当标明下列事项：（一）名称、规格、净含量、生产日期；（二）成分或者配料表；（三）生产者的名称、地址、联系方式；（四）保质期；（五）产品标准代号；（六）贮存条件；（七）所使用的食品添加剂在国家标准中的通用名称；（八）生产许可证编号；（九）法律、法规或者食品安全标准规定应当标明的其他事项。

第六十八条　食品经营者销售散装食品，应当在散装食品的容器、外包装上标明食品的名称、生产日期或者生产批号、保质期，以及生产经营者名称、地址、联系方式等内容。

第六十九条　生产经营转基因食品应当按照规定显著标示。

4.《食品安全法》有关违法责任的规定

第一百二十五条　违反本法规定，有下列情形之一的，由县级以上人民政府食品药品监督管理部门没收违法所得和违法生产经营的食品、食品添加剂，并可以没收用于违法生产经营的工具、设备、原料等物品；违法生产经营的食品、食品添加剂货值金额不足一万元的，并处五千元以上五万元以下罚款；货值金额一万元以上的，并处货值金额五倍以上十倍以下罚款；情节严重的，责令停产停业，直至吊销许可证：（一）生产经营被包装材料、容器、运输工具等污染的食品、食品添加剂;(二)生产经营无标签的预包装食品、食品添加剂或者标签、说明书不符合本法规定的食品、食品添加剂;(三)生产经营转基因食品未按规定进行标示。

第一百二十六条　违反本法规定,有下列情形之一的,由县级以上人民政府食品药品监督管理部门责令改正,给予警告;拒不改正的,处五千元以上五万元以下罚款;情节严重的,责令停产停业,直至吊销许可证:(五)餐具、饮具和盛放直接入口食品的容器,使用前未经洗净、消毒或者清洗消毒不合格,或者餐饮服务设施、设备未按规定定期维护、清洗、校验;(十三)食品生产企业、餐饮服务提供者未按规定制定、实施生产经营过程控制要求。餐具、饮具集中消毒服务单位违反本法规定用水,使用洗涤剂、消毒剂,或者出厂的餐具、饮具未按规定检验合格并随附消毒合格证明,或者未按规定在独立包装上标注相关内容的,由县级以上人民政府卫生行政部门依照前款规定给予处罚。

(二)《中华人民共和国产品质量法》

《中华人民共和国产品质量法》(简称《产品质量法》)自 2000 年 9 月 1 日起施行,关于包装的条款同样也适用于食品包装,主要条款包括:

第十四条规定:经认证合格的,由认证机构颁发产品质量认证证书,准许企业在产品或者其包装上使用产品质量认证标志。

第十八条(四)规定:对有根据认为不符合保障人体健康和人身、财产安全的国家标准、行业标准的产品或者有其他严重质量问题的产品,以及直接用于生产、销售该项产品的原辅材料、包装物、生产工具,予以查封或者扣押。

第二十六条(三)规定:符合在产品或者其包装上注明采用的产品标准,符合以产品说明、实物样品等方式表明的质量状况。

第二十七条规定:产品或者其包装上的标识必须真实,并符合下列要求:①有产品质量检验合格证明;②有中文标明的产品名称、生产厂厂名和厂址;③根据产品的特点和使用要求,需要标明产品规格、等级、所含主要成分的名称和含量的,用中文相应予以标明;需要事先让消费者知晓的,应当在外包装上标明,或者预先向消费者提供有关资料;④限期使用的产品,应当在显著位置清晰地标明生产日期和安全使用期或者失效日期;⑤使用不当,容易造成产品本身损坏或者可能危及人身、财产安全的产品,应当有警示标志或者中文警示说明。

裸装的食品和其他根据产品的特点难以附加标识的裸装产品,可以不附加产品标识。

第二十八条规定:易碎、易燃、易爆、有毒、有腐蚀性、有放射性等危险物品,以及储运中不能倒置和其他有特殊要求的产品,其包装质量必须符合相应要求,依照国家有关规定作出警示标志或者中文警示说明,标明储运注意事项。

第四十条(二)规定:不符合在产品或者其包装上注明采用的产品标准的,销售者应当负责修理、更换、退货;给购买产品的消费者造成损失的,销售者应当赔偿损失。

二、我国食品包装相关国家标准

我国目前的包装标准体系分为三层:第一层为包装基础标准,包括工作导则、包装标志、包装尺寸、包装术语、包装件环境条件、包装技术与方法、包装设计、包装质量保证、包装管理、包装回收利用等，适用于整个包装行业；第二层为包装专业标准，包括包装材料、包装容器、包装装潢印刷、包装机械、包装设备等，适用于包装行业的某一专业；第三层为产品包装标准，原则上按产品分类，食品包装标准就属于第三层。

（一）食品包装国家标准

依据已发布的标准，目前我国食品接触材料相关标准分为四大类，其中包含基础标准、生产规范标准、产品标准、方法标准。此系列标准的发布标志着中国食品接触材料法规框架体系已经确立。

新修订的《食品安全法》颁布后发布的主要标准如表9-1～表9-4所列。

表 9-1　食品安全国家标准食品接触材料基础标准

标准号	标准名称
GB 4806.1—2016	食品安全国家标准　食品接触材料及制品通用安全要求
GB 9685—2016	食品安全国家标准　食品接触材料及制品用添加剂使用标准

表 9-2　食品安全国家标准生产规范标准

标准号	标准名称
GB 31603—2015	食品安全国家标准　食品接触材料及制品生产通用卫生规范

表 9-3　食品安全国家标准食品接触材料产品标准

标准号	标准名称
GB 4806.3—2016	食品安全国家标准　搪瓷制品
GB 4806.4—2016	食品安全国家标准　陶瓷制品
GB 4806.5—2016	食品安全国家标准　玻璃制品
GB 4806.6—2016	食品安全国家标准　食品接触用塑料树脂
GB 4806.7—2016	食品安全国家标准　食品接触用塑料材料及制品
GB 4806.8—2016	食品安全国家标准　食品接触用纸和纸板材料及制品
GB 4806.9—2016	食品安全国家标准　食品接触用金属材料及制品
GB 4806.10—2016	食品安全国家标准　食品接触用涂料及涂层
GB 4806.11—2016	食品安全国家标准　食品接触用橡胶材料及制品
GB 14934—2016	食品安全国家标准　消毒餐（饮）具

表 9-4　食品安全国家标准食品接触材料检测方法标准

标准号	标准名称
GB 5009.156—2016	食品安全国家标准　食品接触材料及制品迁移试验预处理方法通则
GB 31604.11—2016	食品安全国家标准　食品接触材料及制品　1,3-苯二甲胺迁移量的测定
GB 31604.12—2016	食品安全国家标准　食品接触材料及制品　1,3-丁二烯的测定和迁移量的测定
GB 31604.13—2016	食品安全国家标准　食品接触材料及制品　11-氨基十一酸迁移量的测定
GB 31604.14—2016	食品安全国家标准　食品接触材料及制品　1-辛烯和四氢呋喃迁移量的测定

标准号	标准名称
GB 31604.15—2016	食品安全国家标准 食品接触材料及制品 2,4,6-三氨基-1,3,5-三嗪（三聚氰胺）迁移量的测定
GB 31604.16—2016	食品安全国家标准 食品接触材料及制品 苯乙烯和乙苯的测定
GB 31604.17—2016	食品安全国家标准 食品接触材料及制品 丙烯腈的测定和迁移量的测定
GB 31604.18—2016	食品安全国家标准 食品接触材料及制品 丙烯酰胺迁移量的测定
GB 31604.19—2016	食品安全国家标准 食品接触材料及制品 己内酰胺的测定和迁移量的测定
GB 31604.20—2016	食品安全国家标准 食品接触材料及制品 醋酸乙烯酯迁移量的测定
GB 31604.21—2016	食品安全国家标准 食品接触材料及制品 对苯二甲酸迁移量的测定
GB 31604.22—2016	食品安全国家标准 食品接触材料及制品 发泡聚苯乙烯成型品中二氟二氯甲烷的测定
GB 31604.23—2016	食品安全国家标准 食品接触材料及制品 复合食品接触材料中二氨基甲苯的测定
GB 31604.24—2016	食品安全国家标准 食品接触材料及制品 镉迁移量的测定
GB 31604.25—2016	食品安全国家标准 食品接触材料及制品 铬迁移量的测定
GB 31604.26—2016	食品安全国家标准 食品接触材料及制品 环氧氯丙烷的测定和迁移量的测定
GB 31604.27—2016	食品安全国家标准 食品接触材料及制品 塑料中环氧乙烷和环氧丙烷的测定
GB 31604.28—2016	食品安全国家标准 食品接触材料及制品 己二酸二（2-乙基）己酯的测定和迁移量的测定
GB 31604.29—2016	食品安全国家标准 食品接触材料及制品 甲基丙烯酸甲酯迁移量的测定
GB 31604.30—2016	食品安全国家标准 食品接触材料及制品 邻苯二甲酸酯的测定和迁移量的测定
GB 31604.31—2016	食品安全国家标准 食品接触材料及制品 氯乙烯的测定和迁移量的测定
GB 31604.32—2016	食品安全国家标准 食品接触材料及制品 木质材料中二氧化硫的测定
GB 31604.33—2016	食品安全国家标准 食品接触材料及制品 镍迁移量的测定
GB 31604.34—2016	食品安全国家标准 食品接触材料及制品 铅的测定和迁移量的测定
GB 31604.35—2016	食品安全国家标准 食品接触材料及制品 全氟辛烷磺酸（PFOS）和全氟辛酸（PFOA）的测定
GB 31604.36—2016	食品安全国家标准 食品接触材料及制品 软木中杂酚油的测定
GB 31604.37—2016	食品安全国家标准 食品接触材料及制品 三乙胺和三正丁胺的测定
GB 31604.38—2016	食品安全国家标准 食品接触材料及制品 砷的测定和迁移量的测定
GB 31604.39—2016	食品安全国家标准 食品接触材料及制品 食品接触用纸中多氯联苯的测定
GB 31604.40—2016	食品安全国家标准 食品接触材料及制品 顺丁烯二酸及其酸酐迁移量的测定
GB 31604.41—2016	食品安全国家标准 食品接触材料及制品 锑迁移量的测定
GB 31604.42—2016	食品安全国家标准 食品接触材料及制品 锌迁移量的测定
GB 31604.43—2016	食品安全国家标准 食品接触材料及制品 乙二胺和己二胺迁移量的测定
GB 31604.44—2016	食品安全国家标准 食品接触材料及制品 乙二醇和二甘醇迁移量的测定
GB 31604.45—2016	食品安全国家标准 食品接触材料及制品 异氰酸酯的测定
GB 31604.46—2016	食品安全国家标准 食品接触材料及制品 游离酚的测定和迁移量的测定
GB 31604.47—2016	食品安全国家标准 食品接触材料及制品 纸、纸板及纸制品中荧光增白剂的测定
GB 31604.48—2016	食品安全国家标准 食品接触材料及制品 甲醛迁移量的测定
GB 31604.49—2016	食品安全国家标准 食品接触材料及制品 砷、镉、铬、铅的测定和砷、镉、铬、镍、铅、锑、锌迁移量的测定

（二）食品包装行业标准

我国食品包装行业标准分为轻工、商业、包装、进出口商检、交通、民航、汽车、铁路运输、水产、烟草、供销等共 11 类。

1. 食品包装轻工行业标准

食品包装轻工行业标准如表 9-5 所示。

表 9-5　食品包装轻工行业标准

标准号	标准名称
QB 1231—1991	液体包装用聚乙烯吹塑薄膜
QB/T 1302—1991	消毒乳自动软包装机
QB 2197—1996	榨菜包装用复合膜、袋
QB/T 2248—1996	枕式糖果包装机
QB/T 2341—1997	纸餐盒
QB 2388—1998	食品包装容器用聚氯乙烯粒料
QB 2357—1998	聚酯（PET）无汽饮料瓶
QB 2460—1999	聚碳酸酯（PC）饮用水罐
QB/T 3531—1999	液体食品复合软包装材料
QB/T 2466—1999	镀锡（铬）薄钢板圆形全开式易拉盖
QB/T 2737—2005	制酒饮料机械　热收缩塑膜包装机
QB/T 1016—2006	鸡皮纸
QB/T 1017—2006	仿羊皮纸
QB/T 1710—2010	食品羊皮纸
QB 1014—2010	食品包装纸
QB/T 4214—2011	棒糖扭结包装机
QB/T 4631—2014	罐头食品的包装、标志、运输和贮存
QB/T 4819—2015	食品包装用淋膜纸和纸板

2. 食品包装商业行业标准

食品包装商业行业标准如表 9-6 所示。

表 9-6　食品包装商业行业标准

标准号	标准名称
SB/T 10290—1997	粮食定量包装机
SB/T 10448—2007	热带水果和蔬菜包装与运输操作规程
SB/T 10447—2007	水果和蔬菜气调贮藏原则与技术
SB/T 10894—2012	预包装鲜食葡萄流通规范
SB/T 10893—2012	预包装鲜食莲藕流通规范
SB/T 10892—2012	预包装鲜苹果流通规范

标准号	标准名称
SB/T 10891—2012	预包装鲜梨流通规范
SB/T 10889—2012	预包装蔬菜流通规范
SB/T 10895—2012	鲜蛋包装与标识
SB/T 10890—2012	预包装水果流通规范
SB/T 10158—2012	新鲜蔬菜包装与标识
SB/T 10381—2012	真空软包装卤肉制品
SB/T 10659—2012	畜禽产品包装与标识
SB/T 229—2013	食品机械通用技术条件产品包装技术要求

3. 食品包装包装行业标准

食品包装包装行业标准如表 9-7 所示。

表 9-7　食品包装包装行业标准

标准号	标准名称
BB/T 0018—2000	包装容器 葡萄酒瓶
BB/T 0016—2006	包装材料 蜂窝纸板
BB/T 0052—2009	液态奶共挤包装膜、袋
BB/T 0055—2010	包装容器 铝质饮水瓶
BB/T 0058—2011	包装用多层共挤重载膜、袋
BB/T 0060—2012	包装容器 聚对苯二甲酸乙二醇酯（PET）瓶坯
BB/T 0039—2013	商品零售包装袋
BB/T 0070—2014	包装用单向热收缩型聚酯薄膜

4. 进出口商检行业标准

食品包装进出口商检行业标准如表 9-8 所示。

表 9-8　食品包装进出口商检行业标准

标准号	标准名称
SN/T 0262—1993	出口商品运输包装瓦楞纸箱检验规程
SN/T 0608—1996	出口易碎类商品运输包装检验规程
SN/T 0714—1997	出口金属罐装食品类商品运输包装检验规程
SN/T 0715—1997	出口冷冻食品类商品运输包装检验规程
SN/T 0719—1997	出口粮谷类商品运输包装检验规程
SN/T 0774—1999	出口鲜活水产品类商品运输包装检验规程
SN/T 0787—1999	出口液体类商品运输包装检验规程

续表

标准号	标准名称
SN/T 0806—1999	出口商品运输包装蜂窝纸板托盘包装检验规程
SN/T 0912—2000	进出口茶叶包装检验方法
SN/T 0400.11—2002	出口罐头检验规程玻璃容器
SN/T 0400.7—2005	进出口罐头食品检验规程 第 7 部分：成品
SN/T 0400.3—2005	进出口罐头食品检验规程 第 3 部分：加工卫生
SN/T 0400.4—2005	进出口罐头食品检验规程 第 4 部分：容器
SN/T 0400.8—2005	进出口罐头食品检验规程 第 8 部分：包装
SN/T 1642—2005	进出口预包装食品检验通则
SN/T 1886—2007	进出口水果和蔬菜预包装指南
SN/T 1892.2—2007	进出口食品包装场所与人员卫生规范 第 2 部分：包装人员
SN/T 2567—2010	食品及包装品无菌检验
SN/T 2499—2010	中型食品包装容器安全检验技术要求
SN/T 1025—2011	出口商品运输包装瓦楞纸箱用纸检验规程
SN/T 0270—2012	出口商品运输包装纸板桶检验规程
SN/T 3141—2012	出口食品包装物微生物检测指南
SN/T 0988—2013	出口水煮笋马口铁罐检验规程
SN/T 0271—2013	出口商品运输包装塑料容器检验规程
SN/T 0268—2014	出口商品运输包装纸塑复合袋检验规程
SN/T 0273—2014	进出口商品运输包装木箱检验检疫规程
SN/T 4286—2015	出口预包装食品麸质致敏原成分风险控制及检验指南

注：进出口商检行业标准可查 http://www.csres.com/

第二节 国际有关食品包装的标准与法规

一、国际性标准化组织的食品包装标准

（一）国际标准化组织

1. 国际标准化组织概述

国际标准化组织（International Organization for Standardization，ISO）是世界上最大、最具权威的标准化机构，成立于 1946 年 10 月 14 日，截至 2016 年底有 161 个成员方。我国于 1978 年申请恢复加入国际标准化组织，同年 8 月被接纳为 ISO 成员方。

ISO 的宗旨是在全世界范围内促进标准化工作的开展，以便利国际物资交流和相互服务，并在知识、科学技术和经济领域开展合作。

国际标准化组织制定国际标准的工作步骤和顺序，一般可分为 7 个阶段：①提出项目；②形成建议草案；③转国际标准草案处登记；④ISO 成员团体投票通过；⑤提交 ISO

理事会批准；⑥形成国际标准；⑦公布出版。

ISO 与 WTO 有非常紧密的关系。WTO 委托国际标准化组织负责贸易技术壁垒协定中有关标准通报工作，同时，WTO 等一些国际组织也参加国际标准化组织的合格评定委员会（Committee on Conformity Assessment，CASCO）的工作。

2. ISO 有关食品包装的标准

ISO 涉及食品包装的技术委员会共有 11 个，名称及秘书处所在国如表 9-9 所示。

表 9-9　ISO 涉及食品包装的技术委员会

技术委员会	名称	秘书处所在国
TC6	纸、纸板和纸浆（paper，board and pulps）	加拿大
TC34	食品（food）	匈牙利
TC51	单件货物搬运用托盘（pallet for unit load method of material handling）	英国
TC52	薄壁金属容器（light gauge metal container）	法国
TC61	塑料（plastic）	美国
TC63	玻璃容器（glass container）	英国
TC79	轻金属及其合金（light metal and their alloy）	法国
TC104	货运集装箱（freight container）	美国
TC122	包装（packaging）	土耳其
TC166	接触食品的陶瓷器皿、玻璃器皿和玻璃陶瓷器皿（ceramic ware, glassware and glass ceramic ware in contact with food）	美国
TC204	智能运输系统（intelligent transport system）	美国

（1）食品技术委员会（ISO/TC34）　　下设 6 个工作组、15 个分技术委员会。分技术委员会包括：果蔬及其衍生产品，谷物和豆类，乳及乳制品，肉类、家禽、鱼、蛋及其制品，香料、香草和调味品，茶，微生物，动物饲料，动物和植物油脂，感观分析，咖啡，分子生物标志物分析的水平方法，食品安全管理系统，可可等。到 2016 年 12 月止，共制定了 844 个标准。

（2）薄壁金属容器技术委员会（ISO/TC52）　　下设 1 个分技术委员会，到 2016 年 12 月止，共制定了 10 个标准。

（3）玻璃容器技术委员会（ISO/TC63）　　到 2016 年 12 月止，共制定了 32 个标准。

（4）货运集装箱技术委员会（ISO/TC104）　　下设 1 个工作组和 3 个分技术委员会，到 2016 年 12 月止，共制定了 46 个标准。

（5）包装技术委员会（ISO/TC122）　　下设 7 个工作组与 2 个分技术委员会，到 2016 年 12 月止，共制定了 82 个标准。

（6）接触食品的陶瓷器皿、玻璃器皿和玻璃陶瓷器皿技术委员会（ISO/TC166）　　下设 2 个工作组和 1 个分技术委员会，到 2016 年 12 月止，共制定了 6 个与食品包装相关的标准。

ISO 制定的与食品包装相关的主要标准，详见表 9-10。

表 9-10 ISO 制定的主要食品包装标准

标准号	标准名称	英文标准名称
ISO 6661—1983	新鲜水果和蔬菜—陆地运输工具平行六面体包装排列	Fresh fruits and vegetables—Arrangement of parallelepipedic packages in land transport vehicles
ISO 7558—1988	水果和蔬菜预包装导则	Guide to the prepacking of fruits and vegetables
ISO 9884-1—1994	茶叶袋—规范—第 1 部分:用货盘装运和集装箱运输的茶叶推荐包装	Tea sacks—Specification—Part 1: Reference sack for palletized and containerized transport of tea
ISO 9884-2—1999	茶叶袋—规范—第 2 部分:用货盘装运和集装箱运输的茶叶包装操作规范	Tea sacks—Specification—Part 2: Performance specification for sacks for palletized and containerized transport of tea
ISO /TR 11761—1992	薄壁金属容器—顶开式圆罐—根据结构型式对罐头尺寸的分类	Light-gauge metal containers—Round open-top cans—Classification of can sizes by construction type
ISO 10653—1993	薄壁金属容器—顶开式圆罐—由公称装盖总容量定义的罐	Light-gauge metal containers—Round open-top cans—Cans defined by their nominal gross lidded capacities
ISO 90-1—1997	薄薄壁金属容器—尺寸和容量的定义和确定—第 1 部分:顶开口罐	Light gauge metal containers—Definitions and determination of dimensions and capacities—Part 1: Open-top cans
ISO 90-2—1997	薄壁金属容器—尺寸和容量的定义和确定—第 2 部分:一般用途容器	Light gauge metal containers—Definitions and determination of dimensions and capacities—Part 2: General use containers
ISO 1361—1997	薄壁金属容器—顶开式圆罐—内径	Light gauge metal containers—Round open-top cans—Internal diameters
ISO 9008—1991	玻璃瓶—垂直度—测试方法	Glass bottles—Verticality—Test methods
ISO 9009—1991	玻璃容器—以容器底作基准的瓶口高度和不平行度—试验方法	Glass containers—Height and non-parallelism of finish with reference to container base—Test methods
ISO 7458—2004	玻璃容器—耐内压—试验方法	Glass containers—Internal pressure resistance—Test methods
ISO 7459—2004	玻璃容器—抗热震性和耐热震性—试验方法	Glass containers—Thermal shock resistance and thermal shock endurance—Test methods
ISO 8106—2004	玻璃容器—重量法测定容量—试验方法	Glass containers—Determination of capacity by gravimetric method—Test methods
ISO 8113—2004	玻璃容器—耐垂直负荷—试验方法	Glass containers—Resistance to vertical load—Test methods
ISO 9058—2008	玻璃容器—标准公差	Glass containers—Standard tolerances for bottles
ISO 1496-4—1991	系列 1 货物集装箱—规格与试验—第 4 部分:无压干散货集装箱	Series 1 freight containers—Specification and testing—Part 4: Non-pressurized containers for dry bulk
ISO 1496-5—1991	系列 1 货物集装箱—规格与试验—第 5 部分:平台式和台架式集装箱	Series 1 freight containers—Specification and testing—Part 5: Platform and platform-based containers
ISO 1496-3—1995	系列 1 货物集装箱—规格与试验—第 3 部分:液体、气体和加压干燥散料罐状集装箱	Series 1 freight containers—Specification and testing—Part 3: Tank containers for liquids, gases and pressurized dry bulk
ISO 668—1995	系列 1 货物集装箱—分类、尺寸和等级	Series 1 freight containers—Classification, dimensions and ratings
ISO 3874—1997	系列 1 货物集装箱—装卸与保护	Series 1 freight containers—Handling and securing

续表

标准号	标准名称	英文标准名称
ISO 9897—1997	货物集装箱—集装箱设备数据交换（CEDEX）—一般通信代码	Freight containers—Container equipment data exchange (CEDEX)—General communication code
ISO 10368—2006	货物保温集装箱—远程调节监控	Freight thermal containers—Remote condition monitoring
ISO 1496-2—2008	系列 1 货物集装箱—规格与试验—第 2 部分：保温集装箱	Series 1 freight containers—Specification and testing—Part 2: Thermal containers
ISO/TS 10891—2009	货物集装箱—射频识别（RFID）—托盘标签	Freight containers—Radio frequency identification (RFID)—Licence plate tag
ISO 1496-1—2013	系列 1 货物集装箱—规格与试验—第 1 部分：通用货物集装箱一般用途	Series 1 freight containers—Specification and testing—Part 1: General cargo containers for general purposes
ISO 4178—1980	完整的已充填运输包件—流通试验—应记录的信息	Complete, filled transport packages—Distribution trials—Information to be recorded
ISO 2248—1985	包装—完整的已充填运输包件和单元负载—垂直冲击跌落试验	Packaging—Complete, filled transport packages and unit loads—Vertical impact test by dropping
ISO 2876—1985	包装—完整的已充填运输包件和单元负载—滚动试验	Packaging—Complete, filled transport packages and unit loads—Rolling test
ISO 2206—1987	包装—完整的已充填运输包件—试验部位的标示方法	Packaging—Complete, filled transport packages—Identification of parts when testing
ISO 2233—2000	包装—完整的已充填运输包件和单元负载—测试条件	Packaging—Complete, filled transport packages and unit loads—Conditioning for testing
ISO 2234—2000	包装—完整的已充填运输包件和单元负载—静载堆垛试验	Packaging—Complete, filled transport packages and unit loads—Stacking tests using a static load
ISO 2244—2000	包装—完整的已充填运输包件和单元负载—水平冲击试验	Packaging—Complete, filled transport packages and unit loads—Horizontal impact tests
ISO 2247—2000	包装—完整的已充填运输包件和单元负载—固定低频振动试验	Packaging—Complete, filled transport packages and unit loads—Vibration tests at fixed low frequency
ISO 2873—2000	包装—完整的已充填运输包件和单元负载—减压试验	Packaging—Complete, filled transport packages and unit loads—Low pressure test
ISO 2875—2000	包装—完整的已充填运输包件和单元负载—水喷淋试验	Packaging—Complete, filled transport packages and unit loads—Water-spray test
ISO 15394—2009	包装—用于航运、运输和接收标签的条形码和二维符号	Packaging—Bar code and two-dimensional symbols for shipping, transport and receiving labels
ISO 4180—2009	包装—完整的已充填运输包件—性能试验程序编制的一般规则	Packaging—Complete, filled transport packages—General rules for the compilation of performance test schedules
ISO 3394—2012	包装—完整的已充填运输包装和单位负载—刚性矩形包装的尺寸	Packaging—Complete, filled transport packages and unit loads—Dimensions of rigid rectangular packages
ISO 3676—2012	包装—完整的已充填运输包装和单位负载—单位负载尺寸	Packaging—Complete, filled transport packages and unit loads—Unit load dimensions
ISO 8391-1—1986	与食品接触的陶瓷炊具—铅和镉的释放—第 1 部分：测试方法	Ceramic cookware in contact with food—Release of lead and cadmium—Part 1: Test methods

续表

标准号	标准名称	英文标准名称
ISO 8391-2—1986	与食品接触的陶瓷炊具—铅和镉的释放—第 2 部分：允许限量	Ceramic cookware in contact with food—Release of lead and cadmium—Part 2: Permissible limits
ISO 6486-1—1999	与食品接触的陶瓷容器、玻璃-陶瓷容器与玻璃餐具—铅和镉的释放—第 1 部分：测试方法	Ceramic ware, glass-ceramic ware and glass dinnerware in contact with food—Release of lead and cadmium—Part 1: Test methods
ISO 6486-2—1999	与食品接触的陶瓷容器，玻璃-陶瓷容器与玻璃餐具—铅和镉的释放—第 2 部分：允许限量	Ceramic ware, glass-ceramic ware and glass dinnerware in contact with food—Release of lead and cadmium—Part 2: Permissible limits
ISO 7086-1—2000	与食品接触的玻璃盘—铅和镉的释放—第 1 部分：测试方法	Glass hollowware in contact with food—Release of lead and cadmium—Part 1: Test methods
ISO 7086-2—2000	与食品接触的玻璃盘—铅和镉的释放—第 2 部分：允许限量	Glass hollowware in contact with food—Release of lead and cadmium—Part 2: Permissible limits

（二）国际食品法典委员会

1. 国际食品法典委员会概况

国际食品法典委员会（Codex Alimentarius Commission，CAC），是 1963 年正式由联合国粮食及农业组织和世界卫生组织共同创立的政府间协调食品标准的国际组织，其指定的标准是 WTO 认可的唯一向世界各国政府推荐的国际食品法典标准，也是 WTO 在国际食品贸易领域的仲裁标准。

目前 CAC 已拥有 187 个成员国、1 个成员组织（欧盟）、56 个国际政府间组织、168 个非政府组织和 16 个联合国机构。

国际食品法典是一套食品安全和质量的国际标准、食品加工规范和准则，旨在保护消费者的健康并消除国际贸易中不平等的行为。

截至 2015 年底，CAC 共制定了 346 项食品标准。CAC 食品安全标准体系框架由两大类标准构成：一类是由一般专题分委员会制定的各种通用的技术标准、法规和良好规范；另一类是由各商品分委员会制定的某特定食品或某类别食品的商品标准。其中食品标签及包装、食品添加剂标准由一般专题分委员会制定。

2. CAC 制定的食品包装标准

截至 2015 年，CAC 制定的食品包装标准共有 11 项，如表 9-11 所示。

表 9-11　CAC 制定的食品包装标准

标准号	中文标准名称	英文标准名称
CAC GL1—1979（Rev.1—1991，Amended.1—2009）	标签说明通则	General guidelines on claims
Codex Stan-107—1981（Rev.1—2016）	食品添加剂等销售时的标签标准	General standard for the labelling of food additives when sold as such
CAC GL2—1985（Rev.2—2011，Amended.8—2016）	营养标签导则	Guidelines on nutrition labelling
Codex Stan-1—1985（Amended.7—2010）	预先包装食品的标签标准	General standard for the labelling of prepackaged foods

续表

标准号	中文标准名称	英文标准名称
Codex Stan-146—1985（Amended.1—2009）	特殊膳食使用预先包装食品的标签标准	Standard for labelling of and claims for prepackaged foods for special dietary use
Codex Stan-180—1991	特殊药用食品的标签和产品声称法典标准	Standard for labelling of and claims for foods for special medical purposes
CAC　GL32—1999（Rev.4—2007,Amended.5—2013）	有机食品生产、加工、标签及销售导则	Guidelines for the production, processing, labelling and marketing of organically produced foods
Codex Stan-227—2001	瓶装/包装饮用水（除天然矿泉水）的一般标准	General standard for bottled/packaged drinking waters （other than natural mineral waters）
CAC RCP47—2001	散装和半包装食品运输卫生操作规范	Code of hygienic practice for the transport of food in bulk and semi-packed food
CAC GL51—2003（Amended.1—2013）	罐装水果包装材质的准则	Guidelines for packing media for canned fruits
CAC/GL 76—2011	汇编与现代生物技术衍生的食品标签相关的食典文本	Compilation of codex texts relevant to the labelling of foods derived from modern biotechnology

二、发达国家和地区食品包装法规与标准

（一）欧盟食品包装有关标准和法令

尽管欧洲国家没有可简称为"包装法"的单独法令，但其他法规对包装均有影响，有关商品的销售、贸易运输、度量衡、食品和药品的法规与包装密切相关。

1. 欧盟食品包装标准

欧盟食品包装标准主要有食品运输包装大袋标准 10 项（表 9-12）、与食品接触器具和材料标准 113 项，其中纸、纸浆和纸板技术委员会标准 19 项（CEN/TC 172-Pulp, paper and board）（表 9-13）和与食品接触器具技术委员会标准 94 项（CEN/TC 194-Utensils in contact with food）（与食品接触器具和材料中受限制的塑料物质相关标准列于表 9-14）。

表 9-12　欧洲标准委员会（CEN）制定的食品包装大袋标准

标准号	标准名称	英文标准名称
EN 765—1994	食品运输大袋—用聚烯烃纤维取代单一聚丙烯加工袋	Sacks for the transport of food aid—Sacks made of woven polyolefin fabric other than polypropylene only
EN 766—1994	食品运输大袋—麻制袋	Sacks for the transport of food aid—Sacks made of jute fabric
EN 767—1994	食品运输大袋—聚烯烃/麻制袋	Sacks for the transport of food aid—Sacks made of woven jute/polyolefin fabric
EN 768—1994	食品运输大袋—棉线织物袋	Sacks for the transport of food aid—Sacks made of lined cotton fabric
EN 769—1994	食品运输大袋—棉线/聚烯烃纤维袋	Sacks for the transport of food aid—Sacks made of woven cotton/polyolefin fabric
EN 770—1994	食品运输大袋—纸袋	Sacks for the transport of food aid—Paper sacks

续表

标准号	标准名称	英文标准名称
EN 787—1994	食品运输大袋—聚乙烯薄膜袋	Sacks for the transport of food aid—Sacks made of polyethylene film
EN 788—1994	食品运输大袋—复合材料管状袋	Sacks for the transport of food aid—Tubular sacks made of composite film
EN 1086—1995	食品运输大袋—根据包装产品选择袋型和线型的推荐	Sacks for the transport of food aid—Recommendations on the selection of type of sack and the liner in relation to the product to be packed
EN 277—1995	食品运输大袋—聚丙烯	Sacks for the transport of food aid—Sacks made of woven polypropylene fabric

表 9-13　CEN 制定的与食品接触的纸张和纸板相关标准

标准号	标准名称	英文标准名称
CEN/TR 15645-1—2008	用于与食品接触的纸张和纸板—气味测试的校准—第 1 部分：气味	Paper and board intended to come into contact with foodstuffs—Calibration of the odour test—Part 1：Odour
CEN/TR 15645-2—2008	用于与食品接触的纸张和纸板—臭味测试的校准—第 2 部分：脂肪食品	Paper and board intended to come into contact with foodstuffs—Calibration of the off flavour test—Part 2：Fatty food
CEN/TR 15645-2—2008 /AC—2008	用于与食品接触的纸张和纸板—异味测试的校准—第 2 部分：脂肪食品	Paper and board intended to come into contact with foodstuffs—Calibration of the off-flavour test—Part 2：Fatty food
CEN/TR 15645-3—2008	用于与食品接触的纸张和纸板—异味测试的校准—第 3 部分：干燥食品	Paper and board intended to come into contact with foodstuffs—Calibration of the off-flavour test—Part 3：Dry food
CEN/TR 15645-3—2008/AC—2008	用于与食品接触的纸张和纸板—异味测试的校准—第 3 部分：干燥食品	Paper and board intended to come into contact with foodstuffs—Calibration of the off-flavour test—Part 3：Dry food
EN 1104—2005	用于与食品接触的纸张和纸板—确定抗微生物成分的转移	Paper and board intended to come into contact with foodstuffs—Determination of the transfer of antimicrobial constituents
EN 1230-1—2009	用于与食品接触的纸张和纸板—感官分析—第 1 部分：气味	Paper and board intended to come into contact with foodstuffs—Sensory analysis—Part 1：Odour
EN 1230-2—2009	用于与食品接触的纸张和纸板—感官分析—第 2 部分：异味	Paper and board intended to come into contact with foodstuffs—Sensory analysis—Part 2：Off-flavour（taint）
EN 12497—2005	纸张和纸板—用于与食品接触的纸张和纸板—含水提取物中的汞的测定	Paper and board—Paper and board intended to come into contact with foodstuffs—Determination of mercury in an aqueous extract
EN 12498—2005	纸张和纸板—用于与食品接触的纸张和纸板—含水提取物中镉和铅的测定	Paper and board—Paper and board intended to come into contact with foodstuffs—Determination of cadmium and lead in an aqueous extract
EN 13676—2001	用于食品接触的聚合物涂布纸张和纸板—检测针孔	Polymer coated paper and board intended for food contact—Detection of pinholes
EN 14338—2003	用于与食品接触的纸张和纸板—使用改性聚苯醚（MPPO）作为模拟物测定纸张和纸板迁移的条件	Paper and board intended to come into contact with foodstuffs—Conditions for determination of migration from paper and board using modified polyphenylene oxide（MPPO）as a simulant

续表

标准号	标准名称	英文标准名称
EN 1541—2001	用于与食品接触的纸张和纸板—测定水提取物中的甲醛	Paper and board intended to come into contact with foodstuffs—Determination of formaldehyde in an aqueous extract
EN 15519—2007	用于与食品接触的纸张和纸板—有机溶剂提取物的制备	Paper and board intended to come into contact with foodstuffs—Preparation of an organic solvent extract
EN 645—1993	用于与食品接触的纸张和纸板—制备冷水提取物	Paper and board intended to come into contact with foodstuffs—Preparation of a cold water extract
EN 646—2006	用于与食品接触的纸张和纸板—测定染色纸张和纸板的色牢度	Paper and board intended to come into contact with foodstuffs—Determination of colour fastness of dyed paper and board
EN 647—1993	用于与食品接触的纸张和纸板—制备热水提取物	Paper and board intended to come into contact with foodstuffs—Preparation of a hot water extract
EN 648—2006	用于与食品接触的纸张和纸板—确定荧光增白纸张和纸板的坚牢度	Paper and board intended to come into contact with foodstuffs—Determination of the fastness of fluorescent whitened paper and board
EN 920—2000	用于与食品接触的纸张和纸板—测定水提取物中的干物质含量	Paper and board intended to come into contact with foodstuffs—Determination of dry matter content in an aqueous extract

表 9-14　CEN 制定的与食品接触器具和材料中受限制的塑料物质相关标准

标准号	标准名称	英文标准名称
EN 13130-1—2004	与食品接触的材料和制品—受限制的塑料物质—第 1 部分：物质从塑料向食品和食品模拟物中迁移的试验方法和塑料中物质的测定以及食品模拟物所处条件选择的指南	Materials and articles in contact with foodstuffs—Plastics substances subject to limitation—Part 1：Guide to test methods for the specific migration of substances from plastics to foods and food simulants and the determination of substances in plastics and the selection of conditions of exposure to food stimulants
EN 13130-2—2004	与食品接触的材料和制品—受限制的塑料物质—第 2 部分：食品模拟物中对苯二酸的测定	Materials and articles in contact with foodstuffs—Plastics substances subject to limitation—Part 2：Determination of terephthalic acid in food stimulants
EN 13130-3—2004	与食品接触的材料和制品—受限制的塑料物质—第 3 部分：食品和食品模拟物中丙烯腈的测定	Materials and articles in contact with foodstuffs—Plastics substances subject to limitation—Part 3：Determination of acrylonitrile in food and food stimulants
EN 13130-4—2004	与食品接触的材料和制品—受限制的塑料物质—第 4 部分：塑料中 1,3-丁二烯的测定	Materials and articles in contact with foodstuffs—Plastics substances subject to limitation—Part 4：Determination of 1,3-butadiene in plastics
EN 13130-5—2004	与食品接触的材料和制品—受限制的塑料物质—第 5 部分：食品模拟物中偏二氯乙烯的测定	Materials and articles in contact with foodstuffs—Plastics substances subject to limitation—Part 5：Determination of vinylidene chloride in food stimulants
EN 13130-6—2004	与食品接触的材料和物品—受限制的塑料物质—第 6 部分：塑料中偏二氯乙烯的测定	Materials and articles in contact with foodstuffs—Plastics substances subject to limitation—Part 6：Determination of vinylidene chloride in plastics

标准号	标准名称	英文标准名称
EN 13130-7—2004	与食品接触的材料和制品—受限制的塑料物质—第 7 部分：食品模拟物中单乙二醇和二甘醇的测定	Materials and articles in contact with foodstuffs—Plastics substances subject to limitation—Part 7: Determination of monoethylene glycol and diethylene glycol in food stimulants
EN 13130-8—2004	与食品接触的材料和制品—受限制的塑料物质—第 8 部分：塑料中异氰酸酯的测定	Materials and articles in contact with foodstuffs—Plastics substances subject to limitation—Part 8: Determination of isocyanates in plastics
CEN/TS 13130-9—2005	与食品接触的材料和物品—受限制的塑料物质—第 9 部分：食品模拟物中乙酸，乙烯基酯的测定	Materials and articles in contact with foodstuffs—Plastics substances subject to limitation—Part 9: Determination of acetic acid, vinyl ester in food stimulants
CEN/TS 13130-10—2005	与食品接触的材料和制品—受限制的塑料物质—第 10 部分：食品模拟物中丙烯酰胺的测定	Materials and articles in contact with foodstuffs—Plastics substances subject to limitation—Part 10: Determination of acrylamide in food stimulants
CEN/TS 13130-11—2005	与食品接触的材料和制品—受限制的塑料物质—第 11 部分：食品模拟物中 11-氨基十一酸的测定	Materials and articles in contact with foodstuffs—Plastics substances subject to limitation—Part 11: Determination of 11-aminoundecanoic acid in food stimulants
CEN/TS 13130-12—2005	与食品接触的材料和物品—受限制的塑料物质—第 12 部分：食品模拟物中 1,3-苯二甲胺的测定	Material and articles in contact with foodstuffs—Plastics substances subject to limitation—Part 12: Determination of 1,3-benzenedimethanamine in food stimulants
CEN/TS 13130-13—2005	与食品接触的材料和制品—受限制的塑料物质—第 13 部分：食品模拟物中 2,2-双（4-羟基苯基）丙烷（双酚 A）的测定	Materials and articles in contact with foodstuffs—Plastics substances subject to limitation—Part 13: Determination of 2,2-bis（4-hydroxyphenyl）propane （Bisphenol A）in food stimulants
CEN/TS 13130-14—2005	与食品接触的材料和制品—受限制的塑料物质—第 14 部分：食品模拟物中 3,3-双（3-甲基-4-羟基苯基）-2-二氢吲哚的测定	Materials and articles in contact with foodstuffs—Plastics substances subject to limitation—Part 14: Determination of 3,3-bis（3-methyl-4-hydroxyphenyl）-2-indoline in food stimulants
CEN/TS 13130-15—2005	与食品接触的材料和制品—受限制的塑料物质—第 15 部分：食品模拟物中 1,3-丁二烯的测定	Materials and articles in contact with foodstuffs—Plastics substances subject to limitation—Part 15: Determination of 1,3-butadiene in food stimulants
CEN/TS 13130-16—2005	与食品接触的材料和制品—受限制的塑料物质—第 16 部分：食品模拟物中己内酰胺和己内酰胺盐的测定	Materials and articles in contact with foodstuffs—Plastics substances subject to limitation—Part 16: Determination of caprolactam and caprolactam salt in food stimulants
CEN/TS 13130-17—2005	与食品接触的材料和物品—受限制的塑料物质—第 17 部分：塑料中的碳酰氯的测定	Materials and articles in contact with foodstuffs—Plastics substances subject to limitation—Part 17: Determination of carbonyl chloride in plastics
CEN/TS 13130-18—2005	与食品接触的材料和制品—受限制的塑料物质—第 18 部分：测定食品模拟物中 1,2-二羟基苯，1,3-二羟基苯，1,4-二羟基苯，4,4'-二羟基二苯甲酮和 4,4'-二羟基联苯	Materials and articles in contact with foodstuffs—Plastics substances subject to limitation—Part 18: Determination of 1,2-dihydroxybenzene, 1,3-dihydroxybenzene, 1,4-dihydroxybenzene, 4,4'-dihydroxybenzophenone and 4,4'-dihydroxybiphenyl in food stimulants

标准号	标准名称	英文标准名称
CEN/TS 13130-19—2005	与食品接触的材料和制品—受限制的塑料物质—第19部分：食品模拟物中二甲基氨基乙醇的测定	Materials and articles in contact with foodstuffs—Plastics substances subject to limitation—Part 19：Determination of dimethylaminoethanol in food stimulants
CEN/TS 13130-20—2005	与食品接触的材料和制品—受限制的塑料物质—第20部分：塑料中环氧氯丙烷的测定	Materials and articles in contact with foodstuffs—Plastics substances subject to limitation—Part 20：Determination of epichlorohydrin in plastics
CEN/TS 13130-21—2005	与食品接触的材料和制品—受限制的塑料物质—第21部分：食品模拟物中乙二胺和六亚甲基二胺的测定	Materials and articles in contact with foodstuffs—Plastics substances subject to limitation—Part 21：Determination of ethylenediamine and hexamethylenediamine in food stimulants
CEN/TS 13130-22—2005	与食品接触的材料和制品—受限制的塑料物质—第22部分：塑料中环氧乙烷和环氧丙烷的测定	Materials and articles in contact with foodstuffs—Plastics substances subject to limitation—Part 22：Determination of ethylene oxide and propylene oxide in plastics
CEN/TS 13130-23—2005	与食品接触的材料和制品—受限制的塑料物质—第23部分：食品模拟物中甲醛和六亚甲基四胺的测定	Materials and articles in contact with foodstuffs—Plastics substances subject to limitation—Part 23：Determination of formaldehyde and hexamethylenetetramine in food stimulants
CEN/TS 13130-24—2005	与食品接触的材料和制品—受限制的塑料物质—第24部分：食品模拟物中顺丁烯二酸和顺丁烯二酸酐的测定	Materials and articles in contact with foodstuffs—Plastics substances subject to limitation—Part 24：Determination of maleic acid and maleic anhydride in food stimulants
CEN/TS 13130-25—2005	与食品接触的材料和制品—受限制的塑料物质—第25部分：食品模拟物中4-甲基-1-戊烯的测定	Materials and articles in contact with foodstuffs—Plastics substances subject to limitation—Part 25：Determination of 4-methyl-1-pentene in food stimulants
CEN/TS 13130-26—2005	与食品接触的材料和制品—受限制的塑料物质—第26部分：食品模拟物中1-辛烯和四氢呋喃的测定	Materials and articles in contact with foodstuffs—Plastics substances subject to limitation—Part 26：Determination of 1-octene and tetrahydrofuran in food stimulants
CEN/TS 13130-27—2005	与食品接触的材料和制品—受限制的塑料物质—第27部分：食品模拟物中2,4,6-三氨基-1,3,5-三嗪的测定	Materials and articles in contact with foodstuffs—Plastics substances subject to limitation—Part 27：Determination of 2,4,6-triamino-1,3,5-triazine in food stimulants
CEN/TS 13130-28—2005	与食品接触的材料和制品—受限制的塑料物质—第28部分：食品模拟物中1,1,1-三羟甲基丙烷的测定	Materials and articles in contact with foodstuffs—Plastics substances subject to limitation—Part 28：Determination of 1,1,1-trimethylol propane in food stimulants

2. 欧盟食品接触指令

欧盟有关食品接触材料的立法始于20世纪70年代中期，最早的指令是76/893/EEC，该指令是一项框架性指令，目的是协调各成员国在该领域的立法，使各国的强制性技术要求趋向一致。现行的法规是欧盟2004年11月13日颁布的一项欧洲议会和欧盟理事会通过的有关食品接触材料的法规 1935/2004/EC，该法规不仅取代了先前实施的80/590/EEC 和 89/109/EEC 指令，而且在内容上继承并发展了以往法规。1935/2004/EC是欧盟最新的关于食品接触材料和制品的基本框架法规，对食品接触材料的迁移物质总量提出了严格限定。指令涉及17类食品接触材料，包括活性及智能材料、黏着剂、陶瓷、软木塞、橡胶、玻璃、离子交换树脂、金属及合金、纸及纸板、打印墨水、再生纤维素、纺织品、硅化物、纺织品、油漆、蜡、木头等。

欧盟在涉及食品接触材料和制品方面，按其内容和形式，可分为三类。

第一类为给出所有食品接触材料的通用要求的框架法规（framework regulation）——1935/2004/EC。

第二类为适用于框架法规中列出的某类材料的特定法令（legislation on specific material），如接触食品的塑料制品指令 10/2011/EC[2011 年（EU）No 321/2011，2014 年（EU）No 202/2014，2015 年（EU）No 10/2011 对 10/2011/EC 进行修订及更正]，接触食品的陶瓷制品指令 84/500/EEC，接触食品的再生性纤维素膜指令 2007/42/EC，接触食品的活性、智能材料 450/2009/EC 等。

第三类则是针对某些会用在生产与食品接触材料上的特定物质的单独指令（directive on individual substances），如接触食品的氯乙烯指令 78/142/EEC，接触食品的环氧衍生物法规 1895/2005/EC 等。

1935/2004/EC 列明了与食品接触的材料生产必须符合以下条件：①符合良好在制造规范；②不能释放出对人体健康构成危险的成分：范围、一般要求、评估机构等作了规定；③不能导致食品的成分产生不能接受的改变；④不能降低食品所带来的感官特性（使食品的味道、气味、颜色等改变）；⑤材料和制品的标签、广告以及说明不应误导消费者。

3. 食品标签指令

79/112/EEC《食品标签说明及广告法规的指令》于 1983 年 12 月在欧洲共同体（现称欧盟）成员国强制执行。指令的基本原则是：所用标签必须使购买者对食品的本性、特性、性质、成分、数量、耐久性、来源或出处、制造方法或生产不发生误解，不可将食品不具有的性质说成具有，或将所有类似食品也具有的特性说成是这种食品所特有的。标签指令的要求是：除了解除和部分废除原有规定以外，数量要求在食品标签上表明下列项目：包装产品的名称、生产者或销售者的名称或企业名称和地址，如不提供信息会使消费者对食品来源发生误解时，需注明产地；如不提供情况就不能正确使用食品时，需要说明用途。欧洲共同体成员国可以保留国内要求，即表明国内生产的工厂或包装中心，法国就是如此操作的。成员国对度量方面也可以制定更多的条款，而大部分成员国有这种要求。

（1）产品名称　　产品必须遵照规定的方式命名，对国家立法团体或行政规章已经规定的名称，则必须使用这种名称；如果没有规定则可使用惯用名称，或者能正确描述产品，使购买者知道产品的真正本性，且能与其他易混淆产品相区别的名称。惯用名称是产品消费的成员国之惯用名称。指令禁止商标、商标名称或想象的名称取代产品名称。例如，尽管可口可乐和百事可乐是国际上公认的商标名称，但还必须更充分地说明产品本质。如果缺少有关食品的详细物理状态或进行过处理的信息会使消费者产生混乱，则产品名称还必须对此说明，如食品变成粉末或经冻干、浓缩、腌渍等处理而又不明显，则须在产品名称上加以说明。

（2）成分　　成分是指在制造或配制食品时使用的，即便已改变了形式，但在成品中仍然存在的物质，包括添加剂。食品中添加剂必须列出，还需列出化学名称或欧盟的系列号。对于那些在一种成分中存在的添加剂，只要其含量不足以使它们在成品中具有技术功能，可不必列出；只作为加工辅助剂的添加剂也不必列出。成分的名称必须是它们单独出售时使用的名称，油脂则需说明是动物性还是植物性油脂，但指令中没有制定条款允许制造商表明食品中可能存在的油脂种类，以便使所用的脂肪混合物中的组分有更大的灵活性。当食品标签上要强调一种或几种成分的低含量时，或说明食品有同样效果时，则必须说明制造时使用的最低或最高百分比。

（3）数量　　　在考虑对包装品的数量标记时，须考虑欧盟其他法规，指令80/232是一个关于按规定数量对商品进行包装的指令；指令76/211规定在一定的平均数量基础上对固体进行预包装；对预包装的液体有类似控制指令75/106。超过5g或5mL的预包装食品必须标明数量，在特殊情况下成员国有权提高标明数量之限量5g或5mL，或也可以制定本国的条款，在标签上不需标明数量。按欧盟度量衡法规包装的商品，其数量应控制在规定的公差范围，而允许的公差与包装产品的数量有关。标签上数量标记旁边的"e"字符是说明符合欧盟数量控制标准，并经有关成员国的检验。

（4）日期标记　　　日期标记的原则是以最短寿命为基础，欧盟指令中规定的日期是在贮存适当的情况下食品能保持特定性质的日期，标明日期的方式在一般情况下采用："最好在××（最短寿命日期）以前食用"，对以细菌观点来看高度易腐的食品，可采用"在××（日期）以前食用"，或者用同义词来代替"最好在××（日期）以前食用"，英国选择的同义词为："在××（日期）之前出售，最好在购买后××（天数）内食用"。有些食品，如新鲜水果和蔬菜、果酒中酒精含量超过10%的饮料、醋和食盐等食品不要求公开的日期标记。成员国对一些可保持良好状态18个月以上的食品也可规定豁免。但需注意，对需要在特定储存条件下才能使食品在规定保持期内保全食品质量的包装食品，必须标明特殊储存条件。

（5）使用说明　　　为保证正确的食用食品，指令规定提供食用食品的方法。英国标签规章规定：如需在食品中添加其他食物时，必须在标签上清楚标明。欧盟标签指令也采取同样原则。例如，如果要求在预包装的混合糕点中添加一个鸡蛋或其他成分，就要在标签上靠近产品名称的地方清楚标明。

（6）标记方式　　　标签指令并不要求标记信息的格式，也不指定在标签上必须标明的特殊事项所用的文字尺寸，只要求标记必须易懂、标在明显的地方、清楚易读、不易去掉，且不被其他文字或图案掩盖或中断，产品名称、数量和日期必须在同一视野中出现。

（7）营养说明　　　《关于食品营养标签指令》（90/496/EEC）规定，欧盟任何成员国都不强制要求提供营养说明，当提出这种要求时须具体化，并在标签中详细说明。特殊营养食品指令（77/94/EEC）中提供了标明营养说明的最简单方法，尤其对于营养平衡食品，如能减轻体重的食品和婴幼儿食品，以及为满足特殊要求的其他食品（如适合糖尿病患者的食品）等，指令要求这些食品必须说明具体适合用途，并符合某些标签条款的要求；制造商不可声称这种食品具有防止、治疗疾病的功能，除非是在国家法规中规定的特殊的明确限定的情况。这个指令是唯一与每日规定食物量的食品和营养食品说明有关的指令，这些说明仍要受标签指令的更为广泛的要求和管辖，也要受标签指令容许制定的任何成员国国家标签规章的管辖。

（8）标签位置概要　　　欧盟标签指令仅仅为成员国家确定标签要求提供一个基础，成员国可以充分利用指令中允许的豁免和部分废除条款，这说明以指令为基础的成员国的国家规章在许多方面可以不同，任何成员国对标签的要求并不限于欧盟指令中规定的要求。因此，出口商，尤其是非欧盟成员国的出口商，若想把产品打入欧盟市场，必须在食品包装上设定正确的标签，因此向销往国或精通欧盟成员国的标签法规的专家咨询是非常必要的。

4. 欧盟包装与包装废弃物指令

为了防止对所有成员国以及第三方国家的环境有任何影响，或减少这种影响，从而提供高水平的环境保护；同时保障欧盟内部市场的运行，避免贸易壁垒和不正当竞争，欧盟颁布了《包装与包装废弃物指令》(94/62/EC)。自 2003 年以来共修订过 3 次。这 3 次分别是 2003 年 9 月 29 日的 1882/2003/EC、2004 年 2 月 11 日的 2004/12/EC 和 2005 年 5 月 9 日的 2005/20/EC。

包装指令规定了包装的成分和有关特性，是从源头减少包装废物对环境的影响。这些基本要求包括包装中的重金属含量、有关包装物成分和可重复使用、可回收利用包装的特性。

有关包装中的重金属含量，各成员国应保证包装和包装组件中铅、镉、汞和六价铬的含量总和不超过下列标准：在成员国将本国的法律、法规和管理规定遵从了包装指令要求后的 2 年内按重量计为 $600\mu g/g$；3 年内按重量计为 $250\mu g/g$；5 年内按重量计为 $100\mu g/g$。

对包装制造和包装物成分的要求有如下规定：①包装制造应限制包装物的容量和重量到最小，足够达到对包装的产品和消费者必要的安全、卫生、容量要求的水准即可。②包装设计、制造和销售应考虑其重复使用或回收利用（包括再生），以及最小化处置包装废物和来自管理运转残渣对环境的影响。③基于包装或来自管理运转的残渣或包装废物在焚烧和填埋时，有害和有毒物质会存在于排放气体、灰烬或沥出物中，包装制造应最小化包装原料或包装成分中有害和有毒物质含量。

对包装可重复使用特性做出了如下要求：①在通常使用情况下，包装的物理特性应能满足多次循环；②在工人们处理使用过的包装时，达到有关的健康、安全要求；③在包装不再重复使用并变成废物时，满足可回收利用包装的要求。而且上面的 3 项要求必须同时满足。

对包装的可回收利用特性的要求：①包装以原料再生形式回收利用的，按照当前欧盟标准，包装制造应能够使按重量计一定百分比的再生原料用于市场产品的制造。这个百分比可根据包装物原料的类型不同而改变。②包装以能源恢复形式回收利用的，应具有可供能源恢复最优化选择的最低热值。③包装以堆肥形式回收利用的，应具有不妨碍分类收集和堆肥处理的生物可分解特性。④生物可分解包装应具有能够经过物理的、化学的、热量的或生物的分解使大部分已完成的堆肥基本上分解为二氧化碳和水。

（二）美国食品包装有关标准和法令

美国的食品与药品包装法规，是针对现实和潜在的食品与药品安全性危机而逐渐发展和完善的，为此美国政府依法建立了食品药品管理局（Federal Food, Drug, and Cosmetic Act, FDA），它是监督执行的权威机构。第二次世界大战后的一段时期，由于食品添加剂的广泛应用，引起了对食品安全性的关注。于是 1958 年，美国国会通过了若干关于食品、药品法规的关键性修正条文，对包括可能从包装材料或其他与食品接触的表面转移到食品上的任何物质在内的一切食品添加剂提出了要求，还规定除了某些例外，食品在销售前的加工处理，必须符合有关食品添加剂的法律要求。修正条文的通过使国会认识到食品加工已成为一门相当复杂的工艺技术，不宜由国会直接控制管理，应赋予它委任的专家机构以更为广泛的权力。根据同样的原因，在有关食品添加剂法规颁布之后不久，于 1960 年又颁布了有关对食品着色剂实行事前报批手续的法律条文。

食品添加剂分为直接添加剂和间接添加剂两类：直接添加剂是指直接添加到食品中的物质；间接添加剂指的是由包装材料转移到食品中去的物质，根据 FDA 的管理规定，两种类型之间没有严格的界限，都必须按照食品添加剂法律程序报批。

1. FDA 有关食品与包装法规

1958 年以前，食品的包装只需符合有关伪劣商品的法律条款。如果食品在不符合卫生要求的情况下包装，或者由于包装容器包含某种有损人体健康的有害物质而致使产品受污染，则可以认为该产品掺假；如果产品包装容器的制造、加工和充填是故意想使购买者误认为某种品牌产品，则可认为该产品是假冒商品。其实这是远远不够的。因此，美国食品添加剂修正案规定：包装材料的组成部分与直接添加到食品中去的食品添加剂一样，必须符合食品添加剂有关规定，并实行事前报批制度。因此包装材料的组成成分如果未经 FDA 所公布的食品添加剂法令认可，不得使用。

根据美国对食品添加剂类物质的管理体系，对于某种未知其安全性的物质，应首先选择其使用的管理程序。美国对于包装材料的管理分为食品添加剂审批、食品接触物质通报和免于管理 3 种模式。

（1）包装材料按食品添加剂法令处理的情况　　食品添加剂审批等步骤列入联邦法规。如果有资料证明，某种物质通过食品包装过程能够迁移到食品中一定的量，且该物质不是通常认为的安全物质或 1958 年前批准使用的物质（或称前批准物质），则需要对该物质按照食品添加剂的评价程序进行评价、审批。食品添加剂审批需要向 FDA 提交化学、工艺学、毒理学等一系列资料，经过一年或多年评价后，通过公示、审批等步骤列入联邦法规。对于列入联邦法规的物质，任何人均可依据法规生产和使用。

（2）食品接触物质通报系统进行管理　　1997 年，美国食品药品管理一体化法案对食品药品化妆品法进行了修订，对食品接触物质（food contact substance）的管理程序作了另行规定。食品接触物质是指用于食品加工、包装、储藏、运输等过程中与食品接触不会对食品产生技术影响的物质或作为该物质的一种成分。对于这类物质（一般是指食品包装材料），FDA 从 2000 年 1 月开始采用较食品添加剂审批程序简化的方式——食品接触物质通报系列进行管理。食品接触物质通报系统要求生产商向 FDA 提供充分的能够证明该物质在特定使用条件下不会影响食品安全的所有资料，包括化学特性、加工过程、质量规格、使用要求、迁移数据、膳食暴露、毒理学资料和环境评价等内容。FDA 在接到申请资料 120d 内确定是否同意该物质的通报，如果 120d 后 FAD 未给出不同意申请的答复，则意味着该通报已经生效，并在 FDA 网站公布。

食品接触物质通报系统通报的物质仅适用于该物质的申请者，如其他生产商要应用同种物质，则必须再次向 FDA 申请该物质的通报。通报的物质一旦出现食品安全问题，申请通报者应当承担全部责任。

（3）免于管理物质的申请　　如果某种物质作为包装材料或作为其中的一种成分，能够被证明其迁移到食品中的量低于某一限值，且该物质不是已知的致癌物，不会对食品产生影响，不会影响环境，则对该类物质采用免于管理的方式。一般而言，这一限值的要求为该物质迁移到食品中的量不超过 0.5g/kg，或人体每日通过饮食摄入该物质的量小于每日允许摄入量（ADI）的 1%。

对免于管理物质的申请，美国 FDA 要求申请者提供的资料包括该物质的化学结构、化学特性、应用情况、迁移情况（包括最大可能迁移量、加工过程使用量或成品包装材料的残留量）、检测分析方法、膳食暴露情况、毒理学评价资料（特别是致癌实验资料）等。FDA 根据申请资料进行评估，确定是否对该物质免于管理。如果申请获得批准，FDA 会出面通知申请者，并在免于管理物质名单上增加该物质。该名单在 FDA 网站公布，内容包括化学名称、申请公司、用途、使用范围等，在相同条件下，任何人均可依据这些名单在包装材料中使用该物质。

2. 美国农业部有关食品与包装法规

虽然美国 FDA 对食品与包装具有一般性的权力，但美国农业部（USDA）对肉类、家禽等食品的管理却具有国会所赋予的主要司法权。

对于包装，美国农业部通常倾向于对接受联邦政府检查的肉类、家禽加工厂中使用的包装材料的用途运用法律的手段实施管理，检查管理按下列三项原则操作：①由包装材料的供货方提交信用卡或保证书，明确声明其产品符合"联邦食品、药品、化妆品法"和有关食品添加剂的法规。②供货方必须提交美国农业部食品安全检查处签发的化学成分认证书。③上述美国农业部的认证书只有随同供货方的信用卡或保证书一同递交方可视为有效。

法规要求包装材料检查员、巡回监督员、地区监督员必须要求供货厂商提交信用卡或保证书。对于与食品直接接触的包装材料，供货厂商应该提交适当形式的信用卡或保证书，而对于与食品不直接接触的包装材料，如不作为内包装用的运输包装箱、贴在封存食品罐头盒或其他包装容器壁上的标签，则可不必提交具有法律约束力的保证书。此外，肉类和家禽加工过程中所使用的包装原料用包装不必提交任何形式的保证书。同样，如抗氧化剂、黏合剂、调味料的包装材料也可不必提交信用卡或保证书。

三、国际食品标签标准管理简介

食品标签是指在食品包装容器上或附上食品包装容器上的一切附签、吊牌、文字、图形、符号及其他说明物。食品标签是食品包装设计的重要内容，必须受到国家标准及法规的严格限制。标签是商品的识别，具有引导和指导消费之功能，通过食品标签法规实施严格管理有助于防止伪劣商品的流通及误导和欺骗消费者，确保食品的卫生与安全，从而保护消费者的利益。

目前食品标签已成为国际政治、文化以及消费兴趣的一个战场，食品标签标准法规及管理办法得到国际社会的广泛关注和重视。

1. 国际食品法典委员会

国际食品法典委员会颁布了的食品标签标准：

CAC/GL 2—1985 营养标签准则（2016 年最新修订）。

CODEX STAN.1—1985 预包装食品标签标准（2010 年最新修订）。

CODES STAN107—1981 食品添加剂销售标示法规标准（2016 年最新修订）。

2. 美国

美国重视食品标签立法及其管理，1992 年 12 月正式宣布强制性实施新的标签法，新标签法要求在标签上必须标注包装物的质量、总热量、来自脂肪的热量及总脂肪、饱和脂肪、胆固醇、糖、总碳水化合物、膳食纤维、蛋白质、纤维素、维生素 C、钙、铁含量；规定从 1994 年 5 月 8 日起美国的所有包装食品，包括全部进口食品都必须使用新的标签。

1993 年 1 月美国 FDA 发布瓶装饮用水标签新标准，严格定义了各种瓶装饮用水的术语。这个新标准在同年 7 月 5 日起实施，并限定经销厂商在 1994 年 1 月 5 日前全部按新标准执行，其目的旨在保证食品标签的真实性，杜绝制造商用虚假标签误导坑害消费者。1994 年 10 月美国正式通过立法，公布了《营养补充品包装的营养标签法》。

美国迄今为止建立了比较完善的食品标签法规体系，主要体现在食品致敏原标签和消费者保护法案、美国法典（合理包装和标签法、联邦食品药品和化妆品法、禽类产品检验法、肉类产品检验法、蛋类产品检验法、联邦酒类管理法）和联邦法典（食品标签、葡萄酒标签和广告、蒸馏酒标签和广告、麦芽酒标签和广告、酒类标签标示程序、酒精饮料健康警示声明）中，联邦法典 21 章第 101 食品标签部分，详细规定了不同种类食品产品的营养和健康声称及标签标识要求。

2016 年 5 月美国政府发布了对包装食品营养标签的修改措施。根据新规定，每次食用分量及其所含的热量将以更大、更粗的字体在标签上面两行突出显示；每次食用分量更加接近于目前美国人每次的实际消费量，因此不到 2 次食用分量的小包装都将统一标为一次食用分量。标签上除原来的"含糖量"外，将新增一项"添加糖"，反映食品加工过程中加入的非天然糖分。关于营养成分不再要求标注维生素 A、维生素 C，新规定另外要求标注维生素 D 与钾，而铁和钙仍是必须标明的成分。此外，要求继续标注"总脂肪量""饱和脂肪""反式脂肪"，但删除了"来自脂肪的热量"。

3. 日本

日本对食品标识的要求也非常严格，其有关食品标签的规定以"食品、添加剂及其器具或容器包装上不得出现危害公众卫生的虚伪或夸张的标示或广告"为原则，在《食品卫生法》《关于农林物资的规格化及品质表示的正确化法律》（农业标准化法，JAS 法）、《营养改善法》和《反不公平馈赠和误导法》中都有体现。

第三节　食品包装技术规范与质量保证

技术规范（technique practice）是产品和工艺过程的技术规定及说明，在食品包装技术中，涉及食品、包装材料和包装工艺，包括 5 种技术规范，即食品技术规范、包装材料规范、包装工艺规范、包装成品规范及质量保证（quality assurance，QA）规范。

保持规范的一致性是政府管理机构的职责，而质量保证规范是一致性的协调联系。包装成品规范总是针对产品制造商，即制造商应负责将合格并适合市场需求的产品提供给消费者，包装就是这种提供的保证。对食品而言，包装除了满足其包装基本功能外，必须在有关法规控制范围内，正确而充分地传达商品信息，以吸引消费者。包括材料规范主要是食品厂商规定的，食品企业应选择最满足产品各种要求的包装材料，包括满足包装的基本功能要求、包装工艺规范要求，以及包装的市场表现形式和商品形象要求，并保证其成品的卫生与安全。

技术规范的质量保证实施包括：食品企业的经营理念、政策与相应的法规和标准的建立及贯彻；组织机构，即研究开发、生产、采购、销售部门的内部关系、权限、责任及质量保证与管理任务的确立；技术管理，即各级技术人员的定期抽样检验、验收、数据整理分析的统计研究，技术规范和标准的贯彻的修正，并且具有与相关供应商及技术管理监督部门联系协调的能力。

一、食品技术规范

食品极易腐败变质，食品加工工艺过程中的技术规范和质量控制（quality controlling, QC）对食品包装成品的质量保证（QA）非常关键。因此，世界各国食品管理监督机构及食品制造企业制定了一系列食品技术规范和标准，来控制包装食品的卫生安全和风味质量，其中最为重要的一类是食品卫生规范。

根据《中华人民共和国食品安全法》的规定，为进一步强化食品生产全过程监管，提高食品生产企业质量安全控制能力，国家卫生和计划生育委员会（现称"国家卫生健康委员会"）于2013年11月1日发布了《食品安全国家标准食品生产通用卫生规范》（GB 14881—2013，以下简称《卫生规范》）。到2016年12月底，又陆续发布了相关21项卫生规范。

由于各国的食品规则不同，阻碍了食品的国际贸易。为此，早在1962年， FAO和WHO即开始着手FAO/WHO联合食品标准计划，此项计划的目的是保护消费者健康、确保国际贸易中食品的公正贸易，制定国际通用的食品标准——《食品法规》，也即制定食品的定义、质量、卫生、标志、分析方法抢救无效的标准和规范。FAO/WHO联合食品标准计划执行至今，已基本完成对主要食品建议标准的制定，且很多发展中国家以此作为本国制定食品标准规范的基础。

尽管《食品法规》在世界食品市场一体化进程中显得愈加重要，但许多发达国家只是有条件地部分接受《食品法规》。在食品技术法规体系中，GMP和HACCP得到国际食品法典委员会（CAC）的确认并作为国际规范和食品卫生基本准则推荐给CAC各成员方，在许多发达国家得到采纳实施。

（一）食品的良好操作规范

1. 良好操作规范简介

良好操作规范（good manufacturing practice, GMP），是美国FDA首创的一种保障产品质量的管理规范。1963年，FDA制定了医药品的GMP，6年后即1969年公布了"食品制造、加工、包装、贮存的现行良好制造规范"（current good manufacturing practice in manufacturing, processing, packing or holding human food, code of federal regulation, pact 110），一般称为"食品的GMP基本规范"，并以该基本规范为依据制定不同食品的GMP。食品的GMP很快被CAC采纳并作为国际规范推荐给CAC各成员方。

食品GMP是一种具体的品质保证规范，其宗旨是使食品企业在制造、包装及储运食品过程中，有关人员、建筑、设施、设备等设置及制造过程、卫生和质量管理等操作均能符合良好条件，防止食品在不良卫生或易污染的环境下操作，尽可能避免食品质量事故，确保食品安全卫生和质量稳定。

2. GMP 包含的内容

GMP 工作规范的重点是确认食品生产过程的安全性，防止异物、毒物、微生物污染食品，以及双重检验制度。主要内容为：①范围；②规范性引用文件；③术语和定义；④选址和厂区环境；⑤厂房及设施；⑥机械设备；⑦管理机构与人员；⑧教育培训；⑨卫生管理；⑩生产过程管理；⑪质量管理；⑫记录和文件管理；⑬标识标签；⑭管理制度的建立和考核。

（二）HACCP

1. HACCP 简介

HACCP（hazard analysis critical control point）即危害分析与关键控制点管理体制，是一个以预防食品卫生安全为基础的食品质量控制体系。作为食品企业的自主卫生管理体制，它适用于鉴别影响食品卫生安全的微生物、化学及物理危害。HACCP 的最大优点为：它使食品生产或供应商将以最终产品检验为主要基础的质量控制观念，转变为在生产过程环境中控制潜在危害因素的预防性方法，它为食品生产厂商提供了一个比传统的最终产品检验更为安全有效的产品质量控制体系。

HACCP 不是一个独立存在的体系，必须建立在食品安全项目的基础上才能运行，如良好操作规范（GMP）、卫生标准操作规范（SSOP），由于 HACCP 建立在许多操作规范上，前期的 HACCP 在目前也适用，于是 HACCP 成为一个比较完整的质量保证体系。

HACCP 是一种控制食品安全危害的预防性体系，用来使食品安全危害风险降低到最小或可接受的水平，预测和防止在食品生产过程中出现影响食品安全的危害。包括以下 7 个原理：①进行危害分析（hazard analysis）；②确定关键控制点（critical control point，CCP）；③确定各关键控制点关键限值；④建立各关键控制点的监控程序；⑤建立当监控表明某个关键控制点失控时应采取的纠偏行动；⑥建立证明 HACCP 系统有效运行的验证程序；⑦建立关于所有适用程序和这些原理及其应用的记录系统。

HACCP 作为食品 GMP 基础上建立的一种先进的食品卫生监督管理方式，被国际食品安全协会认定为保证食品安全与卫生的最佳方法，国际食品法典委员会（CAC）已将HACCP 批准为世界范围的食品卫生基本准则。

2. HACCP 术语

HACCP 术语及定义见表 9-15。

表 9-15 HACCP 术语及定义

术语	定义
1. 控制措施	用来消除危害或使其减少到可接受水平的行为活动
2. 改正行为	当 CCP 点的监控结果表明有失控趋势时采取的行动
3. CCP 环节	为生产工艺流程中的任一步骤，包括原料处理、产品加工、包装贮存，直至销售整个流通过程，该环节一旦控制，应能消除危害或将其降低至认可水平
4. 判断树	用来鉴别哪些加工环节是 CCP 点的一系列问题，这些问题适用于已鉴别出有危害的各加工环节
5. 流程图	所研究的产品、工艺的详细操作工序

续表

术语	定义
6. HACCP 计划	为确保对一特定产品或工艺进行控制面应遵循的操作程序所规定的文件
7. HACCP 小组	由进行 HACCP 研究的人员组成的多学科小组，小组应由技术专家、一线监控技术人员和一位技术秘书组成
8. 危害	引起质量问题的潜在因素，可以是微生物的、化学的和物理的
9. 监控	对一个 CCP 目标水平和容差的一系列有计划的观察和测量，旨在产生一个精确的记录，从而为将来验证 CCP 是否处于受控状态提供证据
10. 风险	对产生危害可能性的一种估计
11. 目标水平	对控制措施预防测定的值，该控制措施表明能消除或控制某一 CCP 点上的危害
12. 容差	对 CCP 控制措施的绝对值，超出此容差，表明产生距离
13. 验证	用以监控以外的操作程序，以确保 HACCP 运转正常和有效

3. HACCP 原则

美国国家生物标准咨询委员会（NACMCF）制定的 HACCP 原则见表 9-16。

表 9-16　NACMCF 制定的 HACCP 原则

项目	原则内容
1. 危害分析和预防措施	包括对危害发生的可能性估计及危害一旦发生后的严重性估计，此分析步骤还应包括制订用以控制所确定危害的预防性措施
2. 关键控制点（CCP）的确定	使用判断树鉴别工艺中各 CCP 点
3. 建立关键限值（CL）	制定与 CCP 有关的各项预防性措施必须达到的标准，可将其定为诸如温度、时间、物理尺寸、温度水平、pH 及有效氯等预防性措施
4. 关键控制点监控	通过有计划的测试或观察以保证 CCP 处于受控状态
5. 纠偏行动	必须有一个改正行为计划来确保对在产生偏差过程中所生产的食品进行适当的处置，并保留所采取的改正行为的记录
6. 记录保持	建立有关适合于这些原理及其应用的所有操作程序和记录的档案
7. 建立验证程序	程序包括验证极限已确定的危害控制是恰当的，包括适当的补充试验和总结，以保证 HACCP 运转正常

如上所述，GMP 和 HACCP 是由美国 FDA 提出的，被 CAC 批准并推荐的实施对食品进行卫生安全控制和管理的两项行之有效的措施。两者互补，适用于所有的食品行业。

案 例 一

HACCP 质量控制体系在速冻芦笋生产中的应用

（1）生产工艺流程　　鲜芦笋→清洗→挑选分级→清洗→烫漂→冷却→沥干水分→速冻→包装→装箱→入库。

（2）危害分析　　根据上述速冻芦笋的主要生产工艺过程，对各个工序的物理危害、生物危害和化学危害进行分析。找出所有可能的潜在危害，应用判断树判断潜在危害显著性，提出显著危害的预防控制措施，制作出危害分析工作表（表 9-17）。

表 9-17　速冻芦笋生产过程危害分析工作

工序		潜在危害	潜在危害是否显著	判断依据	显著危害的预防控制措施	是否为关键控制点
原料	生物	虫卵、微生物	是	芦笋易受到农药残留、产地微生物及重金属的污染	监测产地环境,控制种植过程中农药、化肥使用,监测原料品质	是
	化学	重金属含量超标、农药残留	是			
	物理	杂质	是			
清洗	生物	微生物	是	清洗不彻底,易引起微生物污染	严格按照操作规范进行操作,流动水漂洗	否
	化学	无	否			
	物理	无	否			
挑选分级	生物	微生物	是	操作台和人员易带来交叉污染	工作台和工器具在班前班后必须用热水冲刷干净,工作人员保持良好的卫生要求	否
	化学	无	否			
	物理	无	否			
烫漂	生物	微生物	是	烫漂温度、烫漂时间和蒸汽压力等操作条件达不到要求	严格控制烫漂温度、蒸汽压力与烫漂时间,做好工艺参数记录	是
	化学	无	否			
	物理	无	否			
冷却	生物	微生物	是	用水不符合卫生要求,造成微生物污染	清洗采用符合饮用水标准的用水	否
	化学	无	否			
	物理	无	否			
速冻	生物	微生物	是	速冻温度和速冻时间不符合工艺要求	监测记录并控制速冻温度和速冻时间	是
	化学	无	否			
	物理	无	否			
包装	生物	微生物	是	包装环境造成微生物二次污染包装材料含有毒物质,异物混入	包装间温度要求低于15℃,严格执行 SSOP;筛选合格包装材料	是
	化学	有毒有害物	否			
	物理	异物	否			
冷冻贮藏	生物	微生物	是	贮藏库温度控制不当,引起微生物繁殖	严格控制贮藏库温度,对库体定期消毒	否
	化学	无	否			
	物理	无	否			

（3）关键控制点和关键限制的确定　　关键限值是指生产出安全产品的界限,每个关键控制点必须有一个或多个关键限值,用于相应显著危害的控制。根据速冻芦笋生产过程的危害分析,找出哪些工序的危害是显著的,从而确定了关键控制点,包括原料、烫漂、速冻、包装 4 个加工工序。关键限值的制定需综合考虑速冻芦笋生产工艺要求、专家意见、品质要求以及各方面意见。

1）原料。芦笋属于根茎类蔬菜,原料上带有来自土壤的大量微生物,种植时会喷洒农药,土壤、水、空气中会含有重金属。在芦笋原料进货验收时,要查验种植基地的农药残留、重金属检测合格证明,尽量减少表面带有的泥沙等物质。

2）烫漂。烫漂是一道速冻前的杀青工序，可抑制芦笋原料中多种酶活性，减少芦笋中营养成分在呼吸作用下的降解损失。烫漂时间不够，会造成酶未全部失活，会影响速冻芦笋产品的品质和色泽。因此烫漂温度控制在 97～100℃，烫漂时间控制在 2～3min。

3）速冻。速冻时要求在 30min 以内使芦笋中心温度降至−18℃，能快速通过最大冰晶生成带。慢冻会产生大量的大冰晶，破坏芦笋细胞，造成汁液流失。控制速冻温度−35～−30℃，速冻时间 25～35min。

4）包装。包装时要求在低温环境下进行，防止速冻芦笋解冻现象发生，严重影响速冻芦笋的品质。同时要避免包装时的二次污染，包装间、人员等卫生条件要严格控制。

（4）建立 HACCP 计划　　为了确保 HACCP 质量控制体系在速冻芦笋生产过程中有效实施，需制定 HACCP 计划，分析速冻芦笋生产过程危害，确定关键控制点和关键限值，制定监控程序、纠偏措施、记录保持、验证措施等。

速冻芦笋生产过程 HACCP 计划见表 9-18。

表 9-18　速冻芦笋生产过程 HACCP 计划

关键控制点	显著危害	监控				纠偏措施	记录保持	验证措施
		对象	方法	频率	人员			
原料	微生物污染、农药残留和重金属超标	检查重金属、农药残留合格证明	报告验证	每个种植基地	进货检验员	拒收不合格原料	原料验收记录和纠偏措施记录	每进货批次审核 1 次
烫漂	微生物残留	烫漂机内的温度和烫漂时间	目视检查烫漂机上仪表盘	每隔 15min 目视检查 1 次	在线品控员	调节蒸汽阀门开关	烫漂温度、时间记录和纠偏措施记录	每批次主管审核监控记录
速冻	微生物污染	速冻机内的温度和速冻时间	目视检查速冻机上仪表盘	每隔 60min 目视检查 1 次	在线品控员	调整速冻温度和速度	速冻温度、时间记录和纠偏措施记录	每批次主管审核监控记录，每批次成品抽样检测微生物
包装	微生物污染、化学污染	生产员工、器具和包装袋，包装间环境温度	SSOP 严格控制，检测包装袋，监测包装间温度计	每班抽查，每 60min 目视检查温度 1 次	在线品控员	责令清洗消毒，拒收不合格包装材料	班前班后清洗记录、包装间温度记录和纠偏措施记录	每批次主管审核监控记录，抽检样品包装合格率

二、包装材料规范

包装材料规范实质上就是包装材料的质量保证规范，其基本作用是向有关部门提出各种包装方面的要求，使材料生产厂能够按要求制造材料，从而使材料买卖两方达成订货，以便买方使用包装材料实现预定要求，且质检部门检查包装材料是否符合规范质量要求。

1. 包装材料的质量概念

包装材料规范中质量指标的规定常常是最困难的，因为没有作出进一步说明的"质量"是一个抽象的概念。买卖双方事先必须对包装材料的质量指标及其允差有一个共同的理解和认可，因此必须将"质量"从抽象的概念转化成具体的指标，步骤如下。

1）将包装材料的各种必要的和重要的质量指标列一表格，将需要尽量避免的包装材料缺陷也列一表格。

2）根据表中所列缺陷的重要性或严重程度进行分类，通常分成重要的、主要的、次要的三个类别。

3）确定所提供包装材料每千件所允许的缺陷数目，这也称作质量合格标准（AQL），已确定的材料商业合格标准不在此列。

4）确定抽样和检查验收的步骤，以便确定给定批次的包装材料是否符合质量指标。

质量指标、缺陷及其严重程度，以及 AQL 都是从具体的项目上规定材料的质量，抽样和检验方法等规定了怎样测定对规范的符合性，这些内容通常都简明扼要地列在包装材料的规范中，使买卖双方都能清楚地知道质量要求及其确定方法。因此，包装材料规范的内容应包括包装件的构成、性能、表面处理，并根据质量指标的分类表简要地参考质量保证规范。

2. 典型包装材料规范内容简介

各种形式规范所包含的内容是相同的，即有 8 个方面。

（1）规范的所有者　　为了达到包装结构和性能要求，包装材料的采购者通常要提出材料规范，如果有印刷装潢要求，也需提出相应的规范。就食品制造企业而言，一般会制定一个专用的包装材料规范来体现本企业的特色和风格，以便在竞争中独树一帜，形成自己的品牌特色。对集团公司而言，为发挥集团优势必须统一形象，因此同一类包装材料必须遵循同一个规范来统一内部。

（2）标记代码和日期　　包装材料规范的使用期限一般较短，大多数包装规范因某些因素需在一年之内作修正。这些因素包括：为了适应新的或改进的包装机械；为了改善销售功能或为了响应法规或标准要求等。当进行这样一些改变修正时，应避免采用已过时的指定包装材料规范版本。因此，标记代码和日期在包装规范的使用中是使其能正确和通用的关键。

（3）标题和适用范围　　首先它是一个包装材料规范，不同于工艺规范、成品或质量保证规范。适用范围通常指出包装规范与某一个或多个产品的关系，并确定它所包含的界限。

多数包装材料规范都包括三个层次的包装：一次包装，即对产品的包装，如罐、瓶、盒、袋等；二次包装，即将一次包装构成组合包装，如瓦楞箱、礼品盒袋等；三次包装是运输单元，由于它们都是将产品安全地运到销售点的决定因素，并且都是产品的成本因素，因此它们一般都被包括在包装材料规范中，而且必须说明它所包括的全部包装材料。三次包装是库存和批量销售的计量单元，故其结构，特别是每个运输单元中的二次包装的数量，对所有制造企业和仓储单位来说都必须是标准化的。

（4）包装件结构及允差　　包装结构材料可以是纸类、塑料、金属、玻璃及其他材料，它们可相互结合、组合及成型。黏合剂和石蜡等则是重要的结构辅助材料。结构规范类似于房屋的规格和规划：列出结构材料的名单，确定包装或构件的尺寸标记在图纸上，包括厚度（标准规格）和质量，并标出其公差。特别要注意包装件有装配关系的尺寸公差，如瓶口、瓶盖尺寸。

精确确定尺寸的目的有 4 个：控制包装材料用量及其成本；使包装构件相互配合，如瓶口与瓶盖、瓶身与商标标签、瓦楞纸箱与箱中包装件等；在包装机上确保其均匀一致；销售陈列时具有精确一致的外观形象。

（5）性能要求　　包装必须满足基本的功能要求和其他性能要求，它们都与包装的结构特性和内装产品的性能要求有关。对每一项性能要求，都要确定一个测试方法，以便对所列性能进行测定评估。某些包装要求具有运输产品到最终用户以外的功能，这些性能要求都应列入之中，并给出相应的测试方法。

由于对产品的使用说明是靠装潢图示及表面文字设计处理来实现的，因此，包装必须具备在流通过程中保持完好外表形象的性能。

（6）缺陷分类和质量合格标准　　为满足包装的性能要求，对于每个产品与包装的组合，都必须有专门的包装指标来监测是否与规范一致。这些指标有属性和变量两类：属性指标是指"是与否"型的质量指标，如玻璃是否有气泡或裂纹，印铁罐头是否有划痕等；变量指标指可测量的，如高度尺寸、质量、厚度等；可在规定的允差之内，所有变量都能用仪器测量，以确定其是否符合规范。

产品和包装方面的经验证明，制定一个缺陷分类表和质量合格标准很必要。对于新产品包装缺乏经验的制造厂商来说，包装材料制造供应商是提供确定等级和合格极限的经验的第一来源。对于给定的缺陷或缺陷等级，质量合格标准就可确定了，判断是否符合规范的抽样方法也可确定。验收的抽样方法不包括在包装材料规范中，因为产品生产的数量是变化的，检验抽样的方法随机才有实际意义。

（7）印刷装潢　　大多数包装均需进行图案文字的装潢设计和印刷，最简单的办法就是提供包装装潢设计的标准样板、规定印刷的质量要求，如采用油墨（卫生）要求、色差要求、套色精度要求及印刷品的溶剂残留要求均应列入质量指标中。

（8）包装材料的装运　　材料规范的最后一部分规定了怎样使材料到达买主手中，这对包装工艺及成本相当重要。包装材料要避免弄脏、要用最少的劳作把包装材料送至包装工序并方便操作，对食品包装有一定的卫生要求，且没有需要处理的废弃物。包装材料生产厂商与买方均可对材料的装运提出方案，以满足客户要求和降低装运费用为原则确定包装材料规范的装运条件。

三、其他包装技术规范与质量保证

1. 包装工艺规范

包装工艺规范包括产品和包装材料，按规定的方式将其结合成可供销售的包装产品，然后在流通过程中保护内包装产品，并在销售和消费时得到消费者的认可几个方面。包装工艺规范主要内容如下。

1）容量即为每个包装中的产品数量。容量是规范的重要内容，数量过多或过少均是不合规范的。

2）产品的状态条件如温度、物理外形或固形物含量等。

3）包装材料现场操作时材料的准备状态，必要时需将包装材料形成为成型容器以供产品充填。

4）包装速度是控制成本和质量的重要因素，包装速度取决于采用的工艺装备的自动化程度。

5）包装步骤说明是指选定生产线的操作规程。

6）规定质量控制要求指包装过程的质量要求和控制方法。

2. 包装成品规范

如果产品、包装材料和包装工艺过程在规定的质量指标范围之内，可以认为包装成品规范是不必要的，但事实并非如此。从质量的意义上，控制以上三项指标即能获得最佳，而一般却难以达到，其原因为：①任何事或物都不是十全十美的，已经符合规范的部分仍会存在缺陷；②在产品、包装材料、加工工艺中的每个小的缺陷在包装成品中会组合成较大的缺陷；③规范不可能包括每一个可能的缺陷，只能控制其主要的方面，否则它就会太冗长，质量控制不易进行。

实际操作过程中的诸多因素使上述三项规范指标难以达到，因此，实际操作过程中，质量控制过程是从最终产品所要求的质量规范开始，回过头来确定产品和包装的质量参数，以及得到合乎要求的最终产品的工艺过程。所以包装成品规范是需要的。

包装成品规范是从用户的观点出发，考察产品与包装是否完美结合，它是用户用来衡量包装成品和生产厂商重要的技术指标，其中包括保证产品的最终性能特色和商品的形象要求。包装成品的检验要尽可能是非破坏性的，这样可减少成品的出厂成本。

另外，所有产品在其流通和销售过程中都会遇到诸如堆码、装卸、冲击、振动、日晒、雨淋等因素的影响，在包装生产过程中不要求这方面的测试控制，但作为包装成品规范，则应考虑这方面的特定要求。一般地，在包装件的设计过程中，结构规范就是以这些性能测试作为依据的。

3. 质量保证规范

包装技术规范所考虑的目标就是质量控制与保证，其作用在于监督产品、包装材料、工艺及成品是否符合法规和标准，而质量保证规范的职能是保证规范体系的存在和实施。实际上，规范的阐明还包括了与法规要求和公司政策有关的质量指标及变量，为质量控制的组织和实施而确保对规范的符合性，以及有效传达对规范操作的修正。

从实际的意义上看，质量保证的职能是将有关法定要求和公司对包装成品质量的目标要求，转化成沿着采购和接收包装材料、制造和包装产品，二次或三次包装或流通的出厂成品等一系列工艺过程中设立检测点，并且管理那些适合于质量目标的检测点。

在质量管理体系中，QA 小组根据规范种类、缺陷等级、批量鉴定、生产样品保留、测试方法和标准以及 QC 人员的培训等制定政策。QA 在制定抽样计划、特种问题处理及对 QC 活动的检查方面，也作为 QC 的一个方法。有关产品/包装的总体质量指标通常由 QA 颁布，QA 组织再对企业的 QC 人员进行新的 QA 方法培训，并核对企业的测试设备和技术熟练程度。QA 的方法和步骤由 QA 职能部门编写颁布，并将规范体系和质量控制联系起来，使法规要求和公司的质量对策协调起来。

案 例 二

桑诺门公司技术规范的实施方针

（1）目的　　通过分析所要求的类型，确定规范的内容，制订执行规范的任务，达到保证所有为桑诺门公司生产产品的工厂有一致的全套规范。

（2）实施方针　　保证所有产品的制造和流通都按厂方批准的设计质量和

优良制造实施规范进行。所有产品都要由生产厂按照批准的配方和技术规范进行生产。

1) 原料和包装材料规范：便于采购和验收，按缺陷等级和必须遵守的测试要求分类存放在工厂里。

2) 工艺规范：确定工艺控制点，划分缺陷等级以及必须遵守的测试要求，以保证符合设计质量要求。

3) 包装规范：确定管理部门批准的设计质量特性和缺陷等级。

（3）可靠性　　所有技术范围都要由研究部门制订并由质量部门颁布。

（4）批准部门和签字

1) 原材料规范：技术研究实验室领导、生产厂家控制经理、材料采购部门经理签字。

2) 包装材料规范：技术研究实验室领导、生产厂家的生产经理、材料采购部门经理签字。

3) 工艺规范：技术研究实验室领导、生产厂家的生产经理签字。

4) 包装成品和产品规范：分公司负责技术研究的经理、生产经理、销售经理签字。

（5）桑诺门公司缺陷严重程度的分级　　某些质量特性和缺陷对使用的适应性非常重要，有些则不然。为此，将"质量"一词定义为"没有缺陷"，而缺陷就是超出了任一指定产品质量特性极限的现象，在制定质量合格标准（AQL）时就承认。在连续生产条件下，达到零缺陷实际上是不可能的。AQL 用来选择抽样方案，以对照规范来衡量其性能。如果连续出现缺陷就认为产品性能是不合格的，即使总数仍在给定的 AQL 值之内也是如此。

所有成品的质量缺陷都可归于三个严格的等级中的一个，分类是以缺陷可能造成的影响为依据的，具体方面就是：①是否影响消费者的健康和安全；②产品的可接受性；③可靠性的大小；④符合法规的程度。这三种缺陷称为：严重级（A 类）、重要级（B 类）和不重要级（C 类）。所有属于这三类的缺陷都是指超过允许范围以外的部分。

思考题

1. 何谓法规？何谓标准？何谓技术操作规范？
2. 有关食品包装标准的国际性标准化组织有哪些？
3. CAC、FAO 和 WHO 各指什么？
4. 欧盟食品标签指令主要内容是什么？国际食品法典委员会的食品标签标准是什么？
5. 欧盟有关食品包装的指令主要有哪几类？其主要内容是什么？
6. 美国 FDA 关于食品包装材料的主要规定是什么？
7. 我国食品标签标准有哪些？与欧盟食品标签指令和 CAC 食品标签标准比较有什么特点？
8. 食品包装技术规范主要有哪几类？典型食品包装材料规范的内容有哪些？
9. 我国食品包装标准的主要分类有哪些？

主要参考文献

郝晓秀. 2006. 包装材料学. 北京: 印刷工业出版社.

骆光林, 卢立新. 2011. 包装材料学. 2 版. 北京: 印刷工业出版社.

孙智慧, 高德. 2010. 包装机械. 北京: 中国轻工业出版社.

翁云宣, 靳玉娟. 2014. 食品包装用塑料制品. 北京: 化学工业出版社.

邬建平, 国家质量监督检验检疫总局食品生产监管司. 2007. 食品接触材料及制品监管法律法规选编. 北京: 中国标准出版社.

徐文达. 2009. 食品软包装新技术. 上海: 上海科学技术出版社.

杨文亮, 辛巧娟. 2009. 金属包装容器-金属罐制造技术. 北京: 印刷工业出版社.

张慜, 高中学, 过志梅. 2016. 生鲜果蔬食品保鲜品质调控技术专论. 北京: 科学出版社.

章建浩. 2000. 食品包装大全. 北京: 中国轻工业出版社.

章建浩. 2009a. 生鲜食品贮藏保鲜包装技术. 北京: 化学工业出版社.

章建浩. 2009b. 食品包装技术. 2 版. 北京: 中国轻工业出版社.

章建浩. 2017. 食品包装学. 4 版. 北京: 中国农业出版社.

中国标准出版社第一编辑室, 中国包装技术协会信息中心. 2006. 中国包装标准汇编-塑料包装卷. 北京: 中国标准出版社.

中国标准出版社第一编辑室, 中国包装技术协会信息中心. 2016. 中国包装标准汇编-食品包装卷. 2 版. 北京: 中国标准出版社.

周祥兴. 2010. 实用塑料制品生产配方和工艺丛书. 北京: 中国物资出版社.

Ahvenainen R. 2003. Novel Food Packaging Techniques. Boca Raton: CRC-Press.

Brody AL, Zhuang H, Han JH. 2016. 鲜切果蔬气调保鲜包装技术. 章建浩, 胡文忠, 郁志芳等, 译. 北京: 化学工业出版社.

Coles R, McDowell D, Kirwan M. 2012. 食品包装技术. 蔡和平, 译. 北京: 中国轻工业出版社.

David JR, Graves RH, Carlson VR. 1996. Aseptic Processing and Packaging of Food: A Food Industry Perspective. Boca Raton: CRC-Press.

Han JH. 2005. Innovations in Food Packaging. Amsterdam: Elsevier Science & Technology Books.

Lee DS, Yam KL, Piergiovanni L. 2008. Food Packaging Science and Technology. Boca Raton: CRC-Press.

Robertson GL. 2006. Food Packaging Principles and Practice. 2nd ed. New York: Taylor & Francis Group.

Willhoft EM. 1993. Aseptic Processing and Packaging of Particulate Foods. New York: Springer.